IP视频监控百事通工具系列

网络的琴弦

玩转IP看监控

The aria of network: surveillance all-over-IP

周 迪	杨 正	王 军	赵子华	
任俊峰	关春天	赵 晖	杜超华	著
余剑声	王连朝	王状春	姚 华	

电子工业出版社
Publishing House of Electronics Industry
北京·BEIJING

内 容 简 介

IP 视频监控百事通工具系列，由安防行业非常资深和具有丰富实战经验的网络团队执笔，将高深的网络理论通俗化为科普范本，使得复杂的网络知识不再是 IP 监控技术发展的障碍。本书结合若干小故事+真实问题，从监控业务应用者的视角，以单点监控、远程监控、连锁监控、行业监控、平安城市建设等为典型组网案例为线索，依次提出需求和问题，阐述协议原理，并提供解决方案。本书逐一剖析了监控业务所涉及的网络特性原理和知识点，深入浅出，阐述到位，帮助读者从入门到精通。

本书语言通俗易懂，原理解析深入透彻，适合安防从业人员、计算机和自动化专业学子，以及监控知识爱好者阅读和参考。

未经许可，不得以任何方式复制或抄袭本书之部分或全部内容。
版权所有，侵权必究。

图书在版编目（CIP）数据

网络的琴弦：玩转 IP 看监控/周迪等著. —北京：电子工业出版社，2015.10
（IP 视频监控百事通工具系列）
ISBN 978-7-121-27288-2

Ⅰ．①网… Ⅱ．①周… Ⅲ．①计算机网络－视频系统－监视控制 Ⅳ．①TN941.3 ②TP277

中国版本图书馆 CIP 数据核字（2015）第 227684 号

策划编辑：李树林
责任编辑：李树林
印　　刷：北京七彩京通数码快印有限公司
装　　订：北京七彩京通数码快印有限公司
出版发行：电子工业出版社
　　　　　北京市海淀区万寿路 173 信箱　邮编　100036
开　　本：787×1092　1/16　印张：28　字数：511 千字
版　　次：2015 年 10 月第 1 版
印　　次：2021 年 8 月第 16 次印刷
定　　价：79.00 元

凡所购买电子工业出版社图书有缺损问题，请向购买书店调换。若书店售缺，请与本社发行部联系，联系及邮购电话：(010) 88254888，88258888。
质量投诉请发邮件至 zlts@phei.com.cn，盗版侵权举报请发邮件至 dbqq@phei.com.cn。
本书咨询联系方式：(010) 88254463；lisl@phei.com.cn。

序（一）

开放、高效、灵活是网络的精神象征，掌握 IP 技术的经典，能给我们工作带来安全、可靠、可控的运行内核。《网络的琴弦：玩转 IP 看监控》是宇视公司独立运营 4 周年之际分享给业界朋友们的一份心血的积累，如果像最初所设想的那样——本书能成为安防从业人员的必备工具书，并能够指引 IP 网络工程相关人士的工作，这将是对我们十余年来一直坚持 IP 技术方向的最好嘉勉。

到目前为止，视频监控发展了 20 多年，IP 化研究应用也超过 10 年。传统安防趋势清晰，不仅 IP 监控发展如日中天，甚至在进行 IT 化的演进——IP 化已经实现数字化、网络化的技术变化；IT 化则强调数据化时代，需要更多立意与格局的呈现和实践。

在这个 IP 监控的朝阳时期，业界急需适合安防从业人员的 IP 网络科普资料：紧密围绕监控业务，对相关的 IP 网络知识做深入浅出且系统完善的阐述，以便指引传统安防人员和新入行者掌握相关的 IP 网络知识，理解这些知识的应用环境，并能独立定位和解决相关的网络问题。

周工（周迪）一直专注于 IP 网络和 IP 监控，带领团队精心梳理了 IP 监控及网络的知识体系，以工具书轻松呈现。一群热爱技术、有丰富实践经验的资深工程师，从 IP 网络到 IP 监控，在本书涉及的每个部分均有扎实的积累，以团队执笔来确保每个部分的专业性。

作为一本科普读物，将庞杂的知识体系化、结构化、数据化、图表化，并用故事串联起来，使得资深专家看了愉悦，菜鸟获得知识，所有人都有启发提升。同时，本书也力求将相关知识授人以渔，清晰地解析出协议的运行原理和算法基础。

本书凝结了我们超过 10 年的 IP 网络和 IP 监控的积累与实践，希望能助推 IP 监控快速地发展，复杂的网络知识将不再是 IP 监控技术发展的障碍。

Everything over IP.

宇视总裁兼首席执行官 张鹏国

2015 年 9 月

序（二）

本人从事安防监控行业 15 年，经历了模拟监控、数字监控及网络高清时代，深知安防监控行业的"多学科交织、专业跨度大"的特点，深感需要不断学习方可跟上行业快速发展的节奏。期间最大的困惑莫过于市场上缺乏相关的参考书籍，尤其当网络监控应用迅猛发展起来之后，安防人员普遍存在的网络知识匮乏这个短板逐渐暴露出来。虽然市场上单独讲解网络知识的书籍不少，但是真正将网络与视频监控结合起来的书籍寥寥无几，而众多企业则早早意识到了这个问题，通常会有针对性地对自家员工及合作伙伴进行"小灶式"网络知识的补给。

其实安防监控从业人员对网络知识的掌握不需要过于深入，重在实用。因为 IP 网络知识体系过于庞大，每个环节都可以细分衍生更多内容，既学不完，也没必要。安防监控从业人员需要这样的网络书籍：能够进行通俗易懂的网络知识系统化科普；能够将网络知识与监控应用紧密结合起来；能够让安防人员在进行监控系统的设计、规划、安装、调试、运维时有相应的网络知识支撑；能让安防人员在听到"路由表""VLAN""NAT""生成树""组播""包转发""网络规划"等网络方面的名词时，不再瞬间感觉头大而是镇定自信，知其然且知其所以然，足矣。

如今，值得安防从业人员庆幸的是市场上终于出现了这样的一本书：这是一群曾经在 IP 网络及视频监控领域战斗过的资深大牛合力而为的诚意之作。他们精通 IP 网络知识，也了解视频监控的特点及需求，更重要的是他们能够放低身段、静下心来，利用故事、图表等通俗易懂的方式进行系统化的讲解，层层解析、逐步梳理、脉络清晰、一气呵成。更值得一提的是，通常多人合力完成一本书最大的问题是可能各说各话、缺乏灵魂，从而导致前后章节不连贯甚至上下文自相矛盾，本书虽多人合力完成，但是剑指一处、思路连贯，实属难得。

本书从 20 世纪 90 年代末的模拟监控说起，以老 U 的休闲驿站的监控需求作为实际 CASE 进行需求分析及规划设计，立意新颖、形象生动、娓娓道来。首先讲述了模拟系统和 DVR 系统的局限性，然后进行了 IP 基础的"科普"，涵盖各种 IP 通信知识点，如 IP 地址、路由表、ARP 概念、包转发、单播组播、组网、DNS、PON、PoE 及云计算、大数据等，表达方式尽量去专业化的描述而力求语言通俗、容易理解。全书行文如流水，常引共

鸣连连。

需要注意，企业人员集体合力完成的书籍，难以避免让人感觉其出发点是展示该公司的品牌、产品、解决方案或者倾销企业的价值观，这种做法在 IT 行业很常见。这种以传道授业为掩护下夹带"私货"的行为让人反感，书的权威性也定会大打折扣。读完此书之后，本人为之前的武断臆测感到愧疚，因为全书完全站在安防行业客观中立角度进行阐述，彰显大气。

编写团队在 IP 网络及视频领域的知识储备与经验沉淀，团队人员的严谨而真诚的态度，企业致力于发展我国智能网络视频监控产业的信心，注定了能够成就这样一部优秀的作品，我完全有理由相信此书能够给安防监控从业人员带来巨大的帮助，相信很多人会受益匪浅。本人也希望将来有更多的企业团队或者个人能够产生优秀的书籍，百家争鸣，百花齐放。

《安防天下 智能高清视频监控原理精解与最佳实践》作者 西刹子

2015 年 9 月 9 日

前　言

2015年春节，一位从事传统模拟监控产品销售和安装的朋友向我询问：有没一本合适的书籍，让他熟悉时下 IP 监控相关的网络知识，能独立定位和解决问题。虽然从事 IP 网络和 IP 监控十多年，我却推荐不出一本合适的教材。

其实也不奇怪，毕竟 IP 网络本身拥有一个非常庞大的知识体系，每一小块知识都足以编辑成为一本不薄的书籍。我所了解到的网络类书籍，或者偏向基础，适合作为工科类学生的教材；或者偏向专业化，针对某个专题。并且，此类网络书籍通常专注于网络知识本身，根本没有介绍与监控业务如何结合与运用，也缺少一个知识衔接的入门引导。

而另一方面，传统安防正在经历一个向 IT 化华丽转身的时期，IP 监控体系发展得如火如荼，但熟悉 IP 网络的安防工程人才却极为匮乏，业界流传着对 IP 知识的诸多误解，导致组网设计欠合理，特性运用不到位，好东西不敢用，造成了很大的浪费。

有鉴于此，我决定着手创作一本适合 IP 监控研发、工程和销售人员的 IP 网络知识科普图书，并于今年夏天以"网语者"的 ID 陆续在"通信人家论坛"上做了部分连载，受到众多网友的肯定和鼓励，也得到了大家的很多帮助。书中虚构了一个休闲驿站，业主老 U 在企业运营的过程中需要不断扩大监控系统，其间出现了诸多需求和问题。我们借这个故事对监控相关的网络知识进行了层层解析和逐步梳理，读者借此可以情景化地熟悉相关网络技术的需求背景和运用技巧。

作为一本科普读物，我们力求语言通俗，比喻形象，原理阐述深入浅出，即使非工科出身的人士也能有收获。同时，我们力争将相关知识深入阐述到位，清晰地解析协议的运行原理和算法基础。

复杂的网络知识历来被认为 IP 监控技术发展的一大障碍，我们将十多年的 IP 网络和 IP 监控的知识积累浓缩于此，希望此书能成为 IP 监控快速发展的催化剂。此书同样适合作为 IP 网络工程相关同仁的入行指引。

特别申明，本书典型配置举例部分的命令行参照 H3C 设备。

感谢杨正、王军、赵子华、赵晖、任俊峰、关春天、余剑声、杜超华、王连朝、王

状春、姚华等同事（本书编委会成员）作为各个细分领域的专家，一同精心编纂素材并分享个人的积淀；赵捷珍、刘方威、周欣如、徐锦阳、王盼、杨姣姣、何承娟、王黎黎、汪如霞、王智玉、刘静、曹璟、袁海芬等同事在审稿过程中，提出了很多非常有益于阅读的改进建议。

感谢书评的各领域资深专家：C114董事长夏旭岗先生，电子工业出版社总编辑、华信研究院院长刘九如先生，a&s《安全与自动化》杂志总经理、总编辑侍家骅先生——他们汇聚来自通信、IT、安防领域的勉励之声，也代表了我们团队的过往经历；潘国辉（西刹子）作为安防行业的科普先驱则带来诸多甘之如饴的帮助和建议。

感谢业界的同仁与合作伙伴：瑞朗总经理胡琼、迪普安全咨询部部长刘吉林、再灵电子总经理陈钢、中国移动研究员邓辉、旗瀚技术总监庄永军、三洲迅驰总经理朱峰、同方微电子技术总监丁义民、PetaWise总经理Dexter Liu、国家安全防范报警系统产品质量监督检验中心（上海）检测部主任赵贵华和副主任洪丽娟、绍兴市著名临床主任医师孔淑芬、中国电信资深销售部部长刘薇女士、岱山县财政局张连郡局长、浙江省舟山海峡杨寒冰船长、浙江克玛汽车集团总裁宁春先生等众多朋友在工作中给予直言不讳的指导和建议。

感谢学界的学者与专家：公安部第一研究所副所长陈朝武、全国安全防范报警系统标准化技术委员会（TC100）秘书长施巨岭和副秘书长张跃、东南大学孙庆鸿教授和陈南教授、上海交通大学朱向阳教授、浙江省资深刑侦专家李祥如先生、国际注册信息系统安全专家（CISSP）浮欣、宇视科技资深测试专家叶倩燕和刘洋、宇视科技研究院资深专家徐爱华、浙江省资深交通专家於兰妮警长、宇视科技公共关系部部长赵辉女士、宇视科技知识产权部部长韩建建、中国人民公安大学赵兴涛教授、浙江大学谢磊博士、中国人民大学新闻学院匡文波教授、中国矿业大学教授王汝琳、中国传媒大学教授杨磊、东南大学教授朱壮瑞、江苏警官学院犯罪心理生理测试中心高级测谎咨询师李一徐、上海机场边检站旅检队教导员李警、上海同济城市规划设计研究院王建华博士等老师，给予我们进步的理论力量。

感谢一线实战的老兵：谢会斌、邵冬珺、曾文彬、周斌、姚华、龚剑等奋战在IP监控事业一线的专家，他们在各个项目交付中积累、总结的实践轨迹汇成技术理论最有力的实证，并给予我们在网络和安全方面工作的一如既往的支持。

感谢职业生涯中几位重要的主管:华为期间的黄波,华三期间的刘宇、李福胜,宇视期间的刘常康等同事给予了大力帮助和指导;感谢宇视董事长郑树生先生、CEO 张鹏国先生给予了充分的信任。

感谢我的家人:国浩律师(杭州)事务所李燕律师和周子容小朋友,给予了我时间上的充分眷顾。

感谢杭州和滨江给予我们最好的馈赠:本地人可能对杭州周边的一切享受习以为常,但初来者尤其感触这儿一流的环境——城市景区没有边界,躺倒在路边溪径,就能享受花香虫鸣;随手指一个山头,定有隋唐古寺;公厕敞亮,而且是龙泉窑鱼洗;40 家免费博物馆可比肩北京,而荟萃学术大拿;大街永远干净,24 小时环卫保洁……这座城市的底蕴与现代,使得它特别适合做研究开发的基地。

感谢生命中所有的贵人馈赠我的一切!

宇视首席网络科学家 周 迪
2015 年夏

目 录

1 第1章 老U的驿站监控

初遇监控 / 2

    模拟监控 / 2

    数字监控 / 3

IP监控改造 / 7

    网络摄像机 / 7

    网络硬盘录像机 / 8

以太网与交换机转发 / 11

    以太网 / 11

    转发原理 / 12

互联网与分层 / 13

IP与ARP解析 / 16

    IP地址 / 17

    ARP解析 / 17

    免费ARP / 19

    触发机制 / 20

VLAN / 22

    VLAN基础 / 22

    交换机处理 / 23

    组网实战 / 24

    VLAN基本配置典型实例 / 25

以太风暴与生成树协议 / 27

    以太风暴 / 27

    生成树协议 / 30

    生成树基本配置典型实例 / 36

路由表与路由转发 / 40
  路由表 / 40
  路由转发 / 41
  三层交换 / 45
  三层交换机基本配置典型实例 / 47

视频码流与突发 / 49
  基本概念 / 50
  突发与缓存 / 52
  解决方案 / 53

WLAN / 55
  无线技术 / 55
  无线组网 / 57
  信道干扰 / 58

PoE / 60
  PoE 原理 / 60
  供电模式 / 61
  功率限制 / 62
  PoE 基本配置典型实例 / 63

PLC / 64
  PLC 简介 / 65
  PLC 的历史和工作原理 / 65
  PLC 应用场景 / 65
  PLC 监控方案介绍 / 67

69 | 第 2 章
老 U 的远程监控

典型宽带上网架构 / 70
  ADSL 宽带 / 70
  PPPoE 原理 / 72

DHCP 原理 / 73

DNS 原理 / 76

DNS 高级特性 / 79

NAT / 82

NAT 基础 / 83

NAPT / 85

NAT 映射表项与静态映射 / 86

不同类型的 NAT / 87

ALG / 92

UPnP / 95

DDNS / 100

互联网 DDNS 方案 / 100

安防 DDNS 方案 / 103

P2P / 105

P2P 基本概念 / 105

多层 NAT 穿越 / 106

无法"打洞"的 NAT 组网 / 114

云端复制与 CDN / 119

媒体转发服务器 / 119

内容分发网络 / 120

第 3 章
老 U 的连锁监控

互联规范 / 125

GB/T 28181 / 125

ONVIF / 132

SDK / 136

QoS / 138

流量分类 / 140

拥塞管理 / 144

拥塞避免 / 148

流量监管 / 150

流量整形 / 151

QoS 实施 / 152

QoS 基本配置举例 / 153

监控存储基础 / 155

硬盘基础 / 155

硬盘接口技术 / 158

RAID 技术 / 163

常见存储架构 / 175

网络存储的主要协议 / 177

iSCSI 与 FC / 179

集中存储或分散存储 / 180

监控存储方案 / 182

直存方案 / 182

缓存补录 / 185

双直存方案 / 186

N+M 备份方案 / 187

路由协议 / 189

路由基础回顾 / 189

路由表 / 193

静态路由 / 197

动态路由概述 / 200

RIP / 200

OSPF / 211

IS-IS / 222

BGP / 233

网络互联/VPN / 242

什么是 VPN　/ 242

GRE　/ 246

L2TP　/ 250

IPsec　/ 255

SSL VPN 隧道　/ 261

其他 VPN　/ 267

274 | 第 4 章
小 U 的行业监控

接入技术　/ 275

普通以太网接入　/ 275

普通长距离以太网接入　/ 281

双链路上行的高可靠接入　/ 282

光电串接接入技术　/ 288

以太环网　/ 290

EPON 接入技术　/ 296

EoC 接入技术　/ 302

核心网 RPR　/ 306

RPR 环概述　/ 306

RPR 的拓扑发现机制　/ 309

RPR 的故障响应方式　/ 310

RPR 与 RRPP 的异同　/ 313

RPR 技术在视频监控中的应用　/ 313

组播　/ 315

组播概述　/ 315

组播地址机制　/ 318

组成员关系管理　/ 321

组播路由协议　/ 330

组播监控应用　/ 343

安全防范 /351

　　网络攻击 /351

　　应用层攻击 /354

　　网络防护设备 /360

　　认证接入 /366

系统可靠性 /383

　　VRRP /383

　　双机和 N+1 /388

　　堆叠 /392

IPv6 /397

　　IPv6 地址表示 /398

　　ICMPv6 /401

　　DNS /402

　　IPv6 和路由协议 /402

　　IPv4 与 IPv6 兼容技术 /402

云存储与虚拟化 /411

　　云存储概念 /411

　　云存储架构 /411

　　U 厂商云存储介绍 /413

　　虚拟化 /416

大数据 /421

　　大数据概念、意义 /421

　　大数据特征、原理 /421

　　大数据在视频监控中的应用 /427

431 后　记

第1章
老U的驿站监控

> 谁绿柳堤岸沉思伫立,
> 谁西子湖中桨来篙去,
> 谁嫣然回眸红尘相遇,
> 谁兀自神伤茫然失绪……
> 都在我的视界里。

初遇监控

20 世纪 90 年代末，不甘沉湎于波澜不惊的生活的老 U 选择了下海自主创业，利用自己的微薄积蓄在杭州风景秀丽的虎跑路旁开了一家自助休闲的驿站，供顾客喝茶、打牌、社交。

一天下午场歇时分，冬日的霞光透过南高峰浓郁的树林铺满整个阳光茶房。斑驳的光柱里冲进来一位神情焦虑的中年人，他是中午在此喝茶的顾客，刚才上公交车时突然发现丢失了钱包。虽然顾客没有坚持认定钱包丢失在驿站，但老 U 还是很难过，不仅替顾客，也替自己。

经过一宿慎重的考虑，老 U 决定给自己的驿站安装监控。当东方出现了一道红霞的时候，老 U 出发了，直奔经常在茶房喝茶的熟客老 K 开的小店。老 U 记得之前他们闲聊的时候，老 K 曾建议他安装一套监控系统，当时他还不以为然。

找到老 K 后，老 U 简单描述了昨天顾客在驿站发生的事情，请老 K 给他介绍一套适合驿站的监控系统。老 K 微笑着点点头："监控的重要性一般都是在事情发生后才会引起大家的关注。既然你来了，我就向你简单介绍下视频监控发展的历程，然后再为你推荐适合的监控系统。"

轻轻抿了一口绿茶后，老 K 开始娓娓道来。

模拟监控

视频监控发展的历程经历了模拟视频监控阶段和数字视频监控阶段。模拟视频监控开始于 20 世纪 70 年代，又称为闭路电视监控系统，CCTV（Closed Circuit Television）。该视频监控技术主要以模拟设备为主，一般由视频信号采集、信号传输、切换和控制，以及显示与录像这几部分组成，如图 1-1 所示。

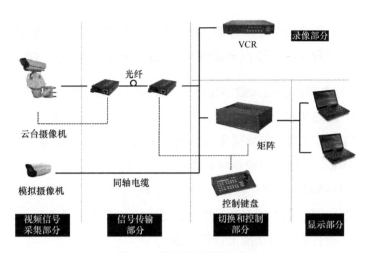

图 1-1 模拟视频监控系统

视频信号采集部分：一般由"模拟摄像机＋云台系统"构成，主要完成图像采集的功能。

信号传输部分：主要包括各类线缆及连接器、信号收发器和信号放大器，负责将摄像机的电信号传输到矩阵主机或显示与记录设备，并将矩阵主机（控制终端）的控制信号反向发送给视频采集设备。

切换和控制部分：监控系统的核心，主要包括矩阵、控制键盘等，主要功能是进行视频录像的切换及前端设备的控制。其核心设备是模拟视频矩阵，一个矩阵包括视频切换部分和控制部分，可同时接入多路视频信号并根据控制单元的选择输出到监视器等显示设备。矩阵一般可以外接控制键盘，用于前端摄像机的控制，如云台转动等。

显示部分：主要由监视器、画面分割器等显示设备构成，用来显示摄像机传输过来的视频信号。

录像部分：所有监控点的视频图像一般都会要求存储下来，保存一段时间以用于事后取证等目的。最初的视频图像存储主要采用盒式磁带录像机（Video Cassette Recorder，VCR）进行磁带存储。

这样就完成了一套模拟监控系统的监（监视）、控（控制）、查（查询）、管（管理）几大核心功能。

数字监控

VCR 磁带存在很多问题：易受潮、粘连，占用空间大；图像质量差，实时性不好；

存储容量非常有限,更换磁带很不方便;磁带不利于长期保存;视频检索的效率十分低下;等等。于是便出现了数字硬盘录像机(Digital Video Recorder,DVR)。

DVR 的出现标志着监控进入数字化时代。DVR 起始于 20 世纪 90 年代,实质是集音视频编码压缩、网络传输、视频存储、远程控制、界面显示等各种功能于一体的计算机系统。DVR 的主要组成是视频采集卡、编码压缩程序、存储设备、网络接口及软件体系等。通过 DVR,可将模拟视频转换为数字信号进行压缩编码,实现了视频的数字存储。由于 DVR 能够实现数字化存储,很好地解决了 VCR 易受潮、粘连、难于长期保存、占用空间大等问题,在视频存储、检索、浏览等方面实现了飞跃,后期继而在网络支持、虚拟矩阵、软件应用等功能上获得加强。

DVR 常见的部署方案有"模拟矩阵+DVR",以及纯粹以 DVR 作为核心实现虚拟矩阵。前者也称为"模数结合方案",由矩阵完成实时监控功能,DVR 负责视频图像的存储和检索;后者则由 PC 式或嵌入式 DVR 同时负责小规模路数输入视频的实时监控功能与视频图像的存储和检索。

数字视频监控系统如图 1-2 所示。

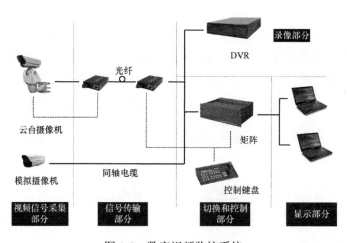

图 1-2　数字视频监控系统

数字视频监控系统的显著优势在于充分发挥了计算机技术的功能,为用户提供了更人性化的预览和管理方式,在诸多方面解决了模拟矩阵技术无法解决的难题。该系统的显著特点有:

(1)视频、音频信号的采集、存储为数字形式,质量和实时性比磁带存储更好;

（2）存储的数字化，大大提高用户对录像信息的处理及查询能力；

（3）向下兼容，可实现对模拟监控产品的升级改造；

（4）硬盘录像系统功能的网络化及光端机的出现解决了视频图像远距离传输的问题，使人们对远距离、大范围监控，以及视频资源共享的迫切需求得到了满足；

（5）嵌入式硬盘录像系统的出现为用户提供了更高的可靠性、更简易的安装方式，使其得到广泛的应用。

这时，老 K 对老 U 笑了笑："我想你现在已经有自己的选择了。"老 U 会心地一笑，当然选择了 DVR 作为核心的数字监控方案了：一台数字硬盘录像机通过几根同轴电缆一对一地分别连接几台模拟摄像机，覆盖驿站的各个茶房；而 PC 可以通过网络远程控制 DVR，实现视频图像的预览和回放，如图 1-3 所示。

图 1-3　PC 控制的 DVR 通过同轴线缆连接模拟摄像机

虽然模拟摄像机的图像分辨率只达到 CIF 级别，但是好歹可以勉强地看到一些模糊的影像，相当于 VCD 效果的录像，足以为顾客提供必要的线索，同时也为自家驿站提供一个避免纠纷的证据。

> **说明**
>
> CIF：352×288 像素
>
> 4CIF：704×576 像素
>
> D1 ：720×576 像素
>
> 720P：1280×720 像素
>
> 1080P：1920×1080 像素

C114 家园网友互动

Q： 如如 发表于2015-8-13 19:05:55

模拟视频矩阵的用处是什么？

A： 网语者 发表于2015-8-13 20:01:38

一个模拟视频矩阵包括视频切换部分和控制部分。切换部分就是实现对输入视频图像的切换输出，即将视频图像从任意一个输入通道切换到任意一个输出通道显示；矩阵一般可外接控制键盘，用于前端摄像机的控制，如云台转动等，采用控制键盘，可实现图像切换和控制操作，达到了多路视频图像共用多台显示设备的目的。

Q： 如如 发表于2015-8-13 19:07:49

DVR相对VCR的优势有哪些？

A： 网语者 发表于2015-8-13 20:15:11

（1）磁带不易保存，是最大的缺点，DVR解决了VCR易受潮、粘连、难以长期保存、占用空间大等问题。

（2）VCR的信号易受外界噪声干扰，每次的录像播放后均会有些品质损失。由于DVR音视频信号的采集、存储为数字形式，质量较VCR存储要高，实时性也更好。

（3）DVR存储的数字化，大大提高用户对录像信息的处理及查询能力：DVR存储后的录像，可依事件、摄影机、时间等多种方式搜寻所需的录像，方便又快速。而VCR因磁带结构的限制，只能进行循序的搜寻，使用很不方便。

（4）硬盘录像系统功能的网络化及光端机的出现解决了视频图像远距离传输的问题，使人们对远距离、大范围监控，以及视频资源共享的迫切需求得到了满足。

（5）嵌入式硬盘录像系统的出现为用户提供了更高的可靠性、更简易的安装，使其得到广泛的应用。

IP 监控改造

经过几年的苦心经营，老 U 的休闲驿站以其优质的服务和良好的口碑在同行中脱颖而出，日渐上升的客源使得休闲驿站经常是一座难求。趁着红火的势头，老 U 决定扩大经营，兼并了附近的几家门面。自然，监控的部署也是必不可少的。

然而，不爽的事情出现了：新扩的茶房每新增一个摄像机都需新拉一根同轴线缆接到 DVR 所在的机房，施工成本按照线缆的长度计算，十分不划算。

"世间安得双全法，不负如来不负卿？"但 IT 的世界里还真有"双全法"。那时"度娘"还没有出世，但 BBS 已经开始流行。经过一番线上交流和电子市场淘宝，老 U 发现一个叫 IP 监控的方案可以化解这个难题：将录像机和摄像机分别更换成网络硬盘录像机（Network Video Recorder，NVR）和网络摄像机（IP Camera，IPC），通过一种叫以太网交换机的设备用网线将它们连接起来；只要把交换机放在茶房，从机房到茶房就只需要拉一根网线即可。为了验证自己的想法，老 U 又向老 K 详细请教了一番。作为多年的朋友，老 K 自然不吝相教。

网络摄像机

网络摄像机，也叫 IP 摄像机，即 IP Camera，简称 IPC。IPC 是 IP 视频监控系统的前端采集及处理设备，主要完成原始视频的采集和压缩，并通过网络传输到后端的存储和管理设备。IPC 一般由镜头、图像传感器、声音传感器、A/D 转换器、音视频编码控制器、网络服务器、外部报警、控制接口、电源适配器等部分组成。

IPC 是模拟摄像机与网络视频技术相结合的新一代产品，除了具备一般模拟摄像机所有的图像捕捉功能外，机内还内置了数字化压缩控制器和基于 Web 的操作系统，使得视频数据经压缩加密后，通过局域网、因特网（Internet）或无线网络送至终端用户。而且终端用户可在自己的 PC 上使用标准的网络浏览器或者管理软件，根据网络摄像机自带的独立 IP 地址，对网络摄像机进行访问，实时监控目标现场的情况，并可对图像资料进行分析和存储。另外还可以通过网络来控制摄像机的云台和镜头，通过输入输出接口实现报警输入及联动控制，进行全方位监控。

IPC 较模拟摄像机而言，优点多多。

易安装

直接通过网线连接到网络，并分配 IP 地址。一条标准的网线可同时传输多路图像；

而一根同轴电缆一次只能为一台模拟摄像机传输视频信号。

易用性和安全性好

内嵌图形用户界面（Graphical User Interface，GUI，又称图形用户接口），可通过 IE 访问和配置管理；为安全起见，存储硬盘可安装在远程位置。而模拟摄像机不能单独访问和配置管理，且因传输线的限制，通常硬盘录像机必须放置在摄像机附近，这可能会使未授权的人获取或破坏录像。

图像清晰度高

网络摄像机发送的图像信号已经由内部集成的图像数字处理模块进行数字化处理，通过网络数字化传输，图像信号完全不受环境干扰，能最大限度地保证图像的清晰度。同时，网络摄像机以网络协议发送图像信号，每路图像信号根据协议采用不同的数字通道传输，各路图像信号完全隔离。而传统模拟摄像机，由于输出的为模拟信号，在传输过程中极易受到环境干扰信号的影响，特别在电梯内、厂矿动力设备环境下，模拟图像信号受干扰极易发生。常见的图像干扰主要表现为横条、水平滚动、扭曲、无彩色等等。此外，多路模拟图像视频采用视频矩阵混合容易发生图像不稳定、串图像、不同步等互相干扰的情况。

组网灵活、成本低、扩展性强

网络摄像机通过现已广泛应用的网络设备连接，接入设备（网络交换机、路由器、网线供电等）一致性和通用性好，成本低。网络摄像机仅需要一条网线到达摄像机端，即可完成所有功能（包括云台控制、报警输入输出联动、音频传输等），采用网络供电型的网络摄像机还可通过网线实现远端集中供电，不需要增加电源布线。每个监控点的功能升级调整只需要加装网络摄像机即可完成，大大提高了组网的灵活性，降低了后期维护成本。而传统模拟摄像机为传输图像需要布同轴电缆，为克服电源干扰需要布电源线集中供电，为控制云台需要布控制线，为传输语音需要布音频线，为接入报警需要布报警线。每个监控点的功能升级调整不但要加装监控点设备，还需要重新增加布线，组网灵活性大大降低，后期维护成本较高。

网络硬盘录像机

NVR 相对于 DVR 而言，其核心优势主要体现在网络化。在 NVR 系统中，中心部署 NVR，前端监控点部署 IPC，监控点设备与中心 NVR 之间通过网络相连。监控点视频、音频，以及告警信号经 IPC 数字化处理后，以 IP 码流的形式上传到 NVR，由 NVR 进行集中录像存储、管理和转发。NVR 不受物理位置制约，可以在网络任意位置部署。NVR 实质是个"中间件"，负责从网络上抓取视频音频流，然后进行存储或转发。因此，NVR 监控方案是完全基于网络的全 IP 视频监控解决方案，基于网络系统可以任意部署及后期扩展，是比其他视频监控系统架构（模拟系统和 DVR 系统）更有优势的解决方案。

NVR 较 DVR 具有以下优点。

布线简单

因 DVR 采用模拟前端，即模拟摄像机，中心到每个监控点都需要布设视频线、音频线、报警线、控制线等诸多线路，稍不留神，哪条线出了问题还需一条一条进行人工排查，因此布线的工作相当烦琐。并且，工程规模越大则工作量越大，布线成本也越高。对比 DVR，在 NVR 系统中，中心点与监控点都只需一条网线即可进行连接，免去了上述包括视频线、音频线等在内的所有烦琐线路，成本的降低也就自然而然了。

易部署与扩容

传统嵌入式 DVR 系统连接的是模拟摄像机，采用模拟方式互联，因受到传输距离以及模拟信号损失的影响，监控点的位置也存在很大的局限性，无法实现远程部署；而 NVR 作为全网络化架构的视频监控系统，监控点设备与 NVR 之间可以通过网络互联。因此，监控点可以位于网络可达的任意位置，不会受到地域的限制。

录像存储多样性

DVR 的录像、存储功能即使很强大，但其发挥完全受制于其模拟前端，即 DVR 无法实现前端存储一旦线路出现故障，录像资料就无从获取了；NVR 产品及系统可以支持中心存储、前端存储，以及客户端存储三种存储方式，并能实现中心与前端互为备份，一旦因故导致中心不能录像时，系统会自动转由前端录像并存储。在存储的容量上，NVR 支持配置大容量硬盘，并提供各种接口，例如硬盘接口、网络接口、USB 接口等，可满足海量的存储需求。

集中管理

NVR 监控系统的全网管理应当说是其一大亮点，它能实现传输线路、传输网络，以及所有 IP 前端的全程监测和集中管理，包括设备状态的监测和参数的浏览；而 DVR 同样又是因其中心到前端为模拟传输，从而无法实现传输线路，以及前端设备的实时监测和集中管理，当前端或线路有故障时，要查找具体原因非常不便。

获得了老K的肯定，老U便请电工师傅在机房和新扩的茶房之间拉了两根网线，一根用于传输，另一根作为备份暂时闲置着，轻松地解决了联网问题。再考虑到"NVR+IPC"的IP监控方案相对于DVR系统具有如此众多的好处，干脆淘汰DVR和模拟摄像机，全线升级成"NVR+IPC"的全数字解决方案，如图1-4所示。

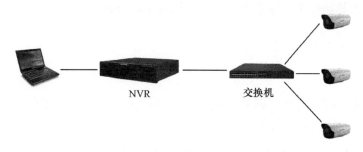

图1-4　交换机通过网线连接NVR和IPC

家园网友互动

Q：如如　发表于2015-8-13 19:09:06

网络摄像机可提供哪些功能？

A：网语者　发表于2015-8-13 20:33:33

（1）IPC是模拟摄像机与网络视频技术相结合的新一代产品，除了具备一般模拟摄像机所有的图像捕捉功能外，机内还内置了数字化压缩控制器和基于Web的操作系统，使得视频数据经压缩加密后，通过局域网、Internet或无线网络送至终端用户；

（2）远端用户可在自己的PC上使用标准的网络浏览器或者管理软件，根据网络摄像机自带的独立IP地址，对网络摄像机进行访问，实时监控目标现场的情况，并可对图像资料进行分析和存储；

（3）用户可通过网络来控制摄像机的云台和镜头，通过输入输出接口实现报警输入及联动控制。

Q：如如　发表于2015-8-13 19:24:51

NVR系统中，音视频流的传输过程是怎样的呢？

> A：网语者 发表于2015-8-13 20:38:45
>
> 在 NVR 系统中，中心部署 NVR，前端监控点部署 IPC，监控点设备与中心 NVR 之间通过网络相连。监控点视频、音频及告警信号经 IPC 数字化处理后，以 IP 码流的形式上传到 NVR，由 NVR 进行集中录像存储、管理和转发。

完成监控改造的老 U 一时成就感满满，但他很好奇：NVR 是怎么从一根网线上区分来自不同 IPC 的视频流，又是如何将点播请求发送给相应的 IPC 呢？

以太网与交换机转发

同轴线缆互联常见的低成本方案是采用转接器进行物理连接，此时来自多个模拟摄像机的模拟视频信号就会相互产生干扰，导致 DVR 无法进行有效区分，所以通常不会用同一根同轴线缆传输多路模拟视频——当然，这并不是说没有技术可以解决这个问题，方案很多，却不经济，一般只有在历史模拟监控项目的高清改造时才会考虑。模拟监控逐渐被历史淘汰的另一个重要原因是，以太网和 IP 技术的生命力和发展潜力已经获得了通信界的一致认同，并在后续的历史进程中不断焕发出蓬勃的生机。

以太网

以太网（Ethernet）常见的线缆有双绞线（即常说的"网线"）和光纤两种，前者通信采用电信号，后者通信采用光信号。以太网是一种分组通信技术，这个分组叫"以太帧"，它负责承载各种数据在以太网线缆中的传输，就像无数辆装载着信息段的集装箱车奔跑在高速公路上一样。

以太网交换机负责在局域网内连接各个设备：NVR、DVR、IPC、路由器、PC、服务器等。这些设备各自拥有全球唯一的 MAC 地址（Media Access Control Address），或称为硬件地址，采用十六进制数表示，共 6 字节（48 位）。其中，前 3 字节（高位 24 位）是厂家的标识符，后 3 字节（低位 24 位）由厂家自行指派给所生产的设备。例如：

"48:EA:63:0E:B7:BF"，其中"48:EA:63"是浙江宇视科技有限公司的标识符，该设备由宇视科技生产。任何一个设备往其他设备发送以太帧，都需将自己的 MAC 地址写在以太帧的源地址信息中，将目的设备的 MAC 地址写在以太帧的目的地址信息中。

转发原理

交换机怎么知道该指引一个特定的以太帧往哪个或哪些端口转发呢？交换机内部存在一个 MAC 地址表，如图 1-5 所示，每个表项至少包含 MAC 地址和设备端口号。转发原则是：如果该表中存在该以太帧的目的 MAC 地址，则引导该帧往这个表项所对应的端口转发出去；如果不存在，则往入端口之外的所有其他端口进行复制转发。

```
<s7502E-1>display mac-address
MAC ADDR         VLAN ID  STATE          PORT INDEX              AGING TIME(s)
0000-0000-0006   1100     Config static  GigabitEthernet2/0/3    NOAGED
0001-2828-0800   1100     Learned        GigabitEthernet2/0/33   AGING
```

图 1-5　MAC 地址表

从图 1-5 可知，当交换机 s7502E-1 收到一个目的地址为 0000-0000-0006 的以太帧，发现 MAC 地址表中存在该地址所对应的 MAC 表项，表项中的端口号为 GigabitEthernet2/0/3，则引导该以太帧从该端口转发出去。

> **说明**
>
> 这个原则适用于最常见的单播帧和广播帧，而组播帧的处理有些复杂，后续谈到组播时再细聊。关于单播、组播和广播的概念，我们将在"IP 地址"和"ARP 解析"这两节中详细阐述。

交换机有一个叫作"源（MAC）学习"的关键特性：任何一个以太帧进入交换机，交换机都会记住该帧的源 MAC 地址，并将该 MAC 地址和入端口号绑定记录在 MAC 地址表里，今后若收到目的地址为该 MAC 地址的以太帧，交换机就知道该指引它往该端口转发了。例如，交换机从端口 GigabitEthernet2/0/33 收到一个源地址为 0001-2828-0800 的以太帧，就生成一个 MAC 地址表项，包含该 MAC 地址和该端口，如图 1-5 所示。

交换机的原理是不是非常简单？我们再稍微扩展一下。MAC 表项通常还具备另外两个属性：老化时间和状态。因为交换机的表项容量有限，所以暂时不用的 MAC 表项应该及时清除，以节省表项空间，这就需要设置一个表项的存活期，即"老化时间"——H3C 设备通常默认设置为 300 秒，300 秒内若无对应源 MAC 地址的以太帧进来，表项就会被删除,否则存活期会被刷新回300秒。既然有动态的源(MAC)学习机制,自然也可以通过手工静态配置MAC表项,"状态"这个字段就用来指明该表项源自动态学习还是静态配置,静态配置的表项没有老化时间。两个属性的示例可参见图1-5。

> **说明**
>
> 现在大部分交换机的MAC表项都有VLAN ID这个重要属性,我们留到后面讲述VLAN时再详细阐述。

交换机的基本原理清楚了,老U的疑问也就释然了:来自各个IPC的各路视频被分拆成一个个小包(即所谓的"分组"),分别一个个装载进以太帧并标记好源和目的MAC地址(即所谓的"封装"),然后由交换机送往NVR,反过来,NVR向各个IPC发送报文的过程也是一样,由于采用的是分组技术,各自的包裹各自收,肯定错不了。

> **C114 家园网友互动**
>
> Q:如如 发表于2015-8-14 09:12:59
>
> 当交换机收到一个目的MAC在本地找不到的以太帧时,会如何处理?
>
> A:网语者 发表于2015-8-14 09:18:58
>
> 通常情况下,如果目的MAC在本地找不到,就会以广播的方式往所有端口转发。

不枉一番努力。老U心满意足地泡了杯龙井茶,对着D1分辨率的清晰画面,慢慢地品味起这明前新茶的芳香和杭城特有的满园春色。

曼妙的雾气让他突然产生一个疑问:IPC将报文发给NVR时需将NVR的MAC地址填写在以太帧的目的地址字段中,但它怎么知道NVR的MAC地址呢?

互联网与分层

孤独的人生是可悲的,于是家庭诞生了;再大的家庭也就那么点人脉,于是社会诞生了:在庞大复杂的社会体系里,个人才能体现出多方面的价值。计算机也是一样,20 世纪 80 年代为了实现资源共享,人们决定将单体计算机组建成网络;到了 20 世纪 90 年代,人们不再满足于这样的局域网,决定将网络联网组建成网络的网络,于是出现了因特网(Internet)。

由于局域网的技术纷繁多样,除了现在占主流的以太网之外,历史上还有各种其他网络技术,相应地,硬件地址也不一定是 MAC 地址了。于是便产生了路由器,由路由器来负责连接这些网络。这就意味着,每个局域网内部的信息传输有自己的链路层地址系统,且仅在该局域网内部有效,跨局域网的信息传输就需要制定一个更高层次的地址规范,来统一标记因特网中的个体设备,于是,网络的地址就出现了"分层"的需求,需要分层的,还有相应的协议处理机制。

我们常用的 TCP/IP 协议栈定义了一个五层架构:应用层、传输层、网络层、链路层和物理层,如图 1-6 所示。其中协议部分只关注上面的四层。

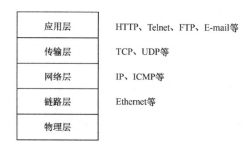

图 1-6　TCP/IP 协议栈定义的五层架构

> **说明**
>
> 开放系统互连(Open System Interconnection,OSI)参考模型定义了七层模型:物理层、数据链路层、网络层、传输层、会话层、表示层和应用层。其中会话层、表示层和应用层在 TCP/IP 协议栈中合并为应用层。

物理层指网线、光纤等物理传输媒介。

链路层主要包括操作系统中的设备驱动程序,包括网卡驱动,常与物理层传输媒介打交道。我们前面提到的以太帧和以太网交换机转发即属于本层范畴,而 MAC 地址就是链路层的硬件地址信息。

网络层主要处理 IP（Internet Protocol）报文在网络之间的选路，这一层协议包括 IP 协议、Ping 程序用到的 ICMP 协议等。

传输层主要为两台主机的应用程序通信提供传输通道的建立，常见的有传输控制协议（Transmission Control Protocol，TCP）和用户数据报协议（User Datagram Protocol，UDP）两种。TCP 协议提供可靠的传输保障机制，而 UDP 协议则不保证可靠性，传输可靠性由应用程序负责保证。

应用层负责特定应用程序的细节处理，比如录像回放的点播功能、Web 服务等。由于同一台机器会运行多个网络应用程序，为了确保不同的应用程序正确的收发和处理属于自己的报文，TCP 和 UDP 提供了端口号，在 TCP 和 UDP 头部分，有"源端口"和"目的端口"字段。不同的应用程序对应不同的端口号，例如 Web 服务通常对应 80 端口，RTSP 点播服务对应 554 端口等。IP 地址和端口号合在一起称为"套接字（Socket）"，常用的有 TCP Socket 和 UDP Socket。提供相应服务功能的主机会创建相应的 Socket，例如提供 Web 服务的主机会创建 TCP Socket 80：IP 地址+TCP 80 端口；提供 RTSP 点播服务的主机会创建 UDP Socket 554：IP 地址+UDP 554 端口——RTSP 也支持 TCP Socket。

看到这里，老 U 疑虑重重，为什么弄得这么复杂？好吧，我们来看个形象的比喻。A、B 两家公司是分别位于杭州和旧金山的知名安防公司，他们准备进行战略合作，两家公司的 CEO 需要互通公函。在这个信息爆炸瞬息万变的年代，CEO 是绝不可能亲自走路去送公函的，何况快递业现在这么发达。公函需从杭州的 A 公司总部到达旧金山的 B 公司总部，什么交通工具可以一步到达呢？目前没有，这中间需要经过杭州快递员开车上门取货，通过货车送到杭州萧山机场，然后通过飞机航空运送到旧金山国际机场，然后再通过货车送到 B 公司。至于怎么协调两地货车和飞机以保证公函的送达，那是快递公司的事情。由于公函的重要性，公司的行政部门必须跟踪确认公函的及时到达，若中间出现丢失，他们必须重新发函并与快递公司进行交涉。

过程非常完美，对不对？其实整个模型与 TCP/IP 的五层架构非常类似：公路和空中航线是物理层；两地的货车和飞机是链路层，货车只知道且负责本地区域的陆路传递，飞机只知道且负责航空传递，每个角色均不知道也不必知道其他角色范畴内的传输机制；快递公司负责协调公函从 A 公司送达 B 公司，这是网络层；两家公司的行政部门要确保公函的及时到达，这是传输层；两家公司的 CEO 只管签署公函即可，这就是应用层。协议其实就是现实社会的模型抽象，很有意思！

让我们回到真实的 TCP/IP 世界，简单浏览一下这里的运作机制。

当我们在 NVR 的人机界面上点播了一路前端 IPC 的实况视频，IPC 的视频流处理程序（应用层）对视频进行压缩编码，然后交付 TCP 发送程序；TCP 发送程序（传输层）根据实际传输状况控制报文段的大小和重传的必要性，进行 TCP 封装后交付给 IP 包发送程序；IP 包发送程序（网络层）收到 TCP 报文后再封装成 IP 包，通过查找路由表找到网关的 IP 地址和出接口，然后交付给以太帧发送程序；以太帧发送程序（链路层）通过查找 ARP 表（ARP 即 Address Resolution Protocol，地址解析协议）后完成对 IP 包的以太帧封装，从正确的网口发送出去。而 NVR 从链路层收到这个以太帧，会剥掉以太帧封装，再通过 IP 包接收程序剥掉 IP 封装，最后通过 TCP 接收程序剥掉 TCP 封装，还原出最初的视频包交给视频解码程序处理。

这个过程中，TCP 协议对发送报文段的尺寸控制和重传控制是为了保证业务数据的完整性，而 IP 包处理程序的目标是实现网络之间的信息选路和传递，以太帧处理程序的作用是为了实现局域网内的报文传输。任何一层的协议处理机制都是必不可少的。

C114 家园网友互动

Q：如如 发表于2015-8-13 18:05:39

我是监控"小白"，问个问题，路由协议属于哪一层协议？

A：网语者 发表于2015-8-13 19:27:49

路由协议本身属于应用层。

IP 与 ARP 解析

由于互联网的诞生，局域网内部的链路层地址无法充当设备的唯一性标识（链路层地址只在局域网内部有效），于是 IP 地址就站上了历史的舞台，用来唯一地标识接入互联网的设备的接口。如果一个设备具有多个接口，那么每个接口都会拥有一个 IP 地址，典型的例子是连接多个局域网的路由器，它的每一个接口都有一个独立的 IP 地址。但计算机通常只有一个接口，那它通常只有一个 IP 地址，除非特殊组网需要还会配置一些从地址。

IP 地址

IP 地址是一个 32 位的二进制数，通常用"点分十进制"表示成"a.b.c.d"的形式。其中 a，b，c，d 各占用 8 位，是 0～255 之间的十进制整数。例如：IP 地址 192.168.1.10，实际上是 32 位二进制数 11000000. 10101000.00000001.00001010。

IP 地址分为 ABCDE 五类：

A 类：0.0.0.0～127.255.255.255；

B 类：128.0.0.0～191.255.255.255；

C 类：192.0.0.0～223.255.255.255；

D 类：224.0.0.0～239.255.255.255；

E 类：240.0.0.0～247.255.255.255。

A、B、C 三类地址称为单播地址，用于标识一个接口，而目的地址为单播地址的报文称为单播报文；D 类地址称为组播地址，目的地址为组播地址的报文称为组播报文，某些启用了特定功能的接口可以收到对应组播地址的组播报文；E 类地址暂时不用；还有一个特别地址 255.255.255.255，称为广播地址，广播报文可以被所有设备接收。

IP（IPv4）地址中，有三段地址专门用于内部专网（或称为"私网"）的规划，不能被传播到互联网（与"私网"相对应，可以称为"公网"）上：A 类地址段中的 10.0.0.0～10.255.255.255，B 类地址段中的 172.16.0.0～172.31.255.255，C 类地址段中的 192.168.0.0～192.168.255.255；或表示为 10.0.0.0/8，172.16.0.0/12，192.168.0.0/16 三个网段。

ARP 解析

通过静态手工配置或应用层的协议互通，NVR 和 IPC 可以获知对方的 IP 地址——关于协议互通的详细机制与具体的联网协议相关，我们在后续讲到互联互通时再仔细阐述。

以太局域网的内部通信需要知道链路层地址，即 MAC 地址。已经知道了对方的 IP 地址，怎么才能获取对方的 MAC 地址呢？

小时候父母和老师经常教导我们，鼻子下面是啥？嘴巴啊，不清楚问就行了。

"谁的 IP 地址是 192.168.1.10（NVR 的 IP），告诉一下 MAC 地址？"IPC 对着大伙喊，这叫广播。

"嗨，来了来了，是我是我，我的 MAC 是 48:EA:63:0E:B7:BF。"NVR 对着 IPC 应答，这叫单播。

规定这个交互过程的协议叫 ARP（Address Resolution Protocol），这个过程称为地址解析。在讨论 ARP 协议之前，我们先了解下 MAC 地址的单播、组播、广播知识。

每个以太网设备都有一个唯一的属于自己的 MAC 地址，叫作单播 MAC 地址，例如 48:EA:63:0E:B7:BF，目的 MAC 为该地址的以太帧只有它才会接收。有一个特别的 MAC 地址 "FF:FF:FF:FF:FF:FF"，它对应于局域网上的所有设备，只要给这个 MAC 地址发送报文，局域网上的所有设备都会接收，这个 MAC 地址称为广播 MAC 地址。另外还有一类地址，对应于以太网上的一组特定的设备，这类 MAC 地址叫组播 MAC 地址，目的为组播 MAC 地址的以太帧，只有加入到这个组播组的设备才会接收。

> **说明**
>
> 关于组播 MAC 地址的应用，我们在后面讨论组播时再深入介绍。

当 IPC 不知道 NVR 的 MAC 地址的时候，它会发送一个 ARP 请求报文，通常是一个广播以太帧。大意是"谁知道 192.168.1.10 的 MAC 地址是多少，告诉我 192.168.1.100"，然后在发送者地址字段填上自己的 MAC 地址：48:EA:63:0E:00:01。既然不知道对方的 MAC 地址，目的 MAC 地址就填广播 MAC 地址 "FF:FF:FF:FF:FF:FF" 了。

当 NVR 收到这个报文后一看，哦，有人问我的 MAC 地址，那我就告诉他吧。然后发送一个 ARP 应答报文，通常是一个单播以太帧。大意就是 "192.168.1.10 的 MAC 地址是 48:EA:63:0E:B7:BF"，然后填上自己的 MAC 地址 48:EA:63:0E:B7:BF，目的 MAC 地址就是请求人的 MAC 地址了：48:EA:63:0E:00:01。对了，还要把对方的 IP 和 MAC 地址保存下来："192.168.1.100   48:EA:63:0E:00:01"，下一次给 IPC 发送报文的时候就不用再次询问对方的 MAC 地址了——这个存下来的表项就叫 ARP 表项，如图 1-7 所示。

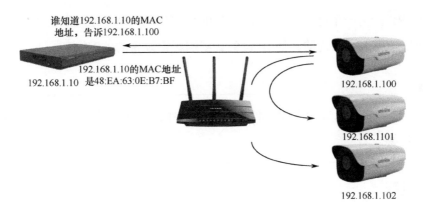

图 1-7　ARP 机制组网图

与此同时，同一局域网内的其他 IPC 也能收到该 IPC 发送给 NVR 的 ARP 请求，这些 IPC 虽然不会发送 ARP 响应，但也会把这个 IPC 的 MAC 地址和 IP 的对应关系保存下来。下次如果需要向这个 IPC 发送消息就不用再发送 ARP 请求了。

再回头看发送 ARP 请求的 IPC，在收到 NVR 的 ARP 应答报文后，自然就得到了 NVR 的 MAC 地址，于是建立了一个关于 NVR 的 ARP 表项："192.168.1.10　48:EA:63:0E:B7:BF"。

到此为止，双方的 ARP 表中都有关于彼此的 MAC 地址了。

上述的 ARP 学习过程是通过协议动态获取的，这种 ARP 表项叫作动态 ARP。为了节省表项资源，ARP 表项需要定期老化清除。相对动态 ARP，也可以手工静态配置，这种手工配置的表项叫作静态 ARP 表项。

免费 ARP

有一种特殊的 ARP 特性叫作免费 ARP（Gratuitous ARP）。免费 ARP 的过程很简单，就是明知故问，发送一个 ARP 请求报文。比如 NVR 发送的免费 ARP 就是"谁知道 192.168.1.10 的 MAC 地址，请告诉我 192.168.1.10"。这种明知故问的 ARP 有什么用呢？当设备获得了一个 IP 地址或刚开机时，为了确定自己的 IP 有没有被局域网内的其他设备占用，通常会发送一个免费 ARP 请求；如果局域网内有其他设备已用了这个地址，那个设备就会回应一个 ARP 应答，于是发送免费 ARP 的设备就会给予系统提示。例如，NVR 收到其他

设备关于它的免费 ARP 的应答,就会提示"IP 地址冲突",便于管理员进行故障排查。

免费 ARP 的另一个好处是,如果设备 IP 所对应的 MAC 地址发生了变化,发送免费 ARP 可以使得局域网内的其他 IP 设备立刻刷新该设备的 ARP 表项。

> **说明**
>
> MAC 地址发生改变的场景比较多,可能是计算机更换了网卡,也可能是主备系统发生了切换。

触发机制

通过 ARP 解析可以获取对方的 MAC 地址,原理比较简单。但是昨天老 U 碰到了一件费解的事情:开始的时候将 NVR 配成 1.1.1.1,IPC 配成 2.2.2.2,死活不通,后来在 BBS 上请教了高人,分别改配成 192.168.1.10 和 192.168.1.100 才互通成功,这是为什么呢?

我们知道,以太帧用于局域网通信,同样 MAC 地址只有在局域网内有效,所以,只有当设备认为自己与对方处于同一个局域网时,才会通过 ARP 协议请求对方的 MAC 地址,然后将报文直接或通过二层交换机发送给对端设备,这个过程叫二层转发。否则,设备就不会将报文直接发送给对方,而是将报文发送给一个叫"网关"的设备,即前面提到的路由器,由网关转发给处于另一个局域网的目的设备,这个过程叫三层转发。

设备怎么判断对方是否与自己在同一个局域网呢?

一个 IP 地址可以分解为网络地址和主机地址,网络地址和主机地址的划分是由"地址掩码"决定的。地址掩码为 32 位,由一串 1 后面跟随一串 0 组成,其中 1 表示 IP 地址中的网络地址对应的位数,而 0 表示 IP 地址中主机地址对应的位数。掩码可以用点分十进制表示,例如点分十进制的掩码 255.255.255.0,实际上是 32 位二进制数 11111111.11111111.11111111.00000000;掩码也通常用长度值来表示,即值为 1 的位的数量,例如掩码 255.255.255.0 用掩码长度来表示就是 24。

当我们配置计算机的 IP 地址时,除了配置 IP 地址本身,同时需要配置地址掩码。例如,配置主机地址为 192.168.1.10,掩码为 255.255.255.0,或这样表示为 192.168.1.10/24。

网络地址相同的两个 IP 地址,称它们处于同一网段,即处于同一局域网。但由于报文的发送方并不知道对方的地址掩码，所以实际的处理方法是：将对方的 IP 和自己的掩码相与，若结果与自己的网络地址相同，就认为处于同一网段。例如，A 主机的地址为 192.168.1.10/16，B 主机的地址为 192.168.1.100/24，则 A 会认为 B 与自己在同一网段，因为 192.168.1.100 与 A 的 16 位掩码相与的结果为 192.168.0.0，刚好是 A 的网络地址；B 也会认为 A 与自己在同一网段，因为 192.168.1.10 与 B 的 24 位掩码相与的结果为 192.168.1.0，刚好是 B 的网络地址。所以它们俩会进行二层转发。又比如，A 主机的地址为 1.1.1.1/24，B 主机的地址为 2.2.2.2/24，则 A 不会认为 B 与自己在同一网段，因为 2.2.2.2 与 A 的 24 位掩码相与的结果 2.2.2.0 不是 A 的网络地址；B 也不会认为 A 与自己在同一网段，因为 1.1.1.1 与自己的 24 位掩码相与的结果 1.1.1.0 不是 B 的网络地址。所以它们不会去发送 ARP 报文解析对方的 MAC 地址，而是各自去寻找网关，去解析网关的 MAC 地址，走三层转发流程。

C114 家园网友互动

Q：hurryliao 发表于 2015-8-13 17:24

1.1.1.1 和 1.1.1.5 是同一网段的吗？

A：网语者 发表于 2015-8-13 17:38

不能确定。在早期的协议中，1.1.1.1 是属于 A 类地址，A 类地址的掩码长度是 8 位。因此这两个地址是属于同一网段。但是，现在的网络都实现了无类别域间路由（Classless Inter-Domain Routing，CIDR），这两个地址是否位于同一网段还需要依赖掩码长度来确定。如果掩码长度是 30，那么这两个地址就不属于同一个网段了。

Q：westbuke 发表于 2015-8-13 17:39

一个接口只能有一个 IP 地址吗？

A：网语者 发表于 2015-8-13 18:28

取决于操作系统，一个物理接口完全可以有多个 IP 地址。

感觉学有所成的老 U 点了支雪茄，悠哉地坐到监控屏幕前面，看着客人们在各个茶房聊天喝茶。突然，图像上的人影跳动了起来，视频不像原先那么顺畅了；同时，办公室传来玩游戏的老婆的尖叫声："电脑中病毒了……"

VLAN

老 U 喊来驿站的网管，网管发现中毒的电脑疯狂地发送着广播报文，冲击了连接在同一个交换机上的 NVR，导致 NVR 的 CPU 负荷过重，严重影响视频解码的效果。为了避免今后再出现电脑中毒影响监控系统的事件，老 U 决定另买一台交换机，把办公电脑和监控系统隔离。所谓"物以类聚，人以群分"，好学又实在的老 U 结交的也是同样好学又实在的网管。网管说：不需要浪费那个钱，在交换机上做一下 VLAN 划分，把办公电脑和监控系统划归到不同的 VLAN 就行了。

为什么划分了 VLAN 就可以避免相互影响呢？

VLAN 基础

VLAN（Virtual Local Area Network）即虚拟局域网，顾名思义，就是在交换机上虚拟出不同的局域网，不同的 VLAN 相互隔离，使得报文无法进行二层转发。如图 1-8 所示，交换机上划分了黑、白两色识别的不同的 VLAN——在实际使用中则是用"VLAN ID"来区分的。不同的 VLAN 相当于不同的几台交换机。

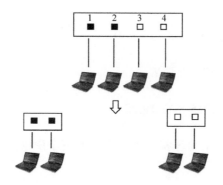

图 1-8　VLAN 划分

> **说明**
>
> VLAN 提出的初衷是为了限制广播域。在网络中充斥着大量的广播报文，很多协议都会定期发送广播报文，如 ARP、DHCP、RIP、NetBEUI、Apple Talk 等；目的 MAC 在交换机上不存在的单播报文（称为未知单播），也会被交换机以广播的形式转发。广播报文会被连接在交换机上的所有设备收到，干扰这些设备的 CPU 的工作，影响系统的正常业务处理性能。通过划分 VLAN，VLAN 内部的设备产生的广播报文就会被限制在该 VLAN 内部，不会影响其他 VLAN 内的设备，从而大大降低广播报文的影响范围和频度。

交换机对于以太帧的转发控制是基于 VLAN 标签（VLAN Tag）来实现的，VLAN 标签被嵌入在以太帧的头部。标签中最重要的属性是 VLAN ID，用于标识该以太帧属于哪个 VLAN。用户通常可以配置的 VLAN ID 为 2~4094（0 和 4095 都为协议保留值，1 为系统默认 VLAN）。

交换机处理

为了划分 VLAN，交换机首先需要配置各个端口所属的默认 VLAN ID。当一个不带 VLAN 标签的以太帧从某个端口进入交换机，就会被打上该端口所属的默认 VLAN ID。这个默认 VLAN ID 称为该端口的虚拟局域网 ID（Port-base VLAN ID，PVID），或者说，该端口是该 VLAN 的访问（Access）端口。该端口允许带着该 VLAN 标签的以太帧进入，而当带着该 VLAN 标签的以太帧从该端口出去后，VLAN 标签就会被剥离。

一个端口是不是只允许 VLAN 标签为自己所属的 PVID 的以太帧进出呢？倒也不是。但一个端口若要允许带着其他 VLAN 标签的以太帧进出，就需要配置"汇聚"(Trunk)对应的 VLAN，或者说，该端口是该 VLAN 的 Trunk 端口。这样，这个端口也允许带着被"Trunk"的其他 VLAN 标签的以太帧进入该端口，但带着该 VLAN 标签的以太帧从该端口出去后，VLAN 标签却不会被剥离。

除了 Access 端口和 Trunk 端口之外，还有一个混合（Hybrid）端口。相对于 Trunk，当一个端口 Hybrid 某个 VLAN 时，可以指定带有该 VLAN 标签的以太帧出去后是否继续携带 VLAN 标签。

需要说明的是，很多计算机、服务器、NVR、DVR、IPC 等主机都并不支持带有

VLAN 标签的以太帧的接收和发送，所以必须保证以太帧在离开交换机前往主机时将 VLAN 标签剥离。

组网实战

理解网络知识的最好方法是组网实验，我们来看一个典型的例子。假设在图 1-9 中，需要将不同楼层的 A、C 和 B、D 分别划分到黑色 VLAN 和白色 VLAN。首先，交换机 1 和交换机 2 上分别配置两个 VLAN，并配置连接 A 和连接 C 的端口的 PVID 为黑 VLAN，连接 B 和连接 D 的端口的 PVID 为白 VLAN。

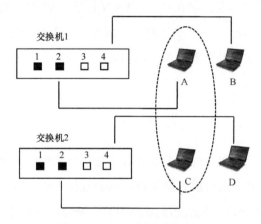

图 1-9　VLAN 划分实例图 A

问题在于，交换机 1 和交换机 2 该如何连接呢？最简单的方法，自然是在交换机 1 和交换机 2 上各设一个黑、白 VLAN 专用的接口并互连，如图 1-10 所示。

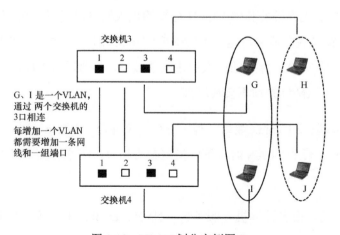

图 1-10　VLAN 划分实例图 B

但这个办法显然不好，如果再多配置几个 VLAN，交换机用于互联的端口就不够用了。这时 Trunk 端口就有用武之地了：交换机互联只各用一个端口，让该端口同时 Trunk 黑 VLAN 和白 VLAN，一切轻松搞定，如图 1-11 所示。

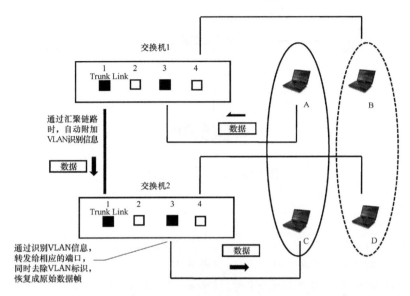

图 1-11　VLAN 划分实例图 C

让我们来一次以太帧的 VLAN 之旅：A 发出的以太帧不带 VLAN 标签，进入交换机 1 之后被嵌入黑 VLAN 的标签，由于互联的端口 Trunk 了黑 VLAN，所以该以太帧可以带着标签出来；到了交换机 2，因为互联端口 Trunk 了黑 VLAN，所以顺利进入了交换机 2，继而从连接 C 的端口出来，由于连接 C 的端口 Access 了黑 VLAN，标签被剥离；最后以太帧到达 C。

从上面的组网可以看出，"Trunk"一词确实名副其实啊，作用大大的！

但老 U 似乎感觉有些疑惑：交换机怎么知道将以太帧往哪个端口转发呢？嗯，想起来了，当然是 MAC 地址表了！对啊，还记得 MAC 地址表里的 VLAN 属性吗？就是这里的用处了：控制以太帧仅在本 VLAN 内部做二层转发！

VLAN 基本配置典型实例

如图 1-12 所示，交换机有四个端口：ethernet 0/1、ethernet 0/2、ethernet 0/3、ethernet 0/4。PC1 与 PC2 属于 vlan2 的办公网络，IPC 与 NVR 都属于 vlan3 的监控网络。

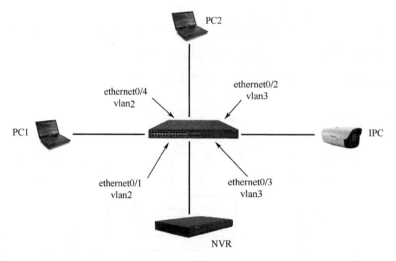

图 1-12　VLAN 配置组网图

相关配置如下：

```
    [H3C]vlan2                      #创建(进入)vlan2
[H3C-vlan2]port ethernet0/1         #将端口 E0/1 加入到 vlan2
[H3C-vlan2]port ethernet0/4         #将端口 E0/4 加入到 vlan2

    [H3C]vlan3                      #创建(进入)vlan3
[H3C-vlan3]port ethernet0/2         #将 E0/2 加入到 vlan3
[H3C-vlan3]port ethernet0/3         #将 E0/3 加入到 vlan3
```

配置完成后，PC1 和 PC2 可以互相 Ping 通，IPC 和 NVR 可以相互 Ping 通。PC1、PC2 与 IPC、NVR 两两之间无法 Ping 通。

家园网友互动

Q：spring_sky24　发表于　2015-8-11 15:18:11

请教一个初级问题，假设交换机划分了3个VLAN，不同VLAN间如何实现互访？

A：网语者　发表于　2015-8-12 14:37:12

不同VLAN间互访通过三层路由实现。

VLAN的原理和配置弄清楚了,这下老U再也不用担心办公室网络和监控网络相互干扰的问题了。

时光飞逝,转眼间网络已经顺利运行了1个月。有一天,领班在整理机房时不小心接错了端口,这下子大家一起叫了起来:网——上——不——去——了!只见交换机的指示灯一片群魔乱舞,疯狂闪烁,这可怎么办呢?

以太风暴与生成树协议

领班不小心接错了个端口,咋就导致监视器上的摄像头画面都黑屏了,办公室电脑也上不了QQ了呢?究竟是什么原因导致插错个端口就有这么大的杀伤力,方圆几百米内的电脑、网络摄像机、NVR都无法工作了?其实这与二层转发紧密相关。

以太风暴

以太风暴又叫广播风暴,顾名思义就是广播导致的风暴。为什么广播会导致风暴?主要是交换机在转发广播时有一个规则:交换机的一个端口收到广播帧后,要往所有的其他端口(除收到的端口外)复制一份并转发此广播帧。

以太风暴产生有两个必要条件,那就是网络中必须存在环路和广播帧。

> **说明**
>
> 严格地说,除广播帧之外,未知单播帧和未知组播帧也会有一样的效果。所谓"未知"就是指交换机上没有对应的MAC表项。前面我们说过,没有MAC表项的单播帧也是按照广播方式往所有端口复制转发,未知组播帧也一样,所以效果上与未知广播帧相同。通常,广义上的未知广播帧包含了未知单播帧和未知组播帧。

举一个形象的例子,我们假设孙悟空就是一个广播帧,分岔路口是一台交换机,路口就相当于交换机的端口。规定孙悟空每到一个分岔路口,就得拔几根猴毛变成几个孙悟空,确保每个分岔路都有孙悟空去走,如图1-13所示。

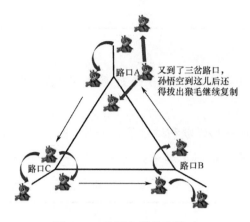

图 1-13　孙悟空遇岔路拔毛

按照图 1-13 所示,孙悟空每到一个三岔路口就拔猴毛变出两个孙悟空,如此循环下来去,最后整个路口、路径上都挤满了孙悟空,不出事才怪!

老U驿站里的监控网络也类似于图 1-13 中孙悟空变戏法的套路,下面将进行详细描述。

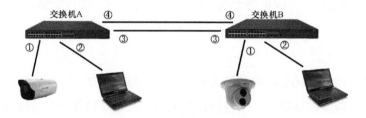

图 1-14　以太环网实例图 A

之前交换机 A 与交换机 B 之间只有一根网线互联,领班不小心接错了线,把交换机 A 的端口④与交换机 B 的端口④连接起来,如图 1-14 所示。当交换机 A 直连的网络摄像机发出一个以太网广播帧后,交换机 A 的端口①收到这个广播帧,根据上述的交换机转发规则,首先学习这个广播帧的源 MAC 地址,然后进行转发。由于是广播帧,交换机 A 会往其他所有端口(排除端口①)复制并转发此广播帧,如图 1-15 所示。

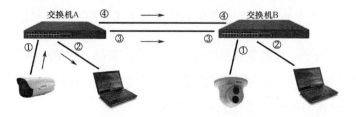

图 1-15　以太环网实例图 B

此广播帧又踏上征途，到达交换机 B 的端口③和端口④后，同样根据交换机转发规则，交换机 B 学习此广播帧的源 MAC 地址，然后再进行转发。由于是广播帧，交换机 B 的端口④收到广播帧后会往除端口④以外的其他端口复制并转发此广播帧，如图 1-16 所示。

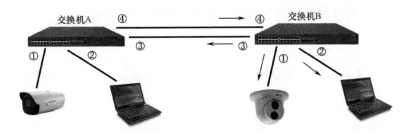

图 1-16　以太环网实例图 C

同样，交换机 B 的端口③收到图 1-15 中步骤的广播帧后会往除端口③以外的其他端口复制并转发此广播帧，如图 1-17 所示。

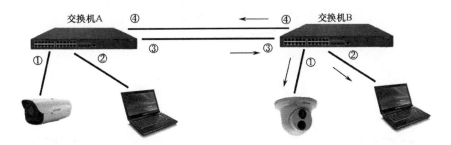

图 1-17　以太环网实例图 D

广播帧到达交换机 A 后，又会被复制并且转发，这样周而复始地循环下去会导致交换机 A 和交换机 B 所有的端口上都充满了广播帧，形成了"以太风暴"，导致真正有用且重要的监控视频数据包都无法正常转发了，如图 1-18 所示。

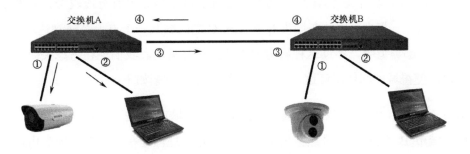

图 1-18　以太环网实例图 E

生成树协议

为了应对这种因为二层环形组网导致"以太风暴"的现象，STP（Spanning Tree Protocol）应运而生。STP 是一种二层管理协议，它通过有选择性地阻塞网络冗余链路来达到消除网络二层环路的目的，同时还具备链路的备份功能。

> **说明**
>
> 目前为止，我们讲到的交换机均为二层以太网交换机，后续我们还会讲到具有路由功能的三层交换机。二层交换机的另一个称谓是"网桥"或"桥"，在协议描述文档中通常以网桥的名称出现。下面阐述 STP 时，我们统一以网桥的称谓进行 STP 的描述。

在讨论 STP 基本原理之前，我们先看一个直观的例子。

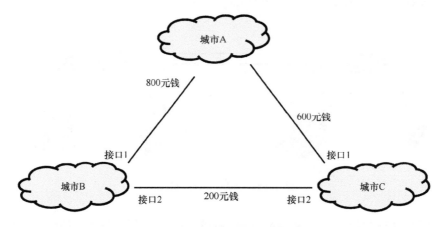

图 1-19　城际高速联网图 A

图 1-19 是一个粗略版的地图，城市 A 到城市 B 的过路费需要 800 元，城市 A 到城市 C 需要 600 元，城市 B 到城市 C 需要 200 元。我们假设没有分段收费，只要车辆上了高速，就按统一资费，比如在城市 B 和城市 C 之间的某一个点上高速到达城市 B，也是 200 元——够霸道哦，不过这种霸道的收费还挺常见的。我们现在考虑关闭一个城市的出入口，使得城市间依旧可达，并要求消除环路。方案如下：

城市 A、城市 B、城市 C 先竞选"首都"。假设城市 A 按照某种规则胜出，被选为"首都"。城市 B 和城市 C 虽然很失落，但是还是得理性地在自己管辖地盘内选出一个通往城市 A 的高速出入口，规则是：到城市 A 的费用最低。城市 B 的接口 1 和城市 C

的接口 1 理所当然成为最佳选择。

接下来就是城市 B 的接口 2 与城市 C 的接口 2 之间竞争，看谁的出入口会被关闭。处于城市 B 和城市 C 之间的车辆要去"首都"城市 A，如果选择从城市 B 走要花 800 元+200 元=1 000 元，如果选择从城市 C 走要花 200 元+600 元=800 元。显然从城市 C 去城市 A 要省钱。故城市 B 和城市 C 这条路上，城市 C 的接口 2 获胜，这条路上的车辆都会选走城市 C 的接口 2 去城市 A。城市 B 的接口 2 只好黯然关闭大门，环路得到消除，如图 1-20 所示。

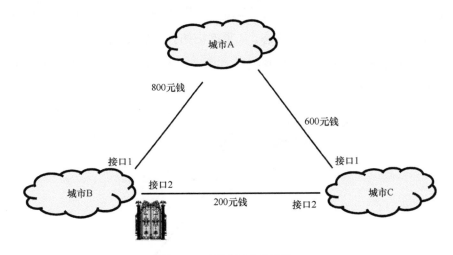

图 1-20　城际高速联网图 B

STP 的实现思路也很类似。当初该协议设计者联想到自然界中生长的树是不大会出现环路的，如果网络也能够像一棵树一样生长，就不会出现环路。于是，STP 协议中定义了根桥（Root Bridge）、根端口（Root Port）、指定端口（Designated Port）、路径开销（Path Cost）等概念，目的就在于通过构造一棵树的方法达到裁剪冗余环路的目的，同时实现链路备份和路径最优化。用于构造这棵树的算法称之为生成树算法（Spanning Tree Algorithm）。

交换机之间通过交互称为 BPDU（Bridge Protocol Data Unit）的报文来实现生成树的拓扑计算。STP BPDU 是一种二层报文，目的 MAC 是多播地址 0180-C200-0000，所有支持 STP 协议的交换机都认识并处理其收到的 BPDU 报文。该报文里携带有用于生成树计算所需要用到的相关信息。

与前面的例子类似，STP 首先进行根桥的选举。选举的依据是网桥优先级和网桥 MAC 地址组合成的桥 ID：桥 ID 最小的网桥将成为网络中的根桥，它的所有端口都连接到下游桥，所有连接到下游桥的端口角色都成为指定端口——网桥（包含根桥和非根桥）上用来转发业务数据的端口（当然后面提到的根端口也会转发业务数据）。接下来，连接根桥的下游网桥将各自选择一条"最粗壮"的树枝作为到根桥的路径，相应端口的角色就成为根端口。这个过程循环到网络的边缘，一棵树就生成了。

生成树经过一段时间（默认值是 30 秒左右，2 倍的 Forward Delay 时间）稳定之后，"树"上的端口都进入转发状态，其他端口进入阻塞状态。STP BPDU 会定时从各个网桥的指定端口发出，以维护链路的状态。如果网络拓扑发生变化，生成树就会重新计算，端口状态也会随之改变。这就是生成树的基本原理。下面以一个实例来说明 STP 协议究竟是如何运行的，如图 1-21 所示。

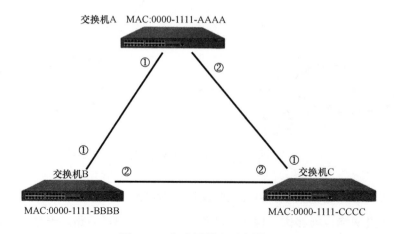

图 1-21　生成树原理示意图 A

> **说明**
>
> Forward Delay 是端口停留在 Listening 和 Learning 状态的时间。
>
> Listening 和 Learning 状态共用一个定时器 Forward Delay，默认值为 15 秒。这个值综合考虑了多种因素。
>
> 交换机端口处在 Listening 状态时只侦听 BPDU 报文；处在 Learning 状态时只学习 MAC 地址，把收到的报文的源 MAC 地址加入到 MAC 地址表里。处于这两个状态时交换机端口都不转发业务报文。

第一步：选举根桥

首先要选举出一个根桥。选举的依据是：桥ID（网桥优先级+网桥MAC地址）最低者获胜。假设交换机A、B、C的网桥优先级采用默认值32 768，那么桥ID的大小就取决于它们的MAC，很明显，交换机A具有最低的MAC：0000-1111-AAAA，选举成为根桥。

第二步：选取根端口

在激烈的根桥选举大战中，交换机A胜出，接下来要为非根桥（即图中的交换机B和交换机C）选举出一个根端口。根端口就是离根桥最近的端口，如果非根桥有两条物理链路到达根桥，则优先选举Cost值最小的物理链路（端口的Cost值是交换机根据链路速率等信息自动计算出来的，也可以由管理员手工设置）；如果Cost值一样则选择端口ID最小的物理链路。经过一番龙争虎斗后，选取出来的根桥和根端口如图1-22所示。

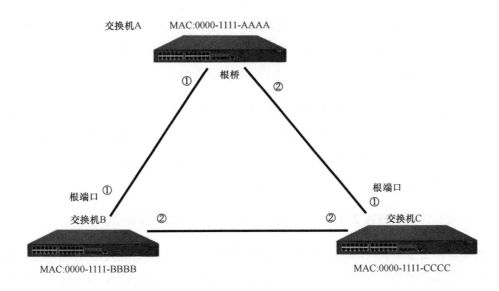

图1-22　生成树原理示意图B

第三步：选举指定端口

为每台非根桥交换机选出根端口后，接下来要为每段链路选举出指定端口。选择指定端口的原则是依次比较BPDU中4项技术指标（根桥ID、根路径开销、发送桥ID、发送端口ID），其值较小者胜出。每段物理链路无论有多少个端口，都只选出一个作为指定端口，用于转发数据流量，这是真正消除环路的核心法宝。"条条大路通罗马"的情况在收敛后的STP树中不存在，如果存在物理上的多条通路，STP就会从中选出一条最优的路径进行流量转发，阻塞掉其他的端口，如图1-23所示。

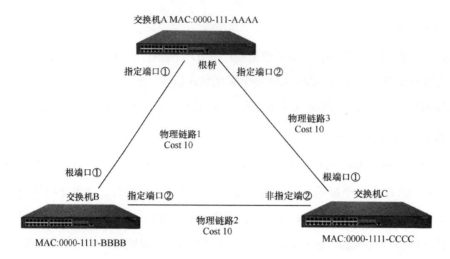

图 1-23　生成树原理示意图 C

很明显，交换机 A 的端口①距离根桥的距离更短（交换机 A 自身就是根桥嘛），所以选择交换机 A 的端口①作为物理链路 1 的指定端口。同理，交换机 A 的端口②也被选中作为物理链路 3 的指定端口。

交换机 B 的端口①在物理链路 1 的指定端口竞选过程中失败了，但也不必伤心，因为交换机 B 的端口①已经得到了一份根端口的工作，STP 保证它会处于转发状态，不会惨遭被阻塞的命运。同理，交换机 C 的端口①也已得到了一份根端口的工作，由 STP 保证处于转发状态。

接下来要为物理链路 2 选举指定端口，其过程会稍稍有点复杂。

物理链路 2 上有两个端口，分别是交换机 B 的端口②和交换机 C 的端口②。交换机 B 的端口②计算自己的路径开销值是 20（物理链路 2 的 Cost 值 10+物理链路 1 的 Cost 值 10 得来），交换机 C 的端口②计算自己的路径开销值也是 20（物理链路 2 的 Cost 值 10+物理链路 3 的 Cost 值 10 得来），双方打成平手。接下来比较第三项即发送桥 ID，交换机 B 的端口②发现自己的发送桥 ID 是 0000-1111-BBBB，交换机 C 的端口②发现自己的发送桥 ID 是 0000-1111-CCCC，于是交换机 B 获胜，交换机 C 的端口②将被阻塞掉，不能再转发除 BPDU 协议报文外的业务报文。

经过上面一番竞争和选举后，交换机上的每个端口都有了自己的角色，参见图 1-23。只有根端口和指定端口才有资格转发用户业务数据和 BPDU 报文，而非指定端口则需要丢弃除 BPDU 协议报文以外的任何报文。

协议也会与时俱进。随着 IP 网络的发展壮大，它所承载的上层应用越来越多，有些应用对数据报文的中断时间要求很高，而 STP 在网络拓扑发生变化时收敛时间在 30 多秒，这对于语音电话或视频监控这些应用而言是无法接受的，快速生成树协议（Rapid Spanning Tree Protocol，RSTP）在这种背景与呼声下横空出世。

RSTP 与 STP 相比，最显著的区别就是"快"，主要体现在：当一个端口被选中成为根端口或指定端口后，其进入转发状态的延时将大大缩短，即端口的状态能够快速迁移从而缩短了流量收敛所需的时间。

根端口的端口状态快速迁移的条件是：本设备上旧的根端口已经停止转发数据，而且上游指定端口已经开始转发数据。

指定端口的端口状态快速迁移的条件是：指定端口是边缘端口（即该端口直接与用户终端相连，而没有连接到其他网桥或共享网段上。网桥设备是无法知道自己的端口是否直接与终端相连，所以需要网络管理员手工将端口配置为边缘端口）或者指定端口与点对点链路（即两台网桥设备直接相连的链路）相连。如果指定端口是边缘端口，则指定端口可以直接进入转发状态；如果指定端口连接着点对点链路，则网桥设备可以通过与下游网桥进行协议交互，确认为点对点链路后该网桥上的指定端口即刻进入转发状态。

与时俱进的脚步不能停，RSTP 解决了拓扑变化后收敛时间过长的问题，但是和 STP 一样存在以下缺陷：局域网内所有网桥共享一棵生成树，不能以 VLAN 为单位独立阻塞冗余链路，这在很多组网情形中会带来问题。多生成树协议（Multiple Spanning Tree Protocol，MSTP）应运而生，它既可以快速收敛，也能使不同 VLAN 的流量沿各自的路径转发，还能提高网桥设备的端口利用率，即网桥上的某端口对 VLAN2 来说是阻塞状态的，但对 VLAN3 而言是处于转发状态的。相对于 STP 和 RSTP，MSTP 的特点如下：

（1）MSTP 把一个交换网络划分成多个域，每个域内形成多棵生成树，生成树之间彼此独立。

（2）MSTP 通过设置 VLAN 与生成树的对应关系表（即 VLAN 映射表），将一个或多个 VLAN 对应一颗生成树，通常我们称一颗生成树为一个"实例"（MSTI）；默认状态下，所有的 VLAN 都映射到 MSTI 的端口上。

（3）MSTP 继承了 RSTP 的端口状态快速迁移机制；

（4）MSTP 兼容 STP 和 RSTP，会自适应地向下兼容。

生成树基本配置典型实例

如图 1-24 所示,网络中所有设备都属于同一个 MST 域。交换机 A 与交换机 B 为汇聚层设备,交换机 C 和交换机 D 为接入层设备。通过配置使不同 VLAN 的报文按照不同的 MSTI 转发:VLAN 10 的报文沿 MSTI 1 转发,VLAN 30 沿 MSTI 3 转发,VLAN 40 沿 MSTI 4 转发,VLAN 20 沿默认的 MSTI 0 转发。

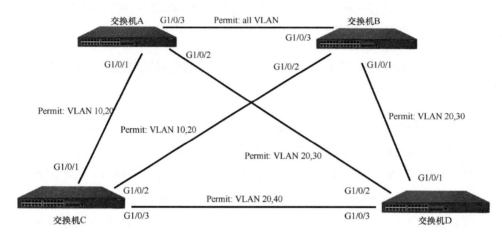

图 1-24　生成树配置举例

(1)配置 VLAN 和端口

请按照图在交换机 A 和交换机 B 上分别创建 VLAN 10、20 和 30,在交换机 C 上创建 VLAN 10、20 和 40,在交换机 D 上创建 VLAN 20、30 和 40;将各设备的各端口配置为 Trunk 端口并允许相应的 VLAN 通过,具体配置过程从略。

(2)配置交换机 A

```
# 配置 MST 域的域名为 example,将 VLAN 10、30、40 分别映射到 MSTI 1、3、4 上。
<DeviceA> system-view
[DeviceA] stp region-configuration
[DeviceA-mst-region] region-name example
[DeviceA-mst-region] instance 1 vlan 10
[DeviceA-mst-region] instance 3 vlan 30
[DeviceA-mst-region] instance 4 vlan 40
# 激活 MST 域的配置。
[DeviceA-mst-region] active region-configuration
[DeviceA-mst-region] quit
# 配置本设备为 MSTI 1 的根桥。
```

```
[DeviceA] stp instance 1 root primary
# 全局使能MSTP协议。
[DeviceA] stp enable
```

(3) 配置交换机B

```
# 配置MST域的域名为example，将VLAN 10、30、40分别映射到MSTI 1、3、4上。
<DeviceB> system-view
[DeviceB] stp region-configuration
[DeviceB-mst-region] region-name example
[DeviceB-mst-region] instance 1 vlan 10
[DeviceB-mst-region] instance 3 vlan 30
[DeviceB-mst-region] instance 4 vlan 40
# 激活MST域的配置。
[DeviceB-mst-region] active region-configuration
[DeviceB-mst-region] quit
# 配置本设备为MSTI 3的根桥。
[DeviceB] stp instance 3 root primary
# 全局使能MSTP协议。
[DeviceB] stp enable
```

(4) 配置交换机C

```
# 配置MST域的域名为example，将VLAN 10、30、40分别映射到MSTI 1、3、4上。
<DeviceC> system-view
[DeviceC] stp region-configuration
[DeviceC-mst-region] region-name example
[DeviceC-mst-region] instance 1 vlan 10
[DeviceC-mst-region] instance 3 vlan 30
[DeviceC-mst-region] instance 4 vlan 40
# 激活MST域的配置。
[DeviceC-mst-region] active region-configuration
[DeviceC-mst-region] quit
# 配置本设备为MSTI 4的根桥。
[DeviceC] stp instance 4 root primary
# 全局使能MSTP协议。
[DeviceC] stp enable
```

(5) 配置交换机D

```
# 配置MST域的域名为example，将VLAN 10、30、40分别映射到MSTI 1、3、4上。
<DeviceD> system-view
[DeviceD] stp region-configuration
[DeviceD-mst-region] region-name example
[DeviceD-mst-region] instance 1 vlan 10
[DeviceD-mst-region] instance 3 vlan 30
[DeviceD-mst-region] instance 4 vlan 40
# 激活MST域的配置。
[DeviceD-mst-region] active region-configuration
```

```
[DeviceD-mst-region] quit
# 全局使能 MSTP 协议。
[DeviceD] stp enable
```

（6）检验配置效果

当网络拓扑稳定后，通过使用 display stp brief 命令可以查看各设备上生成树的简要信息。例如：

```
# 查看交换机 A 上生成树的简要信息。
[DeviceA] display stp brief
 MSTID     Port                   Role  STP State    Protection
   0       GigabitEthernet1/0/1   ALTE  DISCARDING   NONE
   0       GigabitEthernet1/0/2   DESI  FORWARDING   NONE
   0       GigabitEthernet1/0/3   ROOT  FORWARDING   NONE
   1       GigabitEthernet1/0/1   DESI  FORWARDING   NONE
   1       GigabitEthernet1/0/3   DESI  FORWARDING   NONE
   3       GigabitEthernet1/0/2   DESI  FORWARDING   NONE
   3       GigabitEthernet1/0/3   ROOT  FORWARDING   NONE
# 查看交换机 B 上生成树的简要信息。
[DeviceB] display stp brief
 MSTID     Port                   Role  STP State    Protection
   0       GigabitEthernet1/0/1   DESI  FORWARDING   NONE
   0       GigabitEthernet1/0/2   DESI  FORWARDING   NONE
   0       GigabitEthernet1/0/3   DESI  FORWARDING   NONE
   1       GigabitEthernet1/0/2   DESI  FORWARDING   NONE
   1       GigabitEthernet1/0/3   ROOT  FORWARDING   NONE
   3       GigabitEthernet1/0/1   DESI  FORWARDING   NONE
   3       GigabitEthernet1/0/3   DESI  FORWARDING   NONE
# 查看交换机 C 上生成树的简要信息。
[DeviceC] display stp brief
 MSTID     Port                   Role  STP State    Protection
   0       GigabitEthernet1/0/1   DESI  FORWARDING   NONE
   0       GigabitEthernet1/0/2   ROOT  FORWARDING   NONE
   0       GigabitEthernet1/0/3   DESI  FORWARDING   NONE
   1       GigabitEthernet1/0/1   ROOT  FORWARDING   NONE
   1       GigabitEthernet1/0/2   ALTE  DISCARDING   NONE
   4       GigabitEthernet1/0/3   DESI  FORWARDING   NONE
# 查看交换机 D 上生成树的简要信息。
[DeviceD] display stp brief
 MSTID     Port                   Role  STP State    Protection
   0       GigabitEthernet1/0/1   ROOT  FORWARDING   NONE
   0       GigabitEthernet1/0/2   ALTE  DISCARDING   NONE
   0       GigabitEthernet1/0/3   ALTE  DISCARDING   NONE
   3       GigabitEthernet1/0/1   ROOT  FORWARDING   NONE
   3       GigabitEthernet1/0/2   ALTE  DISCARDING   NONE
   4       GigabitEthernet1/0/3   ROOT  FORWARDING   NONE
```

第 1 章 老 U 的驿站监控

C114 家园网友互动

Q：junmily 发表于 2015-8-11 10:55

STP 协议的目的 MAC 地址是 0180-c200-0000，为什么设置这样一个特定的 MAC 地址，有什么讲究么？

A：网语者 发表于 2015-8-13 14:46:27

其实也没什么讲究，就是选定一个组播地址而已，然后标准组织下发通知，告知天下目的 MAC 地址是 0180-c200-0000 的就归 STP 专用了。仅此而已，至于为什么要用组播而不用广播 MAC，那是因为用组播可以减少一定的干扰，只有支持 STP 的交换机才会去侦听并处理这个组播报文。

Q：junmily 发表于 2015-8-13 15:20:08

有个疑问，有环路了就一定会导致广播风暴么？我做了一个实验，交换机没使能 STP，在一台交换机上，把 VLAN2 里一个物理端口与 VLAN3 里的一个物理端口用网线连起来，没有发生传说中的广播风暴，为啥？

A：网语者 发表于 2015-8-14 10:26:19

严谨地讲，有环路不一定有广播风暴。环路是物理上的概念。回到刚才的问题，VLAN2 的接口里的数据，不会转发到 VLAN3 的接口里去，自然不会导致广播风暴。

有一天，老 U 坐在办公室里上网看新闻，得知杭州茶馆生意比以往红火，便想通过监控系统看看自家茶室的生意状况。但办公网络和监控网络被 VLAN 隔离了，于是不得不跑到监控室去瞅一眼。老 U 心想，VLAN 隔离了广播域，好是好，但是确实有点不太方便，难道就没有两全之策？于是马上电话联系了网管朋友，网管推荐老 U 采用路由器或三层交换机来解决这个问题。

为什么路由器或三层交换机可以解决问题，又是如何解决的呢？

路由表与路由转发

在"互联网与分层"一节我们知道，网络层位于 TCP/IP 协议分层模型的第三层，提供发送端到目的端之间的信息传输服务，网络层的数据以 IP 信息数据报文的形式传输，网络层打包时会添加 IP 首部信息，包含该 IP 数据报文的发送者的源 IP 信息和接收者的目的 IP 信息，而路由器就是通过 IP 数据报文的目的 IP（有些情况也会需要源 IP）匹配路由表来控制数据报文的转发，所以称为"三层转发"。其路由拓扑图如图 1-25 所示。

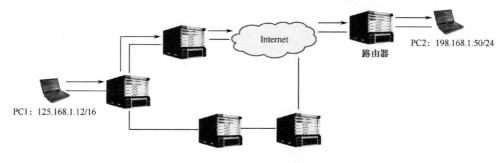

图 1-25　路由拓扑图

以太网的"转发设备"就像在交叉路口指挥交通的"交警"一样，需要依据一定的规则来指挥车辆的通行。之前讲过的二层转发是依据"MAC 表项"来指挥以太帧转发，三层转发则是依据"路由表"来指挥跨网段的 IP 数据报文转发。路由表是三层转发设备最核心的表项，就像"交通路标牌"一样指导报文的转发。IP 报文的三层转发其实是报文经过一个个"交叉路口"时被不断转发的过程。

路由表

路由表一般由动态路由协议负责生成——当然也可以通过管理员手工静态配置来完成。路由协议负责收集信息，构建报文转发的"地图"，然后在路由表中生成相关表项。路由表其实并不知道报文的完整转发路径，只知道到达目的地的最近的下一个"交叉路口"。路由器负责把报文送到下一个"交叉路口"，即下一个路由器，然后由下一个路由器再负责送到下下个路由器，不断往复，直到目的地址。

路由表中的路由表项一般包含如下内容：目的网段和掩码、路由来源、优先级、开销、下一跳地址、出接口，如图 1-26 所示。

Destination/Mask：目的网络或主机地址/掩码。

```
Destination/Mask      Proto   Pre  Cost   NextHop         Interface
0.0.0.0/0             O_ASE   150  1      202.0.0.21      Vlan105
127.0.0.0/8           Direct  0    0      127.0.0.1       InLoop0
127.0.0.1/32          Direct  0    0      127.0.0.1       InLoop0
192.167.0.0/16        O_ASE   150  1      202.169.0.9     XGE3/0/34
192.167.11.0/24       Direct  0    0      192.167.11.1    Vlan2081
192.167.11.1/32       Direct  0    0      127.0.0.1       InLoop0
192.168.0.0/24        O_ASE   150  1      202.169.0.9     XGE3/0/34
192.168.122.0/24      Static  60   0      202.169.81.57   Vlan2081
192.169.100.0/24      O_ASE   150  1      202.169.0.9     XGE3/0/34
201.0.0.0/30          OSPF    10   2      202.0.0.21      Vlan105
```

图 1-26　路由表示例

Proto：发现该路由表项的路由协议（即路由来源），Direct 表示设备直连的网段路由，Static 表示手工配置的静态路由，OSPF 和 RIP 表示由动态路由协议 OSPF 和 RIP 发现的路由。

Pre：路由的优先级，标识不同路由协议的特权数值。当不同的路由协议学习到相同的路由时（目的网段和掩码都相同），数值较小的生效；若数值相同，则同时生效，这就是等价路由，即两条路由表项都可以用，按照一定的策略进行选择。

Cost 或 Metric：标识出了到达路由所指目的地的花费，即 IP 包的"旅途"费用。该花费值只在同一种路由协议内比较同一目的地时才有意义，不同的路由协议之间的路由花费值没有可比性。

NextHop：下一跳 IP 地址，即下一个转发报文的路由器的地址。

Interface：出接口，去往目的网段的数据包将从本设备的该接口发出。

> **说明**
>
> 直连路由：链路层协议发现的路由，开销小，配置简单，无须人工维护，只能发现本接口所属网段的路由或协商到的对端的路由。
>
> 静态路由：利用网络管理员手工配置的路由，不能适应网络变化，应用广泛，尤其是默认路由。
>
> 动态路由协议：动态路由协议动态发现的路由，能自动调整并适应网络的变化，在大型网络中不可或缺，如 RIP 和 OSPF。

路由转发

有了路由表这个"交通路标牌"，还需要我们按一定的规则来使用它。一个基本的规则是"最长匹配原则"，即报文到达路由器后如何选取路由表项的基本匹配原则。查找路由表时，将报文目的地址与路由表中各条路由表项的掩码 Mask 按位"与"操作，如果结果与路由表项的目标地址的 Destination 相同，则说明匹配；然后从匹配的路由表项中选取掩码最长的一个用于转发——这个表项是对目标网络了解得最精确的一个表项。

下面以表 1-1 的路由表为例，说明目的 IP 为 192.169.1.100 的报文进入后匹配路由表的过程。

表 1-1 路由表及配置

Destination/Mask	Proto	Pre	Cost	NextHop	Interface
0.0.0.0/0	Static	50	18	192.169.81.1	VLAN101
192.169.0.0/16	OSPF	100	10	192.169.81.18	VLAN 105
192.169.1.0/24	RIP	60	20	192.169.85.1	VLAN 2081

表项 0.0.0.0/0 的匹配过程：

表项中掩码转换为二进制"00000000.00000000.00000000.00000000"；

目的 IP "192.169.1.100" 转换为二进制"11000000.10101001.00000001.01100100"；

按位"与"操作后的结果为"00000000.00000000.00000000.00000000"，即点分十进制"0.0.0.0"，与目的地址的 Destination 值相匹配，其中匹配的掩码长度为 0 位。

表项 192.169.0.0/16 匹配过程：

表项中掩码转换为二进制"11111111.11111111.00000000.00000000"；

目的 IP "192.169.1.100" 转换为二进制"11000000.10101001.00000001.01100100"；

按位"与"操作后的结果为"11000000.10101001.00000000.00000000"，即点分十进制"192.169.0.0"，与表项中的目的网络的 Destination 值相匹配，其中匹配的掩码长度为 16 位。

表项 192.169.0.1/24 匹配过程：

表项中掩码转换为二进制"11111111.11111111.11111111.00000000"；

目的 IP "192.169.1.100" 转换为二进制"11000000.10101001.00000001.01100100"；

按位"与"操作后的结果为"11000000.10101001.00000001.00000000"，即点分十进制"192.169.1.0"，与表项中的目的地址的 Destination 值相匹配，其中匹配的掩码长度为 24 位。

以上三项都匹配,则按"最长匹配原则"选择使用 192.169.1.0/24 的 RIP 路由条目,从 VLAN2081 接口转发。其中表项 0.0.0.0/0 称为默认路由,它能匹配任何单播 IP 地址。当一个 IP 地址匹配不上其他表项时,如果有默认路由存在,都会匹配默认路由。

> **说明**
>
> 实际路由匹配处理时,不会真的像表 1-1 的例子一样一条条从上往下匹配,而会根据特殊的数据结构组织路由表,然后进行高效的路由匹配。

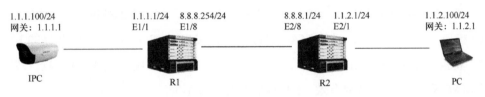

图 1-27 路由器路由转发示例

路由器 R1 配置指向 PC 所在网段的静态路由 ip route-static 1.1.2.0 24 8.8.8.1

路由器 R2 配置指向 IPC 所在网段的静态路由 ip route-static 1.1.1.0 24 8.8.8.254

ip route-static 命令用来配置静态单播路由,如图 1-27 中命令:ip route-static 1.1.2.0 24 8.8.8.1,其中 1.1.2.0 为目的地址网段,24 为目的地址掩码,8.8.8.1 为下一跳地址。此命令将在 R1 生成到达 PC 所在网段的如下静态路由条目:

Destination/Mask	Proto	Pre	Cost	NextHop	Interface
1.1.2.0/24	Static	10	20	8.8.8.1	E1/8

即目的地址为 PC 网段 1.1.2.0 的报文的下一跳地址为 R2 的 8.8.8.1,报文将从 R1 的 E1/8 发送出去。

有了路由的理论知识,我们再以图 1-27 的网络为例看看 PC 访问 IPC 时报文转发的全过程:

第一步:PC 需配置自己的网关为 1.1.2.1,IPC 也需要配置自己的网关为 1.1.1.1,网关即为图 1-27 中的各自连接的路由器。

第二步:PC 向网关发送目的地址为 IPC 的 IP 报文之前,以"IP 与 ARP 解析"一节中的方法检查报文的目的 IP 地址 1.1.1.100，发现其与 PC 自身的 IP 地址不在同一网段，需将报文发往 PC 的网关；然后查找自身的 ARP 表中是否有网关 1.1.2.1 的 MAC 地址，如果没有则通过 ARP 解析获取网关的 MAC 地址，建立 ARP 表项；最后向网关发送报文，报文目的 MAC 是网关连接 PC 的接口 E2/1 的 MAC 地址，源 MAC 是 PC 的 MAC，目的 IP 是 IPC 地址 1.1.1.100，源 IP 是 PC 的地址 1.1.2.100。

第三步：R2 从接口 E2/1 收到报文后，通过匹配路由表（见表 1-2）中的条目，按照最长匹配原则选取第一个条目，获得下一跳的 IP 地址为 8.8.8.254。R2 通过 ARP 地址表获取 8.8.8.254 的 MAC（即 R1 接口 E1/8 的 MAC），然后 R2 将报文的源 MAC 修改为 R2 接口 E2/8 的 MAC，目的 MAC 修改为 R1 接口 E1/8 的 MAC，源和目的 IP 没有变化，将报文从 E2/8 发出——为什么要修改源和目的 MAC 呢？因为前面提过：链路层地址 MAC 只在二层局域网有效。R1 的路由表见表 1-3。

表 1-2　R2 的路由表

Destination/Mask	Proto	Pre	Cost	NextHop	Interface
1.1.1.0/24	Static	10	20	8.8.8.254	E2/8
1.1.2.0/24	Direct	0	0	1.1.2.1	E2/1
1.1.2.1/32	Direct	0	0	127.0.0.1	InLoop0
8.8.8.0/24	Direct	0	0	8.8.8.1	E2/8
8.8.8.1/32	Direct	0	0	127.0.0.1	InLoop0

表 1-3　R1 的路由表

Destination/Mask	Proto	Pre	Cost	NextHop	Interface
1.1.2.0/24	Static	10	20	8.8.8.1	E1/8
1.1.1.0/24	Direct	0	0	1.1.1.1	E1/1
1.1.1.1/32	Direct	0	0	127.0.0.1	InLoop0
8.8.8.0/24	Direct	0	0	8.8.8.254	E1/8
8.8.8.254/32	Direct	0	0	127.0.0.1	InLoop0

第四步：R1 从接口 E1/8 收到报文后，发现目的 IP 地址是自己的直连网段，则 ARP 请求获取目的 IP 地址 IPC 的 MAC，然后将报文的源 MAC 修改为 R1 接口 E1/1 的 MAC，目的 MAC 修改为 IPC 的 MAC，源 IP 和目的 IP 不变，将报文从 E1/1 发送给 IPC，这样 IPC 就收到了 PC 的访问报文。

IPC 回复给 PC 的报文转发流程也类似。

三层交换

网管推荐老 U 采用路由器或三层交换机来解决问题。我们先看看路由器一般是怎么解决老 U 想在办公网 VLAN 内看监控网 VLAN 里的摄像头图像的问题的，其组网拓扑以及流量走向图如图 1-28 所示。

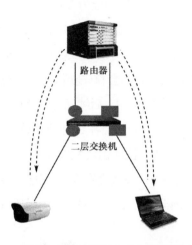

图 1-28　采用路由器互联的拓扑以及流量走向图

从图 1-28 可知，网络摄像机在圆形接口所在的监控 VLAN 里，而桌面计算机都在方形接口所在的办公 VLAN 里，两个 VLAN 内的终端设备互访时流量都需经过路由器转发。问题是解决了，但这个拓扑图让老 U 看起来觉得怪怪的，二层交换机上的数据报文跑到路由器上，然后又从路由器上跑下来，这样来回折腾着实让人看起来别扭。能否让交换机具有三层转发的功能，流量不通过上面的路由器绕行？答案是可行的。这种兼具二层交换机和路由转发功能的设备称为三层交换机。

三层交换机可是个很棒的设计，其功能特点不仅仅是路由转发加二层交换那么简单，它还具有三层交换的功能——前面的文字为了简单起见，我们将二、三层转发统称为转发。在数据通信界，我们通常将路由器转发过程中的按照路由表项最长匹配而转发的行为称为"路由转发"或"三层转发"，而把表项直接匹配、免除较复杂的最长匹配而转发的行为称为"交换（Switch）"，例如二层交换机根据 MAC 表匹配进行转发，通常称为"二层交换"——"交换"一词来源于工业时代的人工电话交换机系统。在老影片中经常看到有人在电话机旁狂摇几下（注意不是拨号），然后就说：给我接 XXX；话务员接到要求后就会把相应线头插在要接的端子上，即可通话。个人认为翻译成"切换"更加贴切，在网络领域，"交换"一词的含义与"转发"基本相同。

那么，三层交换机既然叫"交换机"，顾名思义自然就该有"三层交换"的功能特点。三层交换机的转发过程查找的不是路由表，而是三层转发信息表（L3FDB 表），它使得交换机不仅支持最长匹配，还支持精确匹配。L3FDB 表的转发表项包含生效的路由信息表（Routing Information Base，RIB）和转发信息表（Forwarding Information Base，FIB），其中 FIB 表项源自 ARP 表项的信息。如图 1-29 所示，IP 地址为 2.2.2.10 的 PC 按照最长匹配原则访问了 IP 地址为 1.1.1.10 的 NVR 之后，三层交换机就获得了关于 2.2.2.10 和 1.1.1.10 的两条 ARP 表项。这样三层交换机就可以生成 2.2.2.10/32 和 1.1.1.10/32 两条主机路由。这有什么好处呢？通常的路由表项数据结构中，掩码较长的表项会首先获得匹配，掩码较短的表项需要迭代查找才能命中。有了这两条 32 位掩码的主机路由，后续互访时就可以一次命中，直接转发，这就是"三层交换"的由来。从上述过程可以看出，在 32 位掩码的主机路由表项生成之前，需要一次正常的路由转发过程，但只需要"一次路由转发"，就可以生成后续三层交换所需的主机路由，所以这个特点也称为"一次路由，多次交换"，是三层交换机最本质的特征。所谓的精确匹配，就是指一次性命中 32 位掩码的主机路由的行为，它是最长匹配的一个特例。

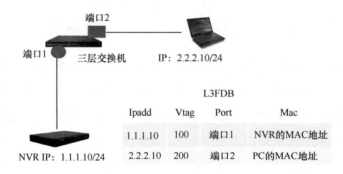

图 1-29　三层交换机转发实例

由于 FIB 表项来自于 ARP 表项，那么一次命中的"三层交换"过程就比较适合于与交换机直连的两个设备间的互访。如果待访问的目的设备与交换机隔了一个路由器，则交换机依旧只能采用路由转发的匹配过程。所以，三层交换机的优势只有在两台与交换机直连的设备之间互访时才体现出来。

三层交换机即使练就了路由转发和三层交换的功力，它原有的二层交换的老本领也不能丢。当三层交换机收到一个 IP 报文，究竟是走路由转发（或三层交换）还是二层交换，主要看收到的报文的目的 MAC 地址是否为交换机自身的接口 MAC 地址，如果是则走路由转发（或三层交换），如果不是就走二层交换。

三层交换机基本配置典型实例

三层交换机各接口及主机的 IP 地址和掩码如图 1-30 所示。要求采用静态路由，使图 1-30 中 IPC、NVR、PC 机任意两者之间都能互通。

图 1-30　三层交换机各接口及主机的 IP 地址和掩码示意图

相关配置如下：

（1）配置交换机各个接口的 IP 地址（略）

（2）配置静态路由

```
# 在 Switch A 上配置默认路由。
<SwitchA> system-view
[SwitchA] ip route-static 0.0.0.0 0.0.0.0 1.1.4.2
# 在 Switch B 上配置两条静态路由。
<SwitchB> system-view
[SwitchB] ip route-static 1.1.2.0 255.255.255.0 1.1.4.1
[SwitchB] ip route-static 1.1.3.0 255.255.255.0 1.1.5.6
# 在 Switch C 上配置默认路由。
<SwitchC> system-view
[SwitchC] ip route-static 0.0.0.0 0.0.0.0 1.1.5.5
```

（3）配置主机

配置 IPC 的默认网关为 1.1.2.3，NVR 的默认网关为 1.1.6.1，PC 的默认网关为 1.1.3.1，具体配置过程略。

（4）查看配置结果

```
# 显示 Switch A 的 IP 路由表。
```

```
[SwitchA] display ip routing-table
Routing Tables: Public
         Destinations : 7        Routes : 7
Destination/Mask    Proto  Pre  Cost        NextHop         Interface
0.0.0.0/0           Static 60   0           1.1.4.2         Vlan500
1.1.2.0/24          Direct 0    0           1.1.2.3         Vlan300
1.1.2.3/32          Direct 0    0           127.0.0.1       InLoop0
1.1.4.0/24          Direct 0    0           1.1.4.1         Vlan500
1.1.4.1/32          Direct 0    0           127.0.0.1       InLoop0
127.0.0.0/8         Direct 0    0           127.0.0.1       InLoop0
127.0.0.1/32        Direct 0    0           127.0.0.1       InLoop0
# 显示 Switch B 的 IP 路由表。
[SwitchB] display ip routing-table
Routing Tables: Public
         Destinations : 10       Routes : 10
Destination/Mask    Proto  Pre  Cost        NextHop         Interface
1.1.2.0/24          Static 60   0           1.1.4.1         Vlan500
1.1.3.0/24          Static 60   0           1.1.5.6         Vlan600
1.1.4.0/24          Direct 0    0           1.1.4.2         Vlan500
1.1.4.2/24          Direct 0    0           127.0.0.1       InLoop0
1.1.5.0/24          Direct 0    0           1.1.5.5         Vlan600
1.1.5.5/24          Direct 0    0           127.0.0.1       InLoop0
127.0.0.0/8         Direct 0    0           127.0.0.1       InLoop0
127.0.0.1/32        Direct 0    0           127.0.0.1       InLoop0
1.1.6.0/24          Direct 0    0           1.1.6.1         Vlan100
1.1.6.1/32          Direct 0    0           127.0.0.1       InLoop0
# 在 PC、NVR、IPC 等设备上操作，两两都能互通。
```

C114 家园网友互动

Q： 一只小鱼 发表于 2015-8-13 15:48:24

中间经过其他多个三层交换机的情况下，为什么无法进行三层交换，只能进行路由转发呢？？

A： 网语者 发表于 2015-8-13 17:09:25

因为中间的三层交换机没有直连源或目的设备，无法通过ARP获取源或目的设备的ARP表项，就无法生成 32 位的主机路由。

Q： 一只小鱼 发表于 2015-8-13 15:46:19

精确匹配都在什么场合下使用呢？

A：网语者 发表于2015-8-13 17:07:29

三层交换机的转发过程查找的不是路由表，而是L3FDB表，它使得交换机不仅支持最长匹配，还支持精确匹配。L3FDB表的转发表项包含生效的路由信息表（Routing Information Base，RIB）和转发信息表（Forwarding Information Base，FIB），其中FIB表项源自 ARP 表项的信息。例如：IP地址为 2.2.2.10 的 PC 按照最长匹配原则访问了IP地址为1.1.1.10的 NVR 之后，三层交换机就获得了关于 2.2.2.10 和 1.1.1.10 的两条 ARP 表项。这样三层交换机就可以生成 2.2.2.10/32 和 1.1.1.10/32 两条主机路由。这有什么好处呢？通常的路由表项数据结构中，掩码较长的表项会首先获得匹配，掩码较短的表项需要迭代查找才能命中。有了这两条 32 位掩码的主机路由，后续互访时就可以一次命中，直接转发，这就是"三层交换"的由来。

看来三层交换机最适合老 U 的需求了。

既然有这么好的东西，老 U 决定索性再多加几台摄像机。但增加之后却出现了一个奇怪的现象：监控图像开始卡顿了，算了算带宽，分明足够了啊，这是怎么回事呢？

视频码流与突发

老 U 也算是小半个专家了，他首先怀疑是网络带宽不足，算了算，一台高清网络摄像机占 8Mbps 的带宽，交换机之间百兆互联，可以接入 100/8=12.5 台网络摄像机，总共接入了 12 台，如图 1-31 所示。带宽分明足够了啊，这到底是怎么回事呢？

图 1-31　码流突发导致丢包组网图

基本概念

老 U 找来网管,网管胸有成竹地笑了笑:这个问题嘛,找我来就妥了。网管看老 U 对 IP 监控挺有兴趣,于是先给老 U 普及了几个与网络和视频监控相关的基本概念。

网口双工模式

双工模式分为全双工和半双工。全双工是指接口在发送数据的同时也能够接收数据,两者同步进行;而半双工是指一个时间段内只有一个动作发生,即接口某一时间段只接收报文或只发送报文。例如,一条东西走向的宽阔马路,可允许两辆马车迎面通过,当马车 A 自东向西行驶,马车 B 自西向东行驶时,两车可以同时行进,互不影响,这个例子中宽阔的马路代表的就是全双工链路。又如,一根独木桥,同时只能允许一个人通过,当有甲、乙两人从河岸两端迎面走过来时,就只能是一个人在桥头先停下来,等待另外一个人走过来后,再继续走过去,这个例子中独木桥代表的就是半双工链路。全双工相对于半双工的好处在于改成延时小,速度快。当数据流量较大时,工作在半双工模式的链路就会出现冲突、错包,最终影响工作性能,因此半双工已经逐步退出历史舞台。

网口速率

网口速率决定了网口传输数据的带宽,一般 IPC 的网口有 10Mbps、100Mbps、1 000Mbps 等速率类型。不同速率的网口也是可能对接成功的,其工作速率最终需要协商一致。例如,100Mbps 自协商网口和 10Mbps 自协商网口对接,协商出来的工作速率是 10Mbps。这个例子也可以看出,网口速率不一定就是其工作速率,一般工作速率会小于或等于网口速率。

自协商

自协商功能是给互连设备提供一种交换信息的方式,使物理链路两端的设备通过交互信息自动选择同样的工作参数(包括双工模式和速率),从而使其自动配置传输能力,达到双方都能够支持的最优值。工程实施中尽量采用两端均为自协商的方式,否则可能导致数据传输丢包。例如,一端配置成全双工,一端配置成自协商,由于配置成全双工一端无法提供传输能力给自协商一端,配置成自协商的一端其自协商的结果为半双工,两端的双工模式不一致会导致丢包。

帧率

一帧就是一幅静止的画面,连续的帧就形成动画,如电影等。我们通常所说的帧数就是在 1 秒里传输的图片数,通常用 fps(Frames Per Second)表示。每一帧都是静止的图像,快速连续地显示帧便形成了运动的假象。高帧率可以得到更流畅、更逼真的动画。

每秒钟帧数（fps）愈多，所显示的动作就会愈流畅。一般来说，图像帧率设置为 25fps 已经足够，这时每帧的间隔大约是 40ms（人眼观看影像时，会产生视觉延迟。人眼的视觉延迟感应时间为 40ms，如果图像与图像之间的间隔小于 40ms，人眼就会认为画面是流畅的）。帧分为 I 帧（采用帧内压缩算法，关键帧，可单独解码出图片）、P 帧（帧间压缩，表示与前面帧的变化量，无法独立解码，需要参考其他帧解码）和 B 帧（双向预测帧间压缩，无法独立解码，需要参考其他帧解码），如图 1-32 所示。由于信息的压缩，代表相对于前一帧的变化量的 P 帧信息会有损失，所以通常每秒会生成一个 I 帧，以保证视频的还原效果。

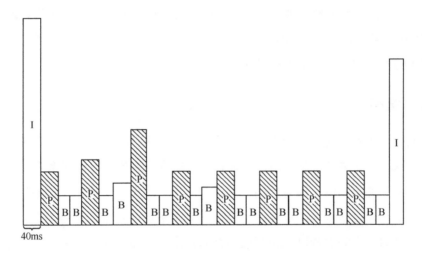

图 1-32　码流 I 帧、P 帧和 B 帧示意图

码率

码率是指视频图像经过编码压缩后在单位时间内的数据流量，是视频编码中画面质量控制中最重要的部分。我们平时说的码率是指每秒平均传输的视频比特数量。但由于帧是每隔一定时间发送的，例如每秒 25 帧，每帧间隔 40ms，所以，在发送视频帧的那一小段时间内的码率是远大于平均码率的，特别是 I 帧出现的时候。

VBR

VBR（Variable Bit-Rate）即变比特率，通常，在清晰度相当的情况下，复杂场景的 I 帧会比简单场景的 I 帧尺寸大一些，场景变化剧烈的 P 帧会比场景变化缓慢的 P 帧尺寸大一些。VBR 在保证平均码率的要求下，可以根据场景和线路的状况动态变更码率，从而获得最优的压缩质量。

CBR

CBR（Constant Bit-Rate）即恒定比特率，VBR 保证了视频图像的综合清晰度，但是码率起伏较大，在网络传输时容易造成流量拥塞而丢包。CBR 保证码率的均匀性，起伏不会太过剧烈，从而尽量避免了流量拥塞的出现，但 CBR 会影响复杂场景和剧烈变化场景的图像清晰度。

实时性优先和流畅性优先

实时性优先，指编码端相对及时地发送承载视频的 IP 包，解码端相对及时地解码视频流，从而保证视频观看的低延时；但由于广域网传输环境的复杂，会导致部分 IP 包延迟较大，从而导致视频图像的卡顿。流畅性优先时，编码端会尽量均匀地发送承载视频的 IP 包，解码端也会适当缓存一段时间再进行解码播放，这样可以有效地保证视频解码的流畅性；但也会增加解码的延迟。

突发与缓存

很多人以为丢包一定是由于带宽不足所导致的（不考虑误码、线路故障等因素），其实不全是这样。如果有一条大河，上游有很多支流，这条河得挖多宽才能保证下游不会洪水泛滥呢？答案无解，因为极端天气很多，一场暴雨，也许水面就超过警戒线了。一种解决办法是建设蓄水坝，只要河的流量在全年平均降水量的基础上适当考虑冗余，那么暴雨短时间产生的水量可以由蓄水坝存储起来，雨停后水坝水量自然下降，而河流的流量保持均匀，不会导致洪水泛滥。

网络的带宽设计也是如此。假设 15 个 IPC 与交换机的连接链路工作在百兆全双工状态，交换机的出口端口也是百兆全双工链路，每个 IPC 发送一路 4Mb 的视频流。当 15 个 IPC 的视频流同时向交换机发送，由于 IPC 们认为出口链路是百兆，在视频流突发的一瞬间，比如 I 帧出现的时刻，它们就会按照百兆速率发送报文。如此，虽然 15 个 IPC 总的视频码率为 60Mbps，远小于交换机的出口带宽 100Mbps，但当这些视频流的 I 帧到达时刻比较接近时，瞬间的总码率将远超 100Mbps（理论上最恶劣的情况下瞬间可以达到 100Mbps×15）。这一小段时间内未来得及转发出去的包必须依靠交换机的出口缓存进行暂时存放，类似于蓄水坝，称为缓存（嗯，这里是动词的缓存，有点绕口令的感觉哦）。如果缓存不够大，不足以暂存瞬间超标的流量，则会导致视频报文的丢失。解码设备将不能还原出完整的图像，最终引起花屏或者卡顿。

这就是为什么多路视频流的总码率虽然远低于出口带宽,却依旧会出现转发丢包的原因,因为上述原因引起的丢包现象我们称之为拥塞丢包。

解决方案

图像卡顿的原因清楚了,怎么解决呢?

当然首先是降低交换机入端口的速率了。老 U 将所有 IPC 均配置成 10Mbps 自协商模式,由于交换机的端口也工作在自协商模式,两边最终的协商结果均为 10Mbps 全双工。老 U 看了下效果,有不少改善,但当茶馆里面人多运动量大的时候,监控画面依然偶尔会出现轻微的卡顿。

老 U 是个爱思考的人,既然多个视频流的 I 帧比较接近时会造成上行口的流量拥塞,那么交换机能否在拥塞的时候通知 IPC 慢点发码流呢?网管肯定了老 U 的思路。交换机在全双工链路上有一种流控技术,可以在出端口缓存占比过高时,发送特定的 Pause 帧给 IPC;能够识别这种 Pause 帧的 IPC(老 U 买的 IPC 刚巧支持这种功能)能按照 Pause 帧里面的约定,暂停发送一段时间的报文,避免多个监控终端瞬间流量过大引起交换机端口的缓存溢出,从而使交换机端口速率利用率达到 95%以上,提高交换机的监控终端接入数量。也可以理解为把需要缓存的报文从交换机转移到 IPC 上,用 IPC 的缓存来换取交换机的缓存,如图 1-33 所示。

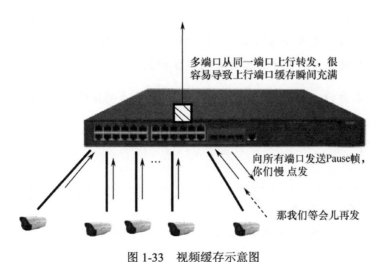

图 1-33 视频缓存示意图

当以太网交换控制电路端口工作在半双工模式时,可以实现隐式的流量控制,即采

用背压（Back Pressure）技术防止缓冲区的溢出，在发送方数据到来前采取某种动作，阻止发送方发送数据。背压技术是交换控制电路发出一种伪碰撞信号技术：当已用缓冲区容量达到一个预先设定的阈值时，端口将根据这个阈值生成阻塞信号；而当空闲缓冲区容量达到另一个较低的阈值时，端口将取消阻塞信号。

既然可以通过网络技术通知 IPC 慢点发送码流，可不可以让 IPC 主动优化码流发送的模式呢？这是必须的。通常摄像机都支持 CBR 和 VBR 两种码流模式，在网络传输条件不是很好的情况下，可以采用 CBR 模式，保证码流的均匀性，避免拥塞丢包。此外，流畅性优先特性的开启，也可以进一步平滑视频流，解码端的缓存机制还可以给予丢失报文的 IPC 以重传的机会，避免视频卡顿。

老 U 开启了交换机上的流控功能，把 IPC 都配置为 CBR 和流畅性优先模式。通过长期的观察，即使人多运动量大的时候，大屏上所有的画面仍然很流畅。

老 U 是个有远见的商人，他向网管抛出了一个新的问题：如果以后扩大经营，再接入更多的监控设备，图像岂非仍然卡顿？能否在上行链路上做点文章呢？这当然难不倒经验丰富的网管了，他告诉老 U，交换机上有一种网口聚合技术，相当于在交通繁忙的位置多开放几个车道，但是需要在两台交换机间连接多条网线。老 U 记下了这个技术，打算以后扩大经营时再用。

> **说明**
>
> 　　有些交换机自身有缓存控制选项，例如 H3C 的部分接入交换机有突发模式选项，对于视频流等突发较大的业务，需要开启突发模式。
>
> 　　网络设备本身的 QoS 特性微调，也可以带来较为明显的效果，这一块内容我们在后续章节再详细讨论。

C114 家园网友互动

Q：流泪的笑脸　发表于　2015-8-11 20:12

　　这节中说：通过 Pause 帧，避免多个监控终端瞬间流量过大引起交换机端口的缓存溢出，从而使交换机端口速率利用率达到95%以上，不明白，怎么理解？

> A：网语者 发表于 2015-8-13 11:00
>
> 如果不开启Pause帧，通常可能只能接8台8Mbps码率的设备才不会出现图像卡顿，那么利用率就只有8×8÷100，也就是利用率只有64%；开启了Pause帧后，我们可以接入12台左右8Mbps码率的摄像机而不卡顿，这么看来，上行带宽的利用率就可以达到8×12÷100=96%。

秋天到了，果实都成熟了，但老U发现院子的果子总在变少，于是决定在院子的一个角落安装一个摄像机，看看究竟是怎么回事。问题是：最适合的角落距离房子比较远，拉网线一来不好看，二来也容易被老鼠咬断。有什么好办法呢？

WLAN

老U坐在树荫下，摇着芭蕉扇，看着远处需要添加摄像头的地方，叹息：没有线啊，没有线啊！老U的儿子正在旁边玩耍，听到老爸的话，也跟着起哄：无线，无线。说者无心，听者有意，老U猛拍一下自己的大腿：看我这脑子，每天几十个人问我茶室有没有无线，我搞个无线监控不就得了？但是要怎么弄呢？还是先找点资料看看无线传输是什么东西吧。

无线技术

无线传输是指利用无线技术来进行数据传输，与有线传输相对应。通常民用产品可以利用的无线传输技术有以下几种：红外线、蓝牙、WiFi、3G、4G、ZigBee。

红外线

家里常见的遥控器就是使用红外线来传输的，具有很强的方向性要求，必须对准才能进行数据传输。传输方式为点到点，中间不能有任何遮挡物。传输速率目前可达16Mbps。频率为$1.3×10^{12}\sim4×10^{14}$Hz。传输距离为5～10m。

蓝牙（Bluetooth）

最常见的蓝牙应用就是酷酷的蓝牙耳机。蓝牙也是点到点的传输，工作在2.4GHz。

蓝牙 3.0 的理论传输速率可达 24Mbps。通过外置天线传输距离可以达到 100m。主要用于设备之间的短距离数据交换。

WiFi

最初指无线兼容性认证，后来口口相传就成为 WLAN（无线局域网）的代名词。WiFi 的常见版本主要包括：

（1）802.11a，工作在 5.8GHz 频段，最高速率为 54Mbps（1999 年）；

（2）802.11b，工作在 2.4GHz 频段，速率为 1～11Mbps（1999 年）；

（3）802.11g，工作在 2.4GHz 频段，与 802.11b 兼容，最高速率可达到 54Mbps（2003 年）。

其中 802.11b 在早期应用中比较多，但因为其最大带宽只有 11Mbps，所以逐渐被 11a 和 11g 所取代。WiFi 的传输距离可以达到 100m，空旷地带可以传输 300m，通过外设天线可以传输得更远。此外，上述传输速率包含了无线封装消耗，实际业务层可用速率大约只有一半。

3G

3G 即第 3 代移动通信技术，其标准包括中国电信采用的 CDMA2000、中国联通采用的 WCDMA、中国移动的 TD-SCDMA。理论最高下载速度为 1.4Mbps～5Mbps，上传速度为 64Kbps～2.8Mbps。不同的运营商，不同的 3G 覆盖率，对其速率影响较大。随着周边 3G 接入数目的增加，单个连接的上下行速度也会变低。

4G

4G 即第 4 代移动通信技术，主要包括 TD-LTE（时分）、FDD-LTE（频分）。理论上 4G 的下载速率可以达到 100Mbps，上传速率可以达到 50Mbps，实际使用速率和 3G 一样受信号覆盖率、使用人数的影响。

ZigBee

ZigBee 是一种低成本、短距离、低功耗、低速率（<250Kbps）的无线通信技术。主要用于工业传感控制应用。2 节 5 号干电池可支持 1 个节点在省电模式下工作 6～24 个月，甚至更长。其传输范围一般介于 10～100m 之间。工作频率可以分别为 868MHz、915MHz、2.4GHz。

老 U 看完上面的这些介绍，又开始嘀咕了：究竟应该选择哪一种无线传输技术呢？

首先看红外线，方向性要求太高了，中间一点遮挡都不行，要是多了几片树叶或者下个雨啥的，可能就不能用了，放弃。蓝牙只能点到点，比红外线稍好，但也不理想。

WiFi 看起来没啥问题，中心放一个无线网桥，摄像机用无线接入，只要带宽足够，接多个也无所谓。3G 的上行带宽太低，不适合监控视频流的传输。4G 带宽倒是够了，不过这是运营商的网络，按照一路视频 2Mbps 来计算，一天 20GB 的流量，一个月 600GB，不用开茶馆了，直接倒闭得了。ZigBee 的速率才不到 250Kbps，也不能用。

WiFi 无疑是最合适的选择了。接下来就是组网设计和设备选型了。

无线组网

首先要有一个无线网桥，一边用无线连接前面的摄像机，一边用有线连接茶馆内的局域网。那摄像机是不是也必须支持 WiFi 呢？老 U 咨询了网管朋友，网管给他传真过来两个组网图。

第一种组网

茶馆的有线网络通过一根网线连接到无线网桥（Access Point，AP，或称为无线接入点），AP 通过无线连接 WiFi 摄像机，如图 1-34 所示。这种组网要求摄像机支持无线功能。

图 1-34　无线监控组网一

第二种组网

茶馆的有线网络通过一根网线连接到 AP，该 AP 通过无线连接摄像机端的 AP，摄像机端的 AP 再通过有线连接摄像机，这种组网对摄像机没有特别要求，但需要额外购买一台 AP，如图 1-35 所示。

图 1-35　无线监控组网二

老 U 看着仓库里面库存的普通摄像头，选择了第二种方案。跑到杭州电子市场买了几台比较便宜的无线 AP，先试试水。

无线网桥工作在数据链路层，作用与二层交换机相当，因此只需将几个 AP 连接起来即可。老 U 选择了兼容性最好的 802.11g。

信道干扰

老 U 搞定无线传输没得意几天，茶馆的领班就向老 U 汇报：无线传输的图像一会儿卡一会儿好。老 U 查了半天，配置没人动过，设备运行也正常。难道是 AP 的质量问题？去找找卖设备的吧。

老 U 心急火燎地跑到电子市场找商家理论，说他们的产品不靠谱，一会儿通一会儿不通，老丢包，要投诉。商家听后微微一笑，说别着急，好解决，果然高手在民间啊！商家开始搭脉问诊："两个网桥的距离多少啊？""50 米左右。""中间有没有遮挡物？""没有"。商家再问："周围有其他的无线干扰么？"老 U 想了想："啥叫干扰？"

商家笑了笑："这个说来话长，还要先从无线传输的原理说起。老同志，你选择的传输协议是什么，传输信道是多少？"老 U 不解："11g 的，信道没有配置过，应该是默认配置。"商家解答："11g 工作在 2.4GHz 的频段，国外可用 14 个信道，而在中国只有 11 个可用信道，每个信道 20MHz（占用 22MHz，实际可用 20MHz）。AP 选择其中一个信道进行数据传输。"商家给老 U 打印了一张图，如图 1-36 所示。

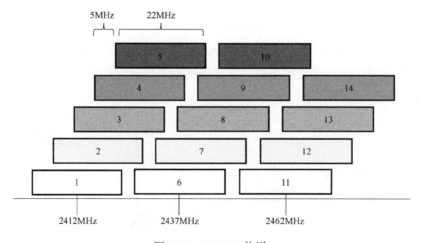

图 1-36　802.11g 信道

商家指着图说："这 11 个信道大部分相互重叠，如果你隔壁的人也在用 WiFi，而且选取的信道和你用的信道有重叠，就会导致无线干扰。同时 2.4GHz 频段经常会被微波炉、蓝牙等家用电器使用，同样也会对你的无线进行干扰。您回去换个信道试试，也可以选择'自动'（Auto）模式，由 AP 自动选择合适的信道。或者也可以使用 11a 试一下，11a 总共有 23 个非重叠信道，但在中国可用的只有 5 个信道，不会受到微波炉、蓝牙的干扰（一般微波炉、蓝牙都工作在 2.4GHz 频段）。虽然 11a 的传输距离和障碍物的穿透性会差一些，但是你这个环境应该没有问题。"

老 U 跑回家，用电脑分别登录到两个无线网桥上，将传输协议修改为 11a，选择了其中一个信道。经过长时间的观察，发现实况图像再没有卡顿过。同时也学习到了 WiFi 受干扰的几个主要因素：首先是障碍物的阻挡，如果中间有墙、玻璃等物体，会导致该方向的电磁信号迅速衰减，严重影响无线传输距离；其次是相同频段信号的干扰，就是老 U 遇到的，受其他的 WiFi 信号或者微波炉、蓝牙设备、无绳电话、电冰箱等设备的影响，导致无线传输极不稳定；最后是无线信号的强度，受发送功率和天线的影响，发射功率大，则传输的距离远，如果使用定向天线将信号集中在单个方向，也会增加传输的距离。

往后的几年里，老 U 用 WiFi 部署了庞大的无线监控网络。11a 的速率已经满足不了监控视频的带宽需求了，全部更换成强大的 11n 路由器，传输协议也换成了理论上可以传输 600Mbps 的 11n（当然实际业务可用速率也只有一半）。

说起这个 11n，它是在 802.11g 和 802.11a 之上发展起来的一项新技术，可以无缝兼容 11g 和 11a，最大的特点是速率最高可提升到 600Mbps，采用的技术如下：

（1）多进多出（MIMO）技术，多根天线同时收发；

（2）智能天线技术，通过多组独立天线组成天线阵列，可以动态调整波束；

（3）信道捆绑技术，把相邻的两个 20MHz 信道捆绑成一个 40MHz 的带宽信道来进行数据传输。

最近，老 U 又听说有一款传输速率可以达到 1Gbps 的 11ac 无线网桥，等到 11n 的带宽也不够的时候又可以换成 11ac 了，当今科技真的是日新月异啊！

> **C114 家园网友互动**
>
> Q：桓阳01 发表于 2015-7-23 20:08:00
>
> ZigBee速率这么低，一般用在什么场合？
>
> A：网语者 发表于 2015-7-23 20:16:53
>
> 传递一些开关量之类的信息，比如烟感报警。
>
> Q：icywindfox 发表于 2015-8-11 21:52
>
> 车载监控用的啥？卫星么……
>
> A：网语者 发表于 2015-8-14 09:23:19
>
> 车载NVR之前的基本用3G，现在开始用4G，4G可以传高清但是流量会比较费。

有天，老U突然心血来潮，对广角产生了浓厚的兴趣，决定在屋檐下安装一个广角摄像机，以纵览整个院子。但问题是，屋檐下没有电源，而且把电源线拉出来似乎也不安全。如何是好呢？

PoE

老U决定再向网管请教，网管向他推荐了PoE方案，用网线直接供电。这么好的技术，老U决定好好研究一番。

PoE 原理

把数据信号与电力耦合在一根线缆上传输，并不是罕见的技术，我们生活中就有类似的例子。比如家用普通固定电话，不需要额外电源，即使停电也能拨打电话。这是因为电话线不仅可以传输语音信号，同时还负责给电话机供电。

以太网供电（Power over Ethernet，PoE），是一种可以在以太网链路中通过双绞线来同时传输电力与数据的技术。PoE 的出发点是让 IP 电话、AP、IPC 等小型网络设备无须单独铺设电力线即可使用，以简化系统布线，降低网络基础设施的建设成本。PoE 系统连接示意图如图 1-37 所示。

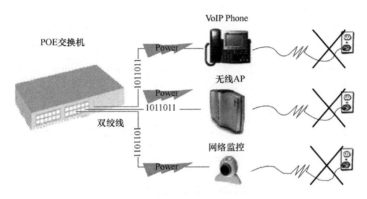

图 1-37　PoE 系统连接示意图

PoE 由 IEEE 802.3 工作组定义相关标准来保证不同厂商设备之间的兼容性，标准分别是 802.3AF（单端口最大输出功率为 15.4W）和 802.3AT（单端口最大输出功率是 30W），业界形象地称 802.3AT 为 PoE+。随着前端受电设备对功率需求的不断提升，单端口最大输出功率达到 60W 的标准也呼之欲出。

PoE 技术中的几个术语：

（1）PSE（Power Sourcing Equipment），即供电设备，由电源和 PSE 功能模块构成。可实现 PD 检测、PD 功率信息获取、远程供电、供电监控、设备断电等功能。

（2）PD（Powered Device）接受 PSE 供电的设备。常见的 PD 设备有 IP 电话、AP、IPC 等。

（3）PI（Power Interface），即电源接口，PSE/PD 与网线的接口，也就是 RJ45 接口。

供电模式

众所周知，采用以太网标准（包括 10BASE-T、100BASE-TX、1000BASE-T）的双绞线一般都有 4 对共 8 根线缆，802.3AF/802.3AT 标准目前已经定义了两种方式：通过数据对供电 Alternative A（1、2、3、6 数据线）和通过空闲对供电 Alternative B（4、5、

7、8空闲线）的供电模式，其具体说明如下：

通过数据对供电——模式A（Alternative A）

如图1-38所示，PSE可通过数据线对给PD设备供电。由于电力和数据所在频段不一样，互不干扰，所以可以在同一对线缆上同时传输电力和数据。

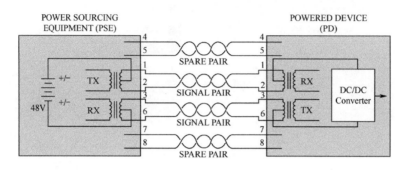

图1-38　通过数据对供电

通过空闲对供电——模式B（Alternative B）

如图1-39所示，线序4、5连接形成正极，线序7、8连接形成负极，由PSE给PD供电。电力传输用的线序4、5、7、8与数据传输所用的线序1、2、3、6是完全分开的，彼此不会造成干扰。

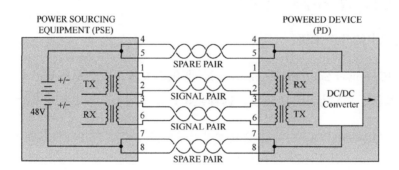

图1-39　通过空闲对供电

一般来说，标准的PD设备必须同时支持上述两种受电方式，但PSE设备只需支持其中一种即可。

功率限制

由于以太网采用双绞线作为传输介质最远只能达到100m的限制，采用PoE供电技术的 IPC 与 PoE 交换机之间的最长距离也只能达到 100m。现有一台功率较大的室内网络摄像机，假设其所需的功率是 15W，那么接在一台仅支持 802.3AF 标准的 PoE 交换机接口下，经过 100m 双绞线传输后，该台网络摄像机还能否正常工作？

PoE 是采用直流电的方式在电缆上进行传输，必然存在压降以及在线路上的功率损耗。不同质量的双绞线其线缆功率损耗不一样。另外，双绞线的长短也会导致其实际功率损耗不一样。一般而言，符合国家质量标准的超五类双绞线，八根线缆中的一根线缆每百米的电阻值小于或等于 9.38Ω。符合国家质量标准的六类双绞线，八根线缆中的一根线缆每百米的电阻值小于或等于 7.5Ω。再回到之前提出的疑问，经过 100m 超五类双绞线传输后，在 100m 超五类线上的功率损耗是 1.1W，在 802.3AF 标准下 PD 设备即室内网络摄像机还能利用的最大功率是 15.4W-1.1W=14.3W。显然不满足该室内网络摄像机工作时所需的功率，即该室内球机无法正常使用。

> **说明**
>
> PoE 系统在 PSE 端输出的电压在 44~57V 之间，典型为 48V，采用的是直流供电方式。

PoE 基本配置典型实例

利用交换机给两台 IPC 供电，要求对 IPC2 的最大供电功率不能超过 12W，如图 1-40 所示。

图 1-40　PoE 配置举例

相关配置如下：

```
# 使能 PoE 接口 GigabitEthernet1/0/1 和 GigabitEthernet1/0/2 的远程供电功能，
并配置 PoE 接口 GigabitEthernet1/0/2 的最大供电功率为 12 000mW。
[Switch A] interface gigabitethernet 1/0/1
[Switch A-GigabitEthernet1/0/1] poe enable
[Switch A-GigabitEthernet1/0/1] quit
[Switch A] interface gigabitethernet 1/0/2
[Switch A-GigabitEthernet1/0/2] poe enable
[Switch A-GigabitEthernet1/0/2] poe max-power 12000
```

配置完成后，IPC能正常工作。

C114 家园网友互动

Q：王晓马 发表于 2015-8-13 16:12

我买了一台支持PoE的网络摄像机，发现还有AC24V/DC12V的电源接口，请问我可以都接上电后，提供供电系统的冗余备份功能么？

A：网语者 发表于 2015-8-13 16:28:17

当然可以的。把市电（比如AC24V或DC12V）连接到IPC后，同时RJ45口的双绞线也在进行PoE供电，此时摄像机不会烧坏掉，假设此时交换机的PoE模块故障不能输出PoE供电，IPC依旧能正常工作。

Q：chinalmwei 发表于 2015-8-13 10:41:25

楼主，PoE供电技术这么好用，为什么我了解到集成商的很多监控项目还是喜欢用UPS集中供电方式，PoE的接受度并不高，使用率不到10%，能分析一下吗？

A：网语者 发表于 2015-8-13 15:38:05

确实是这样的，目前国外PoE的普及程度远高于国内。导致这明显的差异不是技术方面的问题。跟一位集成商闲聊，说如果用PoE，一个点位只需布一根网线就可以了，如果不用PoE，我需要布两根线，线缆耗材和人工都翻倍。目前摄像头价格太透明，我们只能在施工上、辅助器材上赚点，所以我们不太喜欢用PoE，你懂的！

PLC

如果说PoE在网线上实现数据传输的同时又能完成电力的供应，那相比网线来说，家里随处可见的电源插座和线路是否可以反过来传输数据呢？老U向网管做了咨询，网管向他推荐了PLC方案——果然世间只有想不到的，没有做不到的，老U准备详细了解一下。

PLC 简介

PLC 的英文全称为 Power Line Communication，即电力线通信，是指利用电力线传输数据和媒体信号的一种通信方式。该技术是把载有信息的高频信号加载于电流用电线传输，接受信息的适配器再把高频信号从电流中分离出来，并传送到计算机或电话以实现信息传递。

通俗一点讲，PLC 好比是给电线装上一个网卡，将网络数据在电线上任意传输，无须重新布线，移动便捷、即插即用，实现有电线的地方就有网络的目的。

PLC 的历史和工作原理

电力线通信技术出现于 20 世纪 20 年代初期。应用电力线传输信号的实例最早是电力线电话，它的应用范围是在同一个变压器的供电线路以内，将电信号从电力线上过滤下来。1991 年美国电子工业协会确认了三种家庭总线，电力线是其中一种。1997 年 10 月，Northern Telecom 公司宣布进行数字电线技术的开发，这项技术将使电力公司能够在电力线上以 1Mbps 的速率传送数据和话音信号。后来西门子的 PLC 技术将电力线总线的家庭扩大到小区的电信接入网端口，而且能以 1Mbps 的速率传输数据。

后来技术进展逐渐加快。由思科、英特尔、惠普、松下和夏普等 13 家公司成立"家庭插电联盟"（HomePlug Powerline Alliance），致力于创造共同的家用电线网络通信技术标准。

PLC 工作原理：在发送端，利用调制技术将用户数据进行调制，把载有信息的高频加载于电流，然后在电力线上进行传输；在接收端，先经过滤波器将调制信号取出，再经过解调，就可得到原始的通信信号，并传送到计算机或电话，以实现信息传递。电力线宽带网络终端（即电力猫）与 ADSL 路由器十分相像，只不过用户和局端设备之间的传输介质是电力线，而不是电话线。PLC 通信设备常用的接口类型有 RJ45 和 USB。

PLC 应用场景

PLC 在企业及酒店中的应用。对于企业或宾馆，这类场所一般都采用三相四线制分相平衡供电，零线共用。用户端不存在分电表，信号回路比较通畅，当用户数不多时，可以用一台 PLC 局端设备进行信号覆盖。将 PLC 局端设备安装在总配电间内，利用耦合器将信号耦合到三相四线中，实现信号注入。如果用户数较多，可以采用多台 PLC 局端设备进行信号覆盖，如图 1-41 所示。

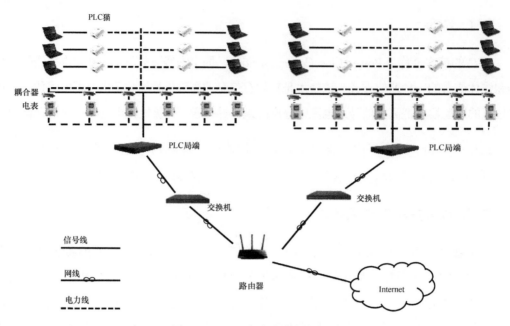

图 1-41　PLC 在企业应用组网图

PLC 在小区宽带接入中的应用。在我国供电方式一般采用三相四线制，再以单相方式通过电表平衡供电给每个用户，单元内每户电表集中在 1～2 个电表箱内。可以采用图 1-42 所示的 PLC 组网。

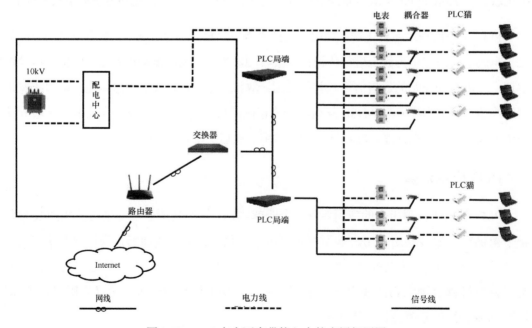

图 1-42　PLC 在小区宽带接入中的应用组网图

PLC 在家庭接入中的应用如图 1-43 所示，将 ADSL 路由器的一个 LAN 口接入到电力线中，家中各个有电的地方即可通过电力猫接入到路由器进行上网。

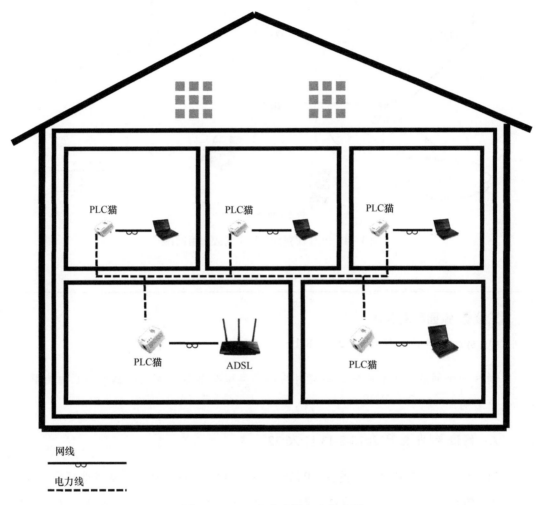

图 1-43　PLC 在家庭接入中的应用

PLC 监控方案介绍

基于 PLC 电力载波的安防监控方案，就是利用原有的监控摄像头供电的电力线做信号传输线缆，使用电力网桥局端将监控网络耦合到所需的安防覆盖的区域，该区域的所有地方（室内外皆可）都可以安放监控摄像头，让安防监控不再受布线工程的限制，相比传统方案在成本节约和施工便利性上都有很大的优势。其应用组网图如图 1-44 所示，

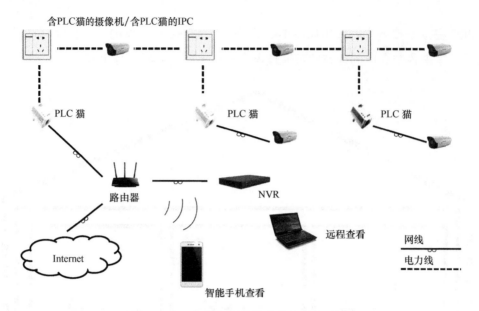

图 1-44　PLC 在视频监控中的应用组网图

家园网友互动

Q：spring_sky24　发表于　2015-8-12 15:15

请教两个问题，PLC通信设备常用的接口类型有哪些？家用电器对PLC的使用是否会有影响？

A：网语者　发表于　2015-8-13 11:26:32

PLC通信设备常用的接口类型有RJ45和USB。PLC的应用如果非常接近家用电器，会对PLC的传输稳定性有一定程度的影响（对于一般家庭环境来说，影响并不大）。主要体现为三类：大功率用电器（如空调、洗衣机等）、电源适配器（如手机充电器等）、日光灯类（如调节灯、高频灯等）。一般情况下，建议PLC尽量远离这些设备。

第 2 章
老 U 的远程监控

> 你可知，我是谁？永伴你左右，
> 分享流年的风景，即使千山万水。
> 穿过那无处不在的神秘小径，
> 一个没有你的世界，萦绕在你周围。
> 若感觉哪天我已然消失，不再关注，
> 其实我未曾离去，从未走远。
> 永远追随着你，穿过那无处不在的神秘小径……

杭城最吸引人的地方就是永远不缺少休闲游玩的好景致。春光烂漫的季节，谁都想登高望远一番，好好舒展下筋骨。不过，老 U 却有点乐极生悲，不小心崴了脚，只好待在家里看电视了。

几天没去驿站，心里很没底儿。突然一个念头浮上心头：要是我在家里就能远程观看驿站的监控，岂不美哉——此所谓"杭城有老 U，稳坐中军帐，摆起八卦阵，远程来管账"。心急的老 U 立马致电网管。

网管用手机安装了 APP，注册了账号，扫描了一下 NVR 上的二维码，手机上的图像立刻显现。然后又在电脑上安装了客户端，登录账号，即可看到实况图像。

原来这么简单！

网管看出老 U 心里在想什么，笑了笑："你别看这么简单的几步，后面的学问可多着呢！"

老 U 想想，也是，NVR 和 PC 机究竟是如何上网的？他们又是如何通信的？好多知识不清楚呢！该好好研究一下了。

典型宽带上网架构

ADSL 宽带

老 U 知道家里的电脑要上网，必须先在路由器上填写用户名和密码，然后拨号才能成功。拨号上网的原理是怎么的呢？

老 U 家的网络结构是图 2-1 这样的。

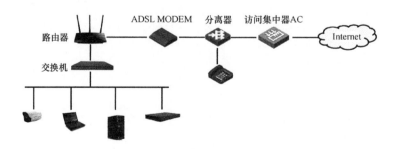

图 2-1　ADSL 接入结构图

从运营商接过来一根电话线，通过一个分离器（有些分离器直接集成在 ADSL MODEM 上），分别接着电话机和 ADSL MODEM 的 LINK 口（RJ11），ADSL MODEM 的 LAN 口（RJ45）连接 SOHO 路由器的 WAN 口，路由器的多个 LAN 口分别连接需要上网的各个设备。

分离器作用在于分离两组不同的信号，一组是电话，一组是上网。这两种信号频率不同。电话用的是 3.4kHz 以下频率，ADSL 用的是 4k~1.5MHz 的高频段。装了分离器，不仅减少了上网时电话通话可能产生的噪声，同时也避免了打电话时上网掉线的风险，使两者工作互不影响。

ADSL MODEM 起到模拟信号和数字信号转换的作用，负责把数字信号调制成模拟信号从电话线发出去，把接收到的模拟信号解调成数字信号传给网络设备。ADSL 技术提供的上行和下行带宽不对称，因此称为非对称数字用户线路。

ADSL 采用频分复用技术把电话、上行数据和下行数据三个相对独立的信道一起运行在电话线上，互不干扰。用户可以边打电话边上网，不用担心上网速率和通话质量的下降。理论上，ADSL 可在 5 000 米的范围内，在一对铜缆双绞线上提供最高 1 Mbps 的上行速率和最高 8Mbps 的下行速率（也就是我们通常说的带宽），能同时提供话音和数据业务。一般来说，ADSL 速率取决于线路的距离，线路越长，速率越低。

ADSL2+技术可以提供最高 24Mbps 的下行速率，和第一代 ADSL 技术相比，ADSL2+在速率、距离、稳定性、功率控制、维护管理等方面进行了改进。

家用 SOHO 路由器是连接局域网和广域网的设备。它的 WAN 口连接 ADSL MODEM，通常通过 PPPoE（PPP over Ethernet）协议从运营商获取 IP 地址；它的 LAN 口连接局域网内需要上网的设备，自己担任 DHCP(Dynamic Host Configuration Protocol) 服务器，通过 DHCP 协议给这些设备分配私网 IP 地址，同时自己兼任局域网上网设备的网关。

> **说明**
>
> 21 世纪前 10 年，ADSL 接入是最为常见的宽带上网方式。与此同时，小区宽带接入、PON 接入、光纤到户等也有不少应用。相关的技术在后续章节都会覆盖。

PPPoE 原理

PPPoE 是在以太网上建立点对点协议（Point to Point Protocol，PPP）的连接，由于以太网技术使用广泛，而 PPP 协议在传统的拨号上网应用中显示出良好的可扩展性和优质的管理控制机制（如计费），二者结合而成的 PPPoE 协议得到了宽带接入运营商的认可并广为采用。PPPoE 不仅有以太网的快速简便的特点，同时还有 PPP 的强大功能，任何能被 PPP 封装的协议都可以通过 PPPoE 传输。报文的封装结构如图 2-2 所示。

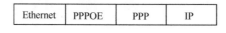

图 2-2　PPPoE 封装图

PPPoE 协议采用 Client / Server 方式，它将 PPP 报文封装在以太网帧之内，在以太网上提供点对点的连接。PPPoE 有两个主要的阶段：Discovery 阶段和 PPP Session 阶段。其中 Discovery 阶段有点类似于交友的初始阶段，某高帅富在网上发了个交友贴，很多妹子回应约他，他却挑选了一个很有意思却没附照片的妹子，双方约定某个咖啡馆碰头聊一聊。PPP Session 阶段则像是双方决定在咖啡馆一对一见面沟通，然后约定怎么去这个咖啡馆，碰头后怎么确定身份（对个"天王盖地虎，宝塔镇河妖"的暗号吧），一顿开心的午餐之后，互相留下了联系方式。

协议运行原理：Discovery 阶段主要用于选择接入服务器，确定所要建立的 PPP 会话标识符 Session ID，同时获得对方点到点的连接信息。

一个典型的 Discovery 阶段包括以下 4 个步骤：

PADI（PPPoE Active Discovery Initiation）

PADI 是 PPPoE 发现阶段的第一步。SOHO 路由器以广播的方式发送 PADI 数据包，请求建立链路。

PADO（PPPoE Active Discovery Offer）

PADO 是 PPPoE 发现阶段的第二步。访问集中器 AC（Access Concentrator）以单播的方式发送一个 PADO 数据包对 SOHO 路由器的请求做出应答。

PADR（PPPoE Active Discovery Request）

PADR 是 PPPoE 发现阶段的第三步。因为 PADI 数据包是广播的，所以 SOHO 路由器可能收到不止一个的 PADO 报文。SOHO 路由器根据一定的策略选择一个 AC，然后向选中的 AC 单播一个 PADR 数据包。

PADS（PPPoE Active Discovery Session-confirmation）

PADS 是 PPPoE 发现阶段的最后一步。当 AC 在收到 PADR 报文时，就准备开始一个 PPP 的会话了。它为 PPPoE 会话创建一个唯一的会话 ID 并单播一个 PADS 数据包给 SOHO 路由器做出响应。

完成四步交互后，SOHO 路由器和访问集中器（AC）双方就能获知对方唯一的 MAC 地址和唯一的会话 ID。MAC 地址和会话 ID 共同定义了唯一的 PPPoE 会话。

SOHO 路由器收到 PADS 后，双方进入 PPP 会话阶段。在会话阶段，Session ID 必须是 Discovery 阶段所分配的值。PPP 会话阶段主要包括 LCP、认证、NCP 三个协商过程。LCP 阶段主要完成建立、配置和检测数据链路连接。认证协议类型由 LCP 协商决定采用询问握手认证协议（CHAP）还是密码认证协议（PAP），认证的过程就会用到我们在运营商申请宽带时获得的账号和密码。NCP 是一个协议族，用于配置不同的网络层协议，常用的是 IP 控制协议 IPCP（IP Control Protocol），它负责配置 SOHO 路由器 WAN 口的 IP 地址和 DNS 地址等工作。当 SOHO 路由器认证完毕并通过 NCP 获取了 IP 地址等信息后，我们在路由器的 WEB 页面上就能够看到 WAN 口获取的 IP 地址。一般情况下，这个时候 LAN 网络中的设备就可以上网了。

任何一方希望结束会话，它们可以通过发送 PADT（PPPoE Active Discovery Terminate）报文以中止 PPP 会话。

PPPoE 很容易检查到用户下线，可通过一个 PPP 会话的建立和释放对用户进行基于时长或流量的统计，计费方式灵活方便。PPPoE 可以提供动态 IP 地址分配方式，用户无须任何配置，网管维护简单。

DHCP 原理

根据前面 ARP 解析的知识，我们知道一台电脑必须具备 IP 地址、掩码、网关地址等信息，为了上 Internet，还需要配置后面提到的 DNS（Domain Name System）服务器地址等信息。若依靠管理员手工维护，工作量很大，也容易出错。DHCP 协议的出现彻底实现了上网设备的自动配置。

DHCP 的前身是 BOOTP，BOOTP 原本用于实现无盘主机连接网络。无盘主机使用 BOOTROM（无盘启动 ROM 接口）而不是硬盘实现系统启动并连接上网，BOOTP 则可以自动地为那些无盘主机设定 TCP/IP 环境（包括 IP 地址、掩码、网关、DNS 服务器等）。但 BOOTP 有一个缺点：你在设定前须事先获得客户端的 MAC 地址，而且与 IP 地址的对应是静态的。换而言之，BOOTP 非常缺乏"动态性"，若在有限的 IP 资源环境中，BOOTP 一对一的对应会造成非常大的 IP 地址浪费。

DHCP 可以说是 BOOTP 的增强版本，它分为两个部分：一个是服务端，而另一个是客户端。所有的 IP 网络配置资料都由 DHCP 服务端集中管理，并负责处理客户端的 DHCP 请求；而客户端则会采用服务端分配的 IP 网络配置信息。相比 BOOTP，DHCP 通过"租约"的概念，有效且动态地分配客户端的 IP 地址。

DHCP 的基本原理有点类似于租房子。妹子发帖求租，宣称生活简单爱干净；看到帖子的房东们纷纷回应提供房源；妹子顶帖确定其中一家；其他房东看到后就不再为她预留房源了。房东与妹子签订了一年的租房合同，同时约定住满半年的时候要跟房东续租，如果半年后妹子没联系到房东，妹子会再住 4 个半月后再联系一次房东，如果还是联系不上，妹子就会认为租这个房子有风险，可能房东随时会不租了，于是租期满后她就会重新找房子住。

DHCP 的实际工作过程如下：首先，网络中必须至少有一台 DHCP 服务器存在，它会监听来自客户端的 DHCP 请求，并与客户端协商 TCP/IP 的设定环境。它提供两种 IP 分配方式：自动分配，一旦 DHCP 客户端第一次成功地从 DHCP 服务端申请到 IP 地址之后，就永远使用这个地址；动态分配，当 DHCP 第一次从 DHCP 服务端申请到 IP 之后，并非永久地使用，只要租约到期，客户端就得释放这个 IP，以给其他工作站使用——客户端可以比其他主机更优先地延续（Renew）租约，或是申请其他的 IP。动态分配显然比自动分配更加灵活，尤其是当你的实际 IP 地址数量不足的时候。例如：你是一家运营商，只能提供 200 个 IP 给客户，但并不意味着你的客户最多只能有 200 个。因为你的客户不可能全部在同一时间上网，于是你就可以将这 200 个 IP 轮流地租用给上线的客户使用。

DHCP 客户端首次启动要经历下面四个阶段：

（1）发现阶段，用于客户端寻找 Server。当 DHCP 客户端首次启动的时候，发现本机上没有任何 IP 地址，它会向网络发出一个 DHCP DISCOVER 的广播报文。

(2)提供阶段,服务端向客户端提供 IP。当 DHCP 服务端监听到客户端发出的 DHCP DISCOVER 广播后,它会从那些还没有租出的 IP 中,选择最前面的的空置 IP,连同其他 TCP/IP 设置,回应客户端一个 DHCP OFFER 报文。由于客户端在开始的时候还没有 IP 地址,所以在其 DHCP DISCOVER 消息内会带上其 MAC 地址信息。DHCP 服务端回应的 DHCP OFFER 则会根据这些信息传递给要求租约的客户端。根据服务端的设定,DHCP OFFER 会包含一个租约期限的信息。

(3)选择阶段,客户端选择 Server 接受 IP 租约。如果客户端收到网络上多台 DHCP 服务端的回应,只会挑选其中一个 DHCP OFFER(通常是最先抵达的那个),并且会向网络发送一个 DHCP REQUEST 广播消息,告诉所有 DHCP 服务端它将指定接受哪一台服务端提供的 IP 地址。

(4)确认阶段,被选择的 DHCP Server 收到 Client 返回的 DHCP REQUEST 报文后,根据 Client ID 和 Request IP Address 来查找有没有相应的租约记录,如果有则发送 DHCP ACK 报文作为回应,否则返回 DHCP NAK 报文作为拒绝。

当 Client 端收到 Server 返回的 DHCP ACK 报文后,会发送目的地址为 Server 分配给自己的地址的免费 ARP 作最后的确认,如果没有检测到冲突,则将此地址与自己绑定,同时配置相应参数。如果检测到冲突,就向 DHCP Server 广播发送 DHCP DECLINE 报文、通知 DHCP Server 禁用这个 IP 地址,然后 DHCP Client 开始新的地址申请过程。

DHCP 消息交互的流程如图 2-3 所示。

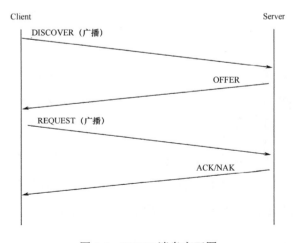

图 2-3　DHCP 消息交互图

与Client首次登陆网络进行地址申请相比，再次登陆网络时，DHCP Server和DHCP Client间的交互会简略很多。DHCP Client再次登录网络时，只需要广播包含上次分配的IP地址的DHCP REQUEST报文，不需要再次发送DHCP DISCOVER报文。DHCP Server会优先让Client使用它以前曾用过的地址，尽量保持Client地址的稳定。

客户端获取到IP地址后还有一个租期机制与续约的过程，IP的租约期限是非常考究的，并非如我们租房子那样简单。在租约期限一半的时候就会发出单播DHCP REQUEST消息给分配IP地址的那个DHCP服务器。如果此时得不到DHCP服务端的确认的话，Client还可以继续使用该IP，然后在租约期限的7/8时刻再次发送广播的DHCP REQUEST消息给所有DHCP服务器。如果还得不到确认的话，DHCP Client继续使用这个IP地址，直到IP地址使用租期到期时，DHCP Client才会向DHCP Server发送DHCP Release报文来释放这个IP地址，并开始新的IP地址申请过程。

从前面的描述中，我们不难发现：DHCP DISCOVER是以广播方式进行的，其情形只能在同一网段之内进行，因为路由器是不会转发广播消息的——否则容易造成攻击。那么，如果DHCP服务端在其他网段怎么办呢？要解决这个问题，我们可以用DHCP中继（通常由路由器担任）来中继客户的DHCP请求，然后将客户端发出去的广播请求报文转换为单播传递给DHCP服务端，并且将服务端的回复传给客户。若不使用DHCP中继，也可以在每一个网段内安装一个DHCP服务端，如此一来设备成本会增加，而且管理也比较分散。

老U的驿站组网比较简单，SOHO路由器下面就一个网段，也就不涉及DHCP中继的需求。

DNS原理

PC通过DHCP获取到IP地址后，PC就可以打开浏览器上网了。老U打开了中国工商银行的网站（http://www.icbc.com.cn），OK，很顺利地实现了上网。但是老U立刻又有了疑问：没有输入工商银行的IP地址，浏览器怎么知道网站在哪里呢？

如果我们每访问一个网站都需要知道和填写IP地址，那上网的乐趣可大打折扣了。于是网络工程师设计了一个叫DNS的网络协议，用户只需要记住相对直观且有意义的域名，PC就能自动通过DNS找到该域名所对应的IP地址。

DNS（Domain Name System）是"域名系统"的英文缩写，是一种组织成域层次结构的计算机和网络服务命名系统,提供将主机名和域名转换为 IP 地址的服务。

通常 Internet 主机域名的一般结构为:主机名.三级域名.二级域名.顶级域名,例如 www.icbc.com.cn。一个完整的域名由 2 个或 2 个以上的部分组成,各部分之间用英文的句号"."来分隔。最后一个"."的右边部分称为顶级域名(TLD,也称为一级域名),最后一个"."的左边部分称为二级域名(SLD),二级域名的左边部分称为三级域名,以此类推,每一级的域名控制它下一级域名的分配。

顶级域有两种划分方法:地理域和通用域。地理域是为世界上每个国家或地区设置的,由 ISO-3166 定义,如中国是 cn,美国是 us,日本是 jp。通用域是指按照机构类别设置的顶级域,主要包括 com(商业组织)、edu(教育机构)等。随着互联网的不断发展,新的通用顶级域名也根据实际需要不断扩充,新增的通用顶级域名有 biz(商业)和 info(信息行业)等。

域名右侧通常省略了一个句点".",这个点号表示根域。全球共有 13 台根域名逻辑服务器,实际物理根服务器数量远大于这个数字,在 2014 年 1 月 25 日的数据为 386 台,分布于全球各大洲。根域名服务器中虽然没有每个域名的具体信息,但储存了负责每个顶级域(如 com、net、org 等)解析的域名服务器的地址信息。

域名层次如图 2-4 所示。比如 www.icbc.com.cn,cn 表示中国,com.cn 表示中国的公司,icbc.com.cn 表示中国工商银行,www.icbc.com.cn 表示中国工商银行提供的 Web 服务主机。

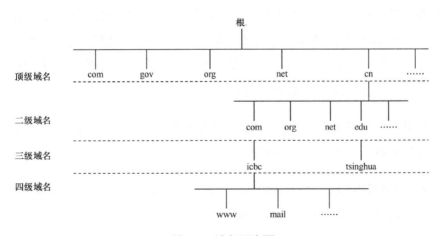

图 2-4 域名层次图

当 DNS 客户机需要查询应用程序中使用的域名时,如果 hosts 文件中没有查到,它会先查询本地 DNS 服务器（网卡 TCP/IP 中配置的 DNS 服务器，一般通过 DHCP 从 DHCP Server 获取）来解析该域名。具体如图 2-5 所示。

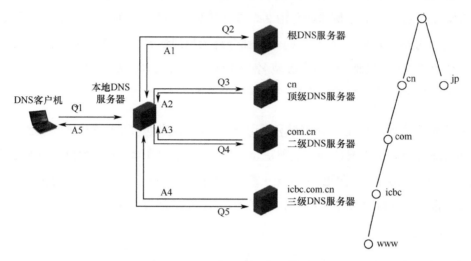

图 2-5　DNS 解析过程示意图

（1）在浏览器中输入 www.icbc.com.cn 域名，操作系统会先检查自己本地的 hosts 文件是否有这个域名映射关系，如果有，就先调用这个 IP 地址映射，完成域名解析。

（2）如果 hosts 文件里没有这个域名的映射，则查找本机 DNS 解析器缓存，如果有这个域名的映射关系，则直接返回，完成域名解析。

（3）如果本机的 hosts 文件和 DNS 解析器缓存中都没找到相应的域名映射关系，则 DNS 客户机首先找 TCP/IP 参数中设置的首选 DNS 服务器，我们称它为本地 DNS 服务器。本地 DNS 服务器收到查询后，如果发现域名包含在本地配置的区域资源中，则直接返回解析结果给客户机，完成域名解析。

（4）如果要查询的域名不在本地 DNS 服务器的区域资源中，但该服务器已缓存了此网址的映射关系，则调用这个映射完成域名解析。

（5）如果本地 DNS 服务器的本地区域资源与缓存解析都失效，则根据本地 DNS 服务器的设置（是否设置转发器）进行查询。

如果未启用转发模式,本地 DNS 服务器就把请求发至 13 台根 DNS 服务器,根 DNS 服务器收到请求后返回这个域名（.cn）的顶级域名服务器的一个 IP。本地 DNS 服务器收到 IP 信息后,会向这台服务器进行解析。这台负责.cn 域的服务器如果自己无法解析,它会返回下一级负责二级域（com.cn）的 DNS 服务器地址。本地 DNS 服务器收到这个地址后,继续找该服务器解析 www.icbc.com.cn。不断重复上面的动作,直至找到 www.icbc.com.cn 主机对应的 IP。

如果用的是转发模式,本地 DNS 服务器就会把请求转发至上一级 DNS 服务器,由上一级服务器进行解析。上一级服务器如果不能解析,则找根 DNS 或把请求转至上上级,以此循环。解析的结果也是层层依次回复,最后把结果返回给本地 DNS 服务器,由此本地 DNS 服务器再返回给客户机。

老 U 学到这里,发现 DNS 真的很重要,万一有人伪造了 DHCP 服务器发送了虚假的 DNS 服务器 IP 地址,把正常的银行域名关联到了钓鱼网站的 IP 上,那实在是太危险了——这甚至吓得老 U 有点强迫症,每次上银行网站前都要检查自己的 DNS。

DNS 高级特性

前面我们讲的 DNS 都是一个域名对应一个 IP 地址,但是在一些特殊的场景下,如果仅使用一台服务器提供服务,访问压力太大,服务器性能不足,需要多台服务器进行负载分担时,一个域名就需要对应多个 IP 地址。这个时侯 DNS 是如何工作的呢？RR-DNS（Round-Robin DNS）,这种轮询调度的方法经常会被用到。在客户端进行域名查询时,DNS 服务器根据域名查找数据库,域名与 IP 地址是一对多的关系,如图 2-6 所示。

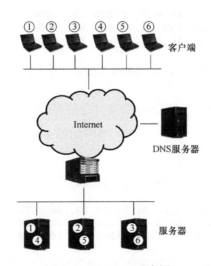

图 2-6　RR-DNS 示意图

最初域名指向表中的第一个地址。当第一个客户端查询域名时，DNS 服务器会将第一个 IP 地址返回给客户端，并将域名指向第二个 IP 地址。当第二个客户端查询域名时，DNS 服务器会将第二个 IP 地址返回给客户端，同时将域名指向第三个 IP 地址。当最后一个地址被返回后，域名将重新指向第一个地址。

不过实现中，DNS 服务器会返回该域名下对应的所有的 IP 地址，但通过更改 IP 地址的排序实现轮询的目的。客户端会优先采用排序在最前面的 IP 地址进行访问。这样可以达到同样的负载分担效果，还能减轻 DNS 服务器的压力。

下面以 yahoo.com 为例，使用同一个客户端对该域名进行第一次解析，DNS 服务器返回了三个 IP 地址，顺序如图 2-7 所示。

```
⊟ Queries
    ⊞ yahoo.com: type A, class IN
⊟ Answers
    ⊞ yahoo.com: type A, class IN, addr 98.138.253.109
    ⊞ yahoo.com: type A, class IN, addr 98.139.183.24
    ⊞ yahoo.com: type A, class IN, addr 206.190.36.45
```

图 2-7　第一次解析 DNS 服务器返回的三个 IP 地址顺序

在客户端上执行 ipconfig/flushDNS 将本地缓存的域名解析表项删除，再进行第二次解析，DNS 服务器又返回三个 IP 地址，顺序如图 2-8 所示。

```
⊟ Queries
    ⊞ yahoo.com: type A, class IN
⊟ Answers
    ⊞ yahoo.com: type A, class IN, addr 206.190.36.45
    ⊞ yahoo.com: type A, class IN, addr 98.138.253.109
    ⊞ yahoo.com: type A, class IN, addr 98.139.183.24
```

图 2-8　第二次解析 DNS 服务器返回的三个 IP 地址顺序

在客户端上执行 ipconfig/flushDNS 将本地缓存的域名解析表项删除，再进行第三次解析，DNS 服务器还是返回三个 IP 地址，顺序如图 2-9 所示。

```
⊟ Queries
    ⊞ yahoo.com: type A, class IN
⊟ Answers
    ⊞ yahoo.com: type A, class IN, addr 98.139.183.24
    ⊞ yahoo.com: type A, class IN, addr 206.190.36.45
    ⊞ yahoo.com: type A, class IN, addr 98.138.253.109
```

图 2-9　第三次解析 DNS 服务器返回的三个 IP 地址顺序

通过比较，我们可以看到，虽然每次都返回了三个 IP 地址，但是三次解析到的 IP 地址顺序是不一样的。客户端默认会以第一个 IP 地址作为目标地址。这样不同的用户端、不同的时间，解析到的 IP 地址会在三个 IP 地址中进行轮询，就可以让客户端访问不同的服务器，达到负载分担的作用。

然而，RR-DNS 并不能很好地解决其中一些问题，譬如，当服务器集群分别处于不同的运营商时，我们希望电信的客户端访问电信的服务器，而网通的客户端访问网通的服务器，因为跨运营商的访问会带来额外的延时。但轮询方式并不关心这种需求，只是让服务器轮流地提供服务。

智能 DNS 服务器可以根据来自客户端的报文，自动判断用户所处在哪一个运营商里，智能地将对应地址返回给用户，从而避免跨运营商访问的情形发生。智能 DNS 组网参见图 2-10。

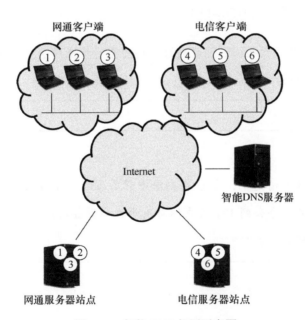

图 2-10　智能 DNS 组网示意图

譬如一个企业在三个运营商（电信、联通、移动）都有服务器，同样有三个来自不同运营商网络的访问客户端进行域名解析。通过电信运营商接入的客户端向企业服务器发起 DNS 请求解析时，智能 DNS 会自动根据客户端 IP 地址，判断出它是来自电信运营商，于是将电信服务器的 IP 返回给客户端。

智能 DNS 还能够自动判断用户的上网线路所属地域，例如是浙江电信还是福建电信，然后智能返回对应的浙江电信或福建电信的服务器的 IP 地址。

智能 DNS 还可以进行宕机处理。智能 DNS 能够实时地检测出宕机服务器 IP，并将该地址从解析 IP 地址中剔除。这样客户端 DNS 解析到的 IP 保证是一个运行正常的服务器，从而提供一个高度可靠、永不宕机的服务。

> **C114 家园网友互动**
>
> Q：lwz122422787 发表于 2015-8-11 21:49
>
> DHCP对于接入的设备可以自动进行网络配置，如果随便接入一台岂不是可以得到我的网络的很多信息？？？？？
>
> A：网语者 发表于 2015-8-13 11:10
>
> 这位网友其实不用太担心，可以通过一些安全特性来解决，具体的方法可以学习一下DHCP Snooping相关的内容，我个人觉得还是很有意思的。

上网的原理大致弄清楚了，老 U 在脑海中理了几遍，却总觉得哪里不对劲——哦，家里的出口路由器才一个公网 IP，而内网却有那么多设备在同时上网，路由器怎么知道回来的报文究竟给哪台设备呢？

NAT

如图 2-11 所示，驿站 SOHO 路由器的 WAN 口通过 ADSL 拨号获得公网 IP：1.1.1.2。同时，路由器作为局域网的网关和 DHCP 服务器（地址为 192.168.1.1），LAN 口连着若干台主机和 IPC。主机 A 的 IP：192.168.1.100，主机 B 的 IP：192.168.1.101，摄像机的 IP：192.168.1.102。

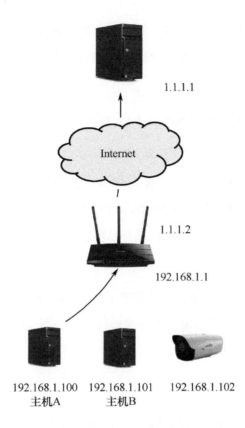

图 2-11 驿站 NAT 组网图 A

从上述组网可以看出，局域网（用户私网）内需要上网的设备比较多，但是运营商只会给一个 IP，即 SOHO 路由器 WAN 口获得的那个地址。如何解决多个设备上网的需求呢？这就涉及常见的 NAT（Network Address Translation）特性。

NAT 基础

NAT 起什么作用呢？我们先来举个例子。一所学校里，每个班级都有一个独立的邮箱。同学相互之间寄信件（现在很少有人不用 E-mail，但是手写的信件或明信片还是弥足珍贵的），只需使用学校邮箱号即可，比如：小 U 寄给另一个校区的小 A，发件邮箱是 36 号，收件邮箱是 23 号，不会有问题。但如果要寄往学校外的地址，比如小 U 寄信给某报社，发件邮箱写 36 号信箱，收件地址是杭州××路××号，这就有问题了。传递室大爷分拣信件时，发现信件的发件地址写着 36 号信箱，这是个内部邮箱，报社如果按信封地址回信，小 U 肯定收不到。于是大爷拿出水笔，在信封上的发件地址加上"南

京市第 100036 信箱转"地字样。报社的回信会寄到学校的传达室，大爷再将信件放到小 U 的 36 号邮箱即可。同样，小 A 的外寄信件也可以用"南京市第 100036 信箱"这个公共地址作为发件地址。

NAT 设备要做的事情，其实就类似于传达室大爷修改发件地址，以及把外来邮件放到各个班级邮箱的工作。

NAT 特性最初的提出主要是为了解决 IPv4 公网地址的短缺。通常用户私网的地址规划采用 IPv4 的三块专网地址：10.0.0.0/8，172.16.0.0/12，192.168.0.0/16——实际上并不强制要求，管理员也可以拿其他地址进行私网的规划，只要保证这些地址不要通过路由协议发布到公网即可。

私网地址与公网地址的转换，可以采用一对一的静态转换（当然这样并没达到节省公网 IP 地址的目的）；也可以将可用的公网地址作为一个地址池，供私网 IP 地址按需转换（稍微好一点，但还是不够经济）。

我们来看下面的例子。

当主机 A 要访问 Internet 的服务器（1.1.1.1）上的 Web 服务时，主机 A 会发出的 IP 报文见表 2-1。

表 2-1　主机 A 发出的 IP 报文

源 地 址	源 端 口	目的地址	目的端口
192.168.1.100	2000	1.1.1.1	80

经过路由器时，路由器不是简单地原封不动地转发这个报文，而是进行了源地址的转换。转换后，源地址变成了路由器的公网地址：1.1.1.2，并记录这个 NAT 转换表项，见表 2-2。

表 2-2　源地址的转换

源 地 址	源 端 口	目的地址	目的端口
192.168.1.100	2000	1.1.1.1	80
1.1.1.2	2000	1.1.1.1	80

公网服务器收到这个报文，处理完后，回复报文见表 2-3。

表 2-3　回复报文

源 地 址	源 端 口	目的地址	目的端口
1.1.1.1	80	1.1.1.2	2000

当路由器收到发送到 1.1.1.2:2000 的报文时，查找到 NAT 转换表项，进行一次相反的转换，即将目的地址是 1.1.1.2:2000 的报文变换成 192.168.1.100:2000 的报文（见表 2-4），然后再将此报文进行转发，这样主机 A 就能正常收到报文了。

表 2-4　NAT 相反转换报文

源 地 址	源 端 口	目的地址	目的端口
1.1.1.1	80	1.1.1.2	2000
1.1.1.1	80	192.168.1.100	2000

NAPT

在传统的 NAT 中，路由器进行了地址转换，实现了私网地址的设备可以访问 Internet 上的设备。但是当只有一个公网地址时，在同一时刻私网内的设备只有一台设备能够访问 Internet。为了使私网内多个设备能同时访问 Internet，出现了 NAPT（Network Address Port Translation），即网络端口地址转换。在 NAPT 中，不仅源地址进行了转换，源端口也进行了转换。这样一个公网 IP 地址可以同时被几万个私网主机使用。NAPT 是目前实际应用的主流方案。我们来看一个例子（见表 2-5）。

表 2-5　NAPT 示例

	源 地 址	源 端 口	目的地址	目的端口
A	192.168.1.100	2000	1.1.1.1	80
	1.1.1.2	2000	1.1.1.1	80
B	源地址	源端口	目的地址	目的端口
	192.168.1.101	2000	1.1.1.1	80
	1.1.1.2	2001	1.1.1.1	80

上面的例子中，主机 A 发出的报文，源端口是 2000，经过地址/端口转换后，源地址就变成了路由器的公网地址，端口还是 2000。

主机 B 发出的报文，源端口是 2000，经过地址/端口转换后，源地址就变成了路由器的公网地址，端口变成了 2001（因为 2000 已经被主机 A 发出的报文占用了）。NAT 相对转换报文见表 2-6。

表 2-6 地址/端口转换

A	源地址	源端口	目的地址	目的端口
	1.1.1.1	80	1.1.1.2	2000
	1.1.1.1	80	192.168.1.100	2000
B	源地址	源端口	目的地址	目的端口
	1.1.1.1	80	1.1.1.2	2001
	1.1.1.1	80	192.168.1.101	2000

对于服务器，可以收到来自路由器的两种报文。虽然地址相同，但源端口号不一样，服务器能够正确区分两种报文，分别做出处理。

由此可见，当路由器收到服务器的报文时，可以根据不同的目的端口号进行区分，分别作出转换，并发往主机 A 和主机 B。这样就实现了私网内的不同主机同时访问 Internet 服务器的需求。

> **说明**
>
> NAT 这个概念有广义和狭义之分，广义 NAT 泛指地址转换，而狭义 NAT 特指端口号不变的地址转换。由于狭义 NAT 很少应用，所以我们平时所说的 NAT 一般就是广义的概念。
>
> 大多数设备的动态 NAT 实现默认采用 NAPT 方式。

NAT 映射表项与静态映射

NAT 的出现破坏了 IP 网络设计的初衷，使原本对等的网络有了不对称的公/私网之分。在初始状态下，只有私网的主机能够主动向公网的设备发起连接。在发起连接的过程中，路由器将私网侧的地址/端口映射成公网的地址/端口，这个映射关系就是 NAT 表项，通常是自动完成的。

在上面的例子中，NAT 映射表项就是：

1.1.1.2:2000 → 192.168.1.100:2000

1.1.1.2:2001 → 192.168.1.101:2000

如果公网设备需要主动访问私网主机，那么需要事先在路由器上配置一下 NAT 映射表项，这就是静态映射。

在老 U 的网络环境中，如图 2-12 所示，如果在公网上的 PC 需要访问私网中的 IPC（192.168.1.102）的 Web 服务，那么需要在路由器上添加一条 1.1.1.2:80 到 192.168.1.102:80 的映射关系。这样，老 U 在 Internet 上也就能访问私网的 IPC 了。

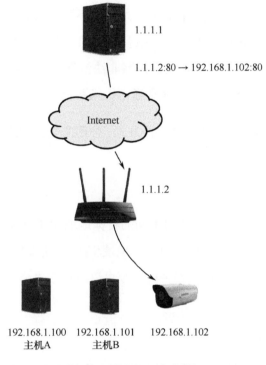

图 2-12　驿站 NAT 组网图 B

> 说明
>
> 上述例子，有些路由器不允许利用 WAN 口的 80 端口做端口映射，因为路由器自身也有对外的 Web 服务。这时可以改成其他端口，例如 8080，配置一条 "1.1.1.2:8080 到 192.168.1.102:80" 的映射关系；不过，这时外网 PC 机需要在浏览器输入 IP（1.1.1.2）+ 端口号（8080）。

不同类型的 NAT

我们继续本章开头的故事。传达室大爷兢兢业业地收发着同学们与外部交往的信件，学校希望大爷关注下外来信件的来源，关心孩子们的身心安全。大爷斟酌了一天，想出了几个方案，以小 U 为例：一是只要小 U 往外寄过信件，以后所有外部寄给小 U 的信件都放到他所在班级的邮箱。二是记住小 U 外寄信件的目的地址，以后只有这个地址寄来的信件，才放到班级信箱里。三是记住小 U 外寄信件的目的地址和收件人，以后只有来自这个地址且发件人为这个人的信件，才放到班级信箱里。四是来招更狠的，小 U 寄往不同地址和不同收件人的信件，发件地址都不同，比如，寄往报社小李的，发件地址写"南京市第 100036-1 信箱"，寄往报社小张的，发件地址写"南京市第 100036-2 信箱"，只要外部来信地址没写对，我都按照非法信件处理。哇，各位读者，您觉得哪种方式最合适呢？不管怎样，安全和便利通常很难两全。

NAT 设备的处理机制也有类似的四种方式。按照安全处理级别的依次提升，四种方式分别如下。

Full Cone NAT

即全锥型 NAT，内网主机往外访问不同的目标地址和端口号，路由器每次都把该"私网源 IP+源端口号"映射到同一个"公网 IP 地址/端口"；同时，外网的任何主机（包括先前内网主机未曾主动访问过的外网主机）都可以通过该"公网 IP+端口号"访问内网主机。

Restricted Cone NAT

即限制锥型 NAT，地址/端口映射的情况同全锥型 NAT，但外网的主机要访问内网主机的前提是：该内网主机必须先发送过报文给该外网主机的地址——不要求是对应的端口号。

Port Restricted Cone NAT

即端口限制锥型 NAT，地址/端口映射情况同全锥型 NAT，但外网主机要访问内网主机的前提是：该内网主机必须先发送过报文给该外网主机的地址和端口号。

Symmetric NAT

即对称型 NAT，内网主机往外访问不同的目标地址和端口号，路由器每次都把该"私网源 IP+源端口号"映射到不同的"公网 IP 地址/端口"——通常为节约公网 IP，公网

IP 地址不会发生改变（直接利用路由器 WAN 口的 IP 地址），但也可以通过配置公网地址池以使 IP 地址发生改变。外网主机必须先收到过内网主机的报文，才能访问到该内网主机。

前三种 NAT 的处理模型中，因为一对"私网 IP/端口"统一被映射到同一对"公网 IP/端口"，而被访问的"公网 IP/端口"有多对，所以呈现一对多的模型，很像锥形，因而称为锥型 NAT。而对称型 NAT 中，访问不同的"公网 IP+端口"对，NAT 路由器都会为同一个"私网 IP+端口"对映射为不同的"公网 IP+端口"对，呈现一对一的模型，故称为对称型 NAT。

我们来举例解释一下四种 NAT 模型。

全锥型 NAT（Full Cone NAT）

如图 2-13 所示，这是一种最简单的 NAT。当内网主机创建一个 UDP Socket（192.168.1.100:7070）并通过它第一次向外（1.1.1.1:80）发送 UDP 数据包时，路由器会为之分配一个固定的公网地址/端口（1.1.1.2:8080）。此后，通过这个 Socket 发送的任何 UDP 数据包（例如目的地址为 2.2.2.2:80）都是通过这个公网地址/端口向外发送。与此同时，任何外部主机都可以使用这个公网地址/端口，向该内网主机 Socket 发送 UDP 数据包。也就是说，只要主机往外发了一个报文，好像路由器上被打开了一个缺口，之后外部所有的主机都可以通过这个"洞"（公网地址/端口）发送到该内网主机的地址/端口。在图 2.13 中，路由器收到来自 3.3.3.3:90、2.2.2.2:90、2.2.2.2:80、1.1.1.1:80 且目的地址为 1.1.1.2:8080 的报文都会被转发到 192.168.1.100:7070。

限制锥型 NAT（Restricted Cone NAT）

如图 2-14 所示，当内网主机创建了一个 UDP Socket（192.168.1.100:7070）并通过它第一次向外（1.1.1.1:80）发送 UDP 数据包时，路由器会为之分配一个固定的公网地址/端口（1.1.1.2:8080）。此后，通过这个 Socket 发送的任何 UDP 数据包（例如：2.2.2.2:80）都是通过这个公网地址/端口向外发送。到此为止，限制锥型 NAT 与全锥型 NAT 完全一致，但是限制锥型 NAT 的限制是指私网主机主动发送过报文的被访问公网设备才能向私网设备发送报文。在上面的例子中，私网主机从未向 3.3.3.3 发送过报文，因此，从 3.3.3.3:90 发送到 1.1.1.2:8080 的报文将被直接丢弃，不会被转发给私网中的主机。然而 2.2.2.2:90 的报文则可被正常转发。

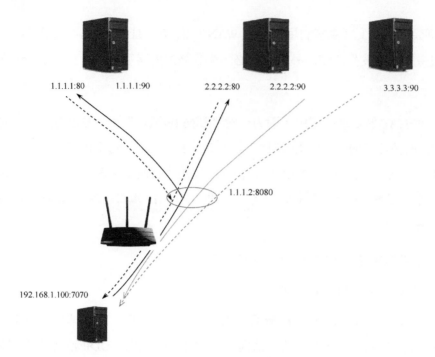

图 2-13 全锥型 NAT 组网图

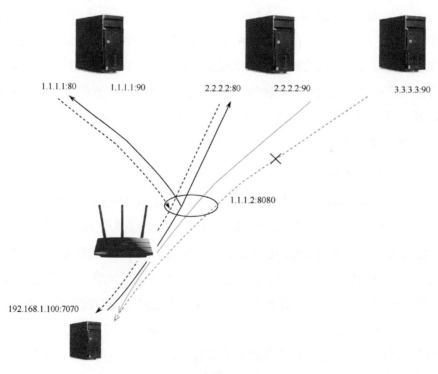

图 2-14 限制锥型 NAT 组网图

端口限制锥型 NAT（Port Restricted Cone NAT）

如图 2-15 所示，当内网主机创建一个 UDP Socket（192.168.1.100:7070）并通过它第一次向外（1.1.1.1:80）发送 UDP 数据包时，路由器会为之分配一个固定的公网地址/端口（1.1.1.2:8080）。此后，通过这个 Socket 发送的任何 UDP 数据包（例如：2.2.2.2:80）都是通过这个公网地址/端口向外发送。到此为止，端口限制锥型与限制锥型 NAT 完全一致，但是端口限制锥型 NAT 的新增限制是指私网主机主动发送过报文的被访问公网设备才能向私网设备发送报文，且端口号也需要一致。在上面的例子中，从 2.2.2.2:90 发送到 1.1.1.2:8080 的报文将被直接丢弃，因为私网的主机只给 2.2.2.2:80 发送过报文，并未向 2.2.2.2:90 发送过报文。

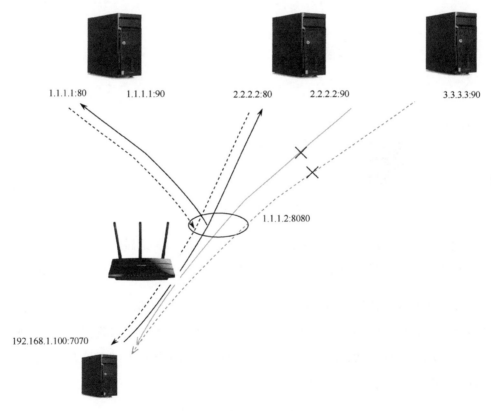

图 2-15　端口限制锥型 NAT 组网图

对称 NAT（Symmetric NAT）

如图 2-16 所示，当内网主机创建一个 UDP Socket（192.168.1.100:7070）并通过它第一次向外（1.1.1.1:80）发送 UDP 数据包时，路由器会为之分配一个固定的公网地址/端口（1.1.1.2:8080）。

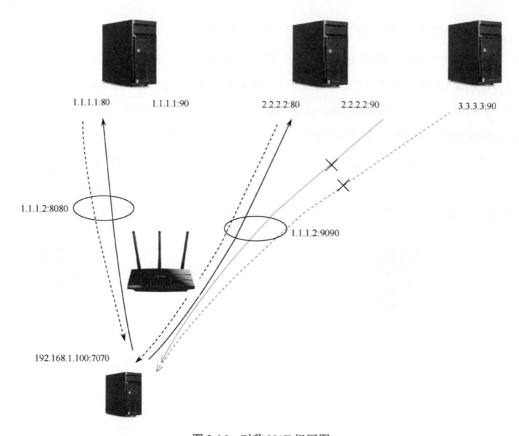

图 2-16　对称 NAT 组网图

当内网主机再次使用这个 Socket（192.168.1.100:7070）并通过它第一次向（2.2.2.2:80）发送 UDP 数据包时，路由器会为它另外分配一个公网地址/端口（1.1.1.2:9090）。

对称 NAT 与前面几种 NAT 的显著区别是：同一源地址/端口，对于不同的目的地址/端口，经过路由器映射之后的公网地址/端口是不同的。在外部端口收到报文的处理流程上，只有接收到了内部主机所发送的数据包的外部主机才能向内部主机返回 UDP 报文，这里的限制是与端口受限锥形 NAT 一致的。

四种 NAT 模型都有设备实现，但全锥型的 NAT 模式实在不够安全，不建议采用。

ALG

普通 NAT 实现了对 IP 报文的 IP 地址和端口的转换，但对应用层数据载荷中的字段是不作任何处理的。在许多应用层协议中，比如 SIP、FTP、TCP/UDP 载荷中都带有地址或者端口信息，如果这些内容不能进行有效的转换，就可能导致问题。而应用层网关

（Application Level Gateway，ALG）技术不仅对 IP 地址/端口进行了转换，而且能对应用层协议进行报文信息的解析，将其中需要进行地址转换的 IP 地址和端口或者需特殊处理的字段进行相应的转换和处理，从而保证应用层通信的正确性。

这怎么理解呢？我们还是以小 U 的信件为例聊一聊。小 U 给爸爸老 U 寄信件时，传达室大爷改了信封的地址——加上了"南京市第 100036 信箱转"字样，小 U 才能收到老 U 的回信。但小 U 书信里告诉老 U：同乡兼同学的小 A 的收件地址为 23 号信箱。于是老 U 虽然能给儿子小 U 回信（按信封上的地址），却无法确定小 A 的收件地址。

不过，小 U 所在学校属于国家涉密机构，所有外寄信件都要经过传递室"大爷"的审计，大爷看到小 U 的失误，帮忙把信中小 A 的收件地址改成了"南京市第 100036 信箱转 23 号信箱"。这样，老 U 收到信件后就知道小 A 的收件地址了。这个改内容的过程就是 ALG 的职责。

下面我们以 FTP 为例解释一下 ALG 的工作过程，如图 2-17 所示。

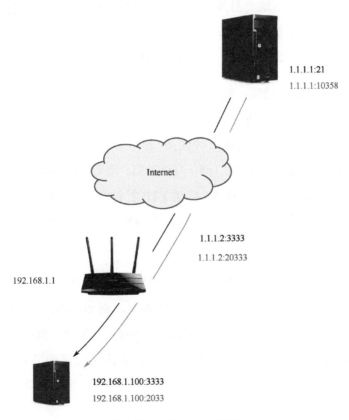

图 2-17　NAT ALG 组网图

FTP 需要用到两个连接，即控制连接与数据连接。控制连接专门用于 FTP 控制命令及命令执行信息的传送；数据连接专门用于实际传输数据（上传或者下载）。

FTP 有两种工作模式，即 PORT 模式和 PASV 模式。

在 PORT 模式中客户端向 FTP 服务器的 21 端口建立起控制连接。这个连接的源地址/端口是 192.168.1.100:3333，目的地址/端口是 1.1.1.1:21。经过 NAT 路由器之后源地址被转换成 1.1.1.2:3333。服务器收到后向 1.1.1.2:3333 发送响应报文，进而通过路由器转换后发送到客户端。这样，FTP 的控制连接就正常建立了。

当客户端需要下载文件时，FTP 客户端首先会在打开本地某一端口进行侦听，并通过已经建立的控制连接发送 PORT 命令告诉服务器这个侦听的地址和端口。在图 2-17 的例子中，这条命令就是 PORT 192.168.1.100:2033——这个信息含在数据载荷部分，并不在 IP 报文头。载荷部分的数据一般不会被 NAT 设备修改，除非启用 ALG 功能。

服务器收到这条命令后就会另外建立起一个连接（数据连接），连接的目的地址/端口是 192.168.1.100:2033。但这是个私网的地址，并不会出现在公网上，服务器无法找到这个地址，也就无法建立这个连接，后续文件自然也不能正常发送了。

如果路由器支持 ALG 功能，情况就不一样了。当客户端发送 PORT 命令时，路由器不仅仅对这条报文的源地址进行转换，而且对这条报文的内容也进行了解析和转换。首先路由器找到公网的一个空闲端口（例如 20333），并配置一个 NAT 映射，将从 1.1.1.2:20333 收到的报文转发到 192.168.1.100:2033。然后，路由器将客户端发送的这条 PORT 报文修改成 PORT 1.1.1.2:20333，告诉 FTP 服务器向路由器映射之后的公网地址/端口发起数据连接。这样，FTP 服务器收到这条 PORT 报文后就能够正常建立起数据连接，从而正常发送实际的文件了。

ALG 可以解决某些应用程序协议在 NAT 环境下的使用问题。但是 ALG 的局限性也相当多：ALG 需要对每种不同的应用层协议，例如 DNS、FTP、H.323（包括 RAS、H.225、H.245）、HTTP、ILS、MSN/QQ、NBT、RTSP、SIP、SQLNET、TFTP 等进行不同的适配，不同的路由器支持的协议的数量和实现细节都不一样，有些应用层协议本身也在不停的演进中。因此，在实际应用中经常会遇到 ALG 相关的各种问题。

> **说明**
>
> PASV 是 PORT 模式的改进。在 PASV 模式中，数据连接也是从客户端发起的，这样就规避了 NAT 的问题。可以说，PASV 模式是 FTP 对 NAT 网络情况下的一种应用层协议的改进。

UPnP

我们继续本章开头的故事。传递室大爷分拣信件时，收到一封收件人为"×××年级年级长"的信件。大爷可犯难了，因为这个年级长是每月竞选轮换的，他可不知道当月的年级长在哪个班级，所以不知道这封信件该放到哪个班级的信箱。小 U 给大爷出了一招，让年级长的评选负责组织及时把对应的同学姓名和班级号报送给大爷，这样大爷就知道把信件放到哪个班级的信箱了。

其实，NAT 设备也存在类似的烦恼。前面我们曾说过，为了解决外网设备主动访问 NAT 内网设备的问题，需要在 NAT 设备上手工配置 NAT 表项映射。但如果内网设备的服务 IP 地址或端口号会发生变更，手工静态配置显然是不合适的，需要有一个动态交互的机制。解决这个问题的特性叫通用即插即用（Universal Plug and Play，UPnP）。

UPnP 最大的愿景是任何设备一旦连接入网络，所有在网设备马上就能相互知道；这些设备彼此通信，能直接利用对方提供的服务，无须人工干预设置，达到即插即用的效果。

图 2-18 是一个典型的广域监控应用示例。NVR 通过 SOHO 路由器连接到 Internet，Internet 上的其他终端设备（比如手机、PC）需要查看 NVR 上的视频监控画面。根据前面的 NAT 知识，管理员需要在 SOHO 路由器手工配置端口映射，否则 Internet 上的终端设备就无法主动访问内网的 NVR。手工配置端口映射，不仅烦琐而且容易出错，有了 UPnP，这个问题就迎刃而解了。

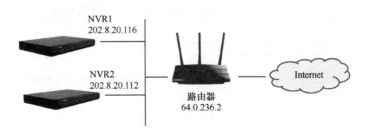

图 2-18 老 U 驿站 UPnP 特性示意图

UPnP 是如何领会管理员意图的呢？我们来以一个实际例子学习下 UPnP 的运行过程。

UPnP 运行可分为三大步骤，分别如下：

（1）NVR 和路由器等设备连入网络后，通过协议交互发现对方的存在；

（2）发现对方的存在后，NVR 和路由器都需要报告自己的身份，以及有什么样的资源，即能为其他设备提供什么服务；

（3）NVR 知道路由器的资源（能够提供端口映射服务）后，于是请求路由器为 NVR 提供端口映射服务，路由器会将成功与否的结果反馈给 NVR。

我们来看下具体的交互过程。

第一步：路由器上电获取到 IP 地址后，就会向网络报告自己的存在，以组播（组播的细节后面章节会详细讨论，基本的功能特点是：IP 报文的目的 IP 地址或 MAC 地址为组播地址，UPnP 用的是 239.255.255.250 这一固定组播地址，其他设备只要启用了对应的功能，就能够侦听并接收该报文）的方式向外发送报文，报文里携带设备名称、设备型号和设备支持的 UPnP 版本等信息；此外，报文里还携带有统一资源定位器（Uniform Resource Locator，URL），以便其他设备访问自己。用 Wireshark 来分析报文，截图如图 2-19 所示。

图 2-19　路由器发出的报文解析

NVR 上电或接入到网络后，与路由器一样，会向网络发送报文报告自己的存在，也是以组播的方式向外发送。

第二步：支持 UPnP 的 NVR 会侦听网络中目的地址是 239.255.255.250 的组播报文。NVR 发现了路由器后，根据报文里的内容（即路由器的 URL 信息）继续向该路由器询问能够提供的服务，路由器就向 NVR 反馈它具有连接 Internet 的服务，以及能够提供端口映射功能等。

第三步：NVR 通过上述交互后，明白了路由器是一台可以连接到 Internet 的设备，具有提供端口映射功能。刚好 NVR 就需要这样的服务把端口映射出去。于是，NVR 告诉路由器，请帮忙提供地址端口映射的服务。图 2-20 是用 Wireshark 的 Follow TCP Stream 功能来解析 NVR 与路由器之间查询交互报文的过程。从解析出来的报文可以看到，NVR 明确告诉路由器，请你在公网接口上侦听，如果在 WAN 口收到目的端口是 50443 的 TCP 报文，请帮忙转让此报文，并送给内网 IP 地址是 202.8.20.116，目的端口是 443 的主机。

```
POST /ipc HTTP/1.1
HOST: 202.8.20.119:1900
CONTENT-LENGTH: 588
CONTENT-TYPE: text/xml; charset="utf-8"
SOAPACTION: "urn:schemas-upnp-org:service:WANIPConnection:1#AddPortMapping"
USER-AGENT: Linux/3.4.35_hi3535, UPnP/1.0, Portable SDK for UPnP devices/1.6.19
<s:Envelope xmlns:s="http://schemas.xmlsoap.org/soap/envelope/" s:encodingStyle="http://schemas.xmlsoap.org/soap/encoding/">
<s:Body><u:AddPortMapping xmlns:u="urn:schemas-upnp-org:service:WANIPConnection:1">
<NewRemoteHost></NewRemoteHost>
<NewExternalPort>50443</NewExternalPort>      ——公网接口需要侦听的端口号
<NewProtocol>TCP</NewProtocol>                ——需要映射的协议是TCP
<NewInternalPort>443</NewInternalPort>        ——映射到内网的端口号
<NewInternalClient>202.8.20.116</NewInternalClient>  ——转发到内网设备的IP地址
<NewEnabled>1</NewEnabled>
```

图 2-20 NVR 发出的报文解析

在老 U 的驿站里，由于路由器和 NVR 支持 UPnP 特性，就无须手工进行路由器的端口映射操作。配置很简单，在 NVR 和路由器的 Web 页面上勾选/开启 UPnP 即可。

老 U 可以在路由器及 NVR 的 Web 界面上看到 UPnP 运行成功后的显示页面。

路由器上的截图如图 2-21 所示。

NVR 上的截图如图 2-22 所示。

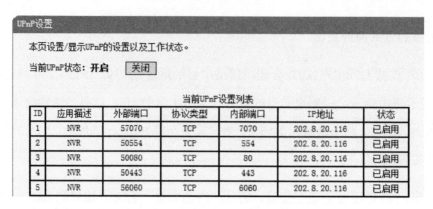

UPnP设置

本页设置/显示UPnP的设置以及工作状态。

当前UPnP状态：开启 [关闭]

当前UPnP设置列表

ID	应用描述	外部端口	协议类型	内部端口	IP地址	状态
1	NVR	57070	TCP	7070	202.8.20.116	已启用
2	NVR	50554	TCP	554	202.8.20.116	已启用
3	NVR	50080	TCP	80	202.8.20.116	已启用
4	NVR	50443	TCP	443	202.8.20.116	已启用
5	NVR	56060	TCP	6060	202.8.20.116	已启用

图 2-21　路由器的配置示意图

UPnP ◉On ○Off

Port Mapping Mode: Auto

Protocol Name	External Port	Router WAN IP	Internal Port	Device IP	Enable	Status
HTTP	50080	64.0.236.2	80	202.8.20.116	Yes	Active
RTSP	50554	64.0.236.2	554	202.8.20.116	Yes	Active
MEDIA	57070	64.0.236.2	7070	202.8.20.116	Yes	Active
SDK	56060	64.0.236.2	6060	202.8.20.116	Yes	Active
HTTPS	50443	64.0.236.2	443	202.8.20.116	Yes	Active

Save

图 2-22　NVR 的配置示意图

以上配置可以形象扼要地用如下对话来解释：

NVR：呼叫路由器，我是 NVR，我现在的 IP 地址是 202.8.20.116，我想要对外提供端口号为 80、554、7070、6060、443 的 TCP 服务，麻烦路由器帮我映射出去。

路由器：我是路由器，收到 NVR 的呼叫，我已经帮你把端口号为 80、554、7070、6060、443 的 TCP 服务映射出去了。映射出去后对应的公网端口号分别是：50080、50554、57070、56060、50443。我的外网 IP 地址是 64.0.236.2。

此时，Web 页面上可以清晰地看到 UPnP 特性带来的自动端口映射已经生效。例如，在图 2-22 的路由器截图中的第二条表项代表的含义是： 路由器在外网接口上收到目的端口号为 50554 的 TCP 报文会被转发到内部的 202.8.20.116 的 NVR，目的端口号会被转换成 554。与此同时，NVR 上也“自动”地知道了自己所连接的路由器的外网 IP 地址（64.0.236.2），以及相应的映射端口号（50554）。

UPnP，即插即用，无须需人为干预，就是这么任性！

C1/4 家园网友互动

Q: 一只小鱼 发表于 2015-8-13 17:18

楼主,有没有办法判断我的路由器是哪种类型的 NAT(全锥型、限制锥型、端口限制锥型和对称型)?

A: 网语者 发表于 2015-8-13 17:25

很遗憾,很少有路由器厂商会在产品规格中写明自己的产品是哪种NAT。一般而言,企业级路由器一般是对称NAT,而家用SOHO路由器则是哪一种都有可能。不过所幸的是路由器厂商的安全意识都在加强,锥形NAT的安全性最差,因此最新的路由器通常都会实现成对称NAT。你可以在网络上搜索一下NAT类型测试工具,这些小工具会确认你的设备的具体实现。

Q: westbuke 发表于 2015-8-13 17:27

我配了一台静态NAT地址映射,将公网上的地址的80端口映射到私网上的某台设备,但是好像未生效,为什么?

A: 网语者 发表于 2015-8-13 18:32

在绝大部分情况下,这不是你的错,而是路由器的错。从原理上讲,这种配置是完全合法的,但是对于某些路由器,尤其是家庭SOHO路由器,在具体实现上或多或少会有些问题。有些路由器将80端口保留为远程Web管理用,也有些路由器1024以下的端口都不能被配置成端口映射所用。总之,遇到这种事情,先尝试使用1024以上的端口进行静态地址映射。如果没问题的话就一定是路由器的毛病了。

好奇的老 U 立刻动手做起了实验,效果真的很棒,映射立刻生效。他又喊儿子小 U 用家里的电脑通过 Web 浏览器访问 NVR。小 U 回电:刚才是可以访问的,但突然又不能访问了。老 U 猜测小 U 可能安装了游戏导致系统冲突。刚想训斥,网管拦住了他:看看公网 IP 是不是变了。小 U 一查看,果然公网 IP 地址发生了改变。

这可不太好,NVR 的公网 IP 地址老是变,在外网怎么访问呢?网管笑了笑:别急,有好东西呢,利用 DDNS 可以解决这个问题。DDNS 比 DNS 多了一个字母,这又是啥好东西呢?

DDNS

DDNS（Dynamic Domain Name Server）叫作动态域名服务。首先我们看一下 DDNS 的应用场景：在前面我们已经介绍了 DNS 的功能，在 DNS 中域名和用户服务器的公网 IP 地址是静态绑定的，是由 DNS 的服务提供商手工配置的。但申请静态公网 IP 价格较高，通常普通用户的服务器默认采用运营商分配的动态 IP 地址（例如 ADSL 和 PPPoE）上网，这时处于公网的其他设备该如何访问 IP 地址飘忽不定的服务器呢？DDNS 技术就是用来解决这个问题的。

互联网 DDNS 方案

如图 2-23 所示，DDNS 的基本原理是：处于用户服务器侧的 DDNS 客户端定期将自己的公网 IP 地址、域名注册上报给运营商的 DDNS 服务器，DDNS 服务器会根据上报信息进行域名和公网 IP 地址的动态绑定，同时还需将该绑定关系上报给 DNS 服务器。如此，访问者在进行域名解析时，得到的地址就是最新的公网 IP 地址。

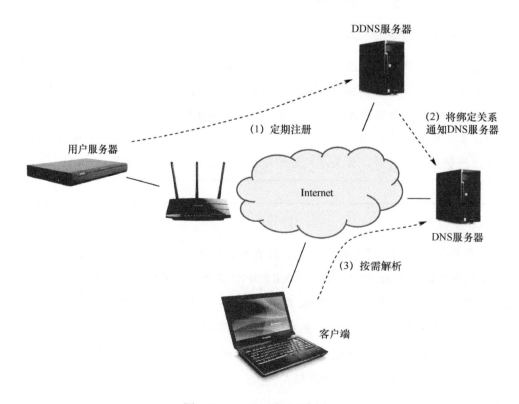

图 2-23　DDNS 原理示意图

DDNS 的注册过程并不像 DNS 解析一样有标准的规定，而是由各 DDNS 服务提供商自己制定私有协议，所以若要使用特定 DDNS 服务商的 DDNS 服务，客户端就必须支持对应的私有协议。注册客户端可以是一台 PC，在该 PC 上运行 DDNS 服务商提供的客户端软件；也可以是企业出口路由器，该路由器集成该 DDNS 服务商的客户端软件；或者用户服务器直接集成 DDNS 服务商的客户端。这些 DDNS 客户端不能断电，否则无法及时地将公网 IP 地址变动情况上报给 DDNS 服务器。

目前，常见的国内 DDNS 服务商有花生壳（oray.com）和 pubyun.com，国外的有 no-ip.com 和 dyndns.com。

用户如果需要使用 DDNS 的服务，大致需要三步：

第一步：确认使用什么设备做 DDNS 客户端。DDNS 客户端的选择会限制 DDNS 服务商的选择范围，譬如你选择了路由器，若该路由器仅支持花生壳，那么你就只能选择花生壳的 DDNS 服务，除非更换路由器。如果用户服务器在国内，尽量选择国内的 DDNS 服务提供商，因为国外的 DDNS 服务器可能会被国家防火墙阻断。

第二步：在 DDNS 服务提供商的官网上申请 DDNS 域名服务账号，申请的内容包括用户账号、密码和 1 个二级域名。通常有免费和付费两种模式。免费的午餐必然没有那么的美味，不然就没有人会去付费了，其稳定性会差很多。

以花生壳域名注册为例，登录 https://console.oray.com/passport/register.html，如图 2-24 所示。

图 2-24　花生壳域名注册

注册完成就会送一个与账号相同的免费域名，如图 2-25 所示。

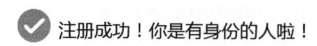

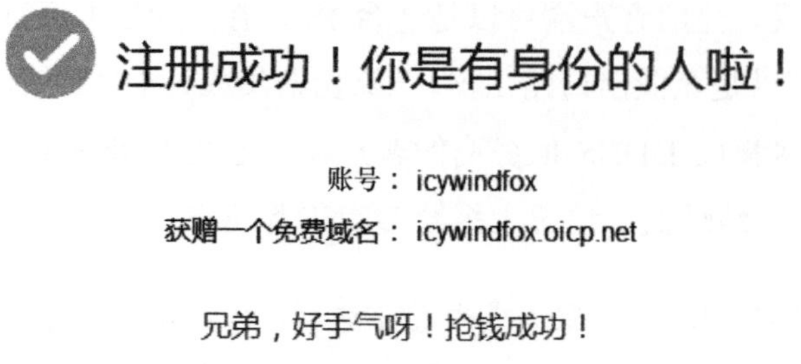

图 2-25　花生壳域名注册结果

第三步：启用 DDNS 客户端，选取 DDNS 服务商，并将第二步申请的账号、密码、域名都填入到指定的位置，保存；接下来就可以看到注册状态很快地切换到在线状态了，然后就可以对其进行检测。

以出口路由器上自带的 DDNS 客户端为例，填写信息如图 2-26 所示。这里的域名默认使用用户名作为前缀，所以不用额外填写。

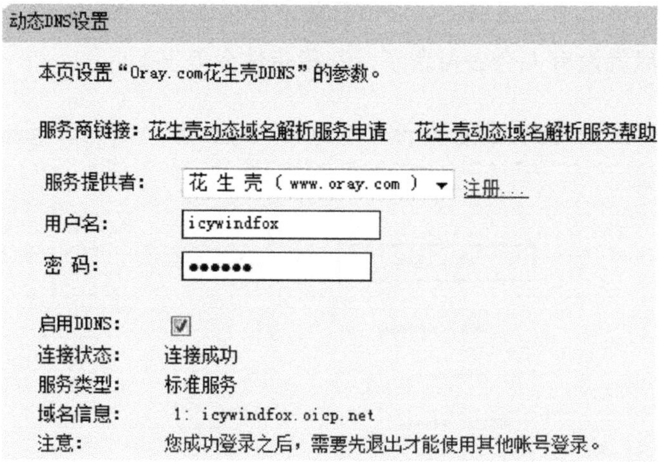

图 2-26　路由器上配置 DDNS 客户端

查看路由器，WAN 口的 IP 地址为 60.12.249.171，如图 2-27 所示。

通过 Ping 检验 DDNS 功能是否准确，如图 2-28 所示，可以看到解析到的地址与路由器的公网地址完全相同。

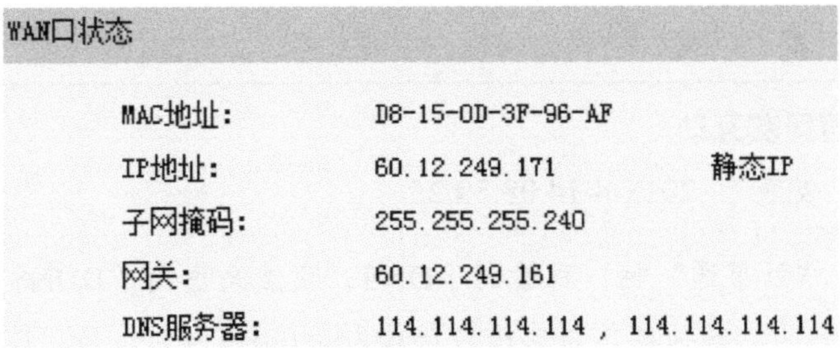

```
WAN口状态

MAC地址:      D8-15-0D-3F-96-AF
IP地址:       60.12.249.171         静态IP
子网掩码:     255.255.255.240
网关:         60.12.249.161
DNS服务器:    114.114.114.114 , 114.114.114.114
```

图 2-27　WAN 口 IP 地址

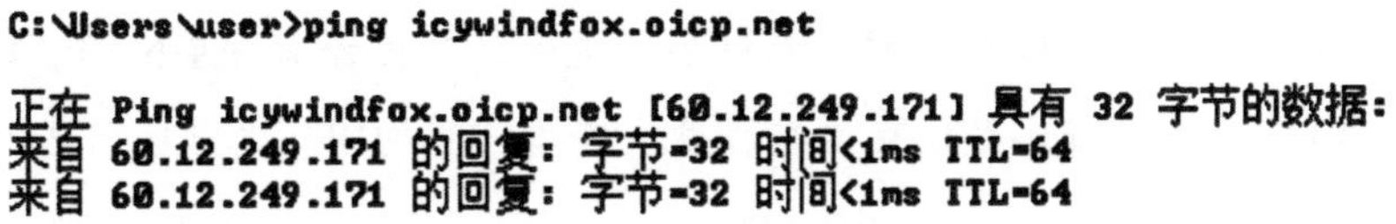

```
C:\Users\user>ping icywindfox.oicp.net

正在 Ping icywindfox.oicp.net [60.12.249.171] 具有 32 字节的数据:
来自 60.12.249.171 的回复: 字节=32 时间<1ms TTL=64
来自 60.12.249.171 的回复: 字节=32 时间<1ms TTL=64
```

图 2-28　Ping 域名获得的解析结果

　　DDNS 设置完成后，我们是否就可通过域名访问 NVR（即用户服务器）了呢？当然不是。常用的 DDNS 仅仅是做了一个动态域名的解析，让公网侧的访问客户端通过域名了解对应的公网 IP 地址。若要通过这个公网地址访问私网的用户服务器，还需将这个公网地址映射到私网中的用户服务器地址。地址映射功能已经在前面的"NAT"一节中详细介绍了，这里就不再赘述。

安防 DDNS 方案

　　免费的通用 DDNS 服务稳定性较差，经常出现故障，严重影响客户对远程监控的体验。而相对稳定的收费 DDNS 服务每年都要收取一定的费用，让客户难以接受。于是监控厂商开始搭建自己的远程监控 DDNS 网站，该网站仅为自家的安防设备做 DDNS 服务，而且与监控的实况回放等业务紧密绑定。

　　远程监控 DDNS 网站的工作原理是：处于私网的设备（用户服务器）向网站定期注册映射在公网的 IP 和各种服务端口号；公网侧的客户端访问设备前先向网站查询对应的服务公网 IP 和端口号，从而可以利用这个服务 IP 和端口号直接访问处于私网的设备。

　　与互联网的 DDNS 服务相比，安防 DDNS 的控制粒度更加细致，精确到服务端口号，且与业务流程强相关。当然这样的设备只适用于厂家自己的业务，无法适用于通用业务。

> **C114 家园网友互动**
>
> Q: 王晓马 发表于 2015-8-14 08:39:25
>
> 楼主真的是"百事通"啊！我看到了DNS，突然又想到了DDNS，我很好奇为啥我的DDNS解析到的公网地址不是路由器的WAN口地址啊？
>
> A: 网语者 发表于 2015-8-14 09:12:51
>
> 可能是你的网络处于虚拟运营商或者小区宽带，外面还有一层NAT，DDNS解析的是外层NAT的公网地址。可以直接在百度上查询"我的IP"找出自己真正的出口公网地址。
>
> Q: 王晓马 发表于 2015-8-14 08:53
>
> 楼主，我配置了DDNS，也可以正常解析，当路由器重启后公网地址发生了变化，但是发现计算机还是使用旧的地址进行访问，而不是新的IP地址，这是为啥？
>
> A: 网语者 发表于 2015-8-14 09:28
>
> 这是因为计算机本地有域名解析记录，会优先使用本地的表项，只有本地表项消失后，才会去解析新的地址。解决办法是：可以等待表项老化，也可以在CMD下执行 ipconfig /flushDNS 将本地表项删除。

　　了解了互联网 DDNS，老 U 把驿站 PC 机的远程桌面端口号映射到了 NAT 路由器的 WAN 口，这样老 U 可以在家里远程访问驿站的 PC 机了。

　　转眼到了夏天。海边可是暑期度假的好去处啊，老 U 决定带一家人回趟舟山老家度假。傍晚时分兜车到燕窝山附近的原生态海滩，退潮后的沙滩像镜子一样，落日的余晖同样呈现在另一半世界里。这让老 U 念及杭州同样处于晚霞中的驿站。于是打开计算机，利用手机的 WiFi 热点接入上网，远程看了一会店里的情况。又试图连接驿站的计算机，却怎么都登录不上去了。为什么 NVR 可以登录，而计算机却不能登录呢？

P2P

老 U 打电话给网管请教原因。网管解释道：UPnP 只能自动帮你建立相邻 NAT 设备的端口映射，如果客户端与设备之间存在两层及更多层 NAT，UPnP 就无能为力了。而 NVR 之所以能够访问，是因为这套监控系统应用了 P2P "打洞"技术。

这么神奇的技术！老 U 立马开始请教"度娘"。

P2P 基本概念

P2P（Peer to Peer）即点对点通信，或称为对等联网，是相对于客户机/服务器（C/S）模式来说的一种网络信息交换方式。如图 2-29 所示，C/S 模式中，数据的分发和交换采用专门的服务器，各个客户端都从此服务器获取数据等资源，这种模式服务器可服务的客户端数量有限。而 P2P 网络中所有通信节点的地位都是对等的，每个节点都扮演着客户机和服务器双重角色，节点之间通过直接通信实现文件信息、处理器运算能力、存储空间等资源的共享交换，P2P 网络具有分散性、可扩展性、健壮性等特点，这使得 P2P 技术在信息共享、实时通信、协同工作、分布式计算、网络存储等领域都有广阔的应用。

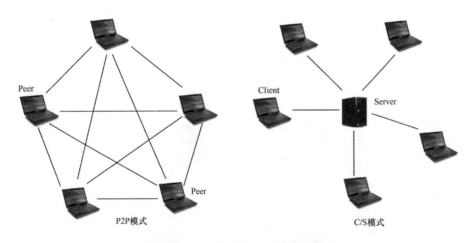

图 2-29　P2P 模式和 C/S 模式示意图

之前介绍过可以通过 UPnP 技术来访问单层 NAT 后的设备，但是实际网络环境中很多设备位于多层 NAT 后，如图 2-30 所示，而且单层 NAT 中的路由器也可能不支持 UPnP 或存在 UPnP 映射失败的情况，导致 NAT 外的主机无法访问设备。为了解决这些问题，需要寻找新的方案，而基于 P2P 模型的 UDP NAT 穿越技术是业界应用较广的一种方案，它能够通过中间服务器实现 P2P 客户端之间的直接互访。

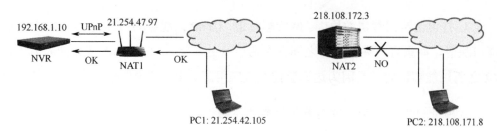

图 2-30 多层 NAT 设备访问限制

多层 NAT 穿越

图 2-31 是实际环境中比较复杂的一种典型多层 NAT 网络，NVR 和客户端作为 P2P 的两个节点设备都位于两层 NAT 之后的私网内，其中最外层的 NATA2 和 NATB2 是由电信运营商提供的 NAT 设备，它们提供将多个用户节点映射到有限的几个公网 IP 的服务，而内层中 NATA1 和 NATB1 的 NAT 设备分别作为 NATA2 和 NATB2 的内网节点。在这种网络中，只有 NATA2 和 NATB2 是真正拥有公网可路由 IP 地址的设备。下面我们以此网络为例介绍基于 P2P 的 UDP NAT 穿越过程。

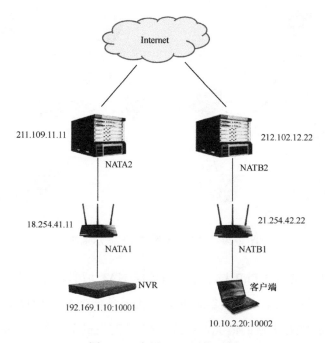

图 2-31 多层 NAT 网络示例

根据前面 NAT 的介绍，我们知道如果公网侧设备要访问 NAT 后的的私网设备，需要 NAT 后的设备先主动向公网的设备发起连接，路由器将设备私网侧的 IP 地址、端口映射成 NAT 设备的公网 IP 地址、端口，建立相应 NAT 的 Session 表项（即映射关系），这个过程可形象地称之为"打洞"。之后，公网设备就可以沿着这条打好的"洞"往回发送报文到私网内的设备。接下来看躲在各自私网内的 NVR 和客户端是如何实现互访的。

P2P 互访的大致过程如下。为简单起见，我们先假设两边的 NAT 设备都是端口限制型 NAT。客户端和 NVR 首先分别访问位于公网的中间服务器，服务器将互访的两个设备的私网 IP 和端口号，以及外层 NAT 映射的公网 IP 和端口号分别告诉对方，然后双方同时访问对方的私网 IP/端口和公网 IP/端口。一般优先考虑私网互通，若私网不通，则通过访问对方的公网 IP/端口进行通信。在通过公网 IP/端口访问过程中，其中一方的报文先到达另一方的 NAT，由于源地址/端口未曾访问过，NAT 会丢弃该报文（端口限制型 NAT 的做法）。不过这个报文不会成为无意义的"炮灰"，它的功劳在于为己方的 NAT 建立一个 Session 表项。于是，来自另一方的访问报文到达时，它便可以顺利接收了。从此建立了互访的通道。

我们先来看一个典型组网的互访细节——还是假设所有的 NAT 设备为端口限制型 NAT。

第一步：P2P 的两个节点设备分别与公网服务器建立连接

P2P 的两个节点设备，它们最初都不知道对方在公网映射的地址和端口，所以首先需要在公网放置一个"中介"——中间服务器。节点各自与中间服务器建立连接，如图 2-32 所示。在这过程中，待互访的私网节点设备至中间服务器之间的各级 NAT 设备会逐级生成到中间服务器的 Session 表项，并使得位于公网的中间服务器，能获取到设备各自在公网 NAT 设备上映射的公网 IP 地址和端口，以及自己的私网 IP 地址和端口。中间服务器可以依据这两组信息判断该节点设备是否位于 NAT 后，并可以通过生成的 Session 表项发送报文访问私网节点设备。

为避免读者迷失在稍显复杂的细节中，我们仍以学生通过传达室收发信件为例解释一下基本原理。客户端和 NVR 如同分别位于 U 学校的学生小 U 和 V 学校的学生小 V，传达室就像是最外层的 NAT 设备，分别为传达室 U 和传达室 V。小 U 和小 V 之间成为笔友想互相寄信，他们首先得主动向邮局（中间服务器）登记自己的邮箱地址，这样他人才能通过邮局查询到他们的通信地址。同时为了便于校内外朋友联系到自己，小 U 在邮局同时登记了班级邮箱地址（36 号信箱），以及对外邮箱地址（南京市 100036-1 信箱）。小 V 也是一样，登记班级邮箱地址（68 号信箱）和对外邮箱地址（南京市 100068-1 信箱）。邮局也就知道他们都是通过各自学校的传达室（NAT）转发的。

在图 2-32 中，NVR 向中间服务器发送 UDP 报文。报文的内容载荷包含的 NVR 的自身私网地址和端口见表 2-7。

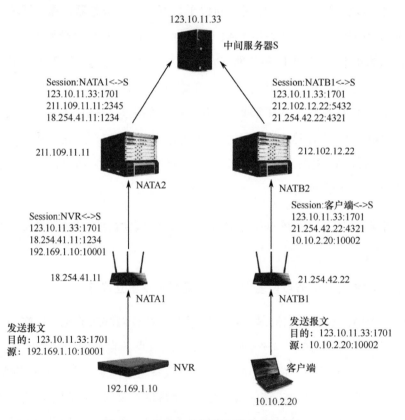

图 2-32 节点向中间服务器发起连接

表 2-7 报文内容

IP 头源 IP 地址	UDP 头 源端口	IP 头目 的地址	UDP 头 目的端口	报文中内容
192.169.1.10	10001	123.10.11.33	1701	IP：192.169.1.10　　端口：10001

经过 NATA1 设备后，NATA1 生成 NVR 到中间服务器的 Session 表项（192.169.1.10:

10001 <=>18.254.41.11:1234↔123.10.11.33:1701。<=>两侧表示 NAT 地址端口映射，↔ 两侧表示互访的源目的地址）。报文信息变化见表 2-8。

表 2-8　经过 NATA1 设备后报文变化信息

IP 头源 IP 地址	UDP 头 源端口	IP 头目 的地址	UDP 头 目的端口	报文中内容
18.254.41.11	1234	123.10.11.33	1701	IP：192.169.1.10　端口：10001

经过 NATA2 设备后，NATA2 生成 NATA1 到中间服务器的 Session（18.254.41.11:1234 <=>211.109.11.11:2345↔123.10.11.33:1701），报文信息变化见表 2-9。

表 2-9　经过 NATA2 设备后报文变化信息

IP 头源 IP 地址	UDP 头 源端口	IP 头目 的地址	UDP 头 目的端口	报文中内容
211.109.11.11	2345	123.10.11.33	1701	IP：192.169.1.10　端口：10001

中间服务器收到报文后，服务器记录下该节点的两对地址和端口信息。一对是节点设备与服务器进行通信的自身私网 IP 地址和端口，服务器可以从报文内容中得到。另一对是由服务器"观察"到的来自节点设备的经过多层 NAT 转换后的报文源 IP 地址和端口。服务器可以从报文的 IP 头部和 UDP 头部得到。如果获取到的设备节点的两对信息不相同，说明该设备节点位于 NAT 后，否则说明该设备节点没有在 NAT 后。

从上一报文信息可知，中间服务器收到 NVR 的报文之后，从报文内容得到 NVR 的私网 IP 地址和端口为 192.169.1.10:10001，从 IP 头和 UDP 头获取到最外层 NAT 映射的公网 IP 地址和端口为 211.109.11.11:2345。两对信息不相同，说明 NVR 位于 NAT 后。后续服务器可以发送报文至 211.109.11.11:2345 来访问 NVR。

通过同样的方法，服务器获取到客户端的私网 IP 地址和端口为 10.10.2.20:10002，在最外层 NAT 映射的公网 IP 地址和端口为 212.102.12.22:5432，从而说明客户端位于 NAT 后。

如果客户端和 NVR 处于 NAT 之后，就可以执行 P2P "打洞"行为。

第二步：两个设备节点在中间服务器的协调下通过"打洞"建立直接的连接

如图 2-33 多层 NAT 示例图中，客户端准备发起对 NVR 的直接连接。

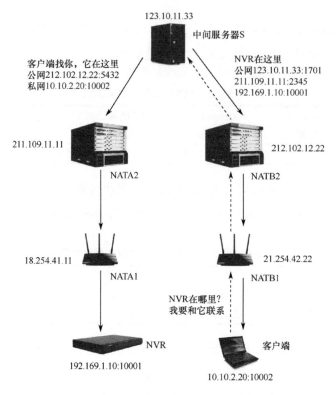

图 2-33 节点双方获取对方访问信息

我们先继续讲故事。小 U 和小 V 准备给对方寄信，但不知道对方的地址。于是小 U 向邮局查询，获得小 V 的外部邮箱地址（南京市 100068-1 信箱）和内部邮箱地址（68 号信箱），同时通知小 V：小 U 找你，让你联系他，他的外部邮箱地址是南京市 100036-1 信箱，内部邮箱地址是 36 号信箱。于是小 U 和小 V 就知道了对方的内部和外部邮箱地址。他们为了联系更方便，首先各自向对方的内部邮箱地址寄信。由于他们不在同一学校，通过内部信箱联系不上，他们又各自向对方的外部邮箱地址发信。小 U 的信件先通过 U 学校的传达室寄到 V 学校的传达室，V 学校传达室大爷收到信后，发现小 V 从未向小 U 寄过信，就不会把小 U 的信件放到小 V 的班级邮箱里。然后小 V 通过 V 学校传达室寄到 U 学校传达室，U 学校传达室大爷看到信件，查询以前的收寄记录，发现小 U 曾向小 V 寄过信，就把信件转放到小 U 的 36 号班级邮箱中，于是小 U 就收到小 V 的信了。小 U 再给小 V 写信，V 学校传达室大爷查记录发现小 V 曾给小 U 寄过书信，于是正常接收，这样小 V 也收到了小 U 的信件，后续两个人就可以愉快地互相联系了。

具体的"打洞"过程参见图 2-33。

（1）从图 2-33 可知，客户端最初不知道如何向 NVR 发起连接，于是客户端向中间服务器发送消息，请求服务器帮助它建立与 NVR 的 UDP 连接。服务器将第一步中获得的 NVR 公、私网的两对 IP 地址和端口信息发给客户端。同时，服务器也将客户端的公、私网的 IP 地址和端口信息的消息发给 NVR。如此，客户端与 NVR 就都知道对方公、私网的地址和端口信息了。

（2）当客户端收到由服务器发来的 NVR 的公网、私网的地址和端口信息后，为了提高传输效率，一般先尝试向 NVR 的私网 IP 地址和端口（192.169.1.10:10001）发送 UDP 报文，同时当 NVR 收到由服务器发来的客户端的公网、私网 IP 地址和端口信息后，也会开始向客户端的私网的地址和端口（10.10.2.20:10002）发送 UDP 数据包。如果客户端和 NVR 并不位于同一个私网内，IP 地址的路由互不可达，不会得到对端的响应。

（3）如图 2-34 所示，客户端接着向 NVR 的公网地址和端口（211.109.11.11:2345）发送 UDP 数据包，同样，NVR 也会开始向客户端的公网 IP 地址和端口（212.102.12.22:5432）发送 UDP 数据包，客户端和 NVR 发送 UDP 数据包的的时间没有先后的要求，两节点发送报文的源 IP 地址和端口与第一步中与服务器联系时相同。

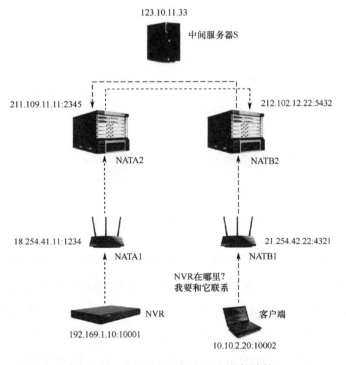

图 2-34　节点双方互相向对方发起连接

（4）如图 2-35 所示，我们假设客户端发送的数据包到达 NVR 的最外层 NATA2 时，NVR 发送的数据包还未经过 NATA2。根据之前介绍的 NAT 类型知识，由于 NATA2 收到的数据包的源 IP 地址和端口为 NATB2 的公网 IP 地址和端口，与之前 NVR 连接服务器的 IP 地址和端口（123.10.11.33:1701）不一样，NAT 类型设备认为客户端发过来的数据包是未经授权的公网消息而丢弃。但是此时 NATB1 和 NATB2 依次建立了客户端到 NATA2 公网 IP 地址和端口（211.109.11.11:2345）的 Session 表项，为 NVR 连接客户端打好了相应的"洞"。

图 2-35　客户端向 NVR 侧"打洞"

（5）如图 2-36 所示，之后 NVR 发出的数据包经 NATA1、NATA2 转发到 NATB2 时，NATA1、NATA2 依次建立 NVR 到 NATB2 公网 IP 地址和端口（212.102.12.22:5432）的 Session 表项，为客户端连接 NVR 打好了相应的"洞"。而报文到达 NATB2 后，通过（4）中客户端为 NVR 打好的"洞"，就可以依次经过 NATB2、NATB1 转发至客户端的 IP 地址和端口（10.10.2.20:10002），客户端就收到了 NVR 的连接数据包。

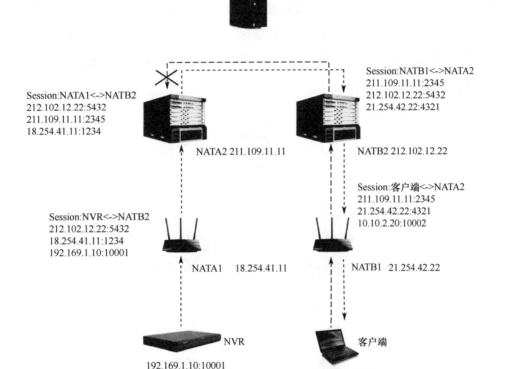

图 2-36 NVR 向客户端侧"打洞"

（6）如图 2-37 所示，客户端以收到的数据包的 IP 头源地址和 UDP 源端口（即 NATA2 上映射的 IP 地址和端口 211.109.11.11:2345）作为目的 IP 地址和端口，反向发送报文至 NATA2，通过（5）中 NVR 为客户端打好的"洞"，依次经过 NATA2、NATA1 转发至 NVR 的 IP 地址和端口（192.169.1.10:10001），NVR 也就收到了客户端的连接报文。这样客户端和 NVR 就建立了直接连接，客户端就可以观看多层 NAT 后的 NVR 的监控视频了。

由于绝大多数 NAT 设备内部都有一个 Session 的老化有效期，如果在一段时间内此 Session 没有 UDP 数据通信，NAT 设备会关掉之前由"打洞"操作打出来的"洞"，后续对端发来报文就不允许通过了。这个有效期与 NAT 设备的设置有关，某些设备上最短的只有 20 秒左右。在有效期内，即使没有 P2P 数据包需要传输，双方为了维持该"洞"的正常工作，也必须向对方发送"打洞"心跳包，这个心跳包双方都需要发送，只有一方发送不会维持另一方的 Session 正常工作。因此，在以上示例中，NVR 和客户端与服务器之间建立连接时，它们各自需要向服务器周期性地发送心跳包，这样才能维持两个节点设备各自到服务器之间的 NAT 设备 Session 的有效性。而客户端与 NVR 建立连接后，它们也需周期性地向对方发送心跳包，维持两方之间 NAT 设备上的 Session，保证客户端随时都可以访问 NVR。

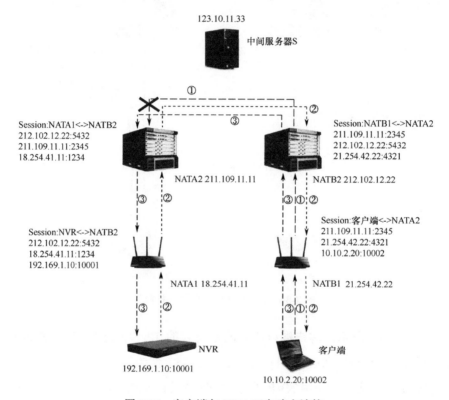

图 2-37　客户端与 NVR 双向建立连接

无法"打洞"的 NAT 组网

由于应用了"打洞"的技术，多层 NAT 的问题迎刃而解。但是，细心的读者可能已经发现，如果两边 NAT 设备都是对称模式，显然是无法"打洞"的——因为客户端或 NVR 访问服务器与访问对方的公网映射地址时，己方外层 NAT 映射的公网地址/端口对是不一样的，"打洞"流程也就无法进行下去。

那么，究竟什么样的 NAT 不能通过"打洞"来穿越呢？有两种情况：一种是当互访的两个节点分别位于两个对称型 NAT 后；另一种是其中一个节点位于对称型 NAT 后、另一个节点位于端口限制锥型 NAT 后。

用穷举法可以证明：经过多个 NAT 设备的总体效果与其中一个最严格 NAT 设备的模式相当。比如，两个 NAT 设备，一个是完全锥型 NAT，另一个是端口限制锥型 NAT，那么，总体效果就是端口限制锥型 NAT。

下面我们举例看看为何这两种组网中的节点是无法通过"打洞"直接连接上的。例子中假设两边的外层 NAT 比内层 NAT 严格，所以我们只关心外层 NAT 的映射表项即可。

第一种情况，假定 NVR 和客户端的最外层 NAT 设备 NATA2 和 NATB2 是对称型 NAT，如图 2-38 所示。客户端发往 NATA2 报文的目的 IP 地址和端口（211.109.11.11:2345）与之前发往中间服务器的报文目的 IP 地址和端口(123.10.11.33:1701)不同，根据之前对对称型 NAT 的介绍，此时在 NATB2 上映射的端口（5433）与之前发往服务器的报文映射端口（5432）也就不同。而 NATA2 在端口 2345 收到报文时，发现客户端发送过来的报文源 IP 地址和端口（212.102.12.22:5433）与之前 NVR 发往中间服务器的报文经 NATA2

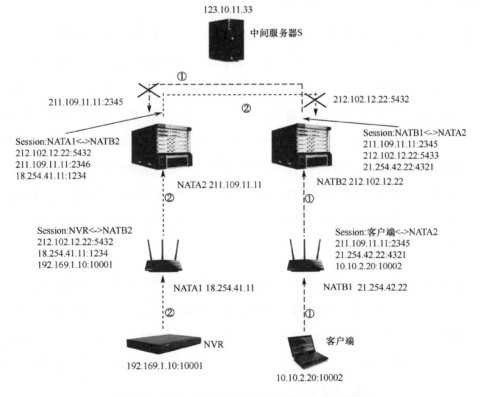

图 2-38　两边都是对称型 NAT 时的"打洞"情况

端口 2345 转发出去的目的 IP 地址和端口（123.10.11.33:1701）不同，也就是说 NATA2 的端口 2345 之前没有向 NATB2（212.102.12.22:5433）发送过报文，不能使用之前与中间服务器连接时生成的 Session 向内网转发报文，将报文丢弃。

此后，NVR 发往 NATB2 的目的 IP 地址和端口（212.102.12.22:5432）与之前 NATB2 发往中间服务器的报文的目的 IP 地址和端口（123.10.11.33:1701）不同，此时在 NATA2 上映射的端口（2346）与之前发往服务器的报文映射端口（2345）也不同。而 NATB2 在端口 5432 上收到 NVR 发送过来的报文的源 IP 地址和端口为 211.109.11.11:2346，但是 NATB2 端口 5432 之前未向 NATA2（211.109.11.11:2346）发送过报文，NATB2 将报文丢弃。

这样 NVR 和客户端都无法获取到对方在最外层 NAT 设备上新映射的端口，而只能向原来中间服务器获取到先前的映射端口发送报文，而 NAT 设备收到对端报文的源端口发生变化，都不是对端 NAT 设备所期待的之前的源端口，将被对端的对称型 NAT 设备丢弃，两者无法建立起直接的连接。

第二种情况，假定 NVR 和客户端的最外层 NAT 设备 NATA2 和 NATB2 分别是端口限制锥形和对称型 NAT，如图 2-39 所示。客户端发往 NATA2 报文的目的 IP 地址和端口（211.109.11.11:2345）与之前发往中间服务器的报文目的 IP 地址和端口（123.10.11.33:1701）不同，根据之前对对称型 NAT 的介绍，此时在 NATB2 上映射的端口（5433）与之前发往服务器的报文映射端口（5432）不同。而 NATA2 发现客户端发送过来的报文源 IP 地址和端口（212.102.12.22:5433）与之前 NVR 发往中间服务器的目的 IP 地址和端口（123.10.11.33:1701）不同，也就是说 NATA2 之前没有向 212.102.12.22:5433 发送过报文，不能使用之前与中间服务器连接时生成的 Session 向内网转发报文，将报文丢弃。

此后，NVR 发往 NATB2 的目的 IP 地址和端口（212.102.12.22:5432）与之前发往中间服务器的 IP 地址和端口（123.10.11.33:1701）不同，但由于 NATA2 为端口限制锥型 NAT，映射的端口与之前发往中间服务器的相同，都为 2345。然而，NATB2 只接收源地址为 211.109.11.11:2345，目的地址为 212.102.12.22:5433 的报文，所以 NATB2 同样会丢弃来自 NVR 发送过来的报文。

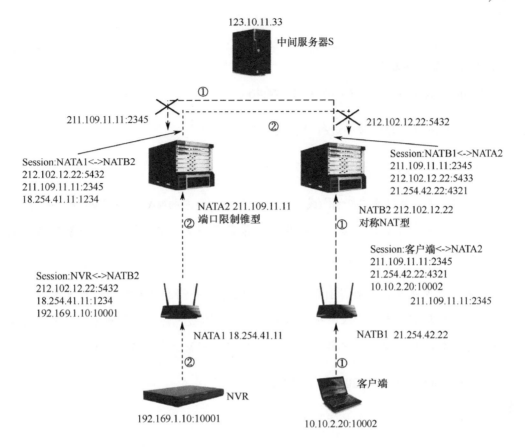

图 2-39　一边是对称型 NAT，一边是端口限制型 NAT 时的"打洞"情况

这样 NVR 无法获取到客户端在 NATB2 新映射的端口（5433），而向原来中间服务器获取到先前的映射端口（5432）发送的报文将被对称型 NAT 设备 NATB2 丢弃，而客户端发往 NATA2 的报文的源端口（5433）由于不是 NATA2 所期待的端口（5432），也将被丢弃，这样两者无法建立连接。

除此之外，其他的 NAT 模式都适合 P2P "打洞"访问，读者可以自己举例走一下流程。

一般情况下，客户端与 NVR 互访的总体原则是：优选私网互访（如果凑巧在同一私网的话），次选 P2P 公网地址互访，后选公网服务器转发（如果 P2P 互访不成功的话）。但是，如果同一路视频有多个客户端点播，这时候就得考虑其他的处理机制了，我们在下一章节详细讨论这个问题。

家园网友互动

Q：hurryliao 发表于 2015-8-13 17:24:46

P2P需要两边同时向对方进行"打洞"吗？

A：网语者 发表于 2015-8-13 17:27:53

同时"打洞"会提高"打洞"成功率，避免由于一方的NAT限制严格导致的失败。比如一方是IP限制锥型，一方是对称型，如果只是一方"打洞"，IP 限制锥型一侧发往对称型的报文都会被拒绝。

如果同时两边都向对方"打洞"，IP 限制锥型一侧发往对称型的报文都会被拒绝，但是随后对称型发往IP限制锥型的报文会允许通过，然后IP限制型一侧用收到报文的源地址和端口往对称型一侧回应，此时对称型一侧就会允许报文通过。

Q：westbuke 发表于 2015-8-13 17:27:32

有没有"打洞"失败的情况呢？

A：网语者 发表于 2015-8-13 17:29:47

有两种情况：一种是当互访的两个节点分别位于两个对称型NAT后；另一种是其中一个节点位于对称型NAT后、另一个节点位于端口限制锥型NAT后。

两边都是对称型NAT时，因为客户端或NVR访问服务器与访问对方的公网映射地址时，己方外层 NAT 映射的公网地址/端口对是不一样的，"打洞"流程就无法进行下去。

而一边是对称型，一边是端口限制锥型时，对称型一侧访问对方的公网映射地址时，己方外层NAT映射的公网地址/端口对是不一样的，对方过来的报文还继续连接己方和服务器连接的原端口会被拒绝，而端口限制锥型一侧收到对方的报文的端口和自己发向对方的端口不一样，也会拒绝其通过，"打洞"流程也无法进行下去。

第 2 章 老 U 的远程监控

有段时间亲戚来杭州玩,老 U 向他们展示了茶室的监控系统。亲戚们很感兴趣,都用手机客户端点播观看。当大家热情地赞叹这玩意儿的神奇和图像清晰时,老 U 却发现了一个有趣的现象:4 个人点播同一路 256Kbps 的视频流时,图像却一点都不卡顿;可是自己家里的 ADSL 上行带宽没这么大,4 路视频一共达到 1Mbps 的码率,远超线路的负荷了。这是怎么回事呢?

云端复制与 CDN

当多个点播者点播同一路视频流时,一般情况下,摄像机需要复制出多份单播流。由于运营商给的上行带宽通常比较小,当点播者数量一多,上行带宽就会成为瓶颈。比较合适的方式是,当有多个用户同时进行点播,由处于网络中的设备进行流量复制,然后分发给多个接收者。

普通的安防厂家可以在数据中心提供一台或若干台媒体服务器进行流媒体复制。内容服务提供商,比如大型的互联网厂商,会通过内容分发网络(Content Distribution Network, CDN)提供流量复制的功能。两种方式统称为云端复制。如此,摄像机只需提供一条上行码流,在中心网络提供流复制功能,发送给多个接收者。

媒体转发服务器

一般的监控厂家会利用独立的流媒体服务器,或者某个设备中的流媒体功能模块来实现视频流的复制分发,从而实现视频客户端的解码播放,视频解码上墙和视频存储。

如图 2-40 所示,描述的就是基于流媒体转发技术的 IP 视频监控系统的常见结构。流媒体服务器通常是一台高性能的服务器,从前端摄像机获取视频流,然后将视频流复制,分发至实况解码播放的设备和存储服务器。

这种结构中,工作压力主要在流媒体服务器上,一台服务器的转发能力是有限的,如果系统中是高清摄像机,转发数量将有明显下降。这种结构的问题在于系统中服务器的数量将会很多,对于多点数的大型监控系统尤其如此,会增加系统的成本和维护复杂度。另一方面,媒体流都要从中心绕转,数据中心的带宽也可能成为瓶颈。此外,从前端摄像机到后端解码端的视频流传输路径必定不是最优的，这会带来较大的网络损伤，如丢包、延时、抖动等，使视频实况的效果大打折扣。

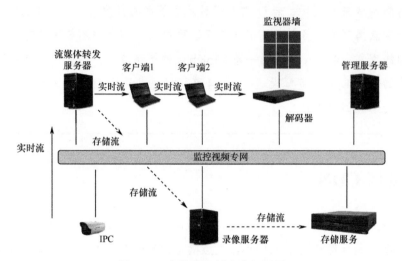

图 2-40　流媒体复制分发组网图

内容分发网络

内容分发网络是构筑在现有的互联网上的一种先进的流量分配网络。它工作于网络层与应用层之间，是一种能够实现用户就近访问的网络解决方案。

我们先来看一下传统的 Internet 网络的基本结构和数据传输情况，如图 2-41 所示。

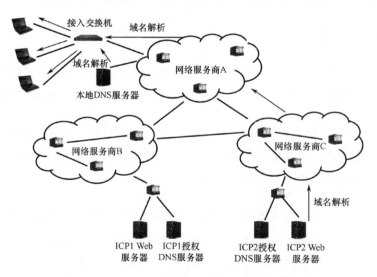

图 2-41　Internet 网络基本结构及数据传输方式

用户的访问流程大致如下：

（1）用户在自己的浏览器中输入要访问的网站的域名；

（2）浏览器向本地 DNS 请求对该域名的解析；

（3）本地 DNS 将请求发到上一级 DNS 服务器；

（4）DNS 服务器将网站服务器的 IP 地址作为解析结果送给本地 DNS；

（5）本地 DNS 将解析结果返还给用户，同时将该解析结果保存在自己的缓存中，直到相应的 TTL（生存周期）过期，重新向 DNS 服务器请求解析；

（6）用户在得到 IP 地址后，向网站服务器进行访问。

上述传统的访问模式存在着如下几个严重影响互联网用户的访问效率和质量的环节。

首先，传统的 DNS 解析过程在将网站主机域名转换为 IP 地址时，并不预先判断该服务器是否正常工作；即使该服务器已经宕机不能提供服务了，用户的请求仍将被发往这台服务器，造成服务的中断。

其次，互联网众多不同的网络结构并存，不同网络间的兼容以及不同网络运营商/ISP 之间的传输瓶颈等问题使得数据的流通受到限制。

再次，现有的互联网以数据包传输为基础，任何一个数据包的丢失或出错都必须重新发送，而平均一个重传过程需要 3 秒钟，从而导致延迟。并且现有的 HTTP 协议也有诱发延迟的因素，据调查，完整下载一个网页，需要在用户和服务器之间往返 20～100 次。

最后，现有的路由技术以路由器工作状态的历史数据为依据来确定当前数据包的传输路径，无法真实及时地反映当前的路由和网络连接状况。这往往会导致数据传输所经过的路径并不是当前的最佳路径。而且，众多的路由器和交换机不但使数据传输的时间延迟增大，还会增加出错的几率，因为任何一个路由器出现问题都会影响到整个传输过程。

内容分发网络 CDN 采用智能路由和流量管理技术，及时发现能够给访问者提供最快响应的加速节点，并将访问者的请求导向到该加速节点，由该加速节点提供内容服务。利用内容分发与复制机制，CDN 客户不需要改动原来的网站结构，只需修改少量的 DNS 配置，就可以加速网络的响应速度。

当用户访问了使用 CDN 服务的网站时，DNS 域名服务器将最终域名请求重定向到 CDN 系统的智能 DNS 负载均衡系统。智能 DNS 负载均衡系统通过一组预先定义好的策略（如内容类型、地理区域、网络负载状况等），将当时能够最快响应用户的节点地址提供给用户，使用户可以得到快速的服务。

同时，它还与分布在不同地点的所有 CDN 节点保持通信，搜集各节点的健康状态，确保不将用户的请求分配到任何一个已经不可用的节点上。CDN 还具有在网络拥塞和失效情况下，自适应地调整路由的能力。

使用了 CDN 服务后，用户的访问流程如图 2-42 所示。

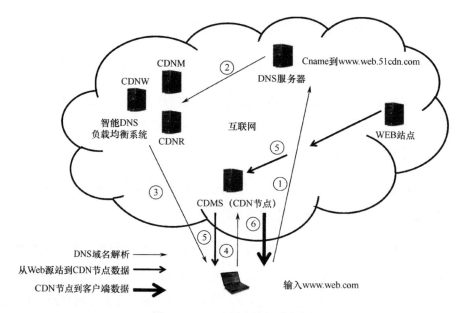

图 2-42 CDN 用户访问流程图

用户向浏览器提供要访问网站的域名，域名解析的请求被发往 DNS 域名解析服务器；网站的 DNS 域名解析服务器将请求指向 CDN 网络中的智能 DNS 负载均衡系统；智能 DNS 负载均衡系统对域名进行智能解析，将响应速度最快的节点 IP 返回给用户；浏览器在得到速度最快节点的 IP 地址以后，向这个地址的 CDN 节点发出访问请求；由于是第一次访问，CDN 节点将回到 Web 站点取用户请求的数据并发给用户；当有其他用户再次访问同样内容时，CDN 将直接将数据返回给客户，完成请求/服务过程。

通过以上的分析我们可以看出，CDN 服务对网站访问提供加速的同时，可以实现对普通访问用户透明,即加入缓存以后用户客户端无须进行任何设置,直接输入被加速网站原有的域名即可访问。

CDN 系统通过在网络各处放置节点服务器,从而将网站的内容放置到离用户最近的地方,解决了服务器端的"第一公里"问题,缓解甚至消除了不同运营商之间互联的瓶颈造成的影响,减轻了各省的出口带宽压力,缓解了骨干网的压力,优化了网上热点内容的分布。

CDN 网络架构虽然具有诸多优势,但对于实况视频来说,多点复制带来的时延也会比较明显。

在后面的章节里,我们还会讲到另一种云端复制的架构——全交换架构,无须媒体转发服务器,也无须分布在网络各处的 CDN 服务器,直接利用网络设备实现流量复制。

C114 家园网友互动

Q: 流泪的笑脸 发表于 2015-8-12 14:33

楼主好,我来了,看完你的这个连载,我有几个问题向你请教,不要嫌弃我😁😁✌✌✌!

(1)媒体转发服务器和存储服务器的区别?

(2)使用CDN后,原来网站是否要做修改,做什么修改?

(3)CDN加速是针对网站所在的服务器加速,还是对其域名加速?

A: 网语者 发表于 2015-8-13 11:25:15

多谢信任,个人浅见:媒体服务器通常是一台高性能的服务器,从前端摄像机获取视频流,然后将视频流复制,分发至实况解码播放的设备和存储服务器。存储服务器通常是接收媒体流,按一定格式把视频数据保存起来,供后续回放调阅。使用CDN后,原网站一般不需要做修改,但对于监控摄像机的实况流做分发处理,需要涉及摄像机或摄像机所在系统与CDN系统的对接开发。

CDN只是针对网站的某一具体域名做加速。

第 3 章
老 U 的连锁监控

> 一湖烟雨,朦胧了千年记忆,
> 一江逝水,苍茫了历史痕迹。
> 三千浮华,谁人相伴,不再跋涉;
> 万丈红尘,谁可相许,不再离散?

经过多年的用心经营，当年的休闲驿站如今已发展成杭城知名的连锁驿站。老 U 喜欢每周亲自到各家连锁店巡查几番。看着自己亲手打造的事业，成就感油然而生。偶尔，他不想出去走动了，就待在家里远程看看店里的情况。

有一天，滨江区的一家分店断电了，老 U 想远程看看断电前的录像，这才想起录像机也在店里啊，这个时候当然啥都干不了了。老 U 吃了一惊：要是分店录像机被盗，那不什么证据都没了？看来录像得实时保存一份在总部。嗯，索性整个监控系统都整合在一起吧，形成一个分级的管控系统，每个分店只能自己看自己的监控——而我，则具有最高的权限。

但是，系统怎么互联呢？

互联规范

多年来老 U 已经慢慢养成了一种习惯，碰到问题先上网找解决方案，这次当然也不例外。经过一番研究，老 U 了解到，监控系统的互联互通一般都是通过互联标准来实现的，但是互联标准五花八门，既有国家标准，又有地方标准；既有行业标准，又有企业标准，哪些适合于茶馆这种总部—分店模式的系统互联呢？老 U 找来网管，网管笑着说：我先给你简单介绍一下国家标准 GB/T 28181 吧，这个标准支持的厂商多，使用的范围广。

GB/T 28181

GB/T 28181，全称为《安全防范视频监控联网系统信息传输、交换、控制技术要求》，是由公安部科技信息化局提出，全国安全防范报警系统标准化技术委员会（SAC/TC100）归口，公安部一所等多家单位共同起草的一部国家标准。

GB/T 28181 规定了视频监控联网系统中信息传输、交换、控制的互联结构、通信协议结构、传输、交换、控制的基本要求和安全性要求，以及控制、传输流程和协议接口等技术要求。支持监控平台之间互联，监控平台与前端设备互联、监控平台与客户端互联、监控平台与其他系统互联。

GB/T 28181 基于 SIP 协议。它把监控系统分为两类：一类是 SIP 监控域，是指支持 GB/T 28181 规定的通信协议的监控网络；另外一类是非 SIP 监控域，指不支持 GB/T 28181 规定的通信协议的监控网络，包括模拟接入设备、不支持 GB/T 28181 规定的通信协议的数字接入设备、模数混合型监控系统。

> **说明**
>
> SIP（Session Initiation Protocol）即会话初始协议，是由互联网工程任务组制定的，用于多方多媒体通信的框架协议。它是一个基于文本的应用层控制协议，独立于底层传输协议，用于建立、修改和终止 IP 网上的双方或多方多媒体会话。

SIP 监控域互联结构如图 3-1 所示，描述了在单个 SIP 监控域内、不同 SIP 监控域间两种情况下，功能实体之间的连接关系。功能实体之间的通道互联协议可以分为两类，一类是会话通道协议，用于在设备之间建立会话并传输系统控制命令，另一类是媒体流通道协议，用于传输视音频数据。

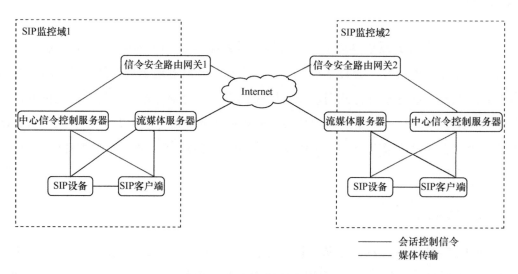

图 3-1　SIP 监控域互联结构

> **说明**
>
> 功能实体，在 GB/T 28181 规范中指实现一些特定功能的逻辑单元的集合。一个物理设备可以由多个功能实体组成，一个功能实体也可以由多个物理设备组成。

在介绍这些功能实体之前，我们先来举一个例子。

相信在慵懒的周末，大家都曾对手机 APP 订餐情有独钟吧，订餐的整个流程大致是这样的：

（1）顾客打开手机订餐 APP，选择需要预订的套餐；

（2）订餐中心收到订餐 APP 的预订请求，通知餐厅运送指定套餐给顾客；

（3）餐厅回复订餐中心，通知订餐成功；

（4）订餐中心回复订餐 APP，通知订餐成功；

（5）餐厅运送指定套餐给顾客；

（6）如果预订套餐的顾客比较多，餐厅可以把套餐送到各个地区的中转站，再由中转站统一运送套餐到顾客手里。

当然，在顾客订餐前，餐厅已经加盟订餐中心。在顾客订餐时，也已经通过手机订餐 APP 注册到订餐中心。

其实，SIP 监控域里的各个功能实体也有类似的角色。

（1）SIP 客户端，实现 SIP 注册、建立/终止会话连接、会话控制，以及媒体采集、编解码、媒体通信的功能实体。在监控系统中对应监控客户端，类似于上面提到的订餐 APP。

（2）SIP 设备，实现 SIP 注册、建立/终止会话连接、会话控制，以及图像采集、编解码、音视频流传送的功能实体。在监控系统中对应 NVR、IPC 等监控前端设备，类似于上面提到的餐厅。

（3）中心信令控制服务器，负责向 SIP 客户端、SIP 设备、媒体服务器和网关提供注册、路由选择，是负责核心 SIP 信令应用处理的 SIP 服务器。在监控系统中对应监控平台、NVR，类似于上面提到的订餐中心。

（4）媒体服务器，提供实时媒体流的转发服务，提供媒体的存储、历史媒体信息的检索和点播服务。媒体服务器接收来自 SIP 设备、网关或其他媒体服务器等设备的媒体数据，并根据指令，将这些数据转发到其他单个或者多个 SIP 客户端和媒体服务器。类似于上面提到的中转站。

（5）信令安全路由网关，信令安全路由网关是一种应用服务器，负责接收或转发域内外 SIP 信令，完成信令安全路由网关间路由信息的传递以及路由信令、信令身份标识的添加和鉴别等功能，是一种具有安全功能的 SIP 服务器。主要用于域间鉴权、信令转发等。

说到这里，老 U 的疑问就来了，有些分店的 NVR 不支持 GB/T 28181，怎么解决？

网管笑了笑，问老 U：去法国旅游，自己不会讲法语，你会怎么办？老 U 说，这个简单，找个既懂中文也懂法语的翻译啊。网管接着说，GB/T 28181 也有类似翻译的东西，如图 3-2 所示，在 SIP 监控域和非 SIP 监控域之间，布置两个网关，一个叫控制协议网关，在监控系统之间进行网络传输协议、控制协议、设备地址的转换，还有一个叫媒体网关，在监控系统之间进行媒体传输协议和媒体数据编码格式的转换。通过这两个网关的转换，非 SIP 监控域可以完美地与 SIP 监控域互联。

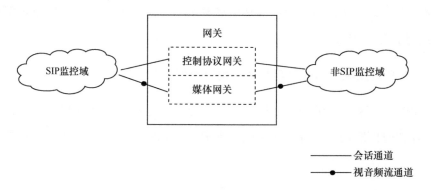

图 3-2　SIP 监控域与非 SIP 监控域互联结构

GB/T 28181 提供了级联和互联两种联网模式。

级联模式中，监控系统之间是上下级关系，比如总部和分店，就是这种上下级关系，下级需要向上级注册，通过上级认证后才能在系统间进行通信。级联模式的信令流一般是逐级转发的。级联模式的媒体流一般也是逐级转发的，当然，有需要时也可以跨级转发。

互联模式中，监控系统之间是平级关系，比如分店和分店之间，就是平级关系，这种互联关系可以共享对方的监控资源。当然，平级之间也需要认证后才能在系统间进行通信。互联模式的信令流一般通过信令安全路由网关发送。互联模式的媒体流一般通过媒体服务器传送。

在国标联网的监控系统中，前端设备、监控中心设备、用户终端需要统一编码，该编码具有全局唯一性，由中心编码、行业编码、类型编码和序号四个码段组成。其中，中心编码指用户或设备所归属的监控中心的编码，按照监控中心所在地的行政区划代码确定，行业编码是指用户或设备所归属的行业，类型编码指定了设备或用户的具体类型。

监控业务是怎么建立起来的呢？

首先，需要统一规划总部和分店的设备及用户编码。

其次，分店以下级身份向总部平台注册，认证方式包括数字摘要认证方式和基于数字证书的双向认证方式。如图 3-3 所示，数字摘要认证的注册流程如下：

图 3-3　基于数字摘要认证的注册流程

（1）SIP 代理向 SIP 服务器注册，请求消息没有携带认证信息；

（2）SIP 服务器向 SIP 代理发送 401 响应，指示 SIP 代理需要认证，并给出适合 SIP 代理的认证体制和参数；

（3）SIP 代理重新向 SIP 服务器注册，请求消息携带认证信息；

（4）SIP 服务器验证 SIP 代理的认证信息，如果身份合法，向 SIP 代理发送注册成功响应，并携带总部平台的时间，以供 SIP 代理同步时间，如果身份不合法则发送拒绝服务响应。

在老 U 的茶馆监控系统中，总部平台承担着 SIP 服务器的角色，分店 NVR 则是 SIP

代理的角色。

相应地，如果分店 NVR 撤销了，需要向总部平台注销。

老 U 接着问：是不是分店 NVR 注册成功后，主动把分店 NVR 及 IPC 的信息都告诉总部平台，之后在总部平台上就可以对 NVR 及其 IPC 进行业务控制了？网管摇摇头，如果是这样的话，倘若下级监控系统及其子设备的数量很多，总部平台在短时间内处理不了这么多的消息，就会导致总部平台在一段时间内不能处理所有的业务请求，陷入半瘫痪的状态。所以，在 GB/T 28181 规范中，采取的不是下级监控系统主动上报设备给上级监控系统的方式，而是上级监控系统通过设备目录查询来主动获取下级监控系统的设备，这样一来，上级监控系统就掌握了主动权。

如图 3-4 所示，设备目录查询的具体流程如下：

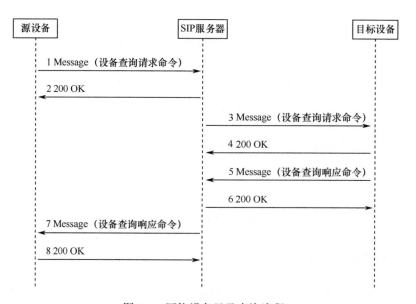

图 3-4　网络设备目录查询流程

（1）源设备向 SIP 服务器发送设备目录查询请求消息，携带需要查询的设备/区域/系统编码等信息（图 3-4 中消息 1、2）；

（2）SIP 服务器向目标设备转发设备目录查询消息请求消息（图 3-4 中消息 3、4）；

（3）目标设备向 SIP 服务器发送设备目录查询响应消息，携带对应设备/区域/系统的编码、名称、设备状态等信息（图 3-4 中消息 5、6）；

（4）SIP 服务器向源设备转发设备目录查询响应消息（图 3-4 中消息 7、8）；

国标是一个通用的系统协议架构，对应到老 U 的茶馆监控系统有两种情况：一种源设备是监控客户端，SIP 服务器是总部监控平台，目标设备为 NVR 或者 IPC；另一种源设备是总部监控平台，SIP 服务器是 NVR，目标设备为 IPC。每个厂家可以根据自己的系统特点灵活采用。

通过目录查询，老 U 可以在总部平台上看到查询到的 NVR 及其 IPC，然后对其进行实时视音频点播、设备控制、报警事件通知和分发、状态信息报送、视音频文件检索/回放/下载等业务控制。举例来说，如图 3-5 所示，在总部平台对 IPC 进行实时视音频点播，由监控客户端主动发起的点播流程如下：

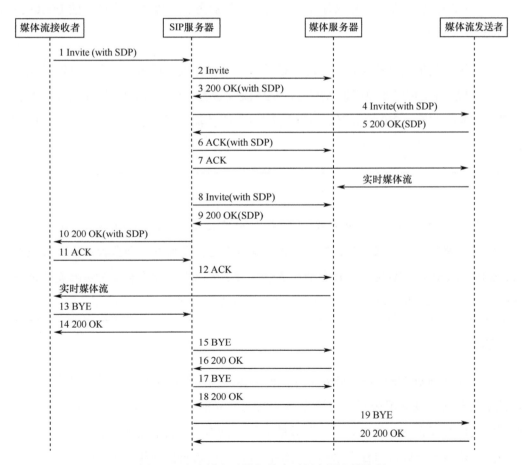

图 3-5　客户端主动发起的实时视音频点播流程

（1）媒体流接收者向 SIP 服务器发送 Invite 消息，请求实时视音频点播（图 3-5 中消息 1）；

（2）SIP 服务器建立媒体服务器和媒体流发送者之间的媒体连接（图 3-5 中消息 2~7）；

（3）SIP 服务器建立媒体流接收者和媒体服务器之间的媒体连接（图 3-5 中消息 8~12）；

（4）媒体流接收者向 SIP 服务器发送 BYE 消息，请求停止实时视音频点播（图 3-5 中消息 13）；

（5）SIP 服务器依次断开媒体流接收者、媒体服务器、媒体流发送者的 Invite 会话（图 3-5 中消息 14~20）。

与目录查询的流程相似，对应到老 U 的茶馆监控系统，媒体流接收者可以是监控客户端，SIP 服务器可以是总部监控平台，媒体流发送者可以是 NVR；媒体流接收者也可以是总部监控平台，SIP 服务器也可以是 NVR，媒体流发送者也可以 IPC。每个厂家可以根据自己的系统特点灵活采用。

老 U 问网管，总部需要新安装一些 IPC，能直接以 GB/T 28181 接入总部的监控平台吗？网管解释道，虽然 GB/T 28181 也可以用于连接监控平台和监控设备，但截至目前，GB/T 28181 没有规定监控设备的配置和管理，所以在监控平台上无法配置及统一管理这些 IPC。不过你别着急，ONVIF 可以帮你解决这个问题。

ONVIF

ONVIF（Open Network Video Interface Forum），即开放型网络视频接口论坛，是由安讯士联合博世及索尼公司三方宣布携手共同成立的一个国际开放型网络视频产品标准网络接口开发论坛，并以公开、开放的原则共同制定开放性行业标准。ONVIF 致力于通过全球性的开放接口标准来推进网络视频在安防市场的应用，这一接口标准将确保不同厂商生产的网络视频产品具有互通性。

ONVIF 标准为网络视频设备之间的信息交换定义通用协议，其目标是实现一个网络视频框架协议，使不同厂商所生产的网络视频产品完全互通。ONVIF 规范描述了网络视频的模型、接口、数据类型以及数据交互的模式，并复用了一些现有的标准。

ONVIF 规范中，设备管理和控制部分所定义的接口均以 Web Service 的形式提供。设备的实际功能均做了抽象。为了 Web Service 服务，视频监控系统的控制单元以客户端的身份出现，通过 Web 请求的形式完成控制操作。每一个支持 ONVIF 规范的终端设备均须提供与功能相应的 Web Service。服务端与客户端的数据交互采用 SOAP 协议。ONVIF 中的其他部分，比如音视频流控制，则通过 RTP/RTSP 协议进行。

Web Service 是什么？先举个例子。老 U 需要招聘工作人员，就去中介发布消息，而求职者，是去中介查看招聘信息，寻找自己需要的工作，中介则在中间充当管理者的角色，负责及时更新发布数据。Web Service 也有类似的角色。Web Service 的体系结构包括：Web 服务提供者（相当于发布消息的老 U，提供工作）、Web 服务请求者（相当于求职者，找工作）、Web 服务中介者（相当于中介，发布信息）三个角色，以及发布、发现、绑定三个动作。简单地说，Web 服务提供者是 Web Service 的拥有者，它耐心等待用户的请求，向用户提供自己已有的功能；Web 服务请求者是 Web 服务功能的使用者，它向 Web 服务提供者发送请求以获得服务；Web 服务中介者的作用是把一个 Web 服务请求者与合适的 Web 服务提供者联系在一起，它充当管理者的角色。这三个角色是根据逻辑关系划分的，在实际应用中，一个设备可以身兼数职。如图 3-6 所示，显示了 Web 服务各角色之间的关系。其中，"发布"是为了让用户或其他服务知道某个 Web 服务的存在和相关信息；"发现"是为了找到合适的 Web 服务；"绑定"则是在提供者与请求者之间建立某种联系。

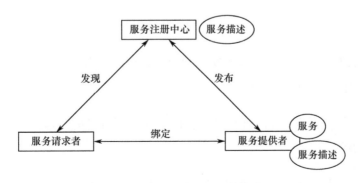

图 3-6 Web Service 的体系结构

> **说明**
>
> SOAP（Simple Object Access Protocol），即简单对象访问协议，是交换数据的一种协议规范，是一种轻量的、简单的、基于 XML 的协议，它被设计成在 Web 上交换结构化的和固化的信息。

ONVIF 支持设备发现。什么是设备发现？我们可以把整个系统想象成一个夜市。夜市上，摊主开业时通常都会吆喝一阵："卖充电器嘞，实用又轻便的充电器嘞……"这样大家就知道摊主提供的是什么服务（产品）了。顾客逛夜市时，想快速买个充电器，可以大声询问：哪有卖充电器的？摊主听到顾客的询问时，就知道顾客需要买什么东西了，卖充电器的摊主就会主动联系顾客。当然，摊主收摊的时候，会在摊位上挂个牌子：停止营业，表示摊主已离开，停止服务了。

如图 3-7 所示，这里的监控设备和客户端就好比是摊主和顾客。

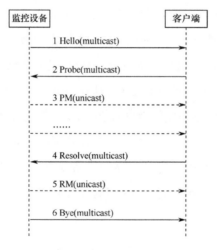

图 3-7 设备发现流程

（1）监控设备加入网络时或服务发生变更时，以组播发送 Hello 消息，告诉组播组内的设备/客户端自己提供的服务。

（2）客户端以组播发送 Probe 消息探测网络内的服务情况，询问组播组内有谁提供了自己需要的服务。

（3）监控设备收到客户端的 Probe 消息，如果符合探测条件，则回 Probe Match 响应，告诉对方自己提供了符合条件的服务。

（4）客户端发送 Resolve 消息，根据名字查询服务地址。

（5）监控设备收到客户端的 Resolve 消息，如果符合 Resolve 条件，则回复 Resolve 响应。

（6）监控设备准备离开网络时，以组播发送 Bye 消息，表示停止提供 Web 服务。

此外，ONVIF 提供了设备管理、图像配置、媒体配置、实时流、云台控制、视频分析、存储回放、安全等接口。

举例来说，如图 3-8 所示，通过 NVR 点播 IPC 的实时流，点播流程如下：

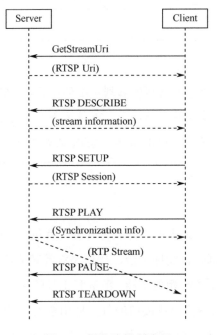

图 3-8　媒体流控制流程

（1）Client 向 Server 发送 GetStreamUri 消息，获取媒体流的 URI；

（2）Client 向 Server 发送 RTSP DESCRIBE 消息，检索表示的描述或媒体对象；

（3）Client 向 Server 发送 RTSP SETUP 消息，指定流媒体的传输机制；

（4）Client 向 Server 发送 RTSP PLAY 消息，通知 Server 开始发送媒体流；

（5）Server 向 Client 发送 RTP 媒体流（Client 需要向 Server 定时发送消息以防止会话超时）；

（6）Client 向 Server 发送 RTSP PAUSE 消息，可以暂时中断媒体流传输；

（7）Client 向 Server 发送 RTSP TEARDOWN 消息，终止媒体流传输。

在老 U 的茶馆监控系统中，NVR 扮演了 Client 的角色，IPC 则扮演了 Server 的角色。

> **说明**
>
> URI（Uniform Resource Identifier），即统一资源标识符，是一个用于标识某一互联网资源名称的字符串。该种标识允许用户对任何资源通过特定的协议进行交互操作。

老 U 从分店拆了一些 IPC，乐呵呵地装到了总部，可是其中有一台 IPC 既不支持 GB/T 28181，也不支持 ONVIF，真是伤透脑筋了。万般无奈下，老 U 找来网管。经验丰富的网管笑着说，我还有一个绝技没用，SDK 接入。SDK 又是个什么家伙？我们来看一下。

SDK

SDK（Software Development Kit），即软件开发工具包，一般都是一些被软件工程师用于为特定的软件包、软件框架、硬件平台、操作系统等建立应用软件的开发工具的集合，广义上指辅助开发某一类软件的相关文档、范例和工具的集合，包括接口协议规范和程序开发库两种类型。接口协议规范描述接口的具体使用规格。程序开发库包括基于不同操作系统和开发环境下的 DLL 和 API，以及相关的说明文档和 DEMO 例子程序。其中，DLL 封装了接口资源及接口暴露的功能代码，API 用来访问 DLL 中暴露的接口功能。

监控设备的 SDK 是基于监控设备的私有协议开发的，用于远程访问和控制设备软件的二次开发，它一般包含用户管理、设备管理、资源管理、业务管理、业务控制、系统维护等接口。监控平台可以通过这些接口访问和控制该监控设备，并实现各种组合应用的开发。

SDK 的作用主要有以下 6 点：

（1）能够帮助集成商定制客户需求，开展增值业务，降低开发风险和开发成本，提高集成效率与需求响应能力；

（2）能够与软件厂商实现业务融合；

（3）能够与互补型厂商联合，互相推广业务；

（4）能够实现同类系统间的互联互通；

（5）能够保护客户投资，重复利用现有资源；

（6）能够满足客户日益增长的综合业务需求。

SDK 的开放方式有两种。

设备级 SDK

也叫前端 SDK，由前端设备提供的 SDK，通常供平台或后端产品二次开发，实现系统集成。优点是对于某些小型化或特殊类项目，集成商通过对前端 SDK 的熟悉，可以快速开发出一个小型监控系统。缺点是对于大型项目，集成商需要面对众多前端设备的集成需求，由于开发能力有限，没有雄厚的技术力量，导致项目定制成本较大，开发风险比较高。

平台级 SDK

基于监控平台的 SDK，由监控平台提供的 SDK，通常供前端或后端产品二次开发，实现系统集成。平台级 SDK 是从整体解决方案的角度出发提供的开放接口，能够满足大规模应用的需求，满足监控系统融合的需求。集成商只需要专注于面向业务的开发，不关心平台内部的媒体、存储等细节内容，可以显著降低整体集成开发的风险。

网管接着说：一般来说，NVR、IPC 等监控设备都提供了 SDK，所以在监控平台上可以使用这些 SDK 进行定制开发，实现对 NVR、IPC 的管理和控制。

> **说明**
>
> API（Application Programming Interface），即应用程序编程接口，是一些预先定义的函数，目的是提供应用程序与开发人员基于某软件或硬件得以访问一组例程的能力，而又无须访问源码，或理解内部工作机制的细节。
>
> DLL（Dynamic Link Library），是一个包含可由多个程序同时使用的代码和数据的库。

> **C114 家园网友互动**
>
> Q： westbuke 发表于 2015-8-13 19:45:46
>
> 平台与摄像机互联，采用哪种协议比较合适？
>
> A： 网语者 发表于 2015-8-13 19:52:21
>
> 建议采用ONVIF。虽然GB/T 28181也可以用于连接监控平台和监控设备，但截至目前，GB/T 28181没有规定监控设备的配置和管理，所以在监控平台上无法配置及统一管理这些IPC。

老U顺利地实现了连锁店和总部之间的系统互联。但随着办公网络和视频监控网络的逐步扩大，老U发现了一个规律：当茶馆上网的客人比较多的时候，远程监控系统中的有些摄像机会出现比较频繁的视频卡顿等现象。老U猜测是由于用户的上网行为影响了监控系统。怎么办呢？增加上网的带宽吧，一来价格比较贵，平时大部分时间也根本用不了这么大的带宽，不划算；二来即使增加带宽，客人上网的流量也会相应增大，还是会冲击远程视频监控的业务。老U决定向网管朋友求助。网管分析了下业务状况，建议他实施QoS策略，以保障监控系统的正常运行。QoS是什么好东西呢？

QoS

QoS（Quality of Service），即服务质量，对于网络业务来说，服务质量包括哪些方面呢？从传统意义上来讲，无非就是传输的带宽、传送的时延、数据的丢包率等，而提高服务质量无非也就是保证传输的带宽、降低传送的时延、降低数据的丢包率，以及减小时延抖动等。

网络资源总是有限的，只要存在抢夺网络资源的情况，就会出现服务质量的要求。QoS技术有点类似于道路上的红绿灯和车辆管理系统，实时控制车辆的通行，并允许救护车、消防车等高优先级车辆被优先放行。同样，当网络上的流量出现拥塞的时候，QoS技术能对不同类别的流量做出区分处理。

根据网络对应用业务数据的控制能力的不同，可以将网络QoS能力分为三种服务模型。

尽力而为的服务（Best Effort）

类似在两点之间只给你提供一条单行道，只能按照顺序通过，进入不了单行道的车辆不能在路口等待，以免造成更大的拥堵。尽力而为的服务只提供基本连接，对于分组何时以及是否能被传送到目的地没有任何保证。当路由器输入/输出缓冲区队列容纳到极限后，分组就会被丢弃。拥塞管理采用的是先进先出（First In First Out，FIFO）队列。尽力而为的服务实质上并不属于QoS的范畴，因为在尽力而为的转发时，并没有提供任何服务或传送保证。

集成服务（Integrated Services）

集成服务需要预留网络资源，确保网络能够满足通信流的特定服务要求。类似于专用车道，预留下来专门为某些车辆服务，其他车辆不能占用。集成服务要求为单个流预先保留连接路径上的网络资源，当前在Internet主干网络上有着成千上万条流，要为每一条流提供QoS保证服务就变得不可想象了。因此，集成服务在目前Internet上应用得不是很多。

差分服务（Differentiatel Services）

类似火车站针对学生、退伍军人、残疾人提供不同的售票策略，区别进行服务一样。在差分服务中，首先需要对流量进行分类，然后网络设备根据配置好的QoS机制来为区分好的每一类流量提供不同的服务策略。在差分服务模型中，数据从源到目的地，路径中的每一个设备做出的QoS行为称为逐跳行为（Per Hop Behavior，简称PHB）。所谓的PHB，即差分服务模型里每个网络节点做的QoS动作。我们需要保证从源到目的路径上的所有设备对指定的流执行相同的差分服务，这样才能保障端到端的QoS。

下面所讲述的QoS基本原理都只针对差分服务模型。

QoS技术包括流分类（流量分类）、流量监管、流量整形、接口限速、拥塞管理、拥塞避免等。QoS处理流程如图3-9所示。下面对常用的技术简单进行介绍。

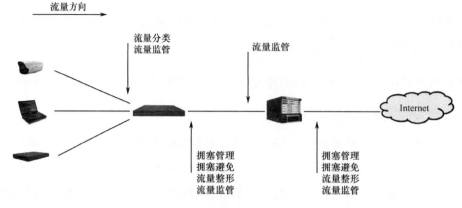

图 3-9 QoS 处理流程图

流量分类

流量分类，就是将网络上的流量划分为多个服务类，分别赋予不同的优先服务级别，它是对网络业务进行区分服务的前提和基础。我们可以通过 ACL（Access Control List）技术（ACL 识别报文的方法非常丰富，可以通过报文的源、目的 IP，源、目的端口号，协议类型等信息匹配识别报文）将符合某种特征的流量划分为一类，提供特定的 QoS 服务；也可以直接使用 IP 报文中的 QoS 优先级标签来对报文进行分类，从而提供不同的 QoS 服务。

在 IP 网络中，IPv4 报文中有三种承载 QoS 优先级标签的方式，分别为基于二层的 CoS（Code of Service）字段（IEEE802.1p）、基于 IP 层的 ToS（Type of Service）字段和基于 IP 层的 DSCP（Differentiated Services Code Point）字段。每种优先级的定义如下。

IEEE802.1p 优先级（二层 QoS）

如图 3-10 所示，802.1p 优先级位于以太帧的 VLAN 标签内部，适用于不需要分析三层报文头，只需在二层环境下保证 QoS 的场合。VLAN 标签中的 PRI 字段就是 802.1p 优先级，也称为 CoS 优先级。它由 3 位组成，取值范围为 0～7，共可表示 8 个优先级。其中，最高优先级为 7，应用于网络管理和关键性网络流量，如路由协议的信息交互；优先级 6 和 5 应用于对延迟敏感（Delay-Sensitive）的应用程序，如交互式语音和视频；优先级 4 到 1 应用于流式多媒体（Streaming Multimedia）、关键性业务流量（Business-Critical Traffic），如企业重要生产数据。优先级 0 是默认值，并在没有设置其他优先级值的情况下自动启用。当然，如果报文没有 VLAN TAG，其优先级也是 0。

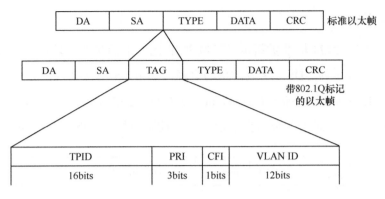

图 3-10　802.1p 优先级

IP 优先级

如图 3-11 所示，在早期的 RFC791 标准中，IP 数据包是依赖 ToS 字段来标识数据优先级值的。ToS 是 IP 数据包中 IP 报头中的一个字段（共 1 个字节），用来指定 IP 包的优先级，设备会优先转发 ToS 值高的数据包。ToS 字段包括三个部分：0～2 共三位用来定义数据包的 IP 优先级（IP Precedence）、4 位的 ToS 子字段和最后一个固定为 0 的位。这三部分中，只有 IP 优先级字段与 QoS 服务相关。

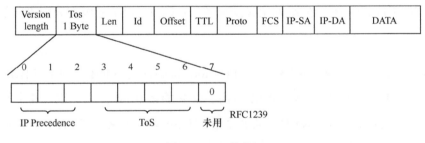

图 3-11　IP 优先级

IP 优先级字段共三位，取值范围为 0～7（值越大，优先级越高）。这 8 个取值分别为 routine（普通，值为 000）、priority（优先，值为 001）、immediate（快速，值为 010）、flash（闪速，值为 011）、flash-override（急速，值为 100）、critical（关键，值为 101）、internetwork control（网间控制，值为 110）和 network control（网络控制，值为 111），分别对应于数字 0～7。

IP 优先级值中，6 和 7 一般保留给网络控制信令使用，比如路由协议报文，因为路由协议若丢失，整个网络基础就崩溃了，也无从谈起业务保障；5 给语音数据使用；4 给视频会议和视频流使用；3 给语音控制数据使用；1 和 2 推荐给数据业务使用；0 为默认标记值。

DSCP 优先级

后来新的 RFC 2474 标准重新定义了原来 IP 包头部的 ToS 字段，并改称为差分服务（Differentiated Services，DS）字段。总的来说，第 0～5 位（共六位）用来表示差分服务代码点（Differentiated Services Code Point，DSCP）优先级，取值范围为 0～63，共能标识出 64 个优先级值；最后两位保留，用于显示拥塞通知，如图 3-12 所示。

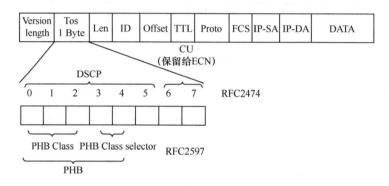

图 3-12 DSCP 优先级

RFC2474 还定义了最高 3 比特为类别选择代码（Class Selector Codepoints，CS），其意义和 IPv4 报头中 IP 优先级的定义是相同的，CS0～CS7 的级别分别等同于 IP 优先级 0～7。

RFC2597 标准又定义了逐跳行为（Per-Hop Behavior，PHB）。通过 PHB 值可以确定在网关处对 IP 包的转发行为。PHB 值由 DSCP 的第 0～4 位来标识。其中第 0～2 位标识 PHB 的类别（PHB Class）值，共 8 个值。第 3～4 位用来标识 PHB 类别选择（PHB Class Selector）值，比如下面介绍的报文丢弃优先级。如图 3-12 所示，PHB 类别值和 PHB 类别选择值共同组成 PHB 值。DSCP 的第 5 位固定值为 0。

RFC 2597 定义了四种确保转发（Assured Forwarding，AF）的 PHB（称为 AF PHB）。PHB 类别取值 001～100；并使用第 3～4 位定义报文的"丢弃优先级"，取值 01～11：01 表示低丢弃优先级，10 表示中丢弃优先级，11 表示高丢弃优先级——丢弃优先级越高表示越容易被丢弃。这样，在同一 PHB 类别的数据中，又根据被丢弃的可能性划分出了 3 挡。

AF 的 PHB 用 AF（x,y）表示——简写为 AFxy，其中 x 表示 PHB 类别，y 表示对应的丢弃优先级。例如，AF（001,01）的 DSCP 值为 001010，即 DSCP10。完整信息见

表 3-1。从表中也可以看出，AF 的四类 PHB，并不是值越大服务保障就越好，比如 AF13 的丢弃优先级比 AF11 要高，所以服务保障不如 AF11。

表 3-1 AF 的完整信息表

流分类	Class1	Class2	Class3	Class4
低丢弃优先级	AF11(DSCP 10):001010	AF21(DSCP 18):010010	AF31(DSCP 26):011010	AF41(DSCP 34):100010
中丢弃优先级	AF12(DSCP 12):001100	AF22(DSCP 20):010100	AF32(DSCP 28):011100	AF42(DSCP 36):100100
高丢弃优先级	AF13(DSCP 14):001110	AF23(DSCP 22):010110	AF33(DSCP 30):011110	AF43(DSCP 38):100110

再后来，RFC 3246 标准定义了一个加速转发（Expedited Forwarding，EF）PHB，即 PHB 类别取值为 101，丢弃优先级取值固定为 11。这样一来对应的 DSCP 值就为 46（101110）。EF PHB 具有低延时、低开销和低抖动特性——但不保证无丢包，适用于语音、视频和其他实时服务，一般具有比其他通信类型更加优先的队列。

除了前面介绍的 AF 和 EF 外，还有一个默认的 PHB，那就是尽力服务类型（Best Effort，BE），它所对应的 DSCP 值为 000000，与 CS0 相同。

总结 PHB 和 DSCP 的关系见表 3-2。

表 3-2 IETF 互联网工程任务组推荐的 PHB 与 DSCP 的映射关系

PHB	DSCP（十进制）	DSCP（二进制）	PHB	DSCP（十进制）	DSCP（二进制）
EF	46	101110	AF12	12	001100
AF43	38	100110	AF11	10	001010
AF42	36	100100	CS7	56	111000
AF41	34	100010	CS6	48	110000
AF33	30	011110	CS5	40	101000
AF32	28	011100	CS4	32	100000
AF31	26	011010	CS3	24	011000
AF23	22	010110	CS2	16	010000
AF22	20	010100	CS1	8	001000
AF21	18	010010	默认值或 BE 或 CS0	0	000000
AF13	14	001110			

DSCP 优先级兼容 IP 优先级，当支持 DSCP 的设备收到仅支持 ToS 中的 IP 优先级的报文时，默认情况下根据设备预先设置的映射关系进行处理。这种 DSCP 优先级和 IP 优先级的相互映射关系是设备系统默认支持的，并允许手工修改。

拥塞管理

所谓拥塞，是指当前供给资源相对于正常转发处理所需资源的不足，从而导致服务质量下降的一种现象。就像三车道的道路，在某个地方因为修路变成了两车道，很容易造成交通拥堵一样。在复杂的 Internet 分组交换环境下，拥塞极为常见。以图 3-13 中的两种情况为例，在图 3-13 的（1）中，入口带宽为 100Mbps，出口带宽为 10Mbps，这样很容易造成出口拥塞。图 3-13 的（2）中三个入口的总带宽超过一个出口的带宽，也容易造成拥塞。

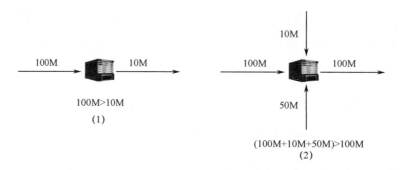

图 3-13 拥塞现象

拥塞管理技术用于当拥塞发生时制定一个资源的调度策略，决定报文转发的处理次序。其核心思想是队列调度技术。网络拥塞时，保证不同优先级类别的报文得到不同的 QoS 待遇，包括时延、带宽等。将不同优先级的报文放入不同的队列，不同队列将得到不同的调度优先级、调度概率或带宽保证。常用的队列技术包括：先进先出队列（First In First Out，FIFO）、优先队列（Priority Queuing，PQ）、定制队列（Custom Queuing，CQ）、加权公平队列（Weighted Fair Queuing，WFQ）、基于类的加权公平队列（Class Based Weighted Fair Quuing，CBWFQ）、低延迟队列（Low Latency Queuing，LLQ），等等。

FIFO (First In First Out)

即先进先出队列，FIFO 队列不对报文进行分类。FIFO 按报文到达接口的先后顺序让报文进入队列，同时，FIFO 在队列的出口让报文按进队列的顺序出队列，先进的报文将先出队，后进的报文将后出队，所有报文没有任何区别。FIFO 是 Internet 默认的服务模式 Best-Effort（尽力转发）所采用的队列策略。类似于苹果手机要发售了，大家都去连夜排队，排在前面的先买到手机，排在后面的后买到手机，即使事情对你再重要，比如女朋友说买不到就回去"跪榴莲"，手机店也不会提前卖给你。如图 3-14 所示，由于非紧急报文先进入队列，调度时仍然是非紧急报文先转发出去。

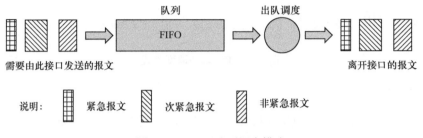

图 3-14　FIFO 队列调度模式

PQ（Priority Queuing）

即优先队列，PQ 需要对报文进行分类。对于 IP 网络，可以根据 IP 报文的 ToS、五元组（协议 ID、源 IP 地址、目的 IP 地址、源端口号、目的端口号）等条件进行分类。如果网络设备的出接口有四个队列可供调度，则可将所有报文分成四类，分别属于 PQ 的四个队列中的一个，然后按报文所属类别将报文送入相应的队列。PQ 的四个队列分别为高优先队列、中优先队列、正常优先队列和低优先队列，它们的优先级依次降低。在报文出队的时候，PQ 首先让高优先队列中的报文出队并发送；等到高优先队列中的报文发送完，再发送中优先队列中的报文；按照同样的策略再轮到正常优先队列和低优先队列。如此，属于较高优先级队列的报文将会优先得到发送，而较低优先级的报文将会在拥塞发生时被较高优先级的报文抢先。PQ 可以使得实时业务（如 VoIP）的报文得到优先处理，非实时业务（如 E-mail）的报文在网络处理完关键业务后的空闲中得到处理，既保证了实时业务的优先，又充分利用了网络资源。就像某个医术高明的医生，每天很多人找他治病。他把病人分成 4 个队伍，一列 10 岁以下小孩，一列 60 岁以上老人，一列其他年龄的女性，一列其他年龄的男性，按照先小孩，后老人，然后女士，最后男士的顺序诊治。如图 3-15 所示，当紧急报文队列处理完毕后，才处理次紧急报文队列，然后才普通报文队列，最后才非紧急报文队列。尽管非紧急报文的报文到得比较早，仍然被最后转发出去。

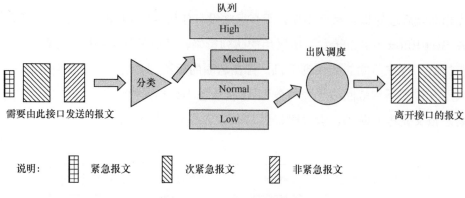

图 3-15　PQ 队列调度模式

CQ（Custom Queuing）

即定制队列，CQ 的分类方法和 PQ 基本相同，不同的是它最终将所有报文分成最多至 17 类，分别属于 CQ 的 17 个队列中的一个，然后，按报文的类别将报文送入相应的队列。CQ 的 17 个队列中，0 号队列是优先队列，路由器总是先把 0 号队列中的报文发送完，然后才处理 1 到 16 号队列中的报文，所以 0 号队列一般作为系统队列，把实时性要求高的交互式协议报文放到 0 号队列。1 到 16 号队列可以按用户的定义分配它们能占用的接口带宽的比例。在报文出队的时候，CQ 按定义的带宽比例分别从 1 到 16 号队列中取一定量的报文发送出去。其中，按带宽比例分别发送的实现过程是这样的，16 个普通队列采用轮询的方式进行调度，当调度到某一个队列时，从这个队列取出一定字节数的报文发送，用户通过指定这个字节数，就可以控制不同队列之间的带宽分配比例。简单来说，0 号队列类似于大学的提前录取，优先占据了名额，其他的若干队列类似于大学在 16 个省招生，每个省招生的比例不一样，按比例选人录取。CQ 原理如图 3-16 所示。

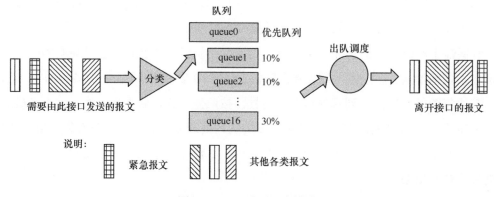

图 3-16　CQ 队列调度模式

WFQ（Weight Fair Queuing）

即加权公平队列，WFQ 对报文按流进行分类。对于 IP 网络，具有相同的源 IP 地址、目的 IP 地址、源端口号、目的端口号、协议号、ToS 的报文属于同一个流。每一个流被分配至一个队列，这个过程称为散列，采用 Hash 算法来自动完成——WFQ 的队列数目 N 可以配置，散列处理会尽量将不同的流分入不同的队列中。在出队的时候，WFQ 按队列的优先级（Precedence）来分配每个队列应占有出口的带宽。优先级的数值越小，所得的带宽越少；优先级的数值越大，所得的带宽越多。因为 Hash 算法会尽量把不同的数据流分入不同的队列，这样就能既保证相同优先级业务之间的公平，又体现不同优先级业务之间的权值。例如，接口中当前有 4 条流，它们的优先级分别为 1、2、2、3，则带宽的总配额将是所有（流的优先级+1）的和，即（1+1）+（2+1）+（2+1）+（3+1）=12。每个流所占带宽比例为（自己的优先级数+1）/（所有（流的优先级+1）的和）。即这 4 条流可得的带宽分别为 2／12、3／12、3／12、4／12。由此可见，WFQ 在保证公平的基础上对不同优先级的业务体现权值，而权值依赖于 IP 报文头中所携带的 IP 优先级，如图 3-17 所示。

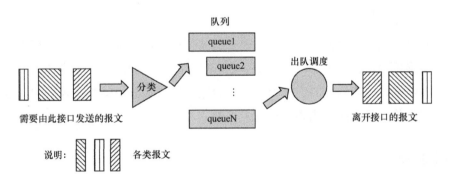

图 3-17　WFQ 队列调度模式

CBWFQ（Class Based Weighted Fair Queuing）

即基于类的加权公平队列，它使用 ACL 定义数据流类别，并将带宽和队列限制等参数应用于这些类别。CBWFQ 有些类似 CQ，但它为每个队列保留最小带宽。同时，CBWFQ 有一类特殊的队列，即默认队列，只有该特殊队列可以采用 WFQ 机制。如图 3-18 所示，CBWFQ 有一个低时延队列（Low Latency Queuing，LLQ），用来支撑加速转发（Expedited Forwarding，EF）类业务，被绝对优先发送，保证时延；另外有 64 个带宽保证队列（Bandwidth Queuing，BQ），用来支撑确保转发（Assured Forwarding，AF）类业务，可以保证每一个队列的带宽及可控的时延；还有一类 WFQ，对应尽力传送（Best Effort，BE）业务，使用接口剩余带宽进行发送。

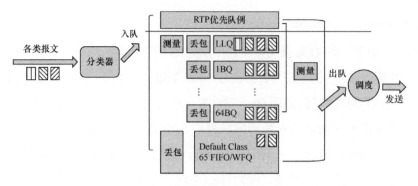

图 3-18　CBWFQ 队列调度模式

CBWFQ 特点如下：

（1）能够给不同的类保障一定的带宽；

（2）对传统的 WFQ 作了扩展，支持用户自己定义流量的分类；

（3）队列的个数和类别是一一对应的，给每个 Class 保留了带宽。

LLQ（Low Latency Queuing）

即低时延队列，实际上并不是一个独立的队列机制，可以认为它是 CBWFQ 队列机制的一个增强部分，参见图 3-18。通过在 CBWFQ 队列中加入了一个或者几个优先级队列来实现，以保证这些队列的优先处理，从而保证进入该分类的报文较低的时延；而通过设置带宽阀值，又能防止出现"饿死"现象。

拥塞避免

拥塞避免指通过监视网络资源（如队列或内存缓冲区）的使用情况，在拥塞有加剧的趋势时，主动丢弃报文，通过调整网络的流量来解除网络过载的一种流量控制机制。

由于内存资源有限，按照传统的处理方法，当队列的长度达到规定的最大长度时，所有后续到来的报文都会被丢弃，即"尾丢弃"。对于 TCP 报文，如果大量报文被丢弃，由于 TCP 流具有自适应特性，发送端发现数据包丢失就急剧地减小发送窗口，数据包发送速率就会迅速下降，于是网络拥塞得以解除；当发送端得知网络不再拥塞，开始增加发送速度，最终又造成网络拥塞，这种现象会周而复始地进行下去。当存在多个 TCP 连接时，这些 TCP 连接的发送速率就会同步地降低和增加，加剧流量的震荡，从而在一段时间内网络处于利用率很低的使用状态，降低了整体吞吐量，这种现象称之为"TCP 全局同步"。如图 3-19 所示，当发生拥塞时，使用尾丢弃容易造成三条流同时在低吞吐量和高吞吐量之间震荡。

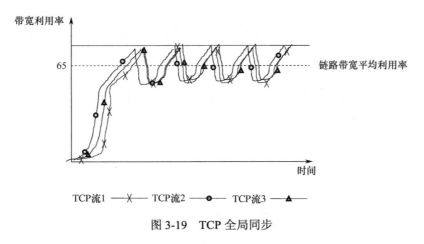

图 3-19　TCP 全局同步

为了避免这种情况的发生，队列可以采用加权随机早期检测（Weighted Random Early Detection，WRED）的报文丢弃策略。采用 WRED 时，用户可以设定队列的阈值（Threshold）。当队列的长度小于低阈值时，不丢弃报文；当队列的长度在低阈值和高阈值之间时，WRED 开始随机丢弃报文（队列的长度越长，丢弃的概率越高）；当队列的长度大于高阈值时，丢弃所有的报文。由于丢弃是根据一个变化的概率随机丢弃分组，这样通常情况下并不会导致所有的 TCP 连接同时进入 TCP 的拥塞控制阶段，避免了 TCP 全局同步现象，从而提高了链路带宽的平均利用率。如图 3-20 所示，当某个时间段队列平均长度在 40%（最小门限）以内时，不丢弃任何报文，当队列平均长度在 40% 到 65%（最大门限）间时，以一定概率随机丢弃到达的报文，当队列长度达到 65% 后进行尾丢弃，丢弃所有到达队列的报文。

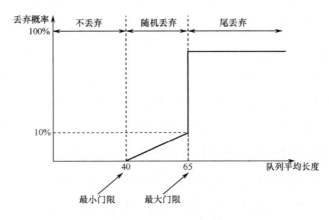

图 3-20　WRED 机制

采用这种加权早期随机丢弃的算法进行丢弃后，多条 TCP 流在某个链路上的总体带宽利用率就会在一个比较高的平均水平上，如图 3-21 所示，曲线表示多条流的带宽和。

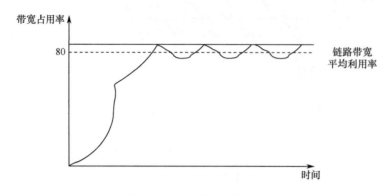

图 3-21　TCP 全局同步消除

流量监管

流量监管技术的原理类似于春运期间乘火车，旅客蜂拥去车站，如果不对人流加以监管，候车厅人流量过大就会被挤爆。于是，火车站要求，只允许发车时间在两小时以内的旅客进入候车厅，不在两小时内的旅客不允许进入候车厅。如果碰到持有车票不在两小时内的旅客闯关，就不允许其进入候车厅并加以惩罚。

网络上的流量监管（Commit Access Rate，CAR）是一种通过对网络上用户流量进行监督来限制流量及其资源使用的流量控制策略。典型的应用是限制进入网络的某一连接的流量与突发，并对超出监管的流量进行"惩罚"。如果某个连接的报文流量过大，流量监管就可以对该连接的报文采取不同的处理动作，如丢弃报文或重新设置报文的优先级等。这也是运营商对入口流量进行控制的常用技术。

流量监管是通过令牌桶技术来实现的。大小固定的令牌桶可自行以恒定的速率源源不断地产生令牌。如果令牌不被消耗，或者被消耗的速度小于产生的速度，令牌就会不断地增多，直到把桶填满，后面再产生的令牌就会从桶中溢出。最后桶中可以保存的最大令牌数永远不会超过桶的大小。数据报文被转发的时候需要消耗令牌。不同大小的数据包，消耗的令牌数量不一样，大数据包消耗的令牌数较多。

令牌桶机制基于令牌桶中是否存在令牌来指示什么时候可以发送流量。令牌桶中的每一个令牌都代表一个字节。如图 3-22 所示，首先，根据预先设置的匹配规则来对报文进行分类，收到没有规定流量控制的报文，就直接继续发送，并不需要经过令牌桶的处理；如果遇到需要进行流量控制的报文，则会进入令牌桶进行处理。如果令牌桶中有足够的令牌可以用来发送报文，则允许报文通过，报文可以被继续发送下去；如果令牌桶中的令牌数不满足报文的发送条件，则报文被丢弃。这样，就可以对某类报文的流量进行控制。

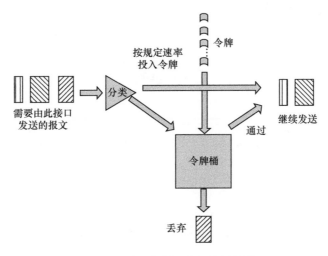

图 3-22　利用令牌桶进行流量监管

流量整形

从高速链路向低速链路传输突发数据时，带宽会在低速链路接口处出现瓶颈，导致数据严重丢失。流量整形（Generic Traffic Shaping，GTS）是一种主动调整流量输出速率，以利于网络上下游之间的带宽匹配的技术。如图 3-23 所示，在 ROUTEA 的接口以 10Mbps 的速率发送数据流量，而 ROUTEB 的接口只能以 2Mbps 的速率处理流量，那么 ROUTEB 处将会丢弃大量的报文。我们可以在 ROUTEA 的接口处对发出的流量进行整形，超额的流量暂时缓存起来，待流量回落时再发送出去，从而保证以 2Mbps 的恒定速率发送数据。

图 3-23　流量整形组网图

GTS 与 CAR 一样，均采用了令牌桶技术来控制流量，如图 3-24 所示。GTS 与 CAR 的主要区别在于：利用 CAR 进行流量控制时，当令牌桶中没有足够多的令牌，对报文直接进行丢弃处理；而 GTS 技术在没有足够的令牌时，会先将报文进行缓存，保存在

GTS 队列中，等待有了足够的令牌再继续发送，减少了报文的丢弃，同时使得报文按照约定的速率发送。但是 GTS 会增加报文的延时（一般引入几十毫秒的延时），对实时的视频监控业务有较大的影响。

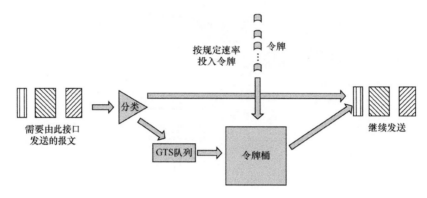

图 3-24　利用令牌桶进行流量整形

QoS 实施

学习到这里，老 U 对 QoS 的技术架构基本上理解了。老 U 决定实施 QoS 策略，虽然运营商的网络无法干预，但是可以配置自己网络的设备啊。

由于组网设计比较合理，驿站的监控设备、办公设备和客人上网 PC 机都采用了独立的 IP 地址段，所以很容易从 IP 地址上进行流量分类。老 U 先在每个门店的出口路由器上配置拥塞管理，考虑到办公业务得绝对保证，客户上网相对次要，所以设置 PQ 队列调度机制如下：办公流量优先级最高，其次是监控流量，最后是客户的上网流量。又在出口路由器上配置了 WRED 的拥塞避免策略，考虑到流量整形会引入几十毫秒的延时，影响视频监控业务的实时性，老 U 没有做流量整形相关的配置。

为了保证公网传输的质量，老 U 决定对办公流量和监控流量分别设置合适的 DSCP 值。为了确定当前网络中有哪些信令流和业务流，老 U 先在路由器上抓包作了分析，惊喜地发现监控设备对不同的信令和业务流主动打上了合理的 DSCP 值——怪不得这些摄像机的视频流畅性优于其他网购的网络摄像机。于是老 U 参照此摄像机的 DSCP 设置，依葫芦画瓢给其他监控设备的信令流和业务流打上了相应的 DSCP 值。另外对办公业务流设置了与监控信令流一样的 DSCP 值，优先保证办公业务的传输质量。

通过远程视频预览和办公业务的测试验证，老 U 发现效果确实好了很多。

QoS 基本配置举例

如图 3-25 所示，访问本地网络时，配置茶馆用户流量优先级为 3，监控网络流量优先级为 4，办公网络流量优先级为 5，同时访问互联网时限制办公网络出口流量为 2Mbps，茶馆用户为 4Mbps，监控网络为 4Mbps。

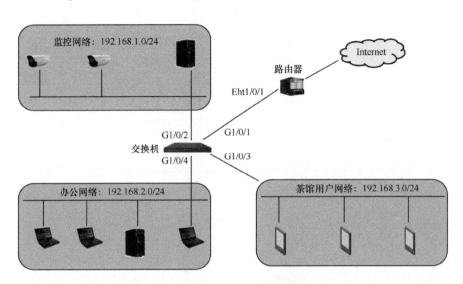

图 3-25　QoS 配置举例组网图

```
//配置各接口的端口优先级
[Switch A] interface gigabitethernet 1/0/2
[Switch A-GigabitEthernet1/0/2] qos priority 4
[Switch A-GigabitEthernet1/0/2] quit
[Switch A] interface gigabitethernet 1/0/3
[Switch A-GigabitEthernet1/0/3] qos priority 3
[Switch A-GigabitEthernet1/0/3] quit
[Switch A] interface gigabitethernet 1/0/4
[Switch A-GigabitEthernet1/0/4] qos priority 5
[Switch A-GigabitEthernet1/0/4] quit
//配置优先级映射表
[Switch A] qos map-table dot1p-lp
[Switch A -maptbl-dot1p-lp] import 3 export 3
[Switch A -maptbl-dot1p-lp] import 4 export 4
[Switch A -maptbl-dot1p-lp] import 5 export 5
[Switch A -maptbl-dot1p-lp] quit
//配置出口采用严格优先级队列调度
[Switch A] interface gigabitethernet 1/0/1
[Switch A-GigabitEthernet1/0/1] qos sp
[Switch A - GigabitEthernet1/0/1] quit
//配置 WRED 表，对队列 3/4/5 中的拥塞报文，丢弃队列上限为 2000，下限为 500，丢弃概
```

率为 50%，并将此 WRED 表应用到端口
```
[Switch A] qos wred queue table queue-table
[Switch A -wred-table-queue-table] queue 3 drop-level 1 low-limit 500 high-limit 2000 discard-probability 50
[Switch A -wred-table-queue-table] queue 4 drop-level 1 low-limit 500 high-limit 2000 discard-probability 50
[Switch A -wred-table-queue-table] queue 5 drop-level 1 low-limit 500 high-limit 2000 discard-probability 50
[Switch A -wred-table-queue-table] quit
[Switch A] interface GigabitEthernet1/0/1
[Switch A - GigabitEthernet1/0/1] qos wred apply queue-table
[Switch A - GigabitEthernet1/0/1] quit
```
//通过 ACL 进行流量分类
```
[Switch A] acl number 2001
[Switch A -acl-basic-2001] rule permit source 192.168.1.0 24
[Switch A -acl-basic-2001] quit
[Switch A] acl number 2002
[Switch A -acl-basic-2002] rule permit source 192.168.2.0 24
[Switch A -acl-basic-2002] quit
[Switch A] acl number 2003
[Switch A -acl-basic-2003] rule permit source 192.168.3.0 24
[Switch A -acl-basic-2003] quit
```
//根据 ACL 配置流分类，流量监管和 QoS 策略并应用到接口
```
[Switch A] traffic classifier videosurveillance
[Switch A -classifier- videosurveillance] if-match acl 2001
[Switch A -classifier- videosurveillance] quit
[Switch A] traffic classifier office
[Switch A -classifier- office] if-match acl 2002
[Switch A -classifier- office] quit
[Switch A] traffic classifier custom
[Switch A -classifier- custom] if-match acl 2003
[Switch A -classifier- custom] quit
[Switch A] traffic behavior videosurveillance
[Switch A -behavior- videosurveillance] car cir 4096 red remark-dscp-pass 0
[Switch A -behavior- videosurveillance] quit
[Switch A] traffic behavior office
[Switch A -behavior- office] car cir 2048 red remark-dscp-pass 0
[Switch A -behavior- office] quit
[Switch A] traffic behavior custom
[Switch A -behavior- custom] car cir 4096 red remark-dscp-pass 0
[Switch A -behavior- custom] quit
[Switch A] qos policy  streampolicy
[Switch A-qospolicy-streampolicy] classifier videosurveillance behavior videosurveillance
[Switch A-qospolicy-streampolicy] classifier office behavior office
[Switch A-qospolicy-streampolicy] classifier custom behavior custom
[Switch A] interface GigabitEthernet1/0/1
[Switch A-GigabitEthernet1/0/1]qos apply
```

> **C114 家园网友互动**
>
> Q: getian434 发表于 2015-8-11 22:19
>
> IPC 实际发出的报文是不带 802.1Q Tag 的，网络设备是怎么处理的呢？
>
> A: 网语者 发表于 2015-8-13 11:07
>
> 没有 802.1Q Tag 的报文进入交换机时，交换机会打上 802.1Q Tag，其中的 PRI 信息根据端口上配置的 QoS 优先级来确定，默认情况下是 0。
>
> Q: getian434 发表于 2015-8-11 22:21
>
> 楼主，书写的不错，还是有很多地方可以借鉴参考的。还有个小问题，QoS 中流量监管和流量整形可以结合使用吗？
>
> A: 网语者 发表于 2015-8-13 11:08
>
> 可以的。

　　网络传输的问题解决了，老 U 心里踏实了很多，于是老 U 坐下来准备好好地查看一下连锁店的实况。但在回放连锁店历史录像时，却怎么也检索不到信息，经过一番折腾，老 U 才发现原来是某个连锁店的 NVR 设备的硬盘故障了，导致没办法查看到录像。对监控来说存储数据可是非常重要的事，涉及证据的保留。怎样才能实现录像的可靠保存呢？老 U 知道这里的水肯定很深，于是决定向网管朋友详细请教。考虑到存储的知识体系庞大，网管精心挑选了一些与视频监控存储相关的资料供老 U 参考。

监控存储基础

硬盘基础

　　存储系统是监控整体架构中用来存放数据的部分，目前最常用的存储介质是硬盘，我们先来了解一下硬盘的组成，如图 3-26 所示。

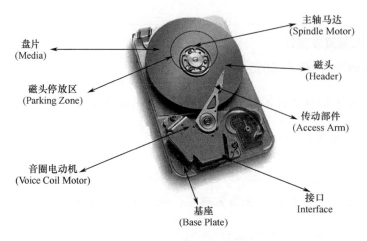

图 3-26　硬盘硬件结构图

硬盘盘片

硬盘上的数据存放在硬盘的盘片上。硬盘盘片一般采用硬质合金制造，将磁粉附着在其上，圆盘片的表面上通过磁头的磁力作用，将数据记录在其中。通常一个硬盘由很多张盘片叠加而成。

硬盘磁头

硬盘磁头是硬盘读取数据的关键部件，它是由线圈缠绕在磁芯上制成的。它的主要作用是将存储在硬盘盘片上的磁信息与电信号相互转换进行传输。其基本工作原理是利用特殊材料的电阻值会随着磁场变化而变化，从而实现数据的读/写。

传动部件和主轴

传动部件即磁头臂，在磁头臂的末端安放了硬盘磁头，进行数据的读/写。而硬盘的主轴决定了硬盘的转速，二者都是纯机械化的部件。

PCB 电路底板

在硬盘的反面，是一块 PCB 电路板，上面包含多个芯片：有硬盘的主控制芯片、缓存芯片和硬盘驱动芯片等，它们的作用是用来控制盘片转动和磁头读/写。

硬盘接口

接口是硬盘与主机系统的连接模块，接口的作用就是将硬盘的数据发送到计算机主机内存或其他应用系统中，或者是反过来用来接收主机的数据存放到硬盘中。硬盘的接口类型包括电源接口和数据传输接口。我们经常说的 IDE 硬盘、SATA 硬盘、SCSI 硬盘、

FC硬盘、SAS硬盘等，主要是根据硬盘的接口类型不同来区分的。不同的接口类型会有不同的最大接口带宽，从而在一定程度上影响着硬盘传输数据的快慢，后面的章节中会具体介绍不同硬盘接口技术。

磁头装置

磁头装置是硬盘中最精密的部位之一，它主要由读/写磁头、传动手臂、传动轴三部分组成。磁头是硬盘中最重要的一个部件，它实际上是集成工艺制成的多个磁头的组合，它采用了非接触式头、盘结构，加电后在高速旋转的磁盘表面移动，与盘片之间的间隙只有 0.1~0.3μm，这样的目的是获得很好的数据传输率。

正因为硬盘具有这些机械属性，而且磁头与盘片之间的距离很近，加电后磁头又在盘片表面高速旋转，在外力的作用下（例如，外力过度冲击硬盘、震动、意外掉落等）容易引起磁头划碰。磁头划碰是一种硬盘故障的表现，在硬盘读/写头和旋转的硬盘片接触时容易发生，在硬盘表面的介质产生永久不可恢复的损害，这个过程也容易损坏磁头。

硬盘盘片结构如图 3-27 所示，每个盘片被划分成若干个同心圆磁道（逻辑上的意义，不可见），每个盘片的划分规则通常是一样的。这样每个盘片的半径均为固定值 R 的同心圆，在逻辑上形成了一个以电动机主轴为轴的柱面（Cylinders），从外至里编号为 0、1、2……每个盘片上的每个磁道又被等分为若干个弧段。这些弧段便是磁盘的扇区（Sector），其中硬盘的读/写以扇区为基本单位，目前硬盘扇区大小分为 512 字节和 4 096 字节两种。

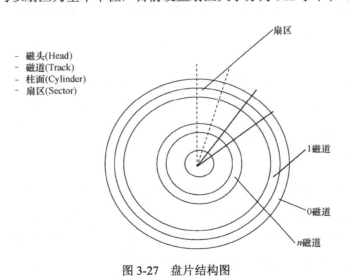

图 3-27　盘片结构图

硬盘接口技术

前面章节提到过硬盘接口是硬盘与主机系统间的连接部件,作用是在硬盘缓存和主机内存之间传输数据。不同的硬盘接口决定着硬盘与计算机之间的连接速度,在整个系统中,硬盘接口的优劣直接影响着程序运行快慢和系统性能好坏。不同的硬盘接口采用不同的数据传输规范,所能提供的数据传输速度也不相同,传输规范是硬盘最为重要的参数之一。

目前硬盘物理接口主要分为以下几种类型:ATA 接口、SATA 接口、SCSI 接口、SAS 接口、FC 接口等。

ATA(IDE)接口

ATA 接口俗称就是 IDE(Integrated Drive Electronics),即电子集成驱动器,它的本意是指把"控制器"与"硬盘本身"集成在一起的硬盘驱动器。把盘体与控制器集成在一起的做法减少了硬盘接口的电缆数目与长度,数据传输的可靠性得到了增强,硬盘制造起来变得更容易,因为硬盘生产厂商不需要再担心自己的硬盘是否与其他厂商生产的控制器兼容。对用户而言,硬盘安装起来也更为方便。IDE 这一接口技术从诞生至今就一直在不断发展,性能也不断提高,其拥有的价格低廉、兼容性强的特点,为其造就了其他类型硬盘无法替代的地位。

IDE 代表着硬盘的一种最早的类型,但在实际的应用中,人们也习惯用 IDE 来称呼最早出现 IDE 类型硬盘 ATA-1,这种类型的接口随着时代的发展已经被淘汰了,而其后发展分支出更多类型的硬盘接口,比如 ATA、Ultra ATA、DMA、Ultra DMA 等接口都属于 IDE 硬盘。

SATA 接口

新的 Serial ATA(即串行 ATA),是英特尔公司在 2000 年 2 月 IDF(Intel Developer Forum,英特尔开发者论坛)首次提出的,并联合业内众多有影响的公司,如 IBM、Dell、APT、Maxtor、Quantum 和 Seagate 公司,合作开发了取代并行 ATA 的新技术——Serial ATA,也就是串行 ATA。

SATA 是一种完全不同于并行 ATA 的新型硬盘接口类型,由于采用串行方式传输数据而得名。SATA 总线使用嵌入式时钟信号,并且有了更强的纠错能力,与以往相比其最大的区别在于能对传输指令(不仅仅是数据)进行检查,如果发现错误会自动矫正,这在很大程度上提高了数据传输的可靠性。串行接口还具有结构简单、支持热插拔的优点。

与并行 ATA 相比，SATA 具有比较大的优势。首先，SATA 以连续串行的方式传送数据，可以在较少的位宽下使用较高的工作频率来提高数据传输的带宽。SATA 一次只会传送 1 位数据，这样能减少 SATA 接口的针脚数目，使连接电缆数目变少，效率也会更高。实际上，SATA 仅用四支针脚就能完成所有的工作，分别用于供电、连接地线、发送数据和接收数据，同时这样的架构还能降低系统能耗和减小系统复杂性。现在的并行 ATA 接口使用的是 16 位的双向总线，在 1 个数据传输周期内可以传输 4 字节的数据；而 SATA 使用的 8 位总线，每个时钟周期能传送 1 字节。这两种传输方式除了在每个时钟周期内传输速度不一样之外，在传输的模式上也有根本的区别，SATA 数据是一个接着一个数据包进行传输，而并行 ATA 则是一次同时传送数个数据包，虽然表面上一个周期内并行 ATA 传送的数据更多，但是串行 ATA 的时钟频率要比并行的时钟频率高很多，单位时间内，进行数据传输的周期数目更多，所以 SATA 的工作效率高于并行 ATA 的传输率。

其次，SATA 的起点更高、传输速率更快、发展潜力更大，目前 SATA3.0 的传输速率已经达到 6Gbps。并且 SATA 国际组织（Serial ATA International Organization）正在着手制定下一代 SATA 标准，定名为 SATA Express，理论带宽最高可达 8Gbps 和 16Gbps。SATA 物理接口示意图如图 3-28 所示。

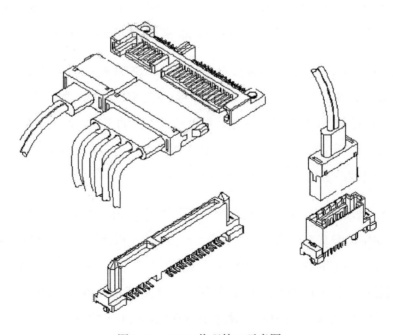

图 3-28　SATA 物理接口示意图

SCSI 接口

SCSI（Small Computer System Interface），即小型计算机系统接口，是同 IDE（ATA）完全不同的接口。IDE 接口是普通 PC 的标准接口，而 SCSI 并不是专门为硬盘设计的接口，是一种广泛应用于小型机上的高速数据传输技术。SCSI 接口具有应用范围广、多任务、带宽大、CPU 占用率低，以及热插拔等优点，但较高的价格使得它很难如 SATA 硬盘般普及，因此 SCSI 硬盘主要应用于中、高端服务器和高档工作站中。

当前 SCSI 硬盘最大同步传输速度达到 640Mbps 的 Ultra 640 SCSI（时钟频率为 160MHz 加双倍数据速率，目前最新的 SCSI 标准是 2003 年制定的）。SCSI 物理接口示意图如图 3-29 所示。

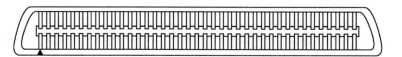

图 3-29　SCSI 物理接口示意图

SCSI 接口从诞生到现在已经历了 30 多年的发展，先后衍生出了 SCSI-1、Fast SCSI、FAST-WIDE-SCSI-2、Ultra SCSI、Ultra2 SCSI、Ultra160 SCSI、Ultra320 SCSI、Ultra 640 SCSI 等各种模型，现在市场中占据主流的是 Ultra320 SCSI、Ultra 640 SCSI 接口产品。

在系统中应用 SCSI 设备的时候必须要有专门的 SCSI 控制器，也就是一块 SCSI 控制卡，才能支持 SCSI 设备，这与 IDE 硬盘不同。在 SCSI 控制器上有一个相当于 CPU 功能的芯片，它对 SCSI 设备进行控制，能处理大部分的工作，减少了中央处理器的负担（CPU 占用率）。在同时期的硬盘中，SCSI 硬盘的转速、缓存容量、数据传输速率都要优越于 IDE 硬盘，因此更多是应用于商业领域。

那么 SCSI 和 ATA（SATA）的区别是什么呢？简要地说，在 ATA 磁盘中，如果用户提出数据传输请求，CPU 先对该命令作出响应后再传达给主板南桥，或板载磁盘控制芯片上，之后再通过 ATA 总线将数据操作命令传递给硬盘的主控芯片。而在 SCSI 系统有一块专门的 SCSI 控制芯片，不仅负责管理 SCSI 总线外，而且还承担设备读写的控制职能，管理所有 SCSI 相关的读写请求、总线控制和数据传输职能，CPU 要做的工作只是将起始命令传递给 SCSI 控制芯片，之后便可彻底抛开不管而做其他事情，这样就减少了 SCSI 系统的 CPU 占用率。

SAS 接口

与 SATA 取代 ATA 硬盘一样，并行总线的制约同样开始出现在 SCSI 身上，要继续提高速度变得越来越困难，很难适应未来服务器存储的应用需求。加上来自用户的要求打破 SCSI 与 ATA 的藩篱，实现兼容的呼声越来越高，业界决定效仿串行 ATA，制定出基于高速串行总线技术的下一代 SCSI 标准，这也就是下面要介绍的 SAS（串行 SCSI）

SAS 与 SCSI 的区别主要在于数据传输、兼容性和扩展性等方面。SAS 接口是 SCSI 的升级，如图 3-30 所示，为串行传输模式。SAS 是一种点对点、全双工、双端口的接口，支持在 SATA 兼容的电缆和连接器上传输 SCSI 协议，兼备 SCSI 所具有的易管理性和可靠性，而且可以提升性能和可伸缩性。适用于主流的服务器和企业存储。

图 3-30　SAS 和 SATA 物理接口示意图

SAS 相对 SCSI 有四大主要的优势：性能、兼容性、可扩展性和灵活性。

性能

最高能够达到 12.0Gbps；采用点对点的架构，支持全双工的工作方式。

兼容性

SAS 硬盘有 3.5 英寸和 2.5 英寸 2 种。SAS 的背板、HBA 卡和扩展器都可以兼容 SATA 的硬盘，所以 SAS 平台可以同时支持 SATA 和 SAS 硬盘。

可扩展性

通过 SAS 扩展器可以扩展到 16 000 个设备，而传统并行 SCSI 总线只支持 16 个设备。支持世界范围唯一的设备 ID 号，提高了设备寻址能力。支持更长距离的电缆，在无光纤传输能力的情况下，电缆长度可以到 10 米。

灵活性

SAS 可以使用现有的 SCSI 命令集，保护企业现有 SCSI 系统的投资，继承了 SCSI 的高可用性优点，并在 SCSI 命令队列方面进行了优化。SAS 的接口与 SATA 比较相似，它可以接 SATA 的硬盘，但 SATA 的接口不能接 SAS 的硬盘。

SAS 毫无疑问地完全承袭 SCSI 的优势。在 SAS 系统中同样有一块专用的控制芯片，它专门用于数据 I/O 处理，所以基于 SAS 的存储系统在运行的时候也可以始终保持较低的 CPU 占用率。SAS 的主要改变在于将 SCSI 的并行总线改为串行总线，并且对数据包结构作适应性调整，此外，SAS 还考虑向下兼容串行 ATA 的问题。历来，SCSI 与 ATA 是水火不容的，根本没人想到会在 SCSI 总线上挂接 ATA 设备，反之亦然。然而在实用中，SCSI 无法兼容 ATA 往往会带来一些困扰，在某些时候，廉价、大容量的 ATA 硬盘还派得上用场，例如用于离线存储或近线存储。为此，SAS 工作组在制定标准时经过慎重研究，决定让 SAS 提供对串行 ATA 设备的向下兼容能力，用户将因此获得额外的便利，轻松构建串行 ATA 与串行 SCSI 的混合系统。再者，SAS 兼容串行 ATA 也让普通用户不会对 SAS 敬而远之，有利于 SAS 技术朝向平民化方向拓展，满足日益多元化的应用需要。

FC 接口

FC-AL（Fibre Channel Arbitrated Loop），即光纤通道仲裁环，是一种双端口的串行存储接口，支持全双工工作方式，如图 3-31 所示。利用类似于 SATA/SAS 所用的 4 芯连接，提供一种单环拓扑结构，一个控制器能访问 126 个硬盘，而且通过光纤连接，最大传输距离可以达到 10 000 米。现在 FC 的带宽标准是 4Gbps，并且已经有 10Gbps 的光纤标准出现。

FC 接口的硬盘采用光纤通道传输协议进行传输，具体细节我们在之后的"网络存储的主要协议"中详细介绍。

图 3-31　FC 物理接口示意图

RAID 技术

前面介绍了存储介质的基本单元——硬盘，以及常见的硬盘接口类型，那么我们现在将要保存的数据存放到一块一块的硬盘上，是不是就万事大吉了呢？

答案是否定的，这里最主要的原因有以下几点。

容量限制

虽然当前硬盘的容量已经达到 6TB 甚至是 8TB，但还是不足以应付日益庞大的数据存储。就以监控视频数据举例，如果有 100 路高清摄像机需要存储到硬盘上，码率按照 8Mbps 进行计算，留存期假定为 1 个月，就需要 $100\times 8\times 30\times 24\times 60\times 60/8 = 247$（TB），每块硬盘以 8TB 计算，则最少需要使用 31 块硬盘来存放数据。如果把单一的硬盘作为基本的存储单元，那么必定会涉及硬盘空间使用完后需要更换新硬盘的操作，这些都需要人为来进行操作的话则无疑是一种费时费力的庞大工程。

性能因素

面对日益增长的数据流和访问量，存储系统的读写吞吐量也会存在瓶颈。如果只使用单一硬盘的话，最大传输速率即硬盘接口传输速率，在数据量访问过大时易成为系统瓶颈。

可靠性因素

假设存放数据的某块硬盘发生故障，且没办法有效恢复，这种情况下数据就会存在丢失的风险。21 世纪的今天，数据丢失带来的影响巨大，需要采用更好的方式来应付这一风险。

基于上述原因，RAID 技术应运而生。RAID（Redundant Arrays of Independent Disks），即磁盘阵列，RAID 技术是由美国加州大学伯克利分校 D.A. Patterson 教授在 1988 年提出的，作为高性能、高可靠的存储技术，在今天已经得到了广泛的应用。它将一系列单独的磁盘以不同的方式组合起来，为一个应用主机或主机集群提供一个逻辑上的磁盘。

使用 RAID 的好处是能够扩大磁盘容量、提高磁盘数据读取的性能和数据的安全性。

RAID 技术经过不断的发展，现在已拥有了从 RAID0 到 RAID5 六种明确标准级别的 RAID 级别技术。另外，还有 RAID6、RAID10（RAID1 与 RAID0 的组合）、RAID01（RAID0 与 RAID1 的组合）、RAID50（RAID5 与 RAID0 的组合），以及 RAIDNT 等虚拟化技术。不同 RAID 级别代表着不同的存储性能、数据安全性和存储成本。下面将重点介绍常用的 RAID 级别：RAID0、RAID1、RAID3、RAID5、RAID6、RAID10、RAID50、RAIDNT。

RAID0

RAID0（Striped Disk Array without Fault Tolerance），即没有容错设计的条带磁盘阵列。从图 3-32 中可以看出，RAID0 在存储数据时由 RAID 控制器（硬件或软件）将数据分割成大小相同的数据条，同时并行的写入阵列中的所有磁盘中。如果发挥一下想象力，你会觉得数据像一条带子横跨过所有的阵列磁盘，每个磁盘上的条带深度都是一样的。至于每个条带的深度则要看所采用的 RAID 类型，目前一般有 8、16、32、64，以及 128KB 等多种深度参数。Striped 是 RAID 的一种典型方式，在很多 RAID 术语解释中，都把 Striped 指向 RAID0。在读取时，也是顺序从阵列磁盘中读取数据后由 RAID 控制器进行组合后再传送给系统，这也是 RAID 的一个最重要的特点。

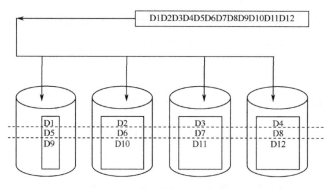

图 3-32　RAID0 原理示意图

这样，数据就等于并行地写入和读取磁盘阵列中，这样做非常有助于提高存储系统的性能。对于两个硬盘的 RAID0 系统，提高一倍的读写性能可能有些夸张，毕竟也要考虑到同时增加的数据分割与组合等与 RAID 相关的操作处理时间，但比单个硬盘提高 80%的性能是完全可能的。不过，RAID0 还不能算是真正的 RAID，因为它没有数据冗余能力。由于没有备份或校验恢复设计，在 RAID0 阵列中任何一个硬盘损坏就可以导致整个阵列数据的损坏，因为数据都是分布存储的。RAID0 的主要特点见表 3-3。

表 3-3 RAID0 主要特点

类 别	特 点
至少需要磁盘数	2
优点	✓ 极高的读写效率 ✓ 不存在校验所占用的 CPU 资源 ✓ 部署简单
缺点	✗ 无冗余，缺乏校验恢复机制 ✗ 不能用于关键数据环境
适用领域	✓ 视频生成和编辑 ✓ 图像编辑

RAID1

RAID1（Mirror）称为镜像，如图 3-33 所示，它有一个单独的磁盘名为镜像磁盘，它将数据完全一致的分别写到工作磁盘和镜像磁盘，因此它的磁盘空间利用率为 50%。并且由于数据需要同步地写入到工作盘和镜像盘中，那么在数据写入时性能往往会受到性能最差的那块盘的影响，但是读的时候性能没有任何影响。RAID1 提供了最佳的数据保护，一旦工作磁盘发生故障，系统自动从镜像磁盘读取数据，不会影响用户工作。

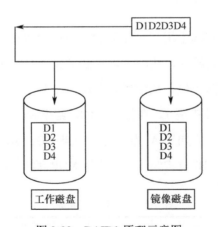

图 3-33 RAID1 原理示意图

以两个硬盘组成的 RAID1 阵列为例，它在写入数据时，RAID 控制器并不是将数据分成条带而是将数据同时写入两个硬盘。这样，其中任何一个硬盘的数据出现问题，可以马上从另一个硬盘中进行恢复。注意，这两个硬盘并不是主从关系，而是相互镜像/恢复的。RAID1 已经可以算是一种真正的 RAID 系统，它提供了强有力的数据容错能力，但这是由一个硬盘重复备份的代价所带来的效果，而这个硬盘并不能增加整个阵列的整体有效容量。RAID1 的主要特点见表图 3-4。

表 3-4　RAID1 主要特点

类　别	特　点
至少需要磁盘数	2
优点	✓ 理论上两倍的读取效率 ✓ 100%的数据冗余功能 ✓ 设计、使用及配置简单
缺点	✗ 空间利用率只有 50%
适用领域	✓ 财务、金融等需要高可用的数据存储环境

RAID3

在介绍 RAID3 之前，先简要描述一下 RAID2。RAID2 是 RAID0 的改良版，以汉明码（Hamming Code）的方式将数据进行编码后分割为独立的位元，并将数据分别写入硬盘中。因为在数据中加入了错误修正码（Error Correction Code，ECC），所以数据整体的存储空间消耗会比原始数据大一些。但汉明码本身的校验方式较为复杂，代价高昂，目前 RAID2 已经很少应用了。

RAID3 在 RAID2 的基础上用相对简单的异或逻辑运算（Exclusive-OR，XOR）校验代替了相对复杂的汉明码校验，从而大幅降低了成本。XOR 的校验原理见表 3-5。这里的 A 与 B 值就代表了两个位，从中可以发现，A 与 B 一样时，XOR 结果为 0，A 与 B 不一样时，XOR 结果就是 1。在知道 XOR 结果和 A 与 B 中的任何一个数值，就可以反推出另一个数值。比如当 A 为 1 时，如果 XOR 结果为 1，那么 B 肯定为 0；如果 XOR 结果为 0，那么 B 肯定为 1。这就是 XOR 编码与校验的基本原理。

表 3-5　XOR 的校验原理

A 值	B 值	XOR 结果
0	0	0
1	0	1
0	1	1
1	1	0

图 3-34 是 RAID3 阵列的存储示意图。从图中可以发现，校验盘只有一个，而数据与 RAID0 一样是分成条带（Stripe）存入数据阵列中，只不过 RAID3 将大的数据块（D1）分成更小的"位"存入。在数据存入时，处于同一条带的 XOR 校验编码写在校验盘相应的位置，所以彼此不受干扰而混乱。在读取时，则在调出条带的同时检查校验盘中相应的 XOR 编码，进行即时的 ECC。由于在读写时与 RAID0 很相似，所以 RAID3 具有很高的数据传输效率。

RAID3 在 RAID2 的基础上成功地进行结构与运算的简化，曾受到广泛的欢迎并大量应用。直到更为先进高效的 RAID5 出现后，RAID3 才开始慢慢退出市场，在后面章节会介绍 RAID5 技术。

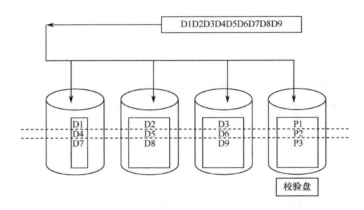

图 3-34　RAID3 的原理示意图

需要说明的是，当 RAID3 损失一块磁盘时，那么阵列的状态就变为降级状态，处在降级状态的阵列仍然可以向外界提供正常的读写服务，并且处于降级状态的阵列可以加入一块新磁盘，顶替掉失效的磁盘，并且通过 XOR 的校验，将数据重构到新磁盘中，这个过程叫作重建。但是此时如果再有一个磁盘失效，则整个阵列则处于不可用的状态。

RAID3 最大的一个不足是校验盘很容易成为整个系统的瓶颈。我们已经知道，RAID3 会把数据写入操作分散到多个硬盘上进行，然而不管是向哪一个数据盘写入数据，都需要同时重写校验盘中的相关信息。因此，对于那些经常需要执行大量写入操作的应用来说，校验盘的负载将会很大，无法满足程序的运行速度，从而导致整个 RAID 系统性能的下降。

RAID3 的主要特点见表 3-6。

表 3-6　RAID3 的主要特点

类　别	特　点
至少需要磁盘数	3
优点	✓ 读写速率较高 ✓ 如果有一个磁盘损坏，对吞吐量影响较小
缺点	✗ 控制器设计复杂 ✗ 存在并发 IO 瓶颈问题
适用领域	✓ 视频生成和在线编辑 ✓ 图像和视频编辑 ✓ 其他需要高吞吐量的的场合

RAID4

RAID4 与 RAID3 原理相同，区别仅仅在于 RAID3 对数据的访问是按条带进行的，RAID4 是以数据块为单位进行的。RAID4 中的一个数据块是一个完整的数据集合，比如一个文件就是一个典型的数据块，这样按块存储可以保证块的完整，不会因分条带存储在其他硬盘上而可能产生不利影响。但实际上，RAID4 仍然把各硬盘数据的校验统一写入校验盘，从这一点看，它并不能有效地解决并发写入的问题，因此 RAID4 目前几乎没有应用。

RAID5

如图 3-35 所示，RAID5 与 RAID3 的机制相似，但是数据校验的信息被均匀地分散到阵列的各个磁盘上，这样就不存在并发写操作时的校验盘性能瓶颈。阵列的磁盘上既有数据，也有数据校验信息，同一个条带的数据块和对应的校验信息会存储于不同的磁盘上，当一个数据盘损坏时，系统可以根据同一带区的其他数据块和对应的校验信息来重构损坏的数据。

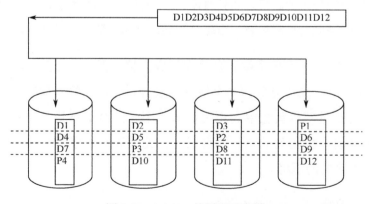

图 3-35　RAID5 的原理示意图

RAID5 可以理解为是 RAID0 和 RAID1 的折中方案。RAID5 可以为系统提供数据安全保障，但保障程度要比 RAID1 低而磁盘空间利用率要比 RAID1 高。RAID5 具有和 RAID0 相近似的数据读取速度，只是多了一个奇偶校验信息，写入数据的速度比对单个磁盘进行写入操作稍慢。同时由于多个数据对应一个奇偶校验信息，RAID5 的磁盘空间利用率要比 RAID1 高，存储成本相对较低。

RAID5 在数据盘损坏时的情况和 RAID3 相似，由于需要重构数据，性能会受到影响。RAID5 的主要特点见表 3-7。

表 3-7　RAID5 的主要特点

类　　别	特　　点
至少需要磁盘数	3
优点	✓ 读写速率较高 ✓ 如果有一个磁盘损坏，对吞吐量影响较小
缺点	× 控制器设计复杂 × 磁盘损坏后影响性能
适用领域	✓ 文件和应用服务器 ✓ WEB，E-MAIL 服务器 ✓ OLTP 环境的数据库

RAID6

RAID6 的提出是基于——有没有一种方法能在 RAID5 的基础上提供两级冗余？即阵列中的两个磁盘失败时，阵列仍然能够继续工作。一般而言，RAID6 的实现代价最高，因为 RAID6 不仅要支持数据的恢复，又要支持校验的恢复，这使 RAID6 控制器比其他级 RAID 更复杂和更昂贵。

实现 RAID6 的最常用的思想是用两种不同的方法计算校验数据。实现这个思想最容易的方法之一是用两个校验磁盘支持数据磁盘，第一个校验磁盘支持一种校验算法，而第二个磁盘支持另一种校验算法，使用这两种算法称为 P+Q 校验，也可以看成是有两个维度的冗余，一维冗余是指使用另一个校验磁盘，但所包含的分块数据是相同的。例如，P 校验值可能由 XOR 函数产生，这样，Q 校验函数需要是其他的某种操作，一个很有力的候选者是 Reed Solomon 误差修正编码的变体，这个误差修正编码一般用于磁盘和磁带驱动器。假如两个磁盘失败，那么，通过求解带有两个变量的方程，可以恢复两个磁盘上的数据，这是一个代数方法，可以由硬件辅助处理器加速求解。

RAID10

如图 3-36 所示,RAID10 是 RAID1 和 RAID0 的结合,也称为 RAID(1+0),即先做镜像后做条带化,既提高了系统数据的冗余保护,又提高了系统的读写性能,RAID10 的磁盘空间利用率和 RAID1 是一样的,为 50%。RAID10 适用于既有大量的数据需要存储,又对数据安全性有严格要求的领域,比如金融、证券等。

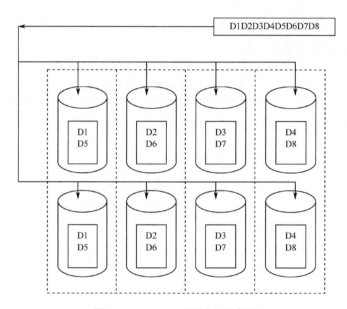

图 3-36 RAID10 的原理示意图

RAID10 的主要特点见表 3-8。

表 3-8 RAID10 的主要特点

类别	特点
至少需要磁盘数	4
优点	✓ 读写速率很高 ✓ 至多可以允许 50%的磁盘发生损坏
缺点	✗ 只有 50%的磁盘利用率
适用领域	✓ 高可靠性和高性能的应用环境

RAID50

如图 3-37 所示,RAID50 是 RAID5 和 RAID0 的结合,RAID50 数据分布按照如下

方式来组织：首先所有的磁盘将分为 N 组磁盘，然后将 N 组磁盘内部做 RAID5，最后将 N 组 RAID5 条带化。

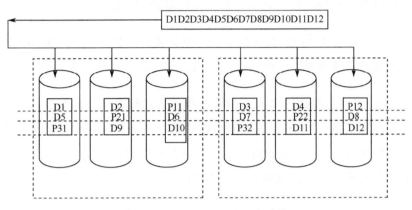

图 3-37　RAID50 的原理示意图

RAID50 的主要特点见表 3-9。

表 3-9　RAID50 的主要特点

类别	特点
至少需要磁盘数	6
优点	✓ 比单个 RAID5 有更好的读写性能 ✓ 允许每个子阵列（RAID5）单块磁盘发生故障
缺点	✗ 较难实现 ✗ 同一个 RAID5 子阵列的两个磁盘发生损坏会导致整个 RAID50 阵列失效
适用领域	✓ 大型数据库服务器 ✓ 应用服务器 ✓ 文件服务器

各级别 RAID 的特点

在各个 RAID 级别中，使用最广泛的是 RAID0、RAID1、RAID10、RAID5。

RAID0，将数据分成条带顺序写入一组磁盘中。RAID0 不提供冗余功能，但是它却提供了卓越的吞吐性能，因为读写数据是在一组磁盘中的每个磁盘上同时处理的，吞吐性能远远超过单个磁盘的读写。

RAID1，每次写操作都将分别写两份到数据盘和镜像盘上，每对数据盘和镜像盘成为镜像磁盘组。也可使用并发的方式来读数据，并提高吞吐性能。如果镜像磁盘组中一块磁盘出错，则数据可以从另外一块磁盘获得，而不会影响系统的性能，然后，备用磁盘将镜像磁盘中数据复制出来，这两块磁盘又组成新的镜像组。

RAID10，是 RAID1 与 RAID0 的结合，既做镜像又做条带化，数据先镜像再做条带化。这样的数据存储既保证了可靠性，又极大地提高了吞吐性能。

RAID5 将校验信息轮流地写入条带磁盘组的各个磁盘中，即每个磁盘上既有数据信息又同时有校验信息。RAID5 的性能得益于数据的条带化，但是某个磁盘的失败却将引起整个系统性能的下降，这是因为系统在承担读写任务的同时，还要重新构建和计算出失败磁盘上的数据，来恢复整个系统的健康。

对于一个普通应用来讲，不仅仅要求存储系统具有良好的 I/O 性能，同时也要求对数据安全做好保护工作，所以 RAID10 和 RAID5 应该成为我们重点关注的对象。

RAIDNT

以上介绍的是传统的 RAID 形态。由于现在高端存储都引入了 SATA 磁盘，而 SATA 磁盘的容量越来越大。当一块磁盘故障之后，重建的时间越来越长，重建 1TB 磁盘一般需要 10 小时，重建 4TB 的 SATA 磁盘时间会更长，其间如果再有另外一块磁盘故障，很可能就出现整个阵列失效的情况。除了重建时间外，还有一个问题就是性能。随着磁盘容量越来越大，性能并没有随着容量增加而同步提升。一个卷（LUN）的读写只能在一个磁盘组进行，不能随着磁盘数的增加而提升性能。EMC、IBM、HDS 等公司设计成把多个 RAID 再组成一个池，并进行一次条带化，一个 LUN 的读写同时跨越了很多的硬盘，而且这个 LUN 里面包含了多个 RAID 组，可以有多种磁盘介质，可以做到自动分层存储。但是，RAID 组还是基于硬盘的，这块硬盘坏了，还是只有这个 RAID 组的几个硬盘参与重建，重建速度没有提升。

为了解决这一难题，业界的许多厂商也提出了自己的方案，如 3PAR 公司（现已并入 HP 公司）的 Fast RAID 技术、华为的 RAID2.0、宇视的 RAIDNT 技术等。后两者的原理类似，都是基于块虚拟化技术的新型 RAID 形态。

下面重点讨论下 RAIDNT，它的总体思想是创建一个由多个磁盘组成的存储池（Pool），再将每个磁盘分成容量更小的数据块（VD），再在同一个存储池里不同硬盘的

VD 按照通常的冗余 RAID 算法组成的一组集合（VDG）。VDG 具有 RAID 属性（冗余属性、条带属性等），同步、重建操作是基于 VDG 进行的。如图 3-38 显示的一样，Pool 中每个硬盘都切分成小的 VD 数据块（图中 01～63 编号标记的均为数据块），再在不同硬盘中选择 VD 组成 VDG（图中 RAID-LUN 就是 VDG）。

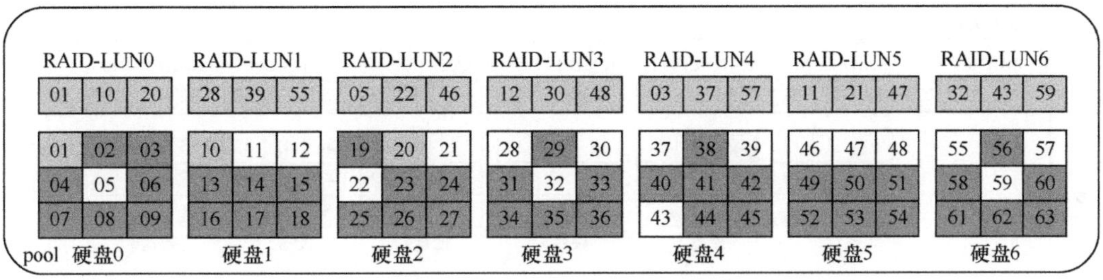

图 3-38　RAIDNT 的原理示意图

以冗余算法为 XOR 举例，那么可以理解为 RAID-LUN0～RAID-LUN6 就是 7 个小型的 RAID3 或者 RAID5。这样的系统最大的好处是能够做到在一块硬盘故障后，在硬盘组上的所有硬盘并发进行重建，而不再是传统 RAID 的单个热备盘上进行重建，从而大大降低重建时间，减少重建窗口扩大导致的数据丢失风险，在硬盘容量大幅增加的同时确保存储系统的性能和可靠性。

当一块硬盘故障，需要重建的时候，系统会知道该硬盘的 VD 所涉及的 RAID-LUN。如图 3-39 和图 3-40 所示，磁盘 0 故障，磁盘 0 所涉及的 RAID-LUN0、RAID-LUN2、RAID-LUN4 需要重构，RAID-LUN0 的重构块是硬盘 3 上的块 29，RAID-LUN2 的重构块是硬盘 4 上的块 38，RAID-LUN4 的重构块是硬盘 2 的块 19，这三条重构流可以同时执行。

通过上面的过程可以看出，当硬盘 0 发生故障时，重建不再是 RAID 组内的十多个硬盘参与重建，而是整个硬盘域的所有硬盘都会参与重建。

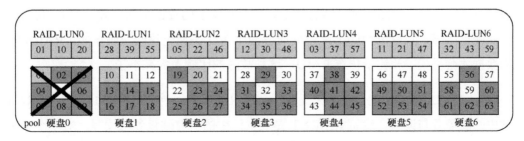

图 3-39　硬盘 0 故障

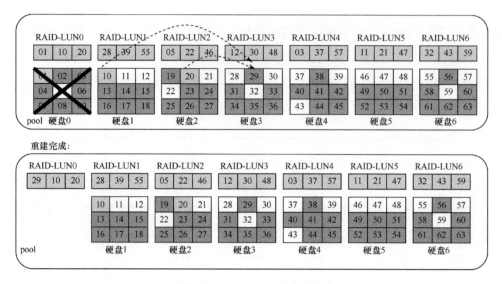

图 3-40 RAIDNT 重建过程

由此我们可以看出 RAIDNT 的优势：

（1）快速重建，RAIDNT 块虚拟化最大的优势就是快速重建。随着硬盘容量越来越大，RAID 重建时间越来越长，在重建的过程中，其他硬盘发生故障，导致阵列失效的风险大大增加。传统 RAID 重建，只有 RAID 阵列中的硬盘参与重建，数据重构到热备盘，性能受限于热备盘的瓶颈。RAIDNT 重建，整个磁盘域中所有的磁盘都会参与重建，磁盘域中的磁盘越多，参与重建的磁盘就越多，重建当然也就越快。重建的时间窗大大缩短了，阵列失效的风险也大大减少。

（2）数据在所有硬盘上均衡分布。传统 RAID，数据读写，尤其是文件读写，数据可能集中到某几块盘读写，数据分布不均衡，造成硬盘冷热不均。RAIDNT，所有硬盘都会参与读写，数据在存储池中所有硬盘上均衡分布，提升了性能。

（3）RAIDNT 减小了双盘或多盘故障的失效率。在传统 RAID5 中，当 RAID 中有两块硬盘故障，整个 RAID 阵列就会失效，该 RAID 上的数据全部失效。而 RAIDNT，当两块硬盘故障，只有 RAIDLUN 中同时有两个 VD 是属于这两块硬盘的，RAIDLUN 上的数据才会丢失，相比于传统 RAID，这种故障的比例大大减小了。

（4）单个 LUN 的性能会有很大提升。传统 RAID 中，单个 LUN 的读写只有 RAID 阵列中的硬盘参与读写，然而 RAIDNT 是硬盘池中的所有硬盘参与读写，对单个 LUN 而言，读写速度大大提升。

常见存储架构

近年来,全球数据存储量呈现爆炸式增长,据 Gartner 预测,到 2020 年,全球数据量将达到 35ZB,等于 80 亿块 4TB 硬盘。在数字监控领域,通过中心业务平台进行集中管理和控制,并以网络视频服务器和 IPC(IPcamera)为前端的网络化视频监控系统开始得到广泛部署。分布式的前端和平台架构、集中化的管理及控制,以及灵活便捷的用户访问,使得网络视频监控系统的存储部分也开始走向网络化。

那么,让我们来了解一下网络存储吧。首先简述一下 DAS、NAS、SAN 的概念。

DAS(Direct Attached Storage)

即直接连接存储,是最简单的存储模型,指将存储设备通过特定接口或通道直接连接到一台计算机上,我们家里的个人电脑用的硬盘就是一个 DAS。DAS 只能给一台计算机使用。常见的 DAS 协议是 SCSI 和 SATA。DAS 结构示意图如图 3-41 所示。

图 3-41　DAS 结构示意图

NAS(Network Attached Storage)

即网络附加存储,如图 3-42 所示,NAS 作用类似于一个专用的文件服务器,通过网络使得资源可以被共享给不同用户。它允许管理员分配一部分存储空间组成一个文件系统,每一个文件系统就是一个单一的命名空间,文件系统是管理 NAS 的主要单位。

图 3-42　NAS 结构示意图

SAN（Storage Area Network）

即存储区域网络，如图 3-43 所示，是一种通过网络方式连接存储设备和应用服务器的存储构架，这个网络专用于主机和存储设备之间的访问。当有数据的存取需求时，数据可以通过存储区域网络在服务器和后台存储设备之间高速传输。

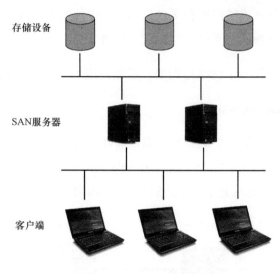

图 3-43　SAN 结构示意图

这里的 NAS 和 SAN 的架构都和网络有关。实际上，二者提供不同类型数据的访问。SAN 针对海量、面向数据块的数据传输，而 NAS 则提供文件级的数据访问和共享服务。

尽管这两种技术类似，都是将存储资源分配给不同的用户来使用。但从严格意义上讲，NAS 其实只是一种文件服务。他们主要区别是什么呢？就是提供访问的存储资源的类型。NAS 提供的是文件系统访问，而 SAN 提供的是块级访问。那么这里就引申出一个问题，什么是块，什么是文件？

这里先给出通常意义上的定义：块是指以扇区（可以理解为存放数据的基本单位）为基础，一个或多个连续的扇区组成一个块，也叫物理块。而文件系统定义了把文件存储于磁盘时所必须的数据结构及磁盘数据的管理方式，也就是定义了文件从哪个扇区开始，文件占多少个扇区，文件有什么属性等信息。

回到上节提到的 NAS，它具有自己的文件系统，具有较大的存储容量，具有一定的文件管理和服务功能。NAS 设备和客户端之间通过 IP 网络连接，基于 NFS/CIFS 协议在不同平台之间共享文件，数据的传输以文件为组织单位。

至于 SAN，它提供给应用主机的就是一块未建立文件系统的"虚拟磁盘"。在上面建立什么样的文件系统，完全由主机操作系统确定。

网络存储的主要协议

SCSI（Small Computer System Interface）

在硬盘接口中，我们提到过 SCSI，它实际上代表着一种数据传输的协议。

SCSI 可以划分为 SCSI-1、SCSI-2、SCSI-3，最新的为 SCSI-3，也是目前应用最广泛的 SCSI 版本。

SCSI-1

1979 年提出，支持同步和异步 SCSI 外围设备；支持 7 台 8 位的外围设备，最大数据传输速度为 5Mbps。

SCSI-2

1992 年提出，也称为 Fast SCSI，数据传输率提高到 20Mbps。

SCSI-3

1995 年提出，目前 Ultra 640 SCSI，最高数据传输率为 640Mbps。

FC（Fibre Channel）

FC 即光纤通道，用于计算机设备之间的数据传输，传输率达到 4Gbps～10Gbps。光纤通道用于服务器与共享存储设备之间的连接，也可以用于存储控制器和驱动器之间的内部连接。对应于 OSI 网络七层架构模型，FC 协议自下而上也存在 FC-0 到 FC-4 五层架构。

其中，FC-0 为最底层的物理接口层，主要定义了物理介质的一些标准等。FC-1、FC-2、FC-3 可以对应于 OSI 架构的第二层和第三层，定义了帧、流控机制和服务质量等。FC-4 是协议映射层，定义了光纤通道和上层应用之间的接口，上层应用如串行 SCSI 协议等。FC-4 支持多种协议，例如 FCP-SCSI 和 FC-IP 等。这其中的 FCP-SCSI 协议是将 SCSI 并行接口转化为串行接口方式的协议，应用于存储系统和服务器之间的数据传输。FCP-SCSI 可提供 200MBps（全双工独占带宽）的传输速率，能够连接最远达 10 000m，最多 16 000 000 个节点。

iSCSI（Internet Small Computer System Interface）

iSCSI 即互联网小型计算机系统接口，是一种在 TCP/IP 上进行数据块传输的标准。它是由 Cisco 和 IBM 两家公司发起的，并且得到了各大存储厂商的大力支持。iSCSI 可以实现在 IP 网络上运行 SCSI 协议，使其能够在诸如高速千兆以太网上进行快速的数据存取备份操作。

iSCSI 标准在 2003 年 2 月 11 日由 IETF（互联网工程任务组）认证通过。iSCSI 继承了 SCSI 和 TCP/IP 两大最传统网络协议。这为 iSCSI 的发展奠定了坚实的基础。

基于 iSCSI 的存储系统只需要不多的投资便可实现 SAN 存储功能，甚至可以直接利用现有的 TCP/IP 网络来承载。相对于以前的网络存储技术，它解决了开放性、容量、传输速度、兼容性、安全性等问题，其优越的性能使其备受关注与青睐。

iSCSI 的数据包结构如图 3-44 所示。

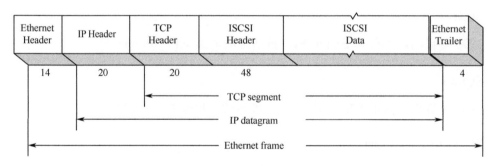

图 3-44　iSCSI 的数据包结构

工作流程：

iSCSI 系统由 SCSI 适配器发送一个 SCSI 命令。命令封装到 TCP/IP 包中并送入到以太网络。接收方从 TCP/IP 包中抽取 SCSI 命令并执行相关操作。把返回的 SCSI 命令和数据封装到 TCP/IP 包中，将它们发回到发送方。系统提取出数据或命令，并把它们传回 SCSI 子系统。

iSCSI 继承了 SCSI 协议中 initiator 和 target 的概念，简要地说 initiator 是发起的会话者，也就是存储客户端；target 是提供存储服务的服务端。iSCSI 协议本身提供了 QoS

及安全特性。可以限制 initiator 仅向 target 列表中的目标发登录请求，再由 target 确认并返回响应，之后才允许通信；并可通过 IPsec 将数据包加密之后传输，包括数据完整性、确定性及机密性检测等。

iSCSI 的优势：

（1）广泛分布的以太网为 iSCSI 的部署提供了基础；

（2）千兆/万兆以太网的普及为 iSCSI 提供了更大的运行带宽；

（3）以太网知识的普及为基于 iSCSI 技术的存储技术提供了大量的管理人才；

（4）由于基于 TCP/IP 网络，完全解决数据远程复制（Data Replication）及灾难恢复（Disaster Recover）等传输距离上的难题；

（5）得益于以太网设备的价格优势和 TCP/IP 网络的开放性和便利的管理性，设备扩充和应用调整的成本付出小。

NFS 和 CIFS

NFS 和 CIFS 是当前主流的异构平台文件共享协议之一，与 iSCSI 和 FC 协议不同的是，NFS 和 CIFS 应用于文件系统的访问，而前者是块级的访问。关于文件系统和块的区别我们在前面的章节已经进行过阐述，此处不再赘述。

CIFS 是由 Microsoft 开发，应用于 Windows 操作系统的协议，而 NFS 主要应用于 Unix/linux 等操作系统。简单地说，NFS/CIFS 可以允许网络中的计算机之间通过 TCP/IP 网络共享资源，在这种文件共享式的应用中，本地 NFS/CIFS 的客户端应用可以透明地读写位于远端 NFS/CIFS 服务器上的文件，就像访问本地文件一样。

iSCSI 与 FC

构建一套 SAN 存储架构，最合适的协议模型是 iSCSI 和 FC，那么这两种技术孰优孰劣呢？

从互联互通性来说，光纤通道是具有封闭性的，不能与现有的企业内部网络（以太网）连接，也很难与其他厂商的光纤通道网络联网——由于各厂家对 FC 标准理解的不

同，FC 设备的兼容性是一个巨大的难题。

而 iSCSI 基于 TCP/IP 协议，它本身就运行于以太网上，因此可以与现有的企业内部以太网无缝结合。TCP/IP 网络设备之间的兼容性已经无须讨论，迅猛发展的因特网（Internet）上运行着全球无数家网络设备厂商提供的网络设备，就是一个最好的证明，我们常说的 IPSAN 在对外提供存储服务时通常采用 iSCSI 协议。

从网络管理的角度看，如果在网络中使用 FC 协议，首先其技术难度大，其次它的管理采用了专有的软件，需要专门的管理人员，且其培训费用高昂。而 TCP/IP 网络的知识通过这些年的普及，已有大量的网络管理人才，并且，由于支持 TCP/IP 的设备对协议的支持一致性好，即使是不同厂家的设备，其网络管理方法也是基本一致的。

另外，从设备成本上说，FC 的价格高昂，并且在视频监控领域，数据的传输存储都已经构建在很成熟的以太网之上了。

目前，IP 视频监控的应用已越来越广泛，通过上述这些对比，我们很容易得出结论：利用 iSCSI 构建的 SAN 存储网络是很适合 IP 监控领域的。

集中存储或分散存储

通过前面章节的描述，我们对网络存储架构有了总体的认识，网络化存储给视频监控带来了全新的存储架构。一方面，用户在存储的部署上更加灵活，访问也更简单，另一方面，构建需要实现大容量存储的视频监控系统也更为便捷。

我们常见的 DVR 或 NVR 设备，由于 DVR 携带的硬盘个数和通道个数有限，所以它适合于中小规模、分布式的部署。

而另一种可选的方案是"IPC+IPSAN"的方式。IPC 通过 iSCSI 协议直接连接到 IPSAN 上，而 IPSAN 会应用 RAID 冗余技术来实现对数据的保护。

上述两种方式即典型的分布式存储和集中存储的模型。前者的优点是价格便宜、使用方便，缺点是数据不能共享，且扩展能力有限；而后一种方式虽然需要部署集中式的存储设备，但是它具有良好的扩展能力和可管理性，并且集中式的存储设备可以通过多种技术手段来保障数据的完整，因此这种方式具备很高的性价比，也适用于大型平台、大规模的监控系统。

> **C114 家园网友互动**
>
> Q：苏绣　发表于 2015-8-12 09:14:58
>
> 假设某个冗余阵列（比如 RAID5）的一块硬盘发生临时性故障，短暂下电后又重新上电了，这样情况下一定需要重新拿一块新硬盘进行全盘重建吗？
>
> A：网语者　回复于 2015-8-13 09:23
>
> 关于你提的这个问题，传统的做法是全盘重建的，但这里有足够的优化空间，像宇视公司提出的局部重建方法就很好地解决了这一问题。它在某个硬盘短暂发生故障后可以重新回到这个阵列，并且不需要进行全盘的重建，只需要重建在硬盘短暂离线时涉及的部分条带，重建时间从几十个小时缩短到十几秒，降低了风险。
>
> Q：苏绣　发表于 2015-8-12 09:34:39
>
> 涉及存储，就会有块和文件，网上看了很多相关的资料，想问下：块级别访问是否一定比文件访问好呢？
>
> A：网语者　回复于 2015-8-13 09:30
>
> 不能一概而论，文件级访问实际上底层也是数据块级的传输，所以从性能上说，增加了文件系统层对数据进行处理，会影响一下效率。但从系统设计的复杂度、访问的便捷度、易用程度来说，直接访问文件仍然是不可替代的。

通过上面的比较，老 U 选择了集中存储方案。经过一番努力，驿站的集中存储系统也初具规模。在网管的精心指导下，老 U 在总部搭建了一套监控平台，里面包含监控管理中心平台、IPSAN、媒体转发设备等，并且将各个连锁店的监控 NVR/DVR 等也加入到中心管理平台来进行管理，如图 3-45 中分支机构 1、2、3 所示。分支机构内部的存储方式可能互不相同，但通过 IP 网络，都可以与中心管理平台互通，并且通过中心管理平台能查看到各个分支机构的存储录像，中心与分支形成一种"上下级"的关系。这样老 U 可以舒舒服服地登录到中心管理平台对各个门店的监控录像进行查看，简直太方便了！

监控存储方案

老 U 逐步认识到存储知识真的很有门道,不仅如此,监控和存储相结合还能衍生出不少有特色的方案。这里面可真是大有学问啊,让我们逐一来展示下吧!

直存方案

我们先来介绍一下如图 3-45 分支机构 1 的存储模式。在分支机构 1 中,由于前端摄像机的需求较少,老 U 就将几台前端摄像机通过 IP 网络连接到中心管理平台,分支机构内部则无须部署其他设备,前端摄像机通过直接存储的方式将实时的录像数据存入到中心管理平台的 IPSAN 存储设备中,那么这里就引出一个存储模式——直存。下面我们来简单介绍一下这种存储方式的由来。

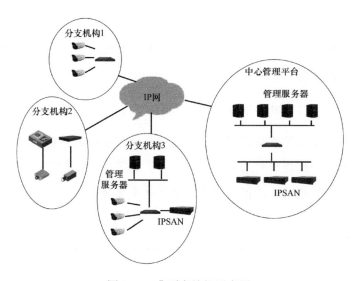

图 3-45 典型存储组网应用

"即时回放"、"哑铃效应"与直存模式

传统的集中式存储一般是通过数字硬盘录像机(Digital Video Record,DVR)等设备来完成的。DVR 本身是一个多功能型产品,可完成模拟图像数字化、本地存储、网络浏览等诸多功能。多功能是 DVR 的最大优势,同时也是其最大的问题所在,由于本身需支持多种功能,性能不可避免地受到影响。"什么功能都有一些(实时看、前端控制、本地图像存储、远程浏览等都可实现),但什么功能都不强(看得不够清楚、控制时延大、存储不可靠、回放图像差等)"是对 DVR 通常的评价。

当需要实现集中存储或支持多人同时看一个监控点时,中间通过流媒体服务进行转存或复制。如图 3-46 所示。

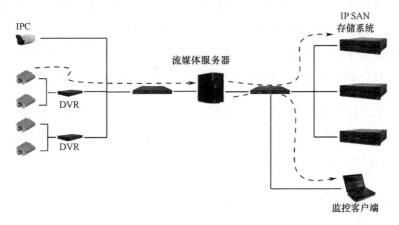

图 3-46　流媒体方案

这种存储方式将流数据切成一个个文件进行存储。由于文件形成期间,管理人员是无法读取该文件的,比如很多"DVR+流媒体服务器"方式的监控应用中,采用每半小时形成一个视频文件的方式对监控图像进行存储,这就意味着当前时刻以前一段时间(最恶劣的情况是半小时)以内的历史视频数据是无法调用的。在紧急事件发生时,人们希望能够尽快看到历史图像,甚至要求可以随时回放。这样就要求数据流形成文件的时间间隔尽可能短,但时间过短又会给系统造成巨大的性能压力,如文件过多、磁盘碎片、检索压力等。例如,以 5 分钟形成一个视频文件来计算,每个监控点一天就将产生近 300 个文件,如果每个监控点的历史图像要存储 30 天,就意味着每个监控点需要产生近 9 000 个文件。对于一个大规模监控系统(如 1 000 路,系统将需要处理 900 万个文件)来说必然不堪重任。这就是传统存储模型中不能"即时回放"的原因所在。所以在大规模监控系统中,形成文件的时间间隔和人们对监控系统及时响应的要求必然形成无法调和的矛盾。

另一方面,当监控系统规模变大时,流媒体服务器需将视频流数据转换为文件进行存储,由于前端存在大量的视频流数据,后端需要进行大量的文件存储工作。流媒体服务的处理性能、带宽等都容易成为性能瓶颈。整个系统的性能分布成哑铃状,两端大,中间小,这也是"哑铃效应"名称的由来。

解决之道

有没有方法将 IP 网络、IP 视频、IP 存储等领域有着长期积累的技术和产品进行融合,不经过流媒体服务器进行文件转换，使前端设备直接存入到某个存储设备中呢？答案是有的，即视频直存。它的原理是前端编码设备与 IPSAN 设备直接建立 iSCSI 连接，然后将存储视频流进行 iSCSI 协议封装，直接采用数据块的方式将视频数据写入 IPSAN 存储设备中。通过这种方式，监控视频数据的存储不需要转换为视频文件，自然也不需要流媒体服务器。从而有效地规避了引发"哑铃效应"的文件系统问题和流媒体服务器性能瓶颈问题。具备良好的可扩展性，即使是非常大规模的监控应用，整个系统也不会存在性能瓶颈。

同时，由于对视频数据的存储和检索回放等都是直接通过 iSCSI 数据块操作完成的，因此可实现对历史图像的随时回放及精确到秒级的检索，满足客户应急响应的监控需求，这样就解决了"即时回放"的问题。

另外，由于所有视频存储流量都采用 P2P 方式直接进行存储，通过优化存储设备的分布式部署和网络的路由，可以很容易地实现整网流量的优化，避免网络的带宽瓶颈。

在图 3-47 中，前端编码设备通过 iSCSI 方式存储的方法即为直存模式，它的优势很明显。前端设备可以很方便地将数据存入到中心平台的 IPSAN 中，这样老 U 在总部管理中心，也能很方便地查询到分支机构 1 中的存储录像了。

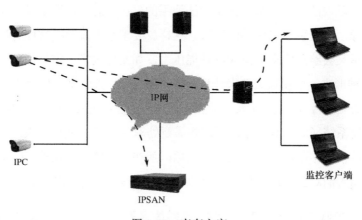

图 3-47　直存方案

但如果前端编码设备与中心平台设备网络不通了，或者网络被人恶意中断了怎么办呢？这样前端设备不就不能通过直存的方式进行存储了吗？这里我们通过另一种方案来解决这一难题——缓存补录方案。

缓存补录

缓存补录的基本原理是这样的。如图 3-48 所示，前端设备内部加装一块 SD 存储卡，当遇到特定的故障时，将实时的监控数据存放到 SD 卡中，并等待数据的恢复。

（1）在网络情况正常时，EC/IPC 正常通过 iSCSI 协议挂载 IPSAN 进行直存。

（2）当前端与 IPSAN 设备不通时，IPC 立刻将数据存入到 SD 卡中。这之前通常需要将 SD 卡格式化成特定的文件系统，网络发生故障后，IPC 将实时的数据存放成文件放入 SD 卡中。

（3）当前端检测到 iSCSI 直存恢复（比如 IPSAN 的网络故障解决后），IPC 此时停止写入 SD 卡。

（4）最后，IPC 会将故障时间段的录像，也就是存放到 SD 卡中的监控录像逐步上传到 IPSAN 中。

这样，在上传的过程完成后，中心管理平台检索回放时又能够查看完整的录像了。

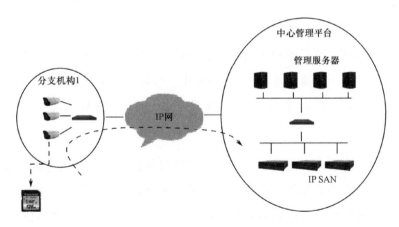

图 3-48　缓存补录的存储架构

前端的 EC/IPC 可以将数据存放到总部的 IPSAN 上，但是某些连锁店仍然采用的是 NVR，也就是说录像仍然是存放在 NVR 上的，假设 NVR 出了问题，那么录像就有丢失的风险。怎么解决这个问题呢？

双直存方案

双直存方案可以有效地解决这一问题,如图 3-49 所示。它实现的原理是:

(1)各连锁店的前端 IPC 或 EC 仍然通过 iSCSI 协议将数据存入到门店 NVR,如图 3-49 中标记的第一股流。

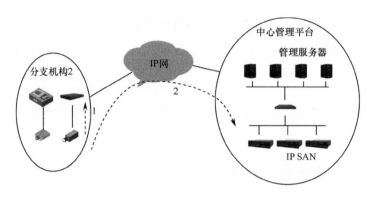

图 3-49 双直存的架构

(2)与此同时,前端还会发出第二股 iSCSI 流,将实时的数据存入到中心管理平台的 IPSAN 上。

通过双直存方案,所有连锁店内的前端设备可以同时发出两股流,分别存入到连锁店内的存储设备上和中心管理平台的 IPSAN 中。如此,老 U 的问题彻底解决了,即使连锁店内的 NVR 发生故障,但中心 IPSAN 设备是正常的,老 U 仍然能在中心管理平台上调取相应的录像。

那么有些人会有疑问,将监控数据保存成两份的技术通过单纯的备份也可以实现,为什么要使用双直存方案呢?这里我们来简单了解下备份方案的基本原理。一般来说,备份是对已有的录像数据进行提取、复制、拷贝等行为,比如将某个时段已经保存的录像再重新拷贝到另一台 IPSAN 上。这样一对比我们就可以大致看出双直存与备份方案的区别了:首先,从实时性来看,双直存方式是 IPC 实时地将录像数据存入到两个目的地,而备份则是对历史地录像数据再次进行拷贝,双直存的优势很明显。其次,双直存是前端设备本身主动地去存储录像,数据是"原汁原味"、没有被篡改的,而备份需要将已有的数据二次提取,增加了一次对数据的操作,从数据安全的角度看,双直存比备份安全得多。

通过双直存方案，我们可以规避连锁店内存储设备发生故障的风险，但是中心 IPSAN 发生故障怎么办呢？老 U 又开始陷入了沉思。

N+M 备份方案

其实解决的方法也不难，在中心管理平台部署 N+M 个 IPSAN。也就是，N 个 IPSAN 作为主节点进行 iSCSI 直存，M 个 IPSAN 作为备份节点，当主节点发生故障时由备份节点进行存储，如图 3-50 所示。N+M 方案的存储流程是：

（1）起初 IPC 通过 iSCSI 将视频流存储到中心的 N 个主 IPSAN 中，此时备份使用的 M 个节点处于空闲状态，如图 3-50 中的第 1 股流；

（2）当有故障发生时——这里的故障可以是 N 个 IPSAN 存储设备本身发生故障，也可以是硬盘故障，也可以是 IPC 与 IPSAN 的网络发生异常，IPC 会首先感知到自身的 iSCSI 存储流无法存入；

（3）IPC 感知到后，马上通知中心管理平台，中心管理平台再告知 IPC 向 M 个备份 IPSAN 发送实时流，如图 3-50 中显示第 2 股视频数据流；

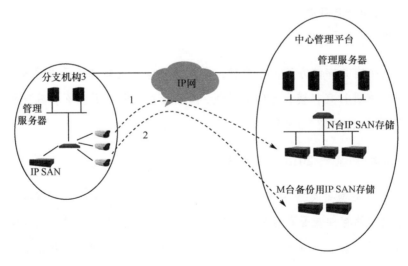

图 3-50　N+M 存储架构

（4）M 个备份用的 IPSAN 接收到数据后，存入自身的系统中。

需要注意的是，此处存入到备份 IPSAN 中的数据流不是 iSCSI 的存储流，而是普通的 IPC 发出的实况流。一般这种实况发出的数据，需要经过一台单独的服务器或模块进行转存，由这台服务器或模块最终存入到 M 个备份 IPSAN 中。为什么要这样设计，为什么不能再建立一条 iSCSI 的数据流呢？

因为 iSCSI 的直存需要 IPC 前端设备与 IPSAN 建立 iSCSI 连接，并需要为 IPC 分配一块存储资源来单独使用，这里的过程就存在资源分配、设备发现、资源挂载、格式化等步骤。如果在故障发生后做这些动作的话较为复杂，不能及时地将故障发生后产生的数据保存下来。另外，由于这种方式需要为 IPC 单独分配额外的一块空间，这部分空间只能在发生故障情况下使用，且不能共享，存在资源浪费的问题。

现在采用 IPC 发送实况流进行存储，则只需要 IPC 发出实况流。这样的好处是 IPC 无须再挂载一块资源作为备份资源，也省去了 iSCSI 的设备发现、建立连接、挂在资源、格式化等操作，IPC 只需要将编码后的数据向备份用的服务器或 IPSAN 直接发送即可，操作更加简洁高效。

C114 家园网友互动

Q：苏绣　发表于　2015-8-12 20:17:44

楼主：问个有关存储方面的东西啊，毕竟视频监控上存储还是挺重要的，有关直存有了解吗？当进行直存模式存储的时候，前端设备上需要做什么特殊配置吗？还有就是直存有哪些缺点啊？谢啦！

A：网语者　回复于　2015-8-13 10:34

前端编码设备需要支持 iSCSI 协议，那么在监控系统的设计时就需要单独开发。另外，直存模式的存储流是单独发给 IPSAN 设备的，是区别于普通的业务实况流的第二种数据流，所以前端设备需要保证有相应的网络带宽。直存模式的优势很明显，这两点内容都是区别于传统存储以及流媒体存储模式的，所以一定程度上也可以认为是直存模式的不足之处吧，但实际应用中这些缺陷显得微不足道了。

> Q：苏绣　发表于 2015-8-13 10:40:37
>
> 楼主：快点更新存储相关的内容吧，谢啦！还有个问题望抽空解答下：存储可靠性的相关内容能再讲讲吗？比如如何保障摄像机被人为破坏前最后一秒的数据呢？
>
> A：网语者　回复于　2015-8-13 10:58
>
> 感谢你的提问，其实存储的可靠性是很大的一个课题，包括：硬盘级的保护、链路可靠性、多控制器冗余等等。
>
> 如果要做到保障最后一秒数据，直存是个很不错的方案。

一天，老 U 在家很熟练地通过 DDNS 访问分店的监控设备，口里念叨着之前学习到的内容：从域名解析可以得到分店的公网地址，访问报文通过运营商的网络到达分店出口路由器，出口路由器上已经有了端口映射，报文就转发给了私网的监控设备。老 U 突然有了疑问：运营商网络怎么将报文准确地发到目的地呢？应该是根据报文目的 IP 地址查询路由表转发过去的。那么路由表又是怎么来的？好像有手动配置和路由协议动态学习两种。那路由协议究竟是什么东西？好像网管没有讲啊，赶紧去问问吧。

路由协议

路由基础回顾

现在网络已经成为人们生活不可或缺的一部分，就像空气和水一样。而网络的基础就是路由，如果没有路由，就没有了网络，我们的手机就只是一个游戏机。那么路由究竟是什么呢？路由就像路口的指示牌，指引报文一步一步地被转发到目的地。

如图 3-51 所示，当 PC 需要发送一个数据报文给 DVR 时，PC 需要知道先将报文发送给 Route A，而 Route A 也必须知道将该报文发送给 Route B，而不是 Route D。Route

A 是如何知道该将报文转发给谁的呢？这是由 Route A 上的路由表项指引的了。

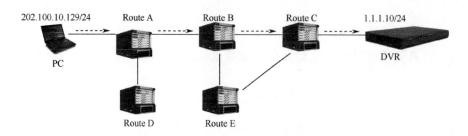

图 3-51　报文按照路由表逐跳转发

可能有人会问，PC 是如何知道将报文交给 RouteA 的呢？那是因为 PC 上也有路由表项。当我们在 PC 的网卡上配置 IP 地址和默认网关时，操作系统就会自动产生一些路由表项，如图 3-52 所示。后面我们将会对路由表项及如何查询路由表项进行说明。

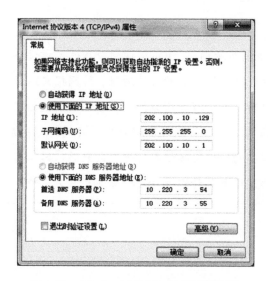

图 3-52　Windows 系统 IP 地址配置截图

我们可以通过控制台命令来查看操作系统的路由表项。

C:\Users\Administrator>route print

```
IPv4 路由表
===========================================================
活动路由:
网络目标          网络掩码          网关            接口              跃点数
    0.0.0.0          0.0.0.0      202.100.10.1    202.100.10.129    276
```

127.0.0.0	255.0.0.0	在链路上	127.0.0.1	306
127.0.0.1	255.255.255.255	在链路上	127.0.0.1	306
127.255.255.255	255.255.255.255	在链路上	127.0.0.1	306
202.100.10.0	255.255.255.0	在链路上	202.100.10.129	276
202.100.10.129	255.255.255.255	在链路上	202.100.10.129	276
202.100.10.255	255.255.255.255	在链路上	202.100.10.129	276

当然也可能有不走寻常路的读者会问道，如图 3-53 所示，Route B 先转发给 Route E，再转到 Route C，同样可以到达目的地啊！是的，所谓条条大道通罗马，只要能到达目的地都是可以的，但是我们需要考虑一下报文转发过程中的花销，也即路由的花销。就像我们要从杭州去西藏旅行，可以坐飞机，可以坐火车，甚至也可以骑自行车去，那么在选择何种出行方式时，需要考虑的是你所在乎的旅途花销：时间、金钱或者其他的一些东西。不同的人选择不同的方式。

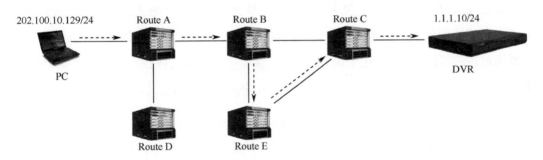

图 3-53　报文转发路线图

同样，报文转发过程中选择路径需要考虑的花销可能包括：线路延时、线路带宽、线路稳定性、转发次数等。不同的路由协议，可以考虑不同的花销值。如图 3-53 所示，如果选择最少的转发次数，那么 Route B 就应该直接转发给 Route C；如果你考虑的是线路带宽，而恰好 Route B 与 Route C 之间的链路带宽非常小时，通过 Route E 进行绕行就是一个不错的选择。就好比杭州到上海，走高速公路会绕路，但速度快，走国道距离近，但速度慢。

举个简单的例子。如图 3-54 所示，每一段线路上的数值就是该线路的开销（姑且不论这个花销的参考因素），报文转发的总花销就是将每一段的花销加起来，最好的转发路径就是总开销最小的路径。

Path1：PC→Route A→Route B→Route C→DVR，总开销为 121。

Path2：PC→Route A→Route B→Route E→Route C→DVR，总开销为 41。

所以优先选择了 Path2，选择权在 Route B 上，Route B 认为走 Route E 的花销更小。

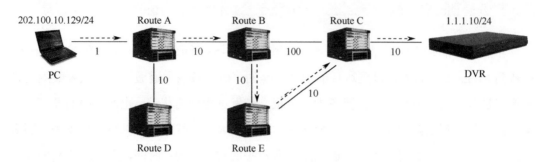

图 3-54　选择花销小的路径转发

路由选路时，另外一个需要考虑的是路由优先级，相当于路由的特权。优先级的权值要大于花销的权值，也就是说即使某条路径的花销值大，但是它的优先级高，报文也必须通过该路径进行转发。这个很容易理解，现实中很多事情往往不是有钱就能解决的，因为别人有特权。优先级并没有一个标准，由设备厂商自己定义。

路由收敛是指网络拓扑发生变化时，路由表更新并达到稳定状态的过程。拓扑变化可能是端口 Up 和 Down、设备宕机、新增一个网段、删除一个网段等等。邻接路由器首先感知到变化，再将变化通知给网络中的其他路由器，最终网络中所有路由器都针对该变化更新自己的路由表项。

路由聚合是指路由器把同一自然网段内的连续子网的路由聚合成一条路由向外发送。例如，路由表里有 10.1.1.0/24、10.1.2.0/24、10.1.3.0/24 三条路由，可以通过配置把它们聚合成一条路由 10.1.0.0/16 向外发送，这样邻居路由器只接收到一条路由 10.1.0.0/16，从而减少了路由表的规模，以及网络上的传输流量。在大型网络中，通过配置路由聚合，可以提高网络的可扩展性，以及路由器的处理速度。

在路由中最不愿见到也是最糟糕的现象就是路由环路。几个路由器之间的路由形成环路，导致报文在这几个路由器之间循环转发，直到最后 IP 头部的 TTL 减为 0 被丢弃。这些报文不但无法到达目的地，还会导致链路的拥塞。

> **说明**
>
> TTL 是 Time To Live 的缩写，该字段指定 IP 包被路由器丢弃之前允许通过的最大网段数量。TTL 是 IPv4 包头的一个 8 bit 字段。TTL 字段由 IP 数据包的发送者设置，在 IP 数据包从源到目的的整个转发路径上，每经过一个路由器，路由器都会修改这个 TTL 字段值，具体的做法是把该 TTL 的值减 1，然后再将 IP 包转发出去。如果在 IP 包到达目的 IP 之前，TTL 减少为 0，路由器将会丢弃收到的 TTL=0 的 IP 包。
>
> TTL 的主要作用是避免 IP 包在网络中的无限循环和收发，节省了网络资源。
>
> TTL 是由发送主机设置的，一般操作系统把 TTL 值设置为 64、128 或者 255 居多。

如图 3-55 所示，到达 DVR 的报文从 Route A 转发给 Route D，Route D 再转发给 Route B，Route B 再转发给 Route A，这样就形成一个死循环。就像我们在街上问路时，得到的答案是：左转→左转→左转→再左转，一样令人沮丧。

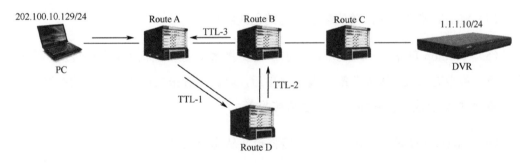

图 3-55　路由环路

这样的路由环路是如何产生的呢？可能是网管人员的配置错误，譬如 Route B 上的路由本来应该是 Route C 的，可是网管却配置成 Route A 了；也有可能是网络拓扑发生变化时，路由收敛产生的临时环路，这个和使用的动态路由协议有关，后面我们会具体描述；也有可能是路由聚合导致的。

路由表

路由表是路由器最核心的表项，用于指导报文的转发。一般包含如下内容：目的地、得到的途径、优先级、开销、下一跳地址、下一跳出接口。

图 3-56 是一个完整的路由表，从图中可以看到：

```
[Quidway]display ip routing-table
Routing Tables:
Destination/Mask   proto    pref  Metric   Nexthop    Interface
0.0.0.0/0          Static   60    0        120.0.0.2  Serial0
8.0.0.0/8          RIP      100   3        120.0.0.2  Serial0
9.0.0.0/8          OSPF     10    50       20.0.0.2   Ethernet0
9.1.0.0/16         RIP      100   4        120.0.0.2  Serial0
20.0.0.0/8         Direct   0     0        20.0.0.1   Ethernet0
20.0.0.1/32        Direct   0     0        127.0.0.1  LoopBack0
```

图 3-56　路由表项

（1）Destination/Mask 就是目的网络，由网段地址和掩码组成；

（2）proto 就是路由学习的途径，Static 是网管手工配置的静态路由，RIP 和 OSPF 是两种动态路由协议学习到的，Direct 是路由器接口配置了 IP 地址并且 Up 后自动产生的直连路由；

（3）pref 是路由优先级，一般数值越小的，优先级越高；

（4）Metric 就是花销，数值越小，花销也就越少；

（5）Nexthop 就是下一跳地址，路由器需要将报文交给谁来继续进行转发，直连路由的下一跳没有意义，因为匹配到直连路由后，就意味着报文已经到了目的网络了，此时需要通过 ARP 表项直接将报文发送给接收者；

（6）Interface 就是下一跳出接口，指将报文从哪个接口发送出去。

当路由器接收到一个数据报文后，首先读取报文 IP 头部的目的 IP 地址，然后与路由表中的 Destination/Mask 进行匹配，并将可以匹配的路由全部选取出来，再按照路由选择原则选取其中的一个路由表项进行转发。

匹配的方式是先将报文目的 IP 地址与 Mask 进行按位与操作，再将结果与 Destination 进行比较，相同即匹配，不同则不匹配，如图 3-57 所示。譬如目的地址为 9.1.1.1 的报文与图 3-57 的路由表项进行匹配，结果是可以匹配 3 条路由表项。那么最后究竟由谁来转发了？

Destination/Mask	proto	pref	Metric	Nexthop	Interface
0.0.0.0/0	Static	60	0	120.0.0.2	Serial0
9.0.0.0/8	OSPF	10	50	20.0.0.2	Ethernet0
9.1.0.0/16	RIP	100	4	120.0.0.2	Serial0

图 3-57 9.1.1.1 的匹配路由表项

路由选择的原则如下：

（1）最长匹配原则，通俗地说就是谁的掩码长度最长，就用谁进行转发。比较上面的 3 条路由表项，其中 0.0.0.0/0 匹配长度为 0，9.0.0.0/8 匹配长度为 8，9.1.0.0/16 匹配长度为 16，所以选取 9.1.0.0/16 这条路由表项，将报文从 Serial0 口转发。

（2）如果有两条路由的掩码长度相同，再选取优先级高（数值小）的路由。

（3）如果掩码长度、优先级都相同，再选取花销小的。

（4）如果掩码长度、优先级、花销全都相同，这样的路由就称之为等价路由，路由器可以通过逐包或者逐流的方式来进行转发。

如果路由器收到一个目的地址为 10.1.1.1 的报文该如何转发呢？我们会发现只有 0.0.0.0/0 与其进行匹配。细心的读者可能已经发现任何一个目的地址都可以与 0.0.0.0/0 匹配，因为与 0 进行与操作，其结果必然是 0。这条万能匹配的路由，我们称之为默认路由，是所有路由的备胎，因为它的匹配长度是 0，永远是最后被使用的路由表项。但是不要因为它是备胎而小看它，这条路由是全世界使用最广泛的路由，因为任何一台支持访问因特网的设备都必须拥有全世界所有目标地址的路由表项，很难想象一台 SOHO 路由器能支持数十万的路由数，那么它的路由表项是怎么样的呢？只需要两条，一条直连路由，一条默认路由，默认将非本地的访问报文全部转发给其网关（譬如运营商的路由器），由网关再根据其路由进行转发。

下面我们看一下等价路由，这个与我们的视频监控业务有很大的关系。如图 3-58 所示，

Path1： Route A→Route B→Route C，总开销为 30。

Path2： Route A→Route D→Route B→Route C，总开销为 30。

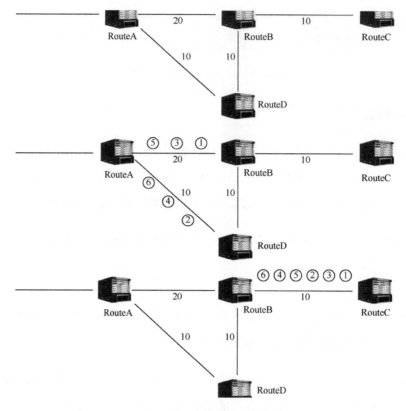

图 3-58 路由器转发乱序示意图

两条路径的花销相同,我们假设它们的掩码、优先级也相同,那么这两条就是等价路由,我们前面讲到这种情况下,其转发方式有两种,一种是逐包转发,一种是逐流转发。逐包转发就是两条链路轮流发送报文,这个是报文级别。逐流转发就是根据不同的数据"流"来分担,同一条流的所有报文只会走一条路径。等价路由的好处是可以实现多条链路之间的负载分担,但是逐包转发可能会导致报文乱序。在图 3-58 中,报文 1、3、5 与 2、4、6 走不同的转发路径,由于链路及设备的转发延时不同,可能会导致最终到达目的地的报文顺序发生了变化,也就是乱序。

在视频监控业务中,为了保障实况图像的实时性,很多情况下都会采用 UDP 进行传输,而 UDP 作为传输层协议是无法对报文进行重新排序的。这样上送给应用层的数据也就是乱序的,如果应用层又无法进行重新排序,就会导致最终解码出来的图像出现严重的马赛克现象或者卡顿,影响监控业务的正常使用。因此在监控业务中,尽量不要使用逐包转发模式。

> 说明
>
> （1）这个原则同样适用于一些多核转发设备，笔者曾经遇到过一个网上问题，监控实况流在经过 H3C 的某型号防火墙之后就会出现图像卡顿的现象，经过分析发现接收侧报文有乱序。原来该防火墙支持多核转发，而且默认的转发方式为逐包模式，将该方式修改为逐流之后，问题得到解决。
>
> （2）# 配置设备的流量转发模式为逐流模式。
>
> 路由器的转发方式配置如下：
>
> <Sysname> System-view
> [Sysname] ip forwarding per-flow

静态路由

静态路由是指网络管理员手工配置的路由。这种路由不需要在路由器之间传递、维护，对路由器的性能基本没有消耗，配置也比较简单。静态路由不会适应网络拓扑的动态变化，就如公路上的路口指示牌一样，当前面的路段出现故障后，必须人为地去修改路口指示牌，否则它会一直误导行人。因此静态路由仅适用于比较稳定的小型网络。

浮动静态路由是静态路由的一种应用，是指去往同一目的网络的多条不同优先级的静态路由，可以用于链路备份。如图 3-59 所示，某企业网络的出口路由器有两个出口可以用于访问因特网，分别是连接电信网络的 S0 和连接网通网络的 S1。

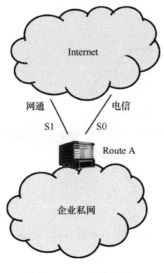

图 3-59　双出口组网

企业希望正常情况下通过电信网络访问因特网，当连接电信的出口出现故障后，就可以通过网通访问因特网。在 Route A 上的浮动静态路由配置如图 3-60 所示。

```
在Route A上配置：
ip route-static 0.0.0.0 0 s0 pref 10
ip route-static 0.0.0.0 0 s1 pref 60
```

图 3-60　Route A 上的浮动静态路由配置

我们可以看到第一条路由的优先级 10 要小于第二条路由的 60，所以在第一条路由生效的时候，报文都会匹配第一条路由进行转发。当接口 S0 发生故障后，会导致第一条路由失效，这时候报文都会匹配第二条路由进行转发。这样 S0 就相当于主链路，而 S1 是备份链路。

接下来我们讲一个在监控业务中使用静态路由的例子。如图 3-61 所示，老板在店里搭建了一个监控网络，包括 DVR 和几个 IPC。他希望在因特网上也能访问到 DVR，于是将 DVR 的一个接口接在监控网络，一个接口接入到因特网，两个网络都能与 DVR 进行通信。这样组网存在一个问题，DVR 上的路由如何配置？我们常用的模式都是在 DVR 上配置一个网关，产生一条默认路由即可。但现在有两个网络，如果在 DVR 上配置两个网关，会导致 DVR 上有两个等价的默认路由，那么 DVR 在发送数据时，不管是逐包还是逐流都可能会导致通信存在问题，应该发给因特网的数据被发送给用户网络了。

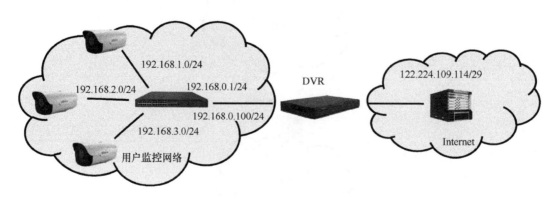

图 3-61　DVR 双网口组网

这个时候，我们就需要进行静态路由的配置了。首先因特网这边，由于路由数目太多，不可能全部手动配置，所以只能使用默认路由，即将 DVR 的网关配置为 122.224.109.114。接下来用户监控网络这边，有 3 个网段路由，分别是 192.168.1.0/24、192.168.2.0/24、192.168.3.0/24，我们只需要配置静态路由将目的地址为这 3 个网段的报文发给交换机 192.168.0.1 即可，如图 3-62 所示。

启动路由	IP网段	子网掩码	网关
☑	192.168.1.0	255.255.255.0	192.168.0.1
☑	192.168.2.0	255.255.255.0	192.168.0.1
☑	192.168.3.0	255.255.255.0	192.168.0.1

图 3-62　DVR 静态路由配置

对于数据的路由转发规则，以及如何在一个较小的、简单的网络中增加静态路由，老 U 已经有了一个系统的认识。但老 U 是一个爱思考的人，他觉得静态路由虽然可以解决问题，但是似乎还有许多不妥的地方。比如一个比较大的网络中，每台路由器都靠管理员来进行路由配置，工作量会很大；假如其中有的路由器连接的链路出现了故障，如果静态配置的路由不能及时改变，很多数据就无法正确地被转发；如果网络规模还要扩大，新增加路由器以后，管理员还需要对新增的路由器和原有的路由器进行路由的更新配置……

靠管理员用配置静态路由的方式来解决是行不通。那么问题来了，这些问题又该如何来解决呢？老 U，又想起了他的网管朋友。

夏日的傍晚，刚刚下过一阵雨，老 U 和他的网管朋友坐在虎跑店的室外阳台上，一边喝茶一边讨论着在大规模的网络中，如何保证路由顺畅的问题。网管朋友拿起茶杯，看着不远处车流不断的虎跑路沉思了一会儿，然后笑嘻嘻地对老 U 说："这个问题啊，就要靠动态路由来解决啦！"

"路由还可以动态完成布置？"老 U 满脸困惑地看着网管朋友，倾听着朋友的讲解。

动态路由概述

动态路由是相对静态路由而言的，指的是路由器能够根据路由器之间交互的特定路由信息自动地建立路由表，并且能够根据链路和节点的变化适时地进行自动调整。当网络中节点或节点间的链路发生故障，或存在其他可用路由时，动态路由可以自行选择最佳的可用路由并继续转发报文。

动态路由太"聪明"了，太"善解人意"了，可是这么好的东西，又是怎么进行工作的呢？

网管朋友指着山脚下稍显拥挤的虎跑路说，我们先从最简单的路由协议——RIP 说起吧。

RIP

RIP（Routing Information Protocol），即路由信息协议，是在内部网关协议（IGP）中最先得到广泛使用的协议，它是基于距离矢量路由算法的。传输协议 UDP，端口号 520。RIP 在 IPv4 中有两个版本：RIPv1 和 RIPv2，最大跳数为 15 跳。

等等，UDP、端口号 520，老 U 都表示了解。可是 IGP 是什么意思，距离矢量路由算法又是怎么实现的？

内部网关协议（IGP），指的是专用于一个自治网络系统内网关设备间交换路由信息的协议。

> **说明**
>
> 一个自治系统（AS）是指一个有权自主地决定在本系统中应采用何种路由协议的小型单位。
>
> 这个网络单位可以是一个简单的网络，也可以是一个或多个普通的网络管理员来控制的网络群体（例如一所大学，一个企业或者一个私营个体等）。

那么距离矢量路由算法又是怎么进行工作的呢？我们就拿老 U 的茶馆来举个例子吧。

打个比方，老 U 想开车从虎跑路的店到西湖边的分店，可是该怎么走呢？这里，我们就仿照 RIP 协议的实现方式来做一个模拟。

通过图 3-63 这幅示意图我们可以看到，想要从虎跑店去往西湖店，可能需要经过两个节点路口，杨公堤路口或者玉皇山路口。我们假设在杨公堤路口、玉皇山路口、长桥路口各有一个老 U 的好友，分别是老友 D、老友 S 和老友 Q，老 U 的儿子小 U 呢，坐镇西湖店。那么老 U 怎么知道该选哪条路呢？具体的步骤如下。

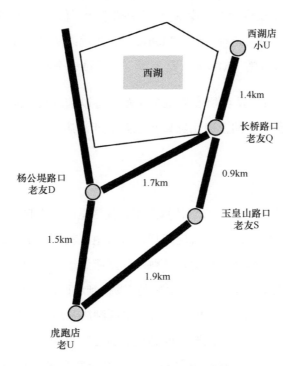

图 3-63　老 U 选路（距离矢量方式）

起始阶段

老 U，向与自己直连路口的老友 D、老友 S 询问路径信息（这个在 RIP 协议里，叫作发送请求报文）。

收到请求

老友 D 和老友 S 在收到路径询问消息后，就将自己知道的路径信息告知老 U（这个在 RIP 协议里，叫作发送响应报文）。

假设在前面，老友 D 和老友 S 都已经知道，想要到达西湖店，需要经过长桥路口，每经过一个路口，我们叫作 1 跳。并且，老友 D 知道，杨公堤路口到长桥路口是不需要经过其他路口的，杨公堤路口与长桥路口的距离（Metric）就是 0 跳，那么杨公堤路口到达西湖店的距离（Metric）就是 1 跳，就是需要经过一个路口；老友 S 知道，玉皇山路口到长桥路口是不需要经过其他路口的，玉皇山路口与长桥路口的距离（Metric）就是 0 跳，那么玉皇山路口到达西湖店的距离（Metric）就是 1 跳，就是需要经过一个路口。这里我们先假设老友 D 和老友 S 只知道这么多。

于是，老友 D 就会在给老 U 的答复消息中携带如下信息："从我所在的杨公堤路口可以到达长桥路口，需要的花费开销（Metric）是 0 跳；从我所在的杨公堤路口可以到达西湖店，需要的花费开销（Metric）是 1 跳（要经过一个路口）。"

老友 S 也通知老 U："从我所在的玉皇山路口可以到达长桥路口，需要的花费开销（Metric）是 0 跳；从我所在的玉皇山路口可以到达西湖店，需要的花费开销是 1 跳（要经过一个路口）。"

收到响应

老 U 收到这些消息后，就在心里计算起来，我这里可以直接到达杨公堤路口，距离是 0 跳，到达长桥路口需要经过杨公堤路口，那么距离就是 1 跳，到达西湖店需要经过杨公堤路口和长桥路口，那么距离就是 2 跳；虎跑店到达玉皇山路口的距离是 0 跳，到达长桥路口需要经过玉皇山路口，那么距离是 1 跳，到达西湖店如果是经过玉皇山路口，那么距离就是 2 跳。这么算起来走杨公堤路口去西湖店和经过玉皇山路口到达西湖店是一样的啊！同时，老 U 还要把自己选择的结果和自己可以到达玉皇山路口、杨公堤路口的信息告知老友 D 和老友 S，然后老友 D 和老友 S 会和自己已知的路径消息比较一下，如果有自己不知道的或者有更近的路径，就更新一下。现在大家都知道该选择哪条路去往自己想去的地方了。

定期更新

老 U 和几位朋友约定，每隔固定时间就要把自己当前知道的路径消息互相通报一下，而不必麻烦其他人再进行询问。

触发更新

老 U 还和好友约定，如果各自周边有新的路径消息了，就不需要等了，直接通告出来。比如，有一天老 U 突然发现经过虎跑路口可以去往滨江，他就需要立刻把这个消息告知他的老友 D 和老友 S，"从我所在的虎跑店可以直接到虎跑路口，距离（Metric）是 0 跳，经过虎跑路口可以去往滨江，距离（Metric）是 1 跳"。老友 D 和老友 S 在收到老 U 的这个消息后，就会去更新自己的路径信息库。

老 U 听了上面的介绍，若有所思地点了点头，原来 RIP 协议的动态路由和我们在城市里开车选路差不多啊！

网管朋友喝了一口茶说，当然，在实际的路由器上运行时，算法还会复杂一些，但基本原理差不多。在 RIP 协议中，使用跳数来衡量到达目的地址的距离，跳数称为度量值。在 RIP 中，路由器到与它直接相连网络的跳数为 0，通过与其相连的路由器到达另一个网络的跳数为 1，其余依此类推。RIP 规定度量值取 0~15 之间的整数，大于或等于 16 的路径为无限长路径，即不存在路径。所以一条有限的路径长度不得超过 15，大于或等于 16 的跳数被定义为无穷大，即目的网络或主机不可达。而且，在实际的应用部署中，为提高性能，防止产生路由环路，RIP 支持水平分割（Split Horizon）和毒性逆转（Poison Reverse）功能。

水平分割和毒性逆转？老 U 听得发愣了，这又是什么高深的东西？

网管朋友呵呵地笑起来，其实这个也没有多么高深。比如在刚才的举例中，你（老 U）在收到老友 D 告诉你的路径消息后，是不是会将这个消息也告诉老友 S 呢？但是你不会把这个消息再反过来告诉老友 D 了吧？RIP 路由协议规定，在路由信息传送过程中，路由器从某个接口接收到的更新信息不允许再从这个接口发回去，这就叫水平分割。

毒性逆转的原理是：路由器从某个接口收到的更新消息会将其跳数改成 16，然后再发回给初始的发送者。虽然该消息是"无效的"，但是"有消息总比没消息好"，所以我们又称毒性逆转为"加强版的水平分割"。为了加强毒性逆转的效果，最好同时使用触发更新技术，即一旦检测到路径崩溃，立即广播路径刷新报文，而不必等待下一个广播周期，加快收敛时间。

为了更好地理解 RIP 协议的运行，以图 3-64 的简单网络为例来讨论图中各个路由器中的路由表是怎样建立起来的。

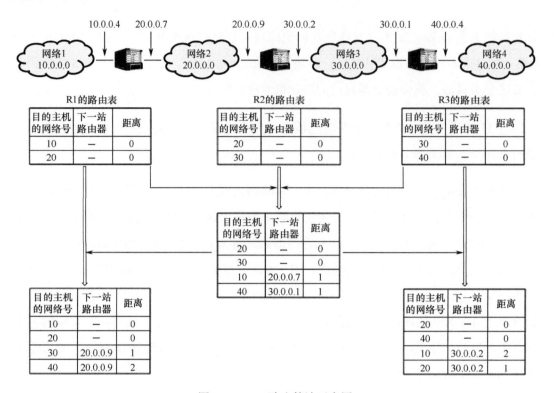

图 3-64 RIP 路由算法示意图

最初,所有路由器中的路由表只有该路由器所接入网络的情况。现在的路由表增加了一列,这就是从该路由器到目的网络上的路由器的"距离"。在图 3-64 中"下一站路由器"项目中有符号"—",表示直连。这是因为路由器和同一网络上的主机可直接通信而不需要再经过别的路由器进行转发。同理,到目的网络的距离也都是零,因为需要经过的路由器数为零。

图 3-64 中粗的空心箭头表示路由表的更新,细的箭头表示更新路由表要用到相邻路由表传送过来的信息。

接着,各路由器都向其相邻路由器广播 RIP 报文,这实际上就是广播路由表中的信息。假定路由器 R2 先收到了路由器 R1 和 R3 的路由信息,然后就更新自己的路由表。更新后的路由表再发送给路由器 R1 和 R3。路由器 R1 和 R3 分别再进行更新。

RIP 的算法简单,但在路径较多时收敛速度慢,广播路由信息时占用的带宽资源较多,它适用于网络拓扑结构相对简单且数据链路故障率极低的小型网络中,在大型网络中,一般不使用 RIP 协议。

RIPv1 是有类别路由（Classful Routing）协议，因为路由上不包括子网掩码信息，所以网络上的所有设备必须使用自然掩码，即主类掩码，不支持可变长子网掩码（Variable Length Subnetwork Mask，VLSM）。RIPv2 可发送子网掩码信息，是无类别路由（Classless Routing）协议，支持 VLSM。这个很好理解，传递的路由信息没有携带子网掩码时，接收端无法知道掩码位数，只能默认使用自然掩码。

> **说明**
>
> VLSM，即可变长子网掩码，是相对于类的 IP 地址来说的。A 类的第一段是网络号（前八位），B 类地址的前两段是网络号（前十六位），C 类的前三段是网络号（前二十四位）。而 VLSM 的作用就是在类的 IP 地址的基础上，从他们的主机号部分借出相应的位数来做网络号，也就是增加网络号的位数。
>
> 例如：192.168.1.0/24，是一个标准的 C 类地址段，此网段能容纳 254 台主机。如果某一网络并没有这么多主机，可以使用 VLSM 技术，可以进一步划分为 192.168.1.0/25，这样网段可以容纳 126 台主机，实现了精细化管理。

下面我们来看一个 RIP 路由配置的实际例子

组网需求

如图 3-65 所示，要求在 Switch A 和 Switch B 的所有接口上使能 RIP，并使用 RIPv2 进行网络互连。

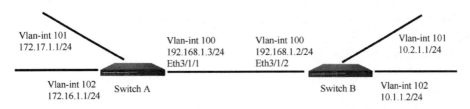

图 3-65　RIP 配置举例

配置步骤

配置各接口的 IP 地址（仅列出 VLAN 接口的 IP 地址配置过程）：

```
# 配置 SwitchA。
<SwitchA> system-view
[SwitchA] vlan 100
[SwitchA-vlan100] port ethernet 3/1/1
```

```
[SwitchA-vlan100] quit
[SwitchA] interface Vlan-interface 100
[SwitchA-Vlan-interface100] ip address 192.168.1.3 24
# 配置 SwitchB。
<SwitchB> system-view
[SwitchB] vlan 100
[SwitchB-vlan100] port ethernet 3/1/2
[SwitchB-vlan100] quit
[SwitchB] interface Vlan-interface 100
[SwitchB-Vlan-interface100] ip address 192.168.1.2 24
```

配置 RIP 基本功能

```
# 配置 SwitchA。
[SwitchA] rip 1
[SwitchA-rip-1] network 192.168.1.0
[SwitchA-rip-1] network 172.16.0.0
[SwitchA-rip-1] network 172.17.0.0
# 配置 SwitchB。
[SwitchB] rip
[SwitchB-rip-1] network 192.168.1.0
[SwitchB-rip-1] network 10.0.0.0
# 查看 SwitchA 的 RIP 路由表。
[SwitchA] display rip 1 route
Route Flags: R - RIP, T - TRIP
             P - Permanent, A - Aging, S - Suppressed, G - Garbage-collect
----------------------------------------------------------------------
Peer 192.168.1.2   on Vlan-interface100
       Destination/Mask        Nexthop       Cost    Tag   Flags   Sec
          10.0.0.0/8           192.168.1.2     1      0     RA     11
```

从路由表中可以看出，RIP-1 发布的路由信息使用的是自然掩码。

配置 RIP 的版本

```
# 在 SwitchA 上配置 RIP v2。
[SwitchA] rip
[SwitchA-rip-1] version 2
[SwitchA-rip-1] undo summary
# 在 SwitchB 上配置 RIP v2，取消路由聚合，默认情况下会自动聚合成自然掩码。
[SwitchB] rip
[SwitchB-rip-1] version 2
[SwitchB-rip-1] undo summary
# 等待 RIP V1 的路由老化后，再查看 SwitchA 的 RIP 路由表。
[SwitchA] display rip 1 route
Route Flags: R - RIP, T - TRIP
             P - Permanent, A - Aging, S - Suppressed, G - Garbage-collect
```

```
Peer 192.168.1.2   on Vlan-interface100
      Destination/Mask        Nexthop       Cost    Tag    Flags    Sec
      10.2.1.0/24             192.168.1.2     1      0      RA      16
      10.1.1.0/24             192.168.1.2     1      0      RA      16
```

从路由表中可以看出，RIP v2 发布的路由中带有更为精确的子网掩码信息。

RIP 协议确实有一些局限，可是还有比这个更高效的路由协议吗？老 U 还是不甘心，想要了解得更多一些。

"当然有啦！"网管朋友肯定的说，我们看 RIP 协议里面，每个路由器只知道到目的节点的方向和跳数，却并不知道经过下一跳路由器后面的实际网络路径是什么样子的。好比我们在高速公路上开车，只能看到路标指示牌上写着"杭州 60km"，但无法知道过了这个指示牌后面的路实际是什么情况，比如是几车道、堵车不堵车等等。

在实际的生活中，我们在想要去某地时，也是希望能够清楚每一段路径上的情况，这样我们就可以选择更加合适的路线。我们同样以老 U 选择去西湖店的路径为例子，看看另外一种寻路方式。

寻找邻居

老 U 首先向周边的朋友发出信息，我是老 U，我现在在虎跑店。这个消息会沿着路径传输到杨公堤路口和玉皇山路口，老友 D 和老友 S 收到这个消息后，当然需要回应老 U 一下，因为是好朋友。于是老友 D 回应，我是老友 D，我在杨公堤路口，我已经知道老 U 在虎跑店；同样老友 S 也回应，我是老友 S，我在玉皇山路口，我已经知道老 U 在虎跑店。

通报路况信息

老 U：喂，老友 D，我想知道你那边的路况，赶快告诉我。

老友 D 就会把自己知道的路况信息告知老 U。

老友 D:

- ➢ 我这里连接着两个邻居，老 U 的虎跑店和老友 Q 所在的长桥路口；
- ➢ 我有两个直连的路：虎跑路，双向 4 车道，通过虎跑路距离 1.5km 可以到达老

U 的虎跑店；东西向南山路，双向 4 车道，通过东西向南山路距离 1.7km 可以到达老友 Q 所在的长桥路口。

同时，老友 D 会把已知的其他路口好友的消息也告诉老 U：

◆ 老友 Q 位于长桥路口，相邻的邻居有位于杨公堤路口的老友 D、位于西湖店的小 U、位于玉皇山路口的老友 S；

◆ 老友 Q 通过东西向南山路双向 4 车道，距离 1.7km 可以到达老友 D 所在的杨公堤路口；通过南北向南山路，双向 4 车道，距离 1.4km 可以达到小 U 所在的西湖店；通过双向 4 车道玉皇山路距离 0.9km 可以到达老友 S 所在的玉皇山路口；

◆ 小 U 位于西湖店，相邻的邻居有位于长桥路口的老友 Q；

◆ 小 U 通过南北向南山路，双向 4 车道，距离 1.4km 可以到达老友 Q 所在的长桥路口；

◆ 老友 S 位于玉皇山路口，直连的邻居有长桥路口的老友 Q；

◆ 老友 S 通过玉皇山路，双向 4 车道，距离 0.9km 可以到达老友 Q 所在的长桥路口（这里老友 S 通过九曜山隧道与老 U 建立联系的信息还没有传到）。

同时，老 U 还通过另外一个方向和老友 S 询问路况信息。

老 U：喂，老友 S，我想知道你那边的路况，赶快告诉我。

老友 S 就会把自己知道的路况信息告知老 U。

老友 S：

● 老友 S 两个邻居，老 U 的虎跑店和老友 Q 所在的长桥路口；

● 老友 S 直连的路：九曜山隧道，双向 2 车道，距离 1.9km 可以到达老 U 的虎跑店；玉皇山路，双向 4 车道，距离 0.9km 可以到达老友 Q 所在的长桥路口；

同时，老友 S 会把已知的其他路口好友发布的消息也告诉老 U：

◆ 老友 Q 位于长桥路口，直连的邻居有位于杨公堤路口的老友 D、位于西湖店的小 U、位于玉皇山路口的老友 S。

◆ 老友 Q，通过东西向南山路双向 4 车道，距离 1.7km 可以到达老友 D 所在的杨公堤路口；通过南北向南山路，双向 4 车道，距离 1.4km 可以达到小 U 所在的西湖店；通过双向 4 车道玉皇山路距离 0.9km 可以到达老友 S 所在的玉皇山路口。

◆ 小 U 位于西湖店，直连的邻居有位于长桥路口的老友 Q。

◆ 小 U 通过南北向南山路，双向 4 车道，距离 1.4km 可以到达老友 Q 所在的长桥路口。

◆ 老友 D 位于杨公堤路口，直连的邻居有长桥路口的老友 Q。

◆ 老友 D 通过东西向南山路，双向 4 车道，距离 1.7km 可以到达老友 Q 所在的长桥路口（这里老友 D 通过虎跑路与老 U 建立联系的信息还没有传到）。

至此，老 U 已经知道了到西湖店去的所有路况信息，可是老 U 和老友 S、老友 D 之间的路况信息，其他人还不知道，所以，老 U、老友 S、老友 D 又会把他们之间的路况信息告诉所有的好友，有福同享嘛！

老 U：老 U 位于虎跑店，有两个邻居，位于杨公堤路口的老友 D 和位于玉皇山路口的老友 S；老 U 到老友 D 的杨公堤路口去的虎跑路是双向 4 车道，距离是 1.5km；老 U 到老友 S 的玉皇山路口的九曜山隧道是双向 2 车道，距离是 1.9km。

老友 D：老友 D 新增了一个邻居，位于虎跑店的老 U；老友 D 经过双向 4 车道的虎跑路，距离 1.5km 可以到达老 U 的虎跑店。

老友 S：老友 S 新增了一个邻居，位于虎跑路的老 U；老友 S 经过双向 2 车道的九曜山隧道，距离 1.9km 可以到达老 U 的虎跑店。

老友 D 和老友 S 同时会将老 U 的信息转发给他们的其他邻居，比如老友 Q，老友 Q 又把这些路口信息转发到小 U 那里。

搭建自己的路线地图

老 U 将所有的路况信息都记录下来，并根据连接情况画出各个路口的连接图，类似图 3-66。

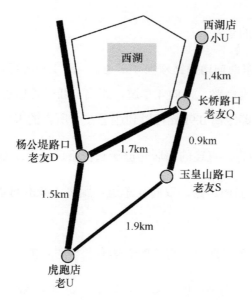

图 3-66 老 U 选路（链路状态方式）

寻找合适的路线

老 U 根据上面的路况信息，以及路的远近和车道数量来选择自己的出行路线，结果是图 3-67 这样的。

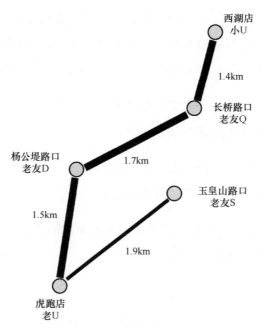

图 3-67 老 U 选路结果

老 U 很兴奋地说：我们出门选路更像是这种方式，而且可能还要考虑车流量的多少。那网络当中的选路方式也是这样吗？网管朋友说，不太一样，在大型网络组网当中，OSPF 是最受欢迎的。前面讲的，RIP 是距离矢量路由协议，而 OSPF 是链路状态（Link State）路由协议，它在选路的时候不光看距离远近，还要看道路是宽还是窄，接下来具体介绍一下 OSPF 协议。

OSPF

OSPF（Open Shortest Path First），即开放式最短路径优先协议，是 IETF 推荐应用最广泛的 IGP 路由协议。OSPF 协议由三个子协议组成：Hello 协议、交换协议和扩散协议。其中 Hello 协议负责检查链路是否可用，并完成指定路由器及备份指定路由器选择；交换协议完成"主""从"路由器的指定并交换各自的路由数据库信息；扩散协议完成各路由器中路由数据库的同步维护。

OSPF 是链路状态路由协议，所以，在了解 OSPF 的细节之前，我们先来认识一下这个链路状态路由协议是如何工作的。

在链路状态路由协议中，每台路由器会产生一些关于自己直连网络的链路状态信息。链路状态信息会从一台路由器传送到另一台路由器。这些链路状态信息在路由器之间进行复制传递。最终，网络中的每台路由器都会得到相同的链路状态信息，然后每台路由器根据这些信息独立地计算出各自的最优路径。

也就是说，在链路状态路由协议中，每台路由器得到的信息都是相同的，然后每台路由器根据最短路径算法，算出以自己为根节点的最短路径。那如何算出最短路径呢？这涉及 OSPF 的算法——Dijkstra 算法，简而言之就是通过此算法对某一节点（网络中的路由器）生成一个到其他各节点最短路径的路径树。这个路径树的排列顺序依次是：

（1）到此节点最短路径；

（2）到此节点次短路径；

（3）到此节点再次短路径；

（4）依次类推……

直到整个网络的各节点都被包括在此路径树内为止，这时就可以保证我们找到了从其他所有节点到这个节点的最短路径。这么说有点晦涩，举个例子，如图 3-68 所示。

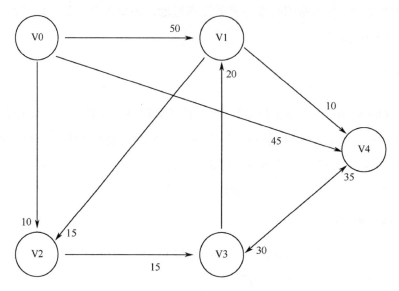

图 3-68　OSPF 算法网络拓扑图

以 V0 为根节点计算这个有向连通图的最短路径树的过程见表 3-10。

表 3-10　计算有向连通图的最短路径树的过程表

候选路径集合	路径长度	最短路径树中的节点（集合 A）	最短路径树	说明
V0V1 V0V2 V0V4	50 10 45	V0	Null	在初始状态,最短路径树中只有节点 V0,候选路径就是 V0 直接相连的边代表的路径
V0V1 V0V4 V0V2V3	50 45 25	V0、V2	V0V0 V0V2	V0V2 在所有候选路径中最短，所以放入最短路径树，V2 放入集合 A。考察所有以刚放入集合 A 的节点 V2 为起点的边的终点，对其中不在集合 A 中的节点，这里只有节点 V3，计算从 V0 出发经节点 V2，到达 V3 的路径 V0V2V3 的值，因为候选路径中没有到 V3 的路径，所以 V0V2V3 路径直接放入候选路径集合

(续表)

候选路径集合	路径长度	最短路径树中的节点（集合 A）	最短路径树	说明
~~V0V1~~ V0V4 V0V2V3V1 ~~V0V2V3V4~~	50 45 45 60	V0、V2、V3	V0V0 V0V2 V0V2V3	V0V2V3 在所有候选路径中最短，所以放入最短路径树，V3 放入集合 A。考察所有以刚放入集合 A 的节点 V3 为起点的边的终点，对其中不在集合 A 中的节点，这里是节点 V1、V4，计算从 V0 出发经节点 V3，到达这两个节点的路径 V0V2V3V1 和 V0V2V3V4 的路径值，并和候选路径中已有的到达 V1、V4 的路径值进行比较：V0V2V3V1 小于 V0V1，所以 V0V1 从候选路径中删除，V0V2V3V1 放入候选路径集合；V0V2V3V4 比 V0V4 大，所以 V0V4 在候选路径中保留，V0V2V3V4 路径废弃不用
V0V2V3V1	45	V0、V2、V3、V4	V0V0 V0V2 V0V2V3 V0V4	V0V4 和 V0V2V3V1 路径值相等，任意选择 V0V4 放入最短路径树，V4 放入集合 A。考察所有以刚放入集合 A 的节点 V4 为起点的边的终点，其中不在集合 A 中的节点没有（虽然有边 V4V3，但 V3 已经在集合 A 中了），所以不进行选择和计算
		V0、V2、V3、V4、V1	V0V0 V0V2 V0V2V3 V0V4 V0V2V3V1	候选路径 V0V2V3V1 放入最短路径树，这时候选路径集合为空，并且所有节点已经放入了集合 A。计算结束

上面讲到了 OSPF 的最短路径算法，但是链路状态路由协议又是如何进行工作的呢？OSPF 协议的工作过程如图 3-69 所示。

发现邻居

路由器上启动 OSPF 协议后，便会通过 OSPF 接口向外发送 Hello 报文。收到 Hello 报文的 OSPF 路由器会检查报文中所定义的参数，如果双方一致就会形成邻居关系。

发送链路状态通告

每台路由器都会在所有形成邻居关系的路由器之间发送链路状态通告（LSA）。LSA 通告描述了路由器所有的链路信息（或者接口）和链路状态信息。链路状态信息有很多，OSPF 协议定义了许多 LSA 类型。

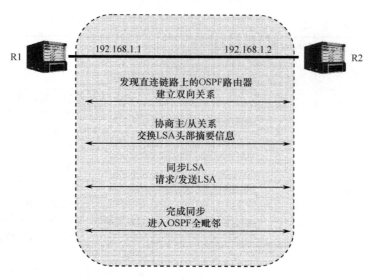

图 3-69　OSPF 协议交互过程

复制转发 LSA

如图 3-70 所示，每台收到从邻居路由器发出的 LSA 都会把这些 LSA 通告记录在他的链路状态数据库中，并发送一份 LSA 的拷贝（有些情况下需要修改）给该路由器的其他所有邻居。

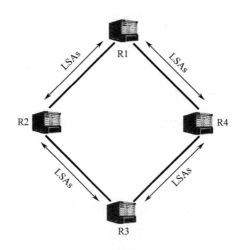

图 3-70　复制转发 LSA

泛洪同步，生成 LSDB 数据库

最后 LSA 会泛洪到整个区域，所有的路由器都会形成同样的链路状态数据库，如图 3-71 所示。

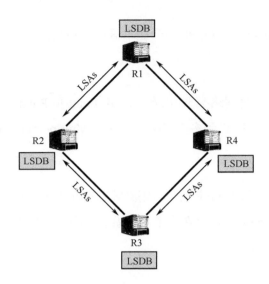

图 3-71　泛洪同步，生成 LSDB

计算最短路径

当路由器的数据库一致后，每台路由器都会以自己为根，使用 Dijkstra 算法去计算一个无环路的最短路径树，来描述它所知道的到达每个目的地的最短路径，如图 3-72 所示。

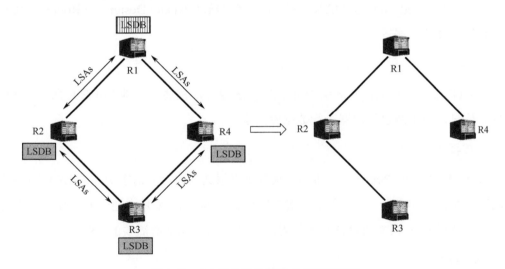

图 3-72　R1 以自己为根建立最短路径树

构建路由选择表

每台路由器将以自己为根从 Dijkstra 算法树中构建出路由表。

看看上面的过程，是不是和老 U 选路的过程颇有相似。为了更进一步地了解这个复杂的网络协议，我们必须要对 OSPF 中一些术语有所知晓。

网络类型

OSPF 协议定义了 5 种网络类型：点到点网络（Point-to-Point）、广播网络（Broadcast）、非广播多址（NBMA）网络、点到多点网络（Point-to-Multipoint）、虚链路（Virtual Links）。

路由器 ID 号

一台路由器如果要运行 OSPF 协议，则必须存在路由器 ID（Router ID，RID）。RID 是一个 32 比特无符号整数，可以在一个自治系统中唯一地标识一台路由器。RID 可以手工配置，也可以自动生成。

OSPF 协议报文

OSPF 有五种类型的协议报文。

Hello 报文

周期性发送，用来发现和维持 OSPF 邻居关系。内容包括一些定时器的数值、指定路由器（Designated Router，DR）、备份指定路由器（Backup Designated Router，BDR）以及自己已知的邻居等。

DD 报文

DD（Database Description），即数据库描述报文，描述了本地 LSDB 中每一条 LSA 的摘要信息，用于两台路由器进行数据库同步。

LSR 报文

LSR（Link State Request），即链路状态请求报文，向对方请求所需的 LSA。两台路由器互相交换 DD 报文之后，得知对端的路由器有哪些 LSA 是本地的 LSDB 所缺少的，这时需要发送 LSR 报文向对方请求所需的 LSA。内容包括所需要的 LSA 摘要。

LSU 报文

LSU（Link State Update），即链路状态更新报文，向对方发送其所需要的 LSA。

LSAck 报文

LSAck（Link State Acknowledgment），即链路状态确认报文，用来对收到的 LSA 进行确认。内容是需要确认的 LSA 的 Header，一个报文可对多个 LSA 进行确认，提高效率。

区域（Area）

一个大型网络中的路由器都运行 OSPF 路由协议时，路由器数量的增多会导致 LSDB 非常庞大，占用大量的存储空间，并使得运行 Dijkstra 算法的复杂度增加，导致 CPU 负担很重。

在网络规模增大之后，拓扑结构发生变化的概率也增大，网络会经常处于"震荡"之中，造成网络中会有大量的 OSPF 协议报文在传递，降低了网络的带宽利用率。更为严重的是，每一次变化都会导致网络中所有的路由器重新进行路由计算。

OSPF 协议通过将自治系统划分成不同的区域（Area）来解决上述问题。区域是从逻辑上将路由器划分为不同的组，每个组用区域号（Area ID）来标识。区域的边界是路由器，而不是链路。一个网段（链路）只能属于一个区域，或者说每个运行 OSPF 的接口必须指明属于哪一个区域。划分区域后，可以在区域边界路由器上进行路由聚合，以减少通告到其他区域的 LSA 数量，还可以将网络拓扑变化带来的影响最小化。区域划分如图 3-73 所示。

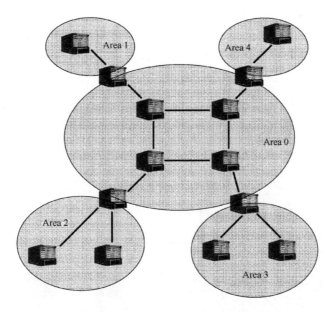

图 3-73　OSPF 区域划分示意图

路由器的类型

OSPF 路由器根据在 Area 中的不同位置，可以分为四类。

区域内路由器（Internal Router）

该类路由器的所有接口都属于同一个 OSPF 区域；

区域边界路由器（Area Border Router，ABR）

该类路由器可以同时属于两个以上的区域，但其中一个必须是骨干区域（Area0）。ABR 用来连接骨干区域和非骨干区域，它与骨干区域之间既可以是物理连接，也可以是逻辑上的连接。

骨干路由器（Backbone Router）

该类路由器至少有一个接口属于骨干区域。因此，所有的 ABR 和位于 Area0 的内部路由器都是骨干路由器。

自治系统边界路由器（AS Boundary Router，ASBR）

与其他 AS 交换路由信息的路由器称为自治系统边界路由器，ASBR。ASBR 并不一定位于 AS 的边界，它有可能是区域内路由器，也有可能是 ABR。只要一台 OSPF 路由器引入了外部路由的信息，它就成为 ASBR。

路由类型

OSPF 将路由分为四类，如图 3-74 所示，按照优先级从高到低的顺序依次为：

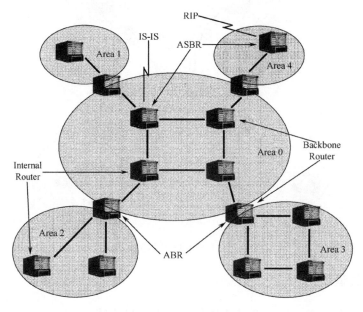

图 3-74　路由器类型

(1) 区域内路由（Intra Area）；

(2) 区域间路由（Inter Area）；

(3) 第一类外部路由（Type1 External）；

(4) 第二类外部路由（Type2 External）。

区域内和区域间路由描述的是 AS 内部的网络结构，外部路由则描述了应该如何选择到 AS 以外目的地址的路由。OSPF 将引入的 AS 外部路由分为两类：第一类（Type1）和第二类（Type2）。

第一类外部路由是指接收的是内部网关协议（Interior Gateway Protocol，IGP）路由（如 RIP 路由）。由于这类路由的可信程度较高，并且和 OSPF 自身路由的开销具有可比性，所以到第一类外部路由的开销等于本路由器到相应的 ASBR 的开销与 ASBR 到该路由目的地址的开销之和。

第二类外部路由是指接收的是外部网关协议（Exterior Gateway Protocol，EGP）路由。由于这类路由的可信度比较低，所以 OSPF 协议认为从 ASBR 到自治系统之外的开销远远大于在自治系统之内到达 ASBR 的开销。所以计算路由开销时将主要考虑前者，即到第二类外部路由的开销等于 ASBR 到该路由目的地址的开销。如果计算出开销值相等的两条路由，再考虑本路由器到相应的 ASBR 的开销。

OSPF 的三张表

邻居表

OSPF 是一种可靠的路由协议，要求在路由器之间传递链路状态通告之前，先建立 OSPF 邻居关系，Hello 报文用于发现直连链路上的其他 OSPF 路由器，再经过一系列的 OSPF 消息交互最终建立起全毗邻的邻居关系，其中两者之间需要经历几个邻居关系状态，这也是一个重要的知识点。路由器在各个激活的 OSPF 的接口上维护的邻居都列在邻居表中，通过观察邻居表，能够进一步了解 OSPF 路由器之间的邻居状态。

链路状态数据库（Link State Database，LSDB）

OSPF 用链路状态通告（Link State Advertisement，LSA）来描述网络拓扑信息，然后 OSPF 路由器用链路状态数据库来存储网络的这些 LSA。OSPF 将自己产生的，以及邻居通告的 LSA 搜集并存储在链路状态数据库 LSDB 中。掌握 LSDB 的查看，以及对

LSA 的深入分析才能够深入理解 OSPF，具体细节可以参看 IETF 组织关于 OSPF 的技术文档 RFC2328。

OSPF 路由表（Routing Table）

对链路状态数据库进行 SPF（Dijkstra）计算，会得出 OSPF 路由表。

为了更好地理解 OSPF 协议的运行，以图 3-75 为例来讲述路由器中的路由表是怎样建立起来的。

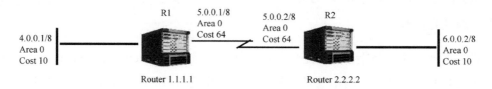

图 3-75　OSPF 路由生成举例示意图

我们来看两台路由器点对点连接，使用 OSPF 协议如何学习到彼此之间的路由的呢？两台路由器上 OSPF 相关的配置如图 3-76 所示。

Router 1	Router 2
[R1]display current-configuration	[R2]display current-configuration
sysname R1	sysname R2
router id 1.1.1.1	router id 2.2.2.2
ospf 1 　area 0.0.0.0 　　network 4.0.0.0 0.255.255.255 　　network 5.0.0.0 0.255.255.255	ospf 1 　area 0.0.0.0 　　network 6.0.0.0 0.255.255.255 　　network 5.0.0.0 0.255.255.255
interface Serial1/0 　ip address 5.0.0.1 255.0.0.0	interface Serial1/0 　ip address 5.0.0.2 255.0.0.0
interface LoopBack0 　ip address 1.1.1.1 255.255.255.255	interface LoopBack0 　ip address 2.2.2.2 255.255.255.255
interface GigabitEthernet0/0 　ip address 4.0.0.1 255.0.0.0	interface GigabitEthernet0/0 　ip address 6.0.0.2 255.0.0.0
return	return

图 3-76　两台路由器上 OSPF 相关的配置

R1 与 R2 都使能了 OSPF 协议，它们很快会建立起邻居关系。每台路由器检查自己的邻居表，如果自己的接口与邻居路由器的接口在同一个 IP 子网网段内，这就意味着这两台路由器可达，路由器可以把收到的 LSA 信息里的 Network 网络信息装载在自己的路由表中，并生成相关路由。

我们看看 R2 上关于 R1 的 LSDB 信息，相关信息描述如下所示：

```
<R2>display ospf lsdb router 1.1.1.1
        OSPF Process 1 with Router ID 2.2.2.2
                    Area: 0.0.0.0
                Link State Database
  Type: Router             -------表明该 LSA 的种类
  LS ID: 1.1.1.1
  Adv Rtr: 1.1.1.1         -------生成该 LSA 的路由器 ID
  LS Age: 22
  Len: 60
  Options: O E
  Seq#: 80000005
  Checksum: 0x9af5
  Link Count: 3
     Link ID: 2.2.2.2
     Data: 5.0.0.1         ------表明 R1 上的这个接口连接着邻居 R2
     Link Type: P-2-P      -------表明是点对点链路
     Metric: 1562
     Link ID: 4.0.0.0      ------表明直连有 4.0.0.0/8
     Data: 255.0.0.0
     Link Type: StubNet
     Metric: 0
     Link ID: 5.0.0.0      ------表明直连有 5.0.0.0/8
     Data: 255.0.0.0
     Link Type: StubNet
     Metric: 1562
```

R1 把 4.0.0.0/8 和 5.0.0.0/8 信息封装在自己的 LSA 发送给 R2，同时 R2 也把 5.0.0.0/8 和 6.0.0.0/8 信息封装在自己的 LSA 发送给 R1。R1 收到 R2 发送来的 LSA 信息，发现里面的 5.0.0.0/8 与自己的一个接口在同一子网网段，说明 R1 和 R2 是相互可达，于是把收到的 LSA 信息里的其他 Network 信息（即 6.0.0.0/8）装载在自己的路由表中并生成相关路由。同理，R2 收到 R1 发送过来的 LSA 信息，发现里面的 5.0.0.0/8 信息与自己的一个接口在同一子网网段，说明 R1 和 R2 也是相互可达，于是把收到的 LSA 信息里的其他 Network 信息（即 4.0.0.0/8）装载在自己的路由表中并生成相关路由。最后两台路由器的路由表如下：

```
[R2]display ip routing-table 4.0.0.1
Summary Count: 1
Destination/Mask    Proto      Pre    Cost      NextHop         Interface
4.0.0.0/8           O_INTRA    10     1562      5.0.0.1         Ser1/0

[R1]display ip routing-table 6.0.0.2
Summary Count: 1
Destination/Mask    Proto      Pre    Cost      NextHop         Interface
6.0.0.0/8           O_INTRA    10     1562      5.0.0.2         Ser1/0
```

IS-IS

每当我们提到链路状态路由协议时,我们大多数情况下都会想到 OSPF。也有懂些网络的人会说:"哦,对了,还有 IS-IS 协议,不过用得不多。"实际上,这些人说得很对,链路状态路由协议里面,不仅有 OSPF,还有 IS-IS 协议,虽然目前用得很少,但确实是存在的。一般都在运营商网络里使用。

IS-IS(Intermediate System-Intermediate System),即中间系统—中间系统协议。和 OSPF 协议一样,IS-IS 可以自动计算和选择最佳路由。通过学习 OSPF,我们知道 OSPF 协议是封装在 IP 数据包内的,并且对于一般的路由协议来讲,其都是封装在 IP 数据包内的。而 IS-IS 比较特殊,其是封装在数据链路层的帧内的,它的封装格式如图 3-77 所示。

IS-IS:	Data-link header (OSI family 0xFEFE)	IS-IS header (first byte is 0x83)	IS-IS TLVS

图 3-77 IS-IS 协议报文封装格式

知道了 IS-IS 的封装格式,我们下面需要详细了接 IS-IS 内部的结构了,首先我们得熟悉 IS-IS 里面几个重要名词。

IS(Intermediate System)——中间系统,相当于路由器(Router)。

ES(End System)——终端系统,相当于主机。

DIS(Designated Intermediate System)——指定中间系统,相当于 OSPF 中的 DR(Designated Router)。

SysID(System ID)——相当于 Router ID。

PDU(Packet Data Unit)——报文数据单元,相当于 IP Packet。

LSP(Link State Protocol Data Unit)——链路状态数据单元,相当于 OSPF 中携带路由信息的 LSA。

LSPDB(LSP Database)——LSP 数据库,相当于 OSPF 中的 LSDB。

从以上术语我们可以大概意识到,IS-IS 和 OSPF 还是有很多相似之处的,下面我们就来看一下 IS-IS 的编址方式。编址,即 IS-IS 所用的地址方式,了解了编址,这对下面我们学习 IS-IS 的工作流程和邻居形成很有必要。

在配置 IS-IS 协议的时候，在进程下宣告的已不是我们常见的 IP 地址网段了，而是另一种新的形式，IS-IS 专有的，叫作 NET 地址。NET 地址的格式如图 3-78 所示。

AFI	IDI	High Order DSP	System ID	NSEL

|-----可变长的区域地址----------|--- 6 bytes----|-1 bytes - -|

图 3-78　NET 地址格式

（1）AFI+IDI+High Order DSP，这三个部分用来标识区域地址，类似 IP 地址中的网络号。

（2）Sysem ID，这 6 字节用来唯一标识主机或路由器，在整个区域上保持唯一。

（3）NSEL，用来标识指定的服务，相当于 TCP/IP 中的端口号，在 IS-IS 中，这个值恒为 00。

这个地址最少为 8 字节，最多为 20 字节。

为了更直观地理解 IS-IS 的编址，下面我们举个例子：

49.0001.0002.2222.4444.00

在这个地址中，区域地址、SysID、NSEL 分配如下：

Area=49.0001

SysID=0002.2222.4444

NSEL=00

所以，若是还有其他路由器和本 NET 是同一个区域的，其区域地址必须为:49.0001；SysID 要与 0002.2222.4444 不同。这就是 IS-IS 中所使用的编址方式。

在我们学习 OSPF 的时候，我们知道 OSPF 是有"层次"的路由协议，即 OSPF 是划分区域的，那同为链路状态路由协议的 IS-IS 也具备了"层次"的特性，即 IS-IS 也是划分区域的。但是在这里要注意，IS-IS 划分区域和 OSPF 是不同的。OSPF 是根据接口划分区域，也就是说对于同一台路由器，其有很多接口，这些接口可以属于不同的区域，那么此时对于这台路由器而言，其就可以属于多个区域。而对于 IS-IS 而言，是以路由器为基本单位进行划分区域的，就是说一个路由器只能属于一个区域，即路由器上的所有接口都属于同一个区域，详见图 3-79 和图 3-80。

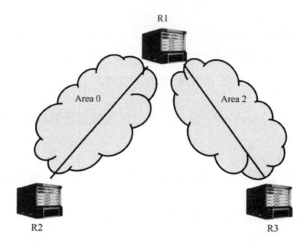

图 3-79　OSPF 划分区域示意图

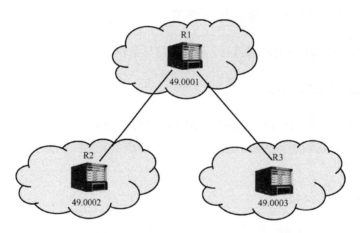

图 3-80　IS-IS 划分区域示意图

在划分完区域之后，我们就来分析下 IS-IS 区域内的路由器角色。在 IS-IS 中，不再存在 ABR、ASBR 了，我们要介绍新的角色名称，即 Level-1 路由器、Level-2 路由器和 Level-1-2 路由器。

Level-1 路由器

位于普通区域的路由器，只和本区域内的 Level-1 路由器或者具有 Level-1 功能的 Level-1-2 路由器形成邻接关系，维护着本区域的 Level-1 链路状态数据库（Level-1 LSDB），该数据库包含着本区域内所有的 Level-1 路由器的路由信息。

Level-2 路由器

位于骨干区域的路由器，可以和其他的 Level-2 路由器或者具有 Level-2 功能的 Level-1-2 路由器形成邻接关系。维护着 Level-2 链路状态数据库（Level-2 LSDB），该数据库包含了所有区域间的路由器信息。

Level-1-2 路由器

位于区域边上，可以和本区域内的任何级别路由器形成邻居关系，可以和其他区域相邻的 Level-2 或 Level-1-2 路由器形成 Level-2 邻居关系。该类路由器会有两种类型的链路状态数据库：Level-1 LSDB 用来做区域内路由，Level-2 LSDB 用来做区域间路由。其主要作用是完成它所在区域与骨干区域之间的路由信息交换。既承担 Level-1 的职责，也承担 Level-2 的职责。

注意：一个 Level-1-2 路由器如果和其他区域的路由器形成邻接关系，那么它将通知本区域内的 Level-1 路由器，它有区域的出口点。这样本区域内的路由器要想和其他区域的路由器通信，直接通过 Level-1-2 路由器转发就可以了。具体通知方法是，Level-1-2 路由器在生成本区域的 Level-1LSP 时，将报文中的 ATT bit 置为 1，发送给区域内的 Level-1 路由器。

对于 IS-IS 路由器角色的划分，详见图 3-81，以加深理解。

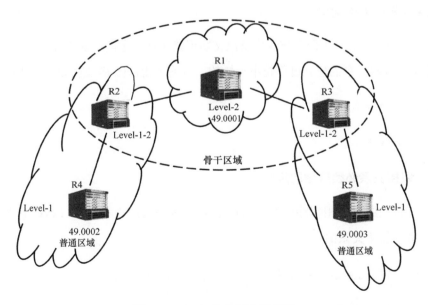

图 3-81　IS-IS 角色划分示意图

从图 3-81 可以看出，这里面包含了诸多信息。首先，我们来看下路由器的角色，我们可以看到在两个区域之间一般放置的路由器是 Level-1-2 路由器，其负责区域之间的通信，Level-1 想和其他区域通信，就必须借助于 Level-1-2 路由器才可以。所以，这也就解释了上面我们在介绍 Level-1 路由器时所说的，Level-1 路由器只可以和本区域的 Level-1 路由器形成邻接关系。而 Level-1-2 路由器，可以和 Level-1 路由器形成邻接关系，也可以和 Level-2 路由器形成邻接关系。同时，在这幅图里面我们还可以看出 IS-IS 协议的"层次"关系。IS-IS 也分骨干区域和普通区域。

骨干区域

由连续的 Level-2 路由器，或者 Level-1-2 路由器组成，骨干区域必须是连续的。

普通区域

由本区域的 Level-1 路由器组成，其路由信息将自动发送到骨干区域中。

在这里要提醒一点，一个 IS-IS 路由域，不是一定要有两个层次，如果只部署一个也是可以的，可以全部是 Level-1，也可以全部是 Level-2，当然推荐使用 Level-2，Level-2 后续的扩展性比较好。

IS-IS 的相关基本概念我们熟悉了，下面我们进入 IS-IS 的重点内容。

IS-IS 支持的网络类型

两台运行 IS-IS 的路由器在交互协议报文实现路由功能之前得建立邻接关系。在不同的网络类型上，邻接关系的建立过程是不一样的。目前为止，IS-IS 支持以下两种网络类型：

（1）点到点网络；

（2）广播网络。

IS-IS 邻接关系必须遵循的规则

（1）只有同层次的相邻路由器才可以建立邻接关系，也就是说 Level-1 和 Level-2 是不可以建立邻接关系的；

（2）若要建立 Level-1 邻接关系，则区域号必须要一致；

（3）建立邻接关系的两台路由器接口 IP 要在同一网段。

IS-IS 中的报文类型

（1）IIH（IS-IS Hello Packet）

---Level-1 Hello

---Level-2 Hello

---Point-to-Point Hello

（2）LSP（Link State Packet）

--- Level-1 LSP

--- Level-2 LSP

（3）CSNP（Complete Sequence Number Packet）

--- Level-1 CSNP

--- Level-2 CSNP

（4）PSNP(Partial Sequence Number Packet)

--- Level-1 PSNP

--- Level-2 PSNP

为了便于读者理解，对以上报文稍作解释。

（1）IIH 报文：IS-IS 路由器之间发现、建立和维护邻接关系必不可少的报文。

（2）LSP 报文：这个类似于 OSPF 中的 LSA，携带链路状态信息，路由器间交互路由信息都是承载在这个报文中的。

（3）CSNP 报文：完整序列号协议数据单元，用于数据库同步，描述数据库（LSDB）中所有 LSP，类似 OSPF 中的 DBD 报文。

（4）PSNP 报文：部分序列号协议数据单元，主要有以下功能：

①在 P2P 链路上相互交换该报文，作为 ACK 应答以确认收到某个 LSP；

②用来请求最新的 LSP，当从邻接路由器收到 CSNP 时，发现自己的 LSDB 中丢失了部分数据库（或自己的比较旧），路由器就发送 PSNP 报文请求新的 LSP。

点到点网络邻接关系建立过程

点到点网络邻接关系建立过程如图 3-82 所示。

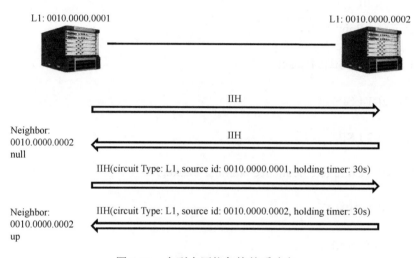

图 3-82　点到点网络邻接关系建立

广播网络邻接关系建立过程

广播网络邻接关系建立过程如图 3-83 所示。

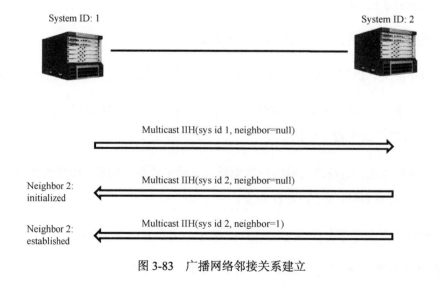

图 3-83　广播网络邻接关系建立

链路数据库同步

路由器的邻接关系建立好之后,就可以进行链路数据库同步,交互路由信息了,这里主要是交互 LSP。所以下面我们来研究数据库交换过程。首先,看下 P2P 网络的链路数据库交换过程,如图 3-84 所示。

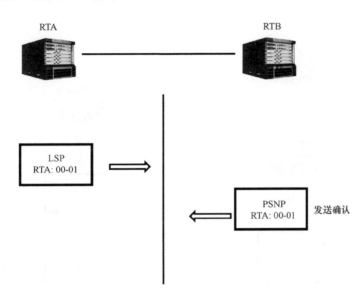

图 3-84　点到点网络链路状态数据库交换

对于点到点网络,其数据库交换应遵循以下原则:

(1) 如果收到的 LSP 大于现有的序列号,则将这个新的 LSP 存入自己的 LSDB 中,再通过一个 PSNP 报文来确认收到此 LSP,最后将这个新的 LSP 再接着发给其他邻居;

(2) 如果收到的 LSP 等于现有的序列号,则直接回复一个 PSNP 报文以确认收到的 LSP 报文;

(3) 如果收到的序列号小于现有的序列号,则通过一个 PSNP 报文确认此 LSP,再给对方发送我们版本的 LSP,然后等待对方给我们发送一个 PSNP 作为应答。

广播网络链路数据库交换过程

对于广播网络,其链路数据库交换也要遵循相关规则,如图 3-85 所示,由 DIS 周期性地发送 CSNP。

（1）中间系统接收到报文，在数据库中搜索对应的记录，若记录不存在，则向 DIS 发送 PSNP 报文，请求缺少的 LSP，等收到 DIS 发送回来的 LSP 后，再将新的 LSP 加入本数据库；

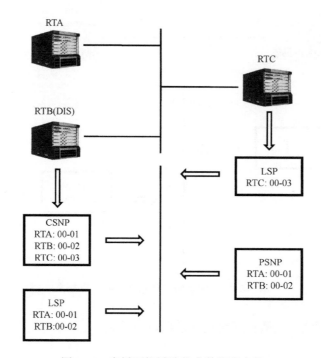

图 3-85　广播网络链路状态数据库交换

（2）否则，若本地记录多于 DIS 发送报文，则直接发送 LSP 给 DIS，让 DIS 更新数据库；

（3）否则，若数据库中的序列号小于报文中的序列号，就用报文中的记录替换数据库中的数据；

（4）否则，若数据库的序列号比较大，就向入端口发送一个包含本地数据库值的新报文；

（5）否则，若两序列号相等，则不做任何事情。

在这里，引进了一个新的名词——DIS。在前面已介绍过，并解释了 DIS 的含义，其相当于 OSPF 中的 DR，通常只有广播网络里面才会存在 DIS，其功能也和 DR 一样，在广播网络里面向其他路由器通告 LSP。但是，DIS 和 DR 还是有很多区别的。

（1）不同层次有不同的 DIS。即 L1 级的广播网络选举 L1 级的 DIS，L2 级的选举 L2 级的 DIS。选举的结果可能不是同一台路由器。

（2）与 OSPF 不同，DIS 的选择是抢占式的，而且 IS-IS 里面没有备份 DIS，一个 DIS 不能工作后，立即选举另一个。为了很快检测到 DIS 失效，这里 DIS 发送 Hello 包的时间间隔是普通路由器的 1/3。

那如何选举 DIS 呢？

首先看接口优先级，越大越优先（优先级为 0 的路由器一样可以参加选举）；如果接口优先级一致，就看 MAC 地址，越大越优先。

至此，IS-IS 的理论知识了解得差不多了，下面我们来进入实践阶段，即 IS-IS 的配置部分。IS-IS 的配置大概可以概括为以下四步：

第一步：定义区域，决定哪些接口是要配置 IS-IS 的；

第二步：启动 IS-IS 协议；

```
---     IS-IS
```

第三步：在路由器上配置 NET；

```
---     Network-entity 49.0001.0000.0000.0001.00
```

第四步：在路由器合适的接口启动 IS-IS。

```
---     interface Ethernet 0/0
        IS-IS enable
```

IS-IS 和 OSPF 的比较

到这里，我们 IS-IS 部分的理论加实践就介绍结束了，下面我们对 IS-IS 和 OSPF 进行一下简单的比较。

相同点：

- 都是基于链路状态路由协议，采用 SPF 算法，收敛快，无环路；

- 都有 Area 的概念。

不同点：

- IS-IS 协议直接在链路层上使用，报文直接封装在数据链路层中，OSPF 封装在 IP 中；

- IS-IS 协议，整个路由器都属于同一个区域，路由器的 LSDB 按 Level 来维护，而 OSPF 按接口来划分区域，所以一个路由器可属于多个区域，为每个区域维护一张 LSDB 数据库；

- IS-IS 只可以支持广播和点到点网络类型，OSPF 可以支持多种网络类型。

IS-IS 的配置举例

IS-IS 的基本组网配置如图 3-86 所示。

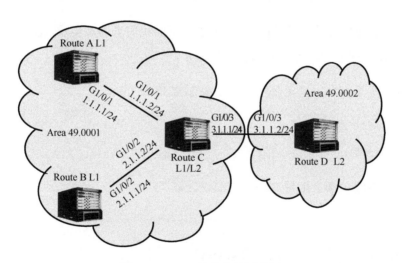

图 3-86 IS-IS 的基本组网配置

```
# 配置 Route A。
[Router A]interface GigabitEthernet 1/0/1
[Router A-GigabitEthernet1/0/1]ip add 1.1.1.1 255.255.255.0
[Router A]isis 10
[Router A-isis-10]is-level level-1
[Router A-isis-10]network-entity 49.0001.0000.0000.0001.00
[Router A]interface GigabitEthernet 1/0/1
[Router A-GigabitEthernet1/0/1]isis enable 10

# 配置 Route B。
[Router B]interface GigabitEthernet 1/0/2
[Router B-GigabitEthernet1/0/2]ip add 2.1.1.1 255.255.255.0
```

```
[Router B]isis 10
[Router B-isis-10]is-level level-1
[Router B-isis-10]network-entity 49.0001.0000.0000.0002.00
[Router B]interface GigabitEthernet 1/0/2
[Router B-GigabitEthernet1/0/2]isis enable 10
# 配置 Route C。
<RouteC> system-view
[Router C]interface GigabitEthernet 1/0/1
[Router C-GigabitEthernet1/0/1]ip add 1.1.1.2 255.255.255.0
[Router C]interface GigabitEthernet 1/0/2
[Router C-GigabitEthernet1/0/2]ip add 2.1.1.2 255.255.255.0
[Router C]interface GigabitEthernet 1/0/3
[Router C-GigabitEthernet1/0/3]ip add 3.1.1.1 255.255.255.0
[Router C]isis 10
[Router C-isis-10]network-entity 49.0001.0000.0000.0003.00
[Router C]interface GigabitEthernet 1/0/1
[Router C-GigabitEthernet1/0/1]isis enable 10
[Router C]interface GigabitEthernet 1/0/2
[Router C-GigabitEthernet1/0/2]isis enable 10
[Router C]interface GigabitEthernet 1/0/3
[Router C-GigabitEthernet1/0/3]isis enable 10
# 配置 Route D。
[Router D]interface GigabitEthernet 1/0/3
[Router D-GigabitEthernet1/0/3]ip add 3.1.1.2 255.255.255.0
[Router D]isis 10
[Router D-isis-10]is-level level-2
[Router D-isis-10]network-entity 49.0002.0000.0000.0004.00
[Router D]interface GigabitEthernet 1/0/3
[Router D-GigabitEthernet1/0/3]isis enable 10
```

BGP

我们来假设一个场景：全世界因特网数 10 万台路由器都运行在一个 IS-IS 进程下，如果其中一个网络故障后，这个信息需要传播给所有的路由器，这需要很长的时间，也许还没有传播完成，这个网络又恢复了，一条新的信息又要开始进行传播。这么大的网络，链路发生 Up/Down 的概率非常大，这样就会导致整个网络一直处于非收敛状态。而作为整个网络的超级管理员，也很难管理到所有的网络或路由器。所以网络也要像人类一样分而治之，将整个因特网划分成多个自治系统（Autonomous System，AS）区域，每个区域有自己的网络管理员，运行自己的路由协议。这些 AS 组合起来就是整个因特网了。

AS 内部传递更新路由信息的协议称之为 IGP（Interior Gateway Protocol），IGP 路由协议有 RIP、EIGRP、OSPF 和 IS-IS；可以在 AS 之间传递更新的路由协议目前只有 BGP（Border Gateway Protocol）。

对于 BGP 的 AS 号码的分配，是由 IANA（Internet Assigned Number Authority）机构来统一规划和分配的，IOS 中运行的 BGP，目前最多支持 4 字节长度的 AS 号码，但并不表示所有 AS 号码都能任意配置。在 2009 年 1 月之前，只能使用最多 2 字节长度的 AS 号码，即 1~65 535；在 2009 年 1 月之后，IANA 决定使用 4 字节长度 AS，范围是 65 536~4 294 967 295。为了考虑到某些大型企业需要使用 BGP 与 ISP 对接，而又没有足够的 AS 号码用来分给企业用户，所以将 AS 号码划分为公有 AS 和私有 AS，公有 AS 的范围是 1~64 511，私有 AS 范围是 64 512~65 534；公有 AS 只能用于因特网，并且全球唯一，不可重复，而私有 AS 可以在得不到合法 AS 的企业网络使用，可以重复。很显然，因为私有 AS 可以被多个企业网络重复使用，所以这些私有 AS 不允许传入因特网。

我们先来看一个例子：江苏南通有人发顺风快递到福建宁德，走陆路，这个包裹是如何传递过去的呢？

首先包裹上的发件地址是南通，收件地址是宁德，这个是跨省的快递。假设为了分而治之，以省为单位组成了快递的自治系统，江苏省、浙江省、福建省内的包裹都可以直接到达（譬如南通到常州的），如图 3-87 所示，但是跨省的包裹呢？区域之间如何传递信息？

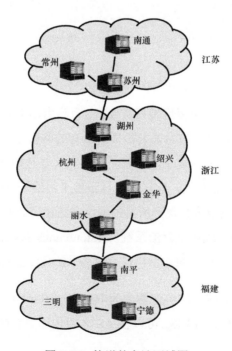

图 3-87　快递的自治区域图

首先看江苏和浙江之间的消息传递，只有苏州和湖州之间能完成这个任务，因为只有这两个是相邻的。想让苏州直接将消息发给杭州是不可能的，因为杭州和苏州没有彼此的信息，根本到达不了对方。所以首先要让苏州和湖州之间建立邻居关系，再让这两个邻居交流省间信息。同理浙江的丽水和福建南平之间也要建立省间的邻居关系。这种自治系统之间的信息交互协议我们叫作 EBGP（External BGP），如图 3-88 所示。

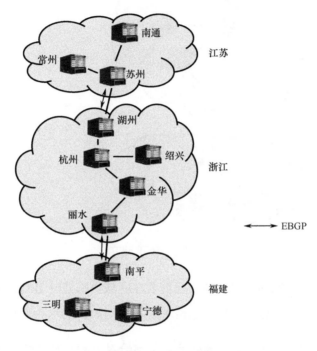

图 3-88　EBGP 建立

但是这里还有一个问题，浙江如何将福建的信息传递到江苏呢？丽水有了福建的信息，但是湖州还没有。这个时侯还需要湖州和丽水之间建立一个邻居，丽水将福建的信息传递到湖州，湖州再将其传递到江苏。这种在省内传递省外信息的邻居，我们称之为 IBGP（Internal BGP）邻居，如图 3-89 所示。

现在我们来系统地梳理一下整个过程：

（1）各自治系统内部运行 IGP 的协议，让系统内部信息互通。

（2）为了实现自治系统之间的信息交互，首先要让区域之间建立 EBGP 的邻居，这个邻居关系的双方必须是直连的。例如：苏州—湖州、丽水—南平。

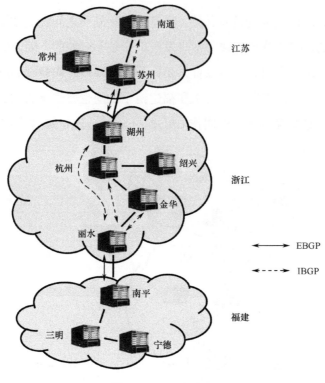

图 3-89　IBGP 建立

（3）为了实现多区域的消息互通，还需要在区域内部建立 IBGP 邻居进行消息的传递，这个邻居不需要是直连的，以实际需求为准。例如：丽水—湖州。

（4）BGP 邻居建立起来后，将哪些信息传递给对方呢？默认情况下是空的，也就是没有任何信息。我们需要先将 IGP 中的信息引入到 BGP 中，例如在南平，我们需要将其已经拥有的三明、宁德的信息引入到 BGP 信息中，南平就会将这些信息通过 EBGP 的邻居传递给丽水。丽水再将 EBGP 学习到的信息通过 IBGP 邻居传递给湖州。湖州再将其通过 EBGP 邻居传递给苏州。

上面的这个过程是跨自治系统的信息传递过程，但是这个包裹还是没有被发出去，因为南通还没有学习到信息，如图 3-90 所示。我们可以让南通和苏州也建立 IBGP 的邻居，让苏州将宁德的信息发送给南通，南通就能把到宁德的包裹发送给苏州，苏州发送给湖州，湖州发送给杭州（到丽水的下一跳为杭州），这里问题又来了，杭州和金华都没有宁德的消息，这个包裹就会被丢弃。所以我们不得不让丽水再和杭州、金华建立 IBGP 邻居，这样杭州和金华都拥有宁德的消息，才能一步一步地传递到宁德。是不是觉得很复杂，传来传去会不会出现环路呢？下面我们将对 BGP 的协议规定进行描述。

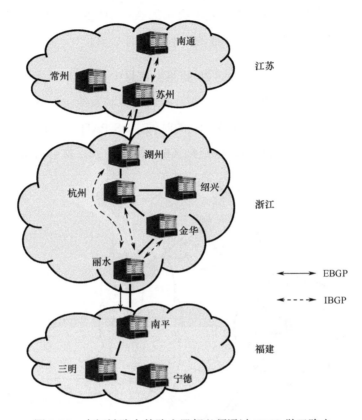

图 3-90　中间链路上的路由器都必须通过 IBGP 学习路由

BGP 使用 TCP 协议进行邻居的建立和路由信息的传递，端口号为 179。BGP 不再像 IS-IS 或者 OSPF 一样通过组播的方式去寻找邻居了，而是由管理员手工指定，毕竟像 IBGP 这样可以跨越多个网段建立邻居，要通过自动寻找的方式将会非常复杂。TCP 也能保证让 BGP 邻居之间的路由传递具有高可靠性和高准确性。

BGP 的路由可能会从一个 AS 发往另外一个 AS，从而穿越多个 AS。但是由于运行 BGP 的网络会是一个很大的网络，路由从一个 AS 被发出，可能在经过转发之后，又回到了最初的 AS 之中，最终形成路由环路，所以出于防止环路的目的考虑，BGP 在将路由发往其他 AS 时，也就是发给 EBGP 邻居时，需要在路由中写上自己的 AS 号码，下一个 AS 收到路由后，再发给其他 AS 时，除了保留之前的 AS 号码之外，也要添加上自己的 AS 号码，这样的写在路由中的 AS 被称为 AS-PATH，如果 BGP 收到的路由的 AS-PATH 中包含自己的 AS 号码，就认为路由被发了回来，以此断定出现了路由环路，最后就会丢弃收到的路由。BGP 只有在将路由发给 EBGP 时，才会在 AS-PATH 中添加自己的 AS 号码，而在发给 IBGP 时，是不会添加 AS 号码的，因为 IBGP 邻居在同一个 AS 中，即使要添加，AS 号码全是一样的，所以没有必要。

如图 3-91 所示，AS 10 发送给 AS 20 的路由信息中 AS-PATH 为"10"；AS 20 将其发给 AS 30 时，AS-PATH 就变成"20、10"；AS 30 将其发给 AS 40 时，AS-PATH 变为"30、20、10"；等 AS 40 再转发给 AS 10 的时候，AS-PATH 变为"40、30、20、10"，等 AS10 的路由器接收到该信息后，检查到 AS-PATH 有 10，就会将该信息丢弃掉。

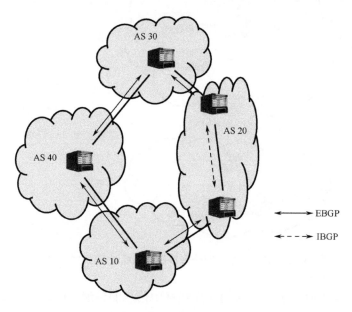

图 3-91　BGP 路由学习及传递

在进行 IBGP 路由转发时，不会增加 AS 的信息，那么在一个 AS 内部如何防止环路呢？如图 3-92 所示，金华转给绍兴，绍兴转给杭州，杭州又转发给金华，AS-PATH 已经没有办法了。于是我们约定，从 IBGP 学习到的路由信息不会再转发给 IBGP，金华从丽水学习到的路由不会转发给绍兴，那绍兴如何学习路由呢？让丽水再和绍兴建一个 IBGP 邻居即可。

下面我们分析一下 BGP 带来的好处。

无 BGP 模式，全网运行一个 IGP 协议，如图 3-93 所示，网络中所有的路由器都拥有整网的路由条目，对路由器性能要求比较高。当路由发生震荡时，全网路由器都需要收敛，收敛时间长。

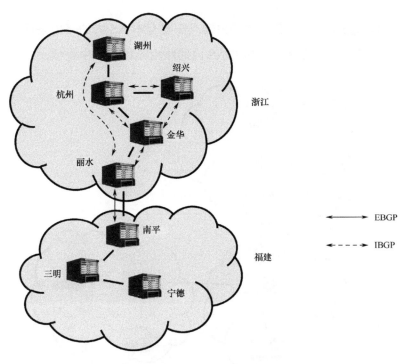

图 3-92　IBGP 环路

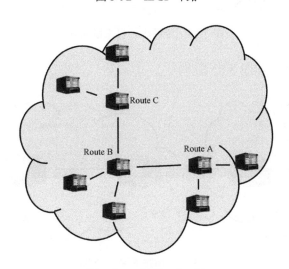

图 3-93　全网一个 IGP

有 BGP 模式，如图 3-94 所示，将整网划分为 AS 10、AS 20、AS 30，三个自治区域分别运行了 IGP 路由协议，核心路由器 Route B 与 Route C 和 Route A 之间建立 EBGP 的邻居进行路由的传递。各核心路由器通过 IGP 向本 AS 内发布默认路由，这样如果有跨 AS 的访问数据都会先发送到本 AS 的核心路由器进行转发。这种组网下只有 3 个核心路由器拥有整网路由条目，其他的路由器只需要有本 AS 内的路由条目即可。当路由发生震荡时，只有 3 个核心路由器和本 AS 内的路由器进行路由收敛。

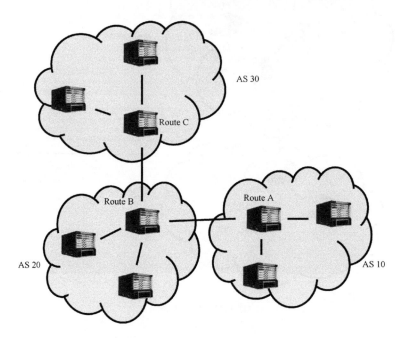

图 3-94　全网进行自治域划分

BGP 的配置举例，如图 3-95 所示。

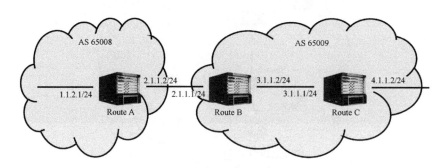

图 3-95　BGP 配置组网图

配置步骤：
（1）配置各接口的 IP 地址（略）
（2）配置 IBGP 连接

```
# 配置 Route B。
<RouteB> system-view
[RouteB] bgp 65009
```

```
[RouteB-bgp] router-id 2.2.2.2
[RouteB-bgp] import-route direct
[RouteB-bgp] peer 3.1.1.1 as-number 65009
[RouteB-bgp] quit
# 配置 Route C。
<RouteC> system-view
[RouteC] bgp 65009
[RouteC-bgp] router-id 3.3.3.3
[RouteC-bgp] import-route direct
[RouteC-bgp] peer 3.1.1.2 as-number 65009
 [RouteC-bgp] quit
```

（3）配置 EBGP 连接

```
# 配置 Route A。
<RouteA> system-view
[RouteA] bgp 65008
[RouteA-bgp] router-id 1.1.1.1
[RouteA-bgp] peer 2.1.1.1 as-number 65009
# 将 1.1.2.0/24 网段路由通告到 BGP 路由表中。
[RouteA-bgp] network 1.1.2.0 255.255.255.0
[RouteA-bgp] quit
# 配置 Route B。
[RouteB] bgp 65009
[RouteB-bgp] peer 2.1.1.2 as-number 65008
[RouteB-bgp] quit
```

C114 家园网友互动

Q: 舒克舒克 发表于 2015-8-14 08:56

想请问下楼主，既然OSPF协议优点这么多，为啥有时候我还是会看到网络中有RIP的协议配置呢？

A: 网语者 发表于 2015-8-14 09:18

这是因为OSPF协议比较复杂，一些老的或者边缘的设备不支持OSPF，仅支持RIP，这个时候要么用静态路由，要么就只能用RIP了。

Q: 舒克舒克 发表于 2015-8-14 09:05

楼主威武！通过文档，我学习到这么多的路由协议，但是我发现都是同一块网络运行同一种路由协议，比如全都运行OSPF或者全都运行RIP，那我要是在同一块网络中一半运行OSPF了，另一半运行RIP了，我现在想实现全网互通，该咋整呢？OSPF的协议报文RIP路由器肯定不能识别的吧？

> A：网语者 发表于 2015-8-14 09:16
>
> 不同的路由协议之间的路由可以相互引入，需要一台路由器既运行OSPF路由协议，又运行RIP路由协议，然后将OSPF的路由引入到RIP路由协议，再将RIP的协议引入到OSPF中。这样就实现全网互通了。

老 U 的连锁分店越开越多，总部的监控服务器也开始多了起来，包括视频管理服务器、媒体转发服务器、数据管理服务器、IPSAN 等等，而每个服务器都需要出口路由器为其做地址映射，用于分店设备和业务的接入。今天老 U 新增加了一台 IPSAN，准备为其 ISCSI 的 TCP 端口号 3260 做映射，可是在操作的时候发现 3260 已经映射给之前的一台 IPSAN 了。老 U 咨询监控厂家该问题的解决办法，得到的答案是新增加一个固定公网地址为新 IPSAN 做映射。这个答案让老 U 很揪心，因为固定地址就意味着额外支出，难道除了端口映射就没有别的办法了么？

网络互联/VPN

什么是 VPN

NAT 是为了解决公私网之间的互访。如果公网的用户要访问私网设备或者一个私网的用户要访问另外一个私网的设备，需要在被访问设备的私网出口路由器上做虚拟服务器功能，也就是将一个公网地址或者端口映射到被访问设备的私网地址或者端口。但是，如果要访问的私网设备比较多，如大型的连锁店、加油站互联，继续使用映射的方式将是一个比较烦琐，甚至无法实现的工程。

以前这种组网只能通过专线的方式互联，即运营商为你提供一条专用的链路，将各分支机构连接到总部网络，但是这种方式的价格比较高，同时灵活性也被限制。

举个例子，如图 3-96 所示，普通的汽车都不能在大海里开，如果一辆汽车要漂洋过海到达彼岸，可以在海上建一座桥，当然这个投资非常大。但我们可以使用轮船将其装起来，到达目的后再卸货，汽车就能继续向前行驶到达目的地了。

图 3-96　渡船

两个私网之间的数据报文也不能直接在公网上转发，我们能否像渡轮一样，将私网的报文重新封装一下，封装成可以在公网进行转发的报文，到达对端网络后，再解开封装让其继续转发到达目的地？VPN 技术就是基于这个想法的。

VPN（Virtual Private Network），即虚拟专用网，是一种基于因特网的应用，在公共网络中通过特殊的技术建立虚拟专用通信网络。VPN 可以极大地降低用户的费用，只需要各企业分支机构出口路由器和总部出口路由器都支持该技术即可。

在 VPN 中广泛使用了各种各样的隧道技术，有二层隧道技术，也有三层隧道技术。常用传统隧道协议包括：L2TP、GRE、IPsec、SSL VPN 等。那么，什么是隧道呢？隧道就是一种封装技术，相当于我们用在大海中行驶的轮船来装载需要穿过大海的汽车一样。它利用一种可以在某网络中传输的协议来传输另一种无法在该网络中传输的协议，即利用一种网络传输协议，将其他协议产生的数据报文封装在它自己的报文中，然后在网络中传输。实际上隧道可以看作一个虚拟的点到点连接。譬如将无法在公网中传输的私网报文封装成可以在公网传输的报文、将无法在 IPv4 网络中传输的 IPv6 报文封装成 IPv4 报文、将无法在 IP 网络中传输的报文先封装成 IP 报文等等。

隧道技术简单地说，就是原始报文在 A 地进行封装，到达 B 地后把封装去掉，还原成原始报文，这样就形成了一条由 A 到 B 的通信隧道。隧道技术包括了数据封装、传输和解封装在内的全过程。

隧道是通过隧道协议实现的，隧道协议规定了隧道的建立，维护和删除规则，以及怎样将原始数据封装在隧道中进行传输。按协议实现类型划分，传统隧道协议可分为：

（1）第二层隧道协议，如 L2TP；

（2）第三层隧道协议，如 GRE、IPsec、SSL VPN。

第二层和第三层隧道协议的区别主要在于用户数据在网络协议栈的第几层被封装。

第二层是数据链路层，第三层就是网络层。

在监控应用组网中，经常会出现 IPC（或编码器）设备或者 VC（视频管理客户端）用户在远端私网，需要接入到总部监控中心的情形。在这种情形下，监控协议本身支持 NAT 穿越是一种解决方案，这种方案适用于私网→公网模式，即 IPC 和 VC 为私网地址，监控中心为公网的 IP 地址。但是如果双方都在私网内部，即：私网→私网模式，由于彼此私网间通信不能直接穿透公网，协议本身已经无法解决这个问题，通过 VPN 隧道技术是最好的办法。

我们将结合实际组网应用，介绍适合 VPN 的组网方式。在 VPN 互连业务中，我们根据监控业务的实际应用，重点研究各类 VPN 在下面几个方面的适用性。

NAT 穿越支持

如图 3-97 所示，在现实组网中，我们可能经常遇到这样的情况：企业网络（包括总部、分支机构、接入终端）采用私网地址 10.1.1.0/24，监控系统也利用这套网络进行媒体流、数据流传输。同时，分支机构坐落在某写字楼内或者出口为虚拟运营商的网络，使用私网 192.168.1.0/24。分支机构要通过 VPN 接入总部，隧道封装报文要先经过写字楼的私网，经过出口 NAT 再进入到运营商公网。此时，所选择的 VPN 技术必须要支持 NAT 穿越。

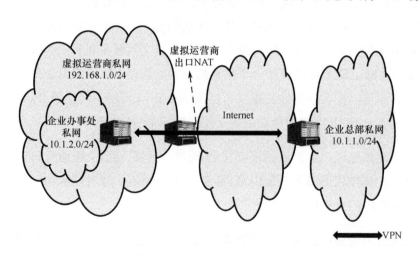

图 3-97　VPN 需要穿越 NAT

动态公网 IP 支持

分支机构的出口路由器可能使用的是拨号上网方式，动态获取公网 IP 地址，这就需要 VPN 隧道支持隧道端点采用动态 IP 地址，如图 3-98 所示。

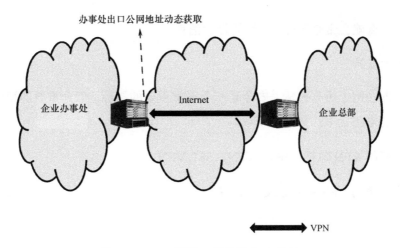

图 3-98　VPN 隧道一端为动态 IP 地址

动态路由支持

同时，如图 3-99 所示，企业总部与分支办事处进行通信时，需要有到各分支的路由信息，这个路由可以由用户手工静态配置，也可以使用动态路由协议来学习。如果总部网络很大，分支机构较多，路由比较复杂的情况下，配置手工静态路由会相对比较麻烦，可维护性也很差。因此，是否支持动态路由也是选择 VPN 的一个重要因素。

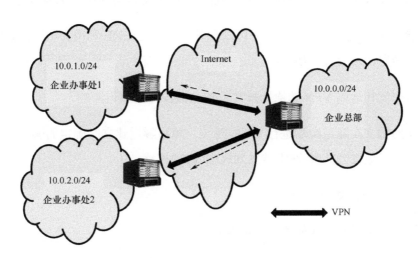

图 3-99　路由器按照 VPN 路由转发数据报文

VPN 载荷效率

如前所述，VPN 是一种封装技术，会在初始报文上增加传输开销，增加的字节数量越多，有效载荷效率就越低。譬如原报文的长度是 1 000byte，进行封装后报文长度变成

1 050byte，那么就会带来额外的 5%的带宽消耗。

加密传输支持

监控数据在网上进行传输，安全是一个非常重要的指标，部分重要的视频数据可能需要进行加密来防止不法分子的窃取。

支持加密的 VPN 包括：IPsec VPN、SSL VPN；

不支持加密的 VPN 有：L2TP、GRE。

GRE

GRE 是对某些网络层协议（如：IP，IPX，AppleTalk 等）的数据报文进行封装，使这些被封装的数据报文能够在另一个网络层协议（如 IP）中传输。这是 GRE 最初的定义，最新的 GRE 封装规范，已经可以封装二层数据帧了，如 PPP 帧、MPLS 等。在 RFC2784 中，GRE 的定义是"X over Y"，X 和 Y 可以是任意的协议。GRE 真的变成了"通用路由封装"了。

GRE 协议实际上是一种封装协议，它提供了将一种协议的报文封装在另一种协议报文中的机制，使报文能够在异种网络中传输。异种报文传输的通道称为隧道（Tunnel）。

GRE 隧道不能配置二层信息，但可以配置 IP 地址。GRE 利用为隧道指定的实际物理接口完成转发，转发过程如下：

（1）所有发往远端 VPN 的原始报文，首先被发送到隧道源端。

（2）原始报文在隧道源端进行 GRE 封装，填写隧道建立时确定的隧道源地址和目的地址，然后再通过公共 IP 网络转发到远端 VPN 网络。

GRE 的封装方式如下：

私网原始报文封装格式如图 3-100 所示。

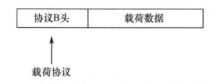

图 3-100　原始报文协议 B 封装格式

GRE 封装包格式如图 3-101 所示。

图 3-101 GRE 封装包格式

下面，针对 IP 协议举个例子：

原有报文，IP 头部的源地址和目的地址为私网之间的地址，如图 3-102 所示。

| IP/IPX | Payload |

图 3-102 原有报文 IP 头为私网之间的地址

GRE 首先在原来的数据头部增加了 GRE 的头部和一个新的 IP 头，新 IP 头的源地址和目的地址是隧道两端的公网地址，如图 3-103 所示。

| 链路层 | IP | GRE | IP/IPX | Payload |

图 3-103 GRE 封装后的格式

GRE 隧道在监控业务中的典型组网应用如图 3-104 所示。

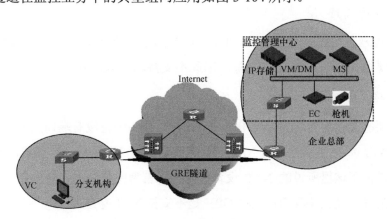

图 3-104 GRE 隧道应用

组网说明：

GRE 隧道在两个设备之间建立，可用于 IPC 设备或者 VC 用户在远端的私网，以及

VM 在总部的私网情况。如果不使用隧道，则组网中存在穿越两层 NAT 的问题。如果使用 GRE 隧道，两个私网相当于直连，就不存在 NAT 的问题。这里我们也需要重点关注 GRE 隧道建立对网络的要求。

VPN 载荷效率

GRE 头一般长 4 个字节，而新 IP 头为 20 个字节，所以新的报文增加了 24 个字节，如图 3-105 所示。

图 3-105　GRE 隧道封装

动态路由支持

GRE 隧道有接口，在接口上启用动态路由协议后，动态路由协议的报文会被隧道封装成单播报文，并发送到对端的 GRE 隧道接口上，双方可以建立路由协议邻居，并传输路由信息。

动态公网 IP 支持

GRE 隧道双方需要静态指定对端的公网 IP，如果企业分支一端的 IP 地址动态变化，则总部端的隧道无法配置对端 IP 地址，因此不支持动态地址方式。

NAT 穿越支持

双方需要静态指定对端的公网 IP，且 GRE 封装头中也没有端口元素，所以无法动态地穿越 NAT。如果使用静态的 NAT 穿越，即使用一对一的 NAT 方式，GRE 是可以支持的，但是由于这里所说的 NAT 设备都是指运营商网络中的，企业用户无法进行控制。因此在某种意义上，我们可以说 GRE 是不支持 NAT 穿越的。

GRE 隧道特点总结

GRE 协议实际上是一种封装协议，它提供了将一种协议的报文封装在另一种协议报文中的机制，使报文能够在异种网络中传输。GRE 隧道是一个透明的隧道，只提供了数据包的封装，而没有加密功能，安全性较差。由于有虚接口的存在，对于动态路由都是天然支持。仅支持点到点的模式，如果有多个远程分支则需要建立多个 GRE 隧道。

基本配置典型实例

GRE 隧道在组网中的基本配置应用如图 3-106 所示。

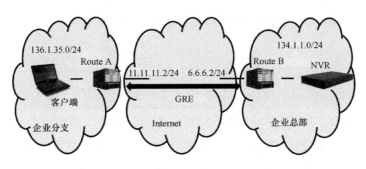

图 3-106　GRE 应用示例

Route A：

```
#接 PC 端接口
interface Ethernet2/0
ip address 136.1.35.189 255.255.255.0
#公网接口
interface Ethernet0/0
 ip address 11.11.11.2 255.255.255.0
 nat outbound
#GRE Tunnel 口
interface Tunnel1
ip address 10.1.1.1 255.255.255.0
 source 11.11.11.2
 destination 6.6.6.2
 gre key 123456
 gre checksum
#增加到企业总部的路由，走 GRE 隧道
ip route-static 134.1.1.0 255.255.255.0 Tunnel1
```

Route B：

```
#内网接口
interface Ethernet4/0/1
 ip address 134.1.1.3 255.255.255.0
#公网接口
interface Ethernet4/0/0
 ip address 6.6.6.2 255.255.255.0
 nat outbound
# GRE Tunnel 口
```

```
interface Tunnel1
 ip address 10.1.1.2 255.255.255.0
 source 6.6.6.2
 destination 11.11.11.2
 gre key 123456
 gre checksum
#增加到企业分支的路由，走 GRE 隧道

ip route-static 136.1.35.0 255.255.255.0 Tunnel1
```

L2TP

L2TP（Layer 2 Tunnel Protocol）中定义了 3 个角色：Client、LAC（L2TP Access Concentrator）、LNS（L2TP Network Server）。LAC 与 LNS 间是一个 IP 网络，LAC 与 Client 之间一般是一个 PPP 链路（常用的是 PPPoE、DDR 方式的 PPP 等）。L2TP 的目的是建立一条跨 LAC 的 Client 与 LNS 之间的 PPP 链路，LAC 透明传输 PPP 包文（封装到 IP 包文，具体是 UDP）到 LNS。

在实际应用中，L2TP 隧道的建立方式有两种情况：触发建立和永久建立。

触发建立隧道是 L2TP 应用中最常见的，其原理是当 Client 和 LAC 建立了 PPP 连接以后，LAC 立刻检查 PPP 连接的 Domain 或者 Username 等信息，根据这些信息查找可以触发 L2TP 连接的 L2TP-Group，然后根据 L2TP-Group 的相关配置连接相应的 LNS 触发 L2TP 隧道，并且该 L2TP 隧道会在没有流量并超时时断开连接以节省资源，触发建立的方式一般用于远程用户偶尔访问企业总部的情况。

L2TP 隧道永久建立可以为用户提供透明的 L2TP 服务，使其使用 L2TP 就像一个物理接口一样。其基本原理是 LAC 使用存储在本地的用户名通过虚模板接口和 LNS 建立一个永久存在的 L2TP 隧道，此时的 L2TP 隧道就相当于一个物理连接，出接口是虚模板接口，用户与 LAC 之间的连接就不受限于 PPP 连接，而只要是一个 IP 连接就可以了，这样 LAC 能够将用户的 IP 报文转发到 LNS。永久建立的 L2TP 隧道一般用于远程办公室通过一个安全网关访问企业总部的情况，这个安全网关为远程办公室的多个用户提供 L2TP 服务，免去了每个用户使用 L2TP 都需要先拨号的缺点，但是认证是由安全网关进行的，只要能够连接安全网关即可使用 L2TP 隧道而不需要对 Client 进行认证，这也带来了一定的安全隐患。

此外，还有一种典型的应用模式：直接由 LAC 客户（指本地支持 L2TP 协议的用户）发起 L2TP 隧道连接。LAC 客户获得 Internet 访问权限后，可直接向 LNS 发起隧道

连接请求,无须经过一个单独的 LAC 设备建立隧道。LAC 客户的私网地址由 LNS 分配。在这种模式下,LAC 客户需要能够直接通过 Internet 与 LNS 通信。这种模式称为 Client-Initiated 模式。

L2TP 封装格式如下:

原有报文里的 IP 报文头的目的地址和源地址都是私网地址,其封装方式如 3-107 所示。

图 3-107　L2TP 的封装方式

经过 L2TP 封装后,增加了 PPP、L2TP、UDP、新 IP 报文头,新 IP 报文头的目的地址和源地址就是隧道两端的公网地址如图 3-108 所示。

IP报文头 (公网地址)	UDP 报文头	L2TP 报文头	PPP 报文头	IP报文头 (私网地址)	Data

图 3-108　经 L2TP 封装后格式

L2TP 在监控中的典型组网应用,如图 3-109 所示。

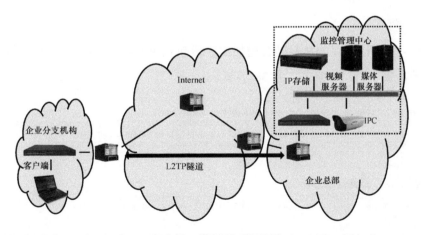

图 3-109　L2TP 隧道模式

组网说明:

监控中心放在企业总部,远程的 IPC 或者 VC 通过 L2TP 的隧道接入到企业总部中,如果远程分支下有多个 IPC 或者 VC，建议使用隧道永久建立方式；如果只有单个 IPC 或者 VC 需要接入到监控中心，建议使用隧道触发建立方式。

Client-Initiated 模式组网如图 3-110 所示。

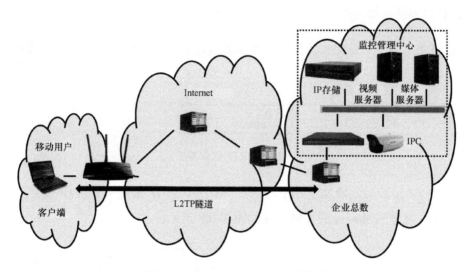

图 3-110　L2TP Client-Initiated 模式

用户使用支持 L2TP 的 VPN 客户端或者操作系统自带的 L2TP 连接，向总部 LNS 服务器发起 L2TP 的连接，由 LNS 给其分配一个私网地址用于与企业总部的通信。

VPN 载荷效率

如图 3-111 所示，L2TP 封装会增加的字段包括 PPP 头 4 字节、L2TP 头 6 字节、UDP8 字节、新 IP 头 20 字节，共 38 字节。

```
⊞ Frame 148 (1080 bytes on wire, 1080 bytes captured)
⊞ Ethernet II, Src: Hangzhou_19:9c:77 (00:0f:e2:19:9c:77), Dst: Hangzhou_2c:b4:5a (00
⊞ Internet Protocol, Src: 11.11.11.2 (11.11.11.2), Dst: 6.6.6.2 (6.6.6.2)
⊟ User Datagram Protocol, Src Port: 57344 (57344), Dst Port: l2tp (1701)
    Source port: 57344 (57344)
    Destination port: l2tp (1701)
    Length: 1046
    Checksum: 0x0000 (none)
⊟ Layer 2 Tunneling Protocol
  ⊞ Packet Type: Data     Message Tunnel Id=1 Session Id=19642
    Tunnel ID: 1
    Session ID: 19642
⊟ Point-to-Point Protocol
    Address: 0xff
    Control: 0x03
    Protocol: IP (0x0021)
⊞ Internet Protocol, Src: 192.168.0.3 (192.168.0.3), Dst: 192.168.0.1 (192.168.0.1)
⊞ Internet Control Message Protocol
```

图 3-111　L2TP 隧道封装

动态路由支持

L2TP 隧道有接口，在接口上启用动态路由协议后，动态路由协议的报文会被隧道封装成单播报文，并发送到对端的 L2TP 隧道接口上，双方可以建立路由协议邻居，并传输路由信息。

动态公网 IP 支持

L2TP 隧道建立时，是由 Client/LAC 主动向 LNS 发起连接的。LNS 对 Client/LAC 使用隧道和用户名的认证方法，对接入 IP 没有要求，因此支持企业分支的公网地址是动态地址。

NAT 穿越支持

通常 L2TP 数据以 UDP 报文封装的形式发送，那么协议本身就支持公网 NAT 的穿越。

L2TP 隧道特点总结

L2TP 称为二层隧道协议，是为在用户和企业的服务器之间透明传输 PPP 报文而设置的隧道协议，L2TP 最大的优势在于充分利用了 PPP 协议的优势，提供了认证、地址分配等功能，非常适合远程用户或者分支机构通过 Internet 连接企业总部的私网。从某个角度来讲，L2TP 实际上是一种 PPPoIP 的应用，就像 PPPoE、PPPoA、PPPoFR 一样，都是一些网络应用想利用 PPP 的一些特性，弥补本网络自身的不足。L2TP 隧道也是一个透明的隧道，只提供了数据包的封装，而没有加密功能，安全性较差。但是由于有虚接口的存在，对于动态路由都是天然支持，同时还可以支持 1 对多的隧道方式。

L2TP 基本配置典型实例

隧道永久建立模式如图 3-112 所示。

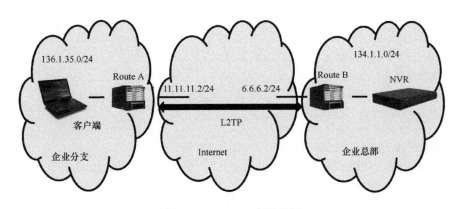

图 3-112　L2TP 应用示例

Route A (LAC):

```
# 启用 L2TP 服务
l2tp enable
# 设置用户名及密码
local-user vpdnuser
 password simple Hello
 service-type ppp
# 设置 L2TP 组并配置相关属性
l2tp-group 1
 Tunnel password simple h3c
 Tunnel name LAC
 start l2tp ip 6.6.6.2 fullusername vpdnuser
# 创建相应的 virtual template，并进行自动 L2TP 拨号，建立永久隧道
 interface Virtual-Template1
 ppp authentication-mode pap
 ppp pap local-user vpdnuser password simple Hello
 l2tp-auto-client enable
 ip address ppp-negotiate
 undo ip fast-forwarding
# 配置公网接口
 interface Ethernet0/0
 ip address 11.11.11.2 255.255.255.0
# 配置私网接口
 interface Ethernet2/0
 ip address 136.1.35.189 255.255.255.0
```

Route B (LNS):

```
# 启用 L2TP 服务
l2tp enable
# 创建地址池
domain system
 ip pool 1 192.168.0.2 192.168.0.254
# 创建用户名及密码
local-user vpdnuser
 password simple Hello
 service-type ppp
# 创建相应的 virtual template
 interface Virtual-Template1
 ppp authentication-mode pap
 ip address 192.168.0.1 255.255.255.0
```

```
 remote address pool 1
# 创建相应的 L2TP-group 组
l2tp-group 1
 allow l2tp virtual-template 1 remote LAC
 Tunnel password simple h3c
 Tunnel name LNS
# 配置公网接口
interface Ethernet4/0/0
 ip address 6.6.6.2 255.255.255.0
# 配置私网接口
interface Ethernet4/0/1
 ip address 134.1.1.3 255.255.255.0
```

IPsec

IPsec VPN 基于一组开放的网络安全协议，IPsec 能够提供服务器及客户端的双向身份认证，并且为 IP 及其上层业务数据提供安全加密保护，能够支持数据加密（包括常见的 DES、3DES、AES 加密算法），数据完整性验证，数据身份验证，以及防重放等功能，充分保证业务数据的安全性。

IPsec 协议不是一个单独的协议，它给出了应用于 IP 层上网络数据安全的一整套体系结构，包括：

（1）网络认证协议（Authentication Header，AH）；

（2）封装安全载荷协议（Encapsulating Security Payload，ESP）；

（3）密钥管理协议（Internet Key Exchange，IKE）。

IPsec 在两个端点之间提供安全通信，端点被称为 IPsec 对等体。

安全联盟（Security Association，SA）是构成 IPsec 的基础。SA 是两个通信实体协商建立起来的一种协定。它决定了用来保护数据包安全的 IPsec 协议、密钥，以及密钥的有效存在时间等等。任何 IPsec 实施方案始终会构建一个 SA 数据库（SAD），由它来维护 IPsec 协议和用来保障数据包安全的 SA 记录。SA 是单向的，in 和 out 各需要一个独立的 SA。SA 是"与协议相关"的，AH 和 ESP 各需要一个独立的 SA。SA 由手工（Manual）或 IKE 自动协商（Isakmp）两种方式创建。手工方式创建的 SA 除非手动删除，一直有效；协商方式创建的 SA 既可手动删除，也可以以时间或流量为周期自动删除。

AH 协议为 IP 通信提供数据源认证、数据完整性和防重播保证，它能保护通信免受篡改，但不能防止窃听，适合用于传输非机密数据。AH 的工作原理是在每一个数据包上添加一个身份验证报头。此报头包含一个带密钥的 Hash 散列（可以将其当作数字签名，只是它不使用证书），此 Hash 散列在整个数据包中计算，因此对数据的任何更改将致使散列无效，这样就提供了完整性保护。

ESP 为 IP 数据包提供完整性检查、认证和加密，可以看作是"超级 AH"，因为它提供机密性并可防止篡改。ESP 服务依据建立的安全关联（SA）是可选的。ESP 认证报文完整性检查部分包括 ESP 报头、传输层协议报头，应用数据和 ESP 报尾，但不包括 IP 报头，因此 ESP 不能保证 IP 报头不被篡改。ESP 加密部分包括上层传输协议信息、数据和 ESP 报尾。

IKE 是用于在两个 IPsec 对等体之间协商 IPsec SA 的协议，如图 3-113 所示。IKE 负责管理以下内容：

（1）协商使用什么安全协议（AH、ESP、AH-ESP）；

（2）交换 IPsec 认证和加密的密钥（实际只交换产生密钥的材料）；

（3）对通信双方进行认证；

（4）对协商出来的密钥进行管理。

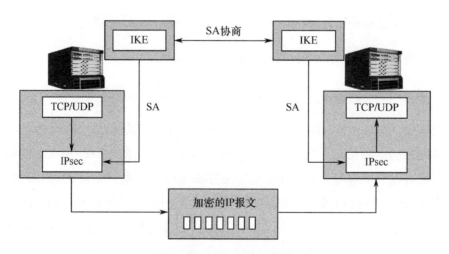

图 3-113　IPsec、IKE 架构

当前 IKE 认证算法只有两种选择：预共享密钥（Pre-share-key）和 PKI（Public Key Infrastructure）方法。

为了让 IKE 能支持 VPN 局端设备的 IP 地址为动态获取的情况，在 IKE 阶段的协商模式中增加了 IKE 野蛮模式，它可以选择根据协商发起端的 IP 地址或者 ID 来查找对应的身份验证字，并最终完成协商。IKE 野蛮模式相对于主模式（只能通过 IP 地址查找对应的身份验证字）来说更加灵活，能够支持协商发起端为动态 IP 地址的情况。

在 IPsec/IKE 组建的 VPN 隧道中，若存在 NAT 网关设备，且 NAT 网关设备对 VPN 业务数据流进行了 NAT 转换的话，则必须配置 IPsec/IKE 的 NAT 穿越功能。如果发现 NAT 网关设备，则将在之后的 IPsec 数据传输中使用 UDP 封装（即将 IPsec 报文封装到 IKE 协商所使用的 UDP 连接隧道里）的方法，避免了 NAT 网关对 IPsec 报文进行篡改（NAT 网关设备将只能够修改最外层的 IP 和 UDP 报文头，对 UDP 报文封装的 IPsec 报文将不作修改），从而保证了 IPsec 报文的完整性（IPsec 数据加密、解密验证过程中要求报文原封不动地被传送到接收端）。目前仅在野蛮模式下支持 NAT 穿越，主模式不支持。

以上两个特性（野蛮模式、NAT 穿越）在 ADSL+IPsec 的组网方式中一般结合使用，解决了在企业网宽带接入方式下 IP 地址不固定、公网中需要穿越 NAT 等问题，为企业网以 ADSL 宽带接入替代原有的专线方式提供了安全的解决方案。

IPsec 有如下两种工作模式：隧道（Tunnel）模式和传输（Transport）模式。

隧道模式

用户的整个 IP 数据包被用来计算 AH 或 ESP 头，AH 或 ESP 头及 ESP 加密的用户数据被封装在一个新的 IP 数据包中。通常，隧道模式应用在两个安全网关之间的通信。

传输模式

只是传输层数据被用来计算 AH 或 ESP 头，AH 或 ESP 头及 ESP 加密的用户数据被放置在原 IP 包头后面。通常，传输模式应用在两台主机之间的通信，或一台主机和一个安全网关之间的通信。

下面来看看封装方式。

原始的 IP 报文封装方式：

| IP头 | TCP头 | 数据 |

传输模式下的封装方式：

| IP头 | IPSec头 | TCP头 | 数据 |

IP 头没有变化，仅对 IP 头后面的部分进行加密封装。

隧道模式下的封装方式：

| IP头 | IPsec头 | IP头 | TCP头 | 数据 |

将原始报文全部进行加密封装，这是在监控业务中最常用的是隧道方式。

IPsec 典型组网应用如图 3-114 所示。

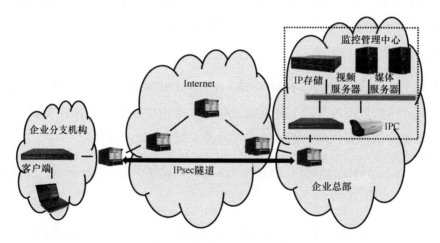

图 3-114 IPsec 应用组网

组网说明：

在总部和分支出口路由器的公网接口上使能 IPsec 功能，构建一条 IPsec 隧道。总部的 IKE 使用野蛮模式，可以支持分支公网接口使用动态的 IP 地址，也支持公网的 NAT 穿越，IPsec Policy 可以使用模板方式，不用配置 ACL，IPsec 的感兴趣流由分支发起协商。分支的 IKE 也需要使用野蛮模式。隧道建立后，私网间的通信报文就会在公网接口上被加密封装，送到对端进行解密转发。

VPN 载荷效率

对于 Ping –l 1000 的报文解析如下：共增加了 68 字节（ESP 封装，并包含了穿越 NAT 所需要添加的字段），如图 3-115 所示。

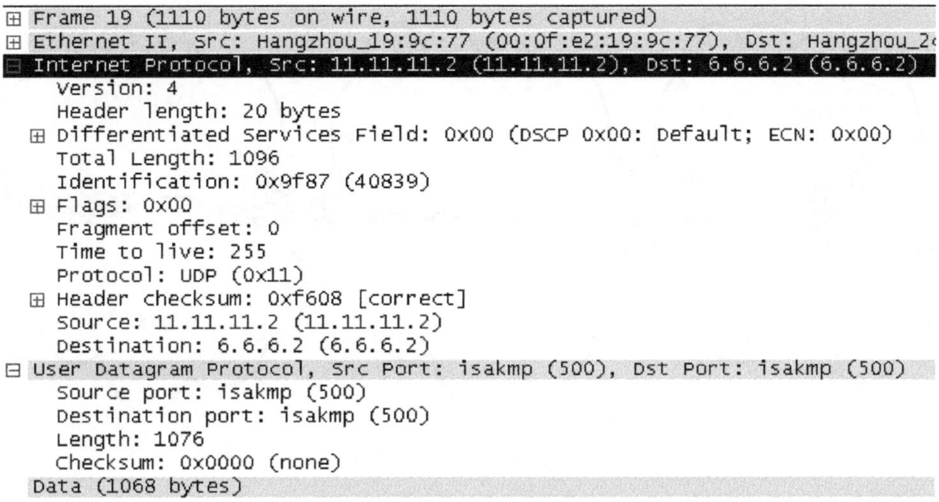

```
⊞ Frame 19 (1110 bytes on wire, 1110 bytes captured)
⊞ Ethernet II, Src: Hangzhou_19:9c:77 (00:0f:e2:19:9c:77), Dst: Hangzhou_2
⊟ Internet Protocol, Src: 11.11.11.2 (11.11.11.2), Dst: 6.6.6.2 (6.6.6.2)
    Version: 4
    Header length: 20 bytes
  ⊞ Differentiated Services Field: 0x00 (DSCP 0x00: Default; ECN: 0x00)
    Total Length: 1096
    Identification: 0x9f87 (40839)
  ⊞ Flags: 0x00
    Fragment offset: 0
    Time to live: 255
    Protocol: UDP (0x11)
  ⊞ Header checksum: 0xf608 [correct]
    Source: 11.11.11.2 (11.11.11.2)
    Destination: 6.6.6.2 (6.6.6.2)
⊟ User Datagram Protocol, Src Port: isakmp (500), Dst Port: isakmp (500)
    Source port: isakmp (500)
    Destination port: isakmp (500)
    Length: 1076
    Checksum: 0x0000 (none)
  Data (1068 bytes)
```

图 3-115　IPsec 封装

动态路由支持

IPsec VPN 没有接口，不支持动态路由协议。

动态公网 IP 支持

IKE 使用野蛮模式的 Name 方式时，IPsec 支持隧道发起端是动态地址分配。因为这种模式下总部对分支设备身份认证是通过名称而不是 IP 地址。

NAT 穿越支持

IPsec 支持 NAT 穿越。IPsec 隧道使能了 NAT 穿越特性后，在封装的时候会增加一个 UDP 的封装头来支持 NAT 穿越。如果认证使用 Pre-share-key 方式，则 IKE 需要使用野蛮模式的 Name 方式。

IPsec 隧道特点总结

IPsec 具有以下特点：所有使用 IP 协议进行数据传输的应用系统和服务都可以使用 IPsec，而不必对这些应用系统和服务本身做任何修改。IPsec 的加密确保了通信的安全性，在端到端的 VPN 中，IPsec VPN 是应用得最多的一种。但是由于 IPsec VPN 没有接口，也不支持动态路由协议，所以很多情景下会与 GRE 或 L2TP 隧道嵌套使用，先使用

GRE 或 L2TP 进行报文封装，然后再使用 IPsec 进行加密。

IPsec 基本配置典型实例

IPsec 基本配置应用架构如图 3-116 所示。

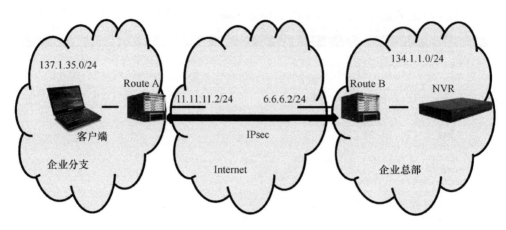

图 3-116　IPsec 应用示例

Route A（隧道发起端）：

```
# IKE 本地名
ike local-name routerb
# 配置 acl，匹配分支需要到总部的流量
acl number 3000
 rule 0 permit ip source 137.1.35.0 0.0.0.255 destination 134.1.1.0 0.0.0.255
# 配置 IKE 对等体 peer：野蛮模式及 id-type
ike peer 1
 exchange-mode aggressive
 pre-shared-key cipher J5fBBpuCrvQ=
 id-type name
 remote-name routera
 remote-address 6.6.6.2
# 创建 IPsec 安全提议
IPsec proposal 1
# 创建安全策略并指定通过 IKE 协商建立 SA
IPsec policy 1 1 isakmp
 security acl 3000
 ike-peer 1
 proposal 1
# 公网接口配置
interface GigabitEthernet0/1
```

```
 port link-mode route
 ip address 11.11.11.2 255.255.255.0
 IPsec policy 1
Nat outbound
# 私网接口上配置
interface GigabitEthernet0/0
 port link-mode route
 ip address 137.1.35.3 255.255.255.0
```

Route B(隧道接受端):

```
# IKE 本地名
ike local-name routera
# 配置 IKE 对等体 peer: 野蛮模式及 id-type
ike peer 1
 exchange-mode aggressive
 pre-shared-key abc
 id-type name
 remote-name routerb
# 创建 IPsec 安全提议
IPsec proposal 1
# 配置 IPsec Policy 模板
IPsec policy-template 1 1
 ike-peer 1
 proposal 1
# 使用模板配置 IPsec policy
IPsec policy 11 1 isakmp template 1
# 公网接口上配置 IPsec Policy
interface Ethernet4/0/0
 ip address 6.6.6.2 255.255.255.0
 IPsec policy 11
Nat outbound
# 配置私网接口
interface Ethernet4/0/1
 ip address 134.1.1.3 255.255.255.0
```

SSL VPN 隧道

SSL(Secure Sockets Layer),即安全套接层,是一个安全协议,为基于 TCP 的应用层协议提供安全连接,如 SSL 可以为 HTTP 协议提供安全连接。SSL 协议广泛应用于电子商务、网上银行等领域,为网络上数据的传输提供安全性保证。

SSL VPN 系统是一款采用 SSL 连接建立的安全 VPN 系统,为企业移动办公人员提供了便捷的远程接入服务。

SSL VPN 典型应用组网如图 3-117 所示。

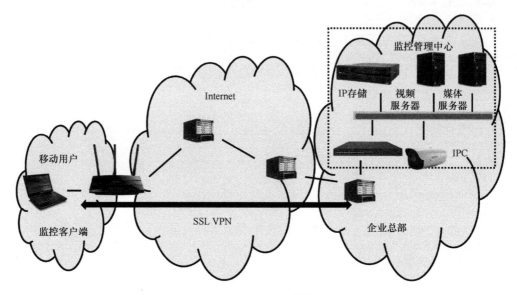

图 3-117　SSL VPN 应用组网

组网说明：

目前 SSL VPN Client 不能使用设备代替，所以 SSL VPN 在监控业务中使用时，只能是用于 VC 端在远程分支或移动用户，监控数据需要加密或者服务器放在私网网段的情形。

接入方式选择：首先我们需要对 SSL VPN 进行一定的了解，以便于我们选择合适的、可用的接入方式。SSL VPN 有三种接入方式：Web 接入、端口转发（TCP 接入）和网络扩展（IP 接入）。这三种方式有着不同的特点。

（1）Web 接入使用的是 Proxy 代理原理，通过修改 URL 来达到对内网 Web 服务器的访问。

（2）TCP 接入通过在接入端自动安装 SSL VPN 客户端代理，用户只需要与 SSL VPN 客户端不同的监听端口建立 TCP 的连接，SSL VPN 就可以将用户的数据报文转发到目的主机，本方式主要用于基于 TCP 的内网业务访问。

（3）IP 接入方式则会自动在接入端安装一个虚拟网卡，虚拟网卡先与 SSL VPN 服务器建立一条 SSL VPN 隧道，用户访问内网的数据都是通过这条隧道来加密、封装和转发，本方式适用于基于 IP 的内网业务访问。

由于监控业务中有部分协议不是基于 TCP 的，而且部分 TCP 应用的端口是临时协商的，譬如 FTP，所以 Web 方式和 TCP 端口方式在这里并不适用。因此我们推荐第三种方式：IP 接入方式。在 SSL VPN 服务器端，将监控设备的网段加入到 IP 网络资源中，允许监控用户访问所有的监控设备。而 SSL VPN 仅在 VC 和企业总部间建立一条隧道，对所有的 IP 报文都进行加密，对具体的业务不作区分。

VPN 载荷效率

IP 接入方式封装（如图 3-118 所示）说明：

对于 Ping –l 1000 的报文解析如下：多了 SSL 加密头 20 字节，SSL 头 5 字节，TCP 头 20 字节，IP 头 20 字节，共 65 字节。

```
⊞ Frame 19 (1107 bytes on wire, 1107 bytes captured)
⊞ Ethernet II, Src: Elitegro_3f:49:da (00:16:ec:3f:49:da), Dst: Hangzhou_2c:b4:
⊟ Internet Protocol, Src: 136.1.35.168 (136.1.35.168), Dst: 4.4.4.1 (4.4.4.1)
    Version: 4
    Header length: 20 bytes
  ⊞ Differentiated Services Field: 0x00 (DSCP 0x00: Default; ECN: 0x00)
    Total Length: 1093
    Identification: 0x7874 (30836)
  ⊞ Flags: 0x04 (Don't Fragment)
    Fragment offset: 0
    Time to live: 128
    Protocol: TCP (0x06)
  ⊞ Header checksum: 0xca90 [correct]
    Source: 136.1.35.168 (136.1.35.168)
    Destination: 4.4.4.1 (4.4.4.1)
⊟ Transmission Control Protocol, Src Port: 1564 (1564), Dst Port: https (443), :
    Source port: 1564 (1564)
    Destination port: https (443)
    Sequence number: 340    (relative sequence number)
    [Next sequence number: 1393    (relative sequence number)]
    Acknowledgement number: 340    (relative ack number)
    Header length: 20 bytes
  ⊞ Flags: 0x0018 (PSH, ACK)
    Window size: 64375
    Checksum: 0x6840 [correct]
⊟ Secure Socket Layer
  ⊟ TLS Record Layer: Application Data Protocol: Hypertext transfer protocol
      Content Type: Application Data (23)
      Version: TLS 1.0 (0x0301)
      Length: 1048
      Application Data
```

图 3-118　SSL VPN 封装报文

动态路由支持

目前 SSL VPN 的发起端只能是 PC，所以不用考虑动态路由协议。

动态公网 IP 支持

SSL VPN Server 认证时并不需要关心 Client 的 IP 地址，所以支持动态地址方式。

NAT 穿越支持

SSL 是基于 TCP 的，因此其天然支持 NAT 穿越功能。

SSL VPN 隧道特点总结

无须安装客户端软件或客户端设备，只需通过 Web 浏览器，即可以通过网页访问到企业总部的网络资源，免去了客户端的成本。SSL VPN 方案实施起来非常简单，只需要在企业的数据中心部署 SSL VPN 网关即可，无须在各分支机构部署硬件或软件设备。其管理工作属于集中管理和集中维护模式，可以极大地降低管理和维护成本。用户通过基于 SSL 的 Web 访问并不是网络的真实节点，因此这种方法是非常安全的，可以为那些简单远程访问用户（仅需进入公司内部 Web、FTP 网站或者进行 E-mail 通信）提供非常经济的远程访问服务。

其他需要注意的地方：因为从 SSL VPN Client 发出去的报文不支持分片，因此，如果公网路径上有 MTU 配置会导致隧道无法建立或者报文无法传输。

SSL VPN 基本配置典型实例

SSL VPN 的基本配置应用组网如图 3-119 所示。

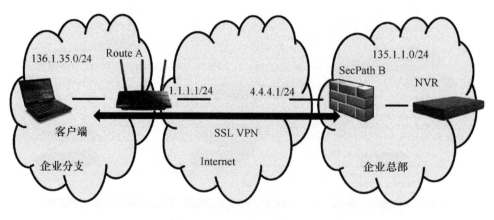

图 3-119　SSL VPN 应用示例

配置说明：（图中 SecPathB 以 H3C SecPath1000-S 的配置为例）

在设备上启用了 SSL VPN 功能之后，用 IE 登陆 SSL VPN 管理员配置页面：https://4.4.4.1/admin，默认的管理员为 administrator@ administrator。

对 IP 接入方式，首先进入全局配置页面进行配置，如图 3-120 所示，其中 IP 地址池是指 SSL VPN 服务器（也即 SecPath1000-S）用来给接入端分配的虚拟地址范围（起始 IP～结束 IP），网关地址是 SecPath1000-S 的 SSL VPN 接口虚拟地址，内部接口是指 SecPath1000-S 连接内网的接口，从接入端过来的报文可以在该接口上做 NAT，将报文源地址修改成 SecPath1000-S 的内部接口地址进入内网。当然，我们也可以选择不使用 NAT。

图 3-120　SSL VPN 全局配置

接下来是主机配置，如图 3-121 所示，对接入客户需要访问的网段进行授权和控制。协议类型可以选择为 IP、UDP、TCP，这里相当于一个过滤功能，即如果选择了 TCP，则仅对 TCP 的报文进行加密、封装转发。对于监控业务，我们需要选择 IP 协议类型。保存为主机访问资源 VV。

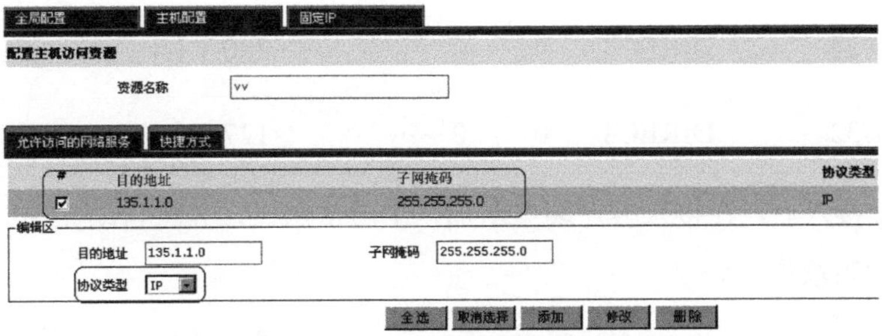

图 3-121　SSL VPN 主机配置

将上面配置的主机访问资源（VV）加入到资源组 h3c，如图 3-122 所示。

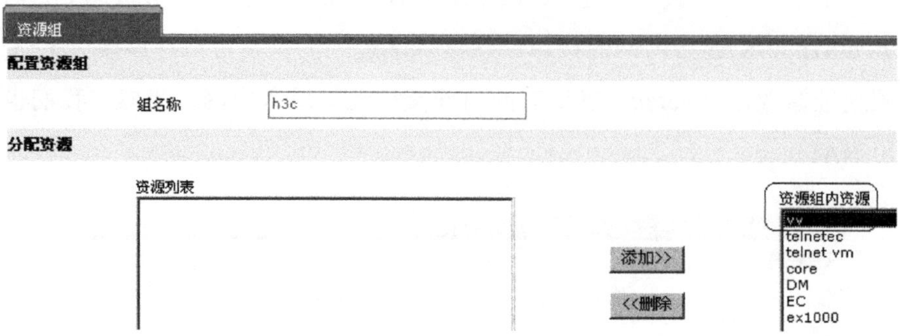

图 3-122　SSL VPN 资源组配置

配置一个用户组 h3c，如图 3-123 所示，将 SSL VPN 用户名 abc 和该用户需要访问的资源 h3c 都加入到该用户组中，这样该用户使用 SSL VPN 登录后就能访问对应的 h3c 资源组中的地址段。

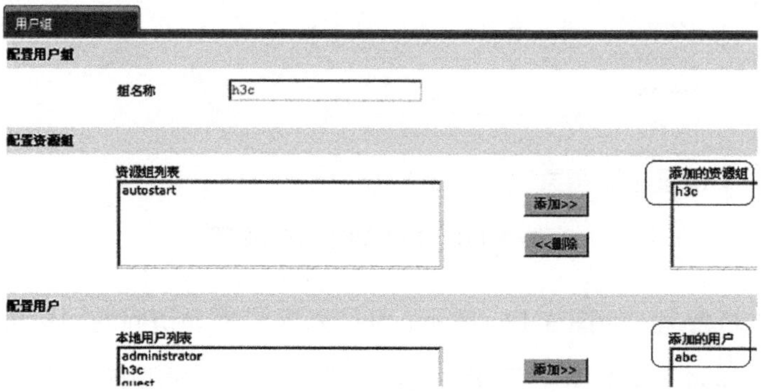

图 3-123　SSL VPN 用户组配置

配置完成后，在 SecPath1000-S 上产生一个 SVE 接口：

200.1.1.0/24　　　DIRECT　　0　　0　　　　200.1.1.1　　　SVE1/0

200.1.1.1/32　　　DIRECT　　0　　0　　　　127.0.0.1　　　InLoopBack0

客户 abc 接入后，在接入客户端会增加一个虚拟网口，并将自动允许访问的网络地址添加到路由表项中去。

```
Ethernet adapter {9A3A6F07-9958-4FBB-BC4D-32F1496AEA86}:
        Media State . . . . . . . . . . . : Media disconnected
```

```
Ethernet adapter {C2CA9DEF-F502-4655-A462-2D339D048400}:
        Connection-specific DNS Suffix  . :
        IP Address. . . . . . . . . . . . : 200.1.1.2
        Subnet Mask . . . . . . . . . . . : 255.255.255.0
        Default Gateway . . . . . . . . . :
===========================================================
Active Routes:
Network Destination        Netmask          Gateway       Interface  Metric
135.1.1.0           255.255.255.0        200.1.1.1       200.1.1.2     1
```

这就相当于在客户端和服务器之间建立了一个加密隧道,对所有按照路由进入这个隧道的报文进行加密封装。

其他 VPN

除了上述常用的 VPN 之外,还有一些 VPN 技术,例如:PPTP VPN、OPEN VPN、DVPN、MPLS VPN 等。

PPTP VPN

PPTP(Point to Point Tunneling Protocol),即点对点隧道协议,默认端口号为 1723。该协议是在 PPP 协议的基础上开发的一种新的增强型安全协议,可以通过密码身份验证协议(PAP)、可扩展身份验证协议(EAP)等方法增强安全性。可以使远程用户通过 Internet 安全地访问企业网。

PPTP VPN 是一种支持多协议虚拟专用网络的网络技术,它工作在第二层。通过该协议,远程用户能够利用装有点对点协议的系统安全访问公司网络。

OpenVPN

OpenVPN 的技术核心是虚拟网卡,其次是 SSL 协议实现。

虚拟网卡是使用网络底层编程技术实现的一个驱动软件,安装后在主机上多出现一个网卡,可以像其他网卡一样进行配置。服务程序可以在应用层打开虚拟网卡,如果应用软件(如 IE)向虚拟网卡发送数据,则服务程序可以读取到该数据,如果服务程序写合适的数据到虚拟网卡,应用软件也可以接收得到。虚拟网卡在很多的操作系统下都有相应的实现,这也是 OpenVPN 能够跨平台一个很重要的原因。

OpenVPN 使用 OpenSSL 库加密数据与控制信息,它使用了 OpenSSL 的加密及验证

功能，这意味着，它能够使用任何 OpenSSL 支持的算法。它提供了可选的数据包 HMAC 功能以提高连接的安全性。此外，OpenSSL 的硬件加速也能提高它的性能。

OpenVPN 是一个基于 SSL 加密的纯应用层 VPN 协议，是 SSL VPN 的一种，支持 UDP 和 TCP 两种方式。

> **说明**
> UDP 和 TCP 是两种通信协议，这里通常 UDP 的效率会比较高，速度也相对较快。所以尽量使用 UDP 连接方式，实在没法使用 UDP 的时候，再使用 TCP 连接方式。

由于其运行在纯应用层，避免了 PPTP 和 L2TP 在某些 NAT 设备后面不被支持的情况，并且可以绕过一些网络的封锁（通俗点讲，基本上能上网的地方就能用 OpenVPN）。

OpenVPN 客户端软件可以很方便地配合路由表，实现不同线路（如国内和国外）的路由选择，实现一部分 IP 走 VPN，另一部分 IP 走原网络。

DVPN

前面讲到的所有设备之间如果要建立 VPN 的连接都是由用户手动指定的，工作量很大，于是 DVPN 应运而生。

DVPN（Dynamic Virtual Private Network）动态虚拟私有网络技术，通过动态获取对端的信息并建立 VPN 连接。DVPN 在各个接入设备之间运行 DVPN 私有协议，设备角色包括 Client 和 Server，Client 主动向 Server 进行注册。Server 设备记录着所有已经注册成功的 Client 的信息，当两个 Client 之间还没有建立 Session 时，他们的数据通信需要通过 Server 进行转发。Server 在转发时将判断这两个 Client 之间是否可以建立独立的 Session，如果可以，Server 将发送重定向报文给发起数据通信的源 Client，重定向报文中包含了目的 Client 的信息，两个 Client 之间再建立 Session。这样，在 Server 的协调下，所有的 Client 之间将会建立隧道连接，如图 3-124 所示。

DVPN 配置和网络规划简单，功能强大，比传统的 VPN 更加符合未来的网络应用。其特点如下：

配置简单

一个 DVPN 接入设备可以通过一个 Tunnel 逻辑接口和多个 DVPN 接入设备建立会

话通道，而不用为每一个通道配置一个逻辑的接口作为隧道的端点，大大简化了配置的复杂度，提高了网络的可维护性和易扩充性。如果需要在已有的 DVPN 域中加入一个新的私有网络，只需要在 DVPN 的 Client 接入设备上配置需要加入的 DVPN 域的 Server 信息，新的 DVPN Client 就可以成功地添加到 DVPN 域中。

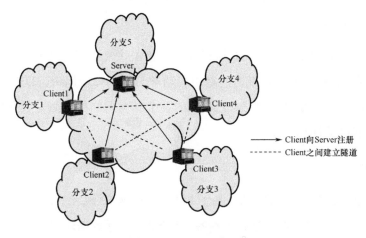

图 3-124　DVPN 组网

自由穿越 NAT 网关技术

采用 UDP 方式的 DVPN。由于使用了 UDP 报文进行封装，可以自由穿越 NAT 网关。解决内网 DVPN 接入设备和公网 DVPN 接入设备之间的 VPN 连接，使 NAT 网关内部的私有网络和 NAT 网关外部的私有网络共同构建一个虚拟私有网络。

支持依赖动态 IP 地址构建 VPN

当在一个 DVPN 域内部构建隧道时，只需要指定相应的 Server 的 IP 地址，并不关心自己当前使用的 IP 地址是多少，更加适应如普通拨号、ADSL 拨号等使用动态 IP 地址的组网应用。

支持自动建立隧道技术

DVPN 中的 Server 维护着一个 DVPN 域中所有接入设备的信息，DVPN 域中的 Client 可以通过 Server 的重定向功能自动获得需要进行通信的其他 Client 的信息，并最终在两个 Client 之间自动建立会话隧道（Session）。作为 Client 的 DVPN 接入设备只需配置自己的相关信息和 Server 的信息，不需要知道其他 Client 的信息，极大地减少了网络的维护管理工作。

注册过程加密技术

在 Client 向 Server 进行注册的过程中，需要先完成算法套件及各种密钥的协商。使用协商出来的算法对注册过程中的关键信息（例如用户名、密码等）进行加密保护，还可以对注册的报文进行合法性检测，保证关键注册信息的安全性。

动态路由的支持

DVPN 可以对需要通过 Tunnel 接口发送的路由报文，通过所有的 Session 会话进行广播，从而实现整个 DVPN 域内的路由自动学习。实际应用中，DVPN 配合动态路由协议，可以简化对需要接入到 DVPN 域的各个私有网络的规划，简化整个网络的配置，提高网络的维护性和自动化。

MPLS VPN

我们前面学习到的报文转发都是基于 MAC 地址或 IP 地址的，但是有一种协议名字叫多协议标记交互（MPLS），是利用标签（Label）进行数据转发的。当分组报文进入网络时，要为其分配固定长度的短的标签，并将标签与报文封装在一起，在整个转发过程中，交换节点仅根据标签进行转发。

就像机场托运包裹一样，旅客在值机柜台办理行李托运，航空公司的工作人员会打印一个条形码，贴在行李上，然后行李就被传送带送走。分拣机根据行李上的条形码将其放入不同的传送带上，多次分拣和传送后，就到达指定的目的地，由航空公司的地服人员将它装入飞机。

MPLS VPN 是指采用 MPLS 技术在骨干的宽带 IP 网络上构建企业 IP 专网，实现跨地域、安全、高速、可靠的数据、语音、图像多业务通信，并结合差别服务、流量工程等相关技术，将公众网可靠的性能、良好的扩展性、丰富的功能与专用网的安全、灵活、高效结合在一起。

MPLS L3VPN 模型中，包含三个组成部分：CE、PE 和 P。

CE（Customer Edge）设备是用户网络边缘设备，有接口直接与服务提供商相连，可以是路由器或是交换机等。CE"感知"不到 VPN 的存在。

PE（Provider Edge）设备即运营商边缘路由器，是运营商网络的边缘设备，与用户的 CE 直接相连。MPLS 网络中，对 VPN 的所有处理都发生在 PE 路由器上。PE 需要支持 MPLS 能力。

P（Provider）设备是运营商网络中的骨干路由器，不和 CE 直接相连。P 路由器需要支持 MPLS 能力。

CE 和 PE 的划分主要是从运营商与用户的管理范围来划分的，CE 和 PE 是两者管理范围的边界。

如图 3-125 所示，MPLS VPN 的功能主要由运营商网络提供，这与前面介绍的 VPN 有很大的区别。具体的报文转发流程如下：

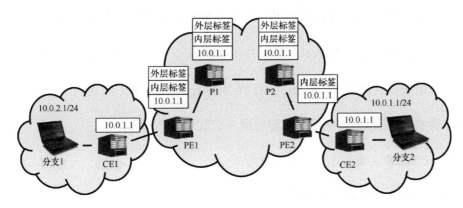

图 3-125　MPLS VPN 转发组网

（1）当分支 1 向分支 2 发送目的地址为 10.0.1.1 的报文，报文通过路由发送给 PE1；

（2）PE1 根据报文到达的接口可以知道该报文归属的 VPN，再根据目的地址（10.0.1.1）查找对应的 VPN 表项，可以得到内层标签、外层标签、BGP 的下一跳（PE2）、输出接口等，PE1 将该报文进行标签封装后发送给 P1，其中内层标签是 PE2 在通过 BGP 协议传递私网路由（10.0.1.0/24）时分配的，外层标签是 P1 分配的，对应于 PE2；

（3）当 P1 接收到该外层标签的报文时，就知道是发送给 PE2 的，将该外层标签修改为 P2 为其分配的对应于 PE2 的标签；

（4）当 P2 接收到 P1 发送过来的报文时，根据标签知道是发送给 PE2 的，而且 PE2 与其直连，则将外层标签剥离掉，仅剩下内层标签，并转发给 PE2；

（5）PE2 接收到该报文时，根据内层标签和目的地址查找本地的 VPN 转发表项，将内层标签剥离掉，发送给 CE2；

（6）CE2 根据目的 IP 查找路由表，将报文发给分支 2。

除了 MPLS L3VPN 之外还有 MPLS L2VPN。MPLS L2VPN 提供基于 MPLS 网络的二层 VPN 服务，使运营商可以在统一的 MPLS 网络上提供基于不同数据链路层的二层 VPN，包括 ATM、FR、VLAN、Ethernet、PPP 等。简单地说，MPLS L2VPN 就是在 MPLS 网络上透明传输用户二层数据。从用户的角度来看，MPLS 网络是一个二层交换网络，可以在不同节点间建立二层连接。在 MPLS L2VPN 中，CE、PE、P 的概念与 MPLS L3VPN 一样，原理也相似。

MPLS L2VPN 通过标签栈实现用户报文在 MPLS 网络中的透明传送：

（1）外层标签（称为 Tunnel 标签）用于将报文从一个 PE 传递到另一个 PE；

（2）内层标签（称为 VC 标签）用于区分不同 VPN 中的不同连接；

（3）接收方 PE 根据 VC 标签决定将报文转发给哪个 CE。

MPLS L2VPN 主要有以下几种实现方式：

电路交叉连接和静态虚拟电路

电路交叉连接（Circuit Cross Connect，CCC）；静态虚拟电路（Static Virtual Circuit，SVC）。两种采用静态配置 VC 标签的方式来实现 MPLS L2VPN 的方法。

Martini 方式

通过建立点到点链路来实现 MPLS L2VPN 的方法，它以标签分发协议（Label Distribution Protocol，LDP）为信令协议来传递双方的 VC 标签。

Kompella 方式

在 MPLS 网络上以端到端（CE 到 CE）方式建立 MPLS L2VPN 的方法。目前，它采用扩展了的边界网关协议（Border Gateway Protocol，BGP）为信令协议来发布二层可达信息和 VC 标签。

运营商网络为客户的每一个点到点的二层连接分配不同的内层标签，一对内层标签对应一条虚拟链路的两个方向。内层标签可以是用户手动静态配置，也可以通过特殊的信令协议动态分配，例如 LDP、BGP 等。客户的二层报文在 PE 设备打上相应的内层标签，然后通过运营商核心网络转发到目的 PE。到达目的 PE 后，剥离外层封装和内层标签，还原成初始的二层报文，并转发给客户。报文在运营商网络的转发过程，对客户来说是透明的，无法感知的。

C114 家园网友互动

Q：王晓马　发表于　2015-8-13 16:34:40

楼主，我还有问题！请问你以后会搞VPN相关的东西吗？好想学习下啊！我现在在自学VPN，有点头大，我这里先提个问题希望楼主帮我解答一下吧！好加深我的理解：通过了解VPN相关技术后，认识到VPN给我们日常生活带来的便利，那么它可以完全代替现有的专线网络吗？

A：网语者　发表于　2015-8-14 09:20

VPN后续会跟进的，这位网友不要头大，技术这东西慢慢参透的话还是很有意思的。至于你这个问题我的回答是不可以，VPN是基于因特网的，专线相对于因特网在线路安全、丢包、延时和带宽保障等方面有着自己的优势。

Q：王晓马　发表于　2015-8-14 08:49:39

楼主，我这边还有个问题想请教下！我最近一直在看VPN相关的资料，我想问下VPN既然是依据物理链路进行传输的，那么如果我中间物理链路出问题了（这个对于用户来说是透明的），是不是我私网就无法通信了？有没有像物理网络里面的备份链路一样，有备份VPN呢？

A：网语者　发表于　2015-8-14 09:06

谢谢这位同学的提问，有关VPN我后续也会连载，我先回答你的问题吧！首先对于中间物理链路出现故障，因为这个是运营商的，运营商肯定会做链路备份的，只要两端的地址可达，对VPN没有影响。VPN的备份是可以有的，比如我们通过两个运营商网络分别建立两条VPN隧道，通过路由策略控制谁是主VPN，谁是备份VPN。希望我的回答对你有所帮助。

第 4 章
小 U 的行业监控

> 千江有水千江月,
> 万里无云万里天,
> 百花齐放百家鸣。
> 风过杭城,桂香送远,
> 情在人间,有缘相见。

第 4 章 小 U 的行业监控

小 U 是个有意思的家伙，喜欢读书，立志当一名科学家，以科技报国。高考选择了南京的一所名校，就为了想去看看那个苦难深重的旧国都——不过后来他有点懊悔没报清华、北大。拿了四年的一等奖学金，学校给了一个公派出国读研的机会，他却选择了本校的硕博连读。读研期间发现民营企业给中国经济带来了新的希望，中国需要一大批活力四射的民营企业才会发展得更加强盛。于是毅然放弃读博直接硕士毕业了——在这个亟须年轻人奋力拼搏的时代，离开悠闲的象牙塔，似乎有点投笔从戎的味道。

受父亲的影响，小 U 从小对监控系统有种莫名的情感。毕业后，就进入了一家全国知名的大公司从事网络监控产品的研发。这是一家靠 IP 网络产品研发销售起家的大公司，在这里，小 U 接触到了丰富多彩的网络技术和高端的行业监控方案。下班回家有时间了，小 U 就给父亲滔滔不绝地介绍安防界的一堆"高大上"的 IP 视频监控技术。

相比家庭和商业监控，行业监控对前端摄像机、视频服务器接入网络中的要求就复杂得多，有要求远距离传输的，有要求依赖同轴电缆传输 IP 监控的，还有要求高可靠性、高安全性的，等等，不一而足。而依靠 IP 网络丰富技术，对于这些需求也是兵来将挡、水来土掩，没有解决不了的问题。

接入技术

接入技术主要指前端摄像机/视频服务器连接到网络中的方式。在模拟监控时期，前端摄像机的输出接口千篇一律都是卡扣配合型连接器接口（Bayonet Nut Connector，BNC）。步入 IP 网络监控时代，一切就不一样了，处于这个朝阳产业的设备商们与时俱进地推出了丰富多样的前端接入产品与解决方案，前端摄像机无须借助第三方设备即可进行千变万化的组网，满足各行各业的实际需求。

普通以太网接入

以太网接入是目前网络摄像机中最为常见的接入方式。任何使用以太网协议承载视频监控数据的接入方式都可以称为以太网接入。从其承载的介质或端口类型区分，可以分为两种，即电口接入和光口接入，如图 4-1 所示。

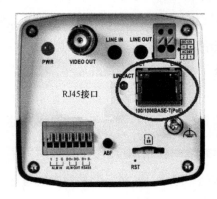 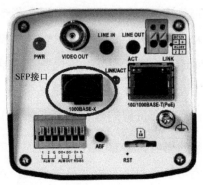

图 4-1 RJ45 电口与 SFP 光口示意图

随着铜缆等金属价格大幅上涨，继续使用金属等线缆如双绞线作为海量的接入资源成本日渐走高，另一方面，光纤光缆和光模块的价格却逐步降低。在"光进铜退"大趋势下，并且光无须借助光电收发器就能解决长距离视频数据回传问题，省去光电收发器可减少单点故障，具有易于维护的优点，所以支持以太网光接口前端设备也如雨后春笋般涌现。

一般而言，以太网光口的网络摄像机必须和相应的光模块配合使用。光模块种类繁多，可以从多个维度进行分类：

（1）从光模块接口类型上，以太网光模块可分为 GBIC、SFP、SFP+、XFP、XENPAK、QSFP、CFP 等；

（2）从接口所连接的光纤单/多模式上，以太网光模块可分为单模光模块、多模光模块；

（3）从接口速率上，以太网光模块可分为百兆光模块、千兆光模块、万兆光模块、40G 光模块、100G 光模块等；

（4）从使用光纤的承载方式上，以太网光模块可分为单纤双向光模块、双纤双向光模块；

（5）从传输距离上，以太网光模块可分为 2km 光模块、20km 光模块、40km 光模块等；

（6）从光纤接口的类型上，以太网光模块可分为 SC、LC、FC、ST、MPO 等。

从以太网光模块的接口类型为细分维度，下面对上述各种模块进行详细介绍。

GBIC（Giga Bitrate Interface Converter）

如图 4-2 所示，GBIC 是将电信号与光信号相互转换的接口器件，设计上可以为热插拔使用。GBIC 光模块一般只能使用 SC 接口的尾纤，如图 4-3 所示。GBIC 是一种符合国际标准的可互换产品，曾经在江湖上风光无限，进入 21 世纪后逐渐没落，SFP 的横空出世成了压倒 GBIC 的最后一根稻草。

图 4-2　GBIC 示意图

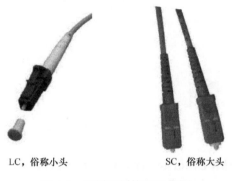

图 4-3　光纤尾纤接口示意图

SFP（Small Form Pluggable）

可以简单的理解为 GBIC 的升级版本。SFP 模块体积比 GBIC 模块减少一半，这意味着在相同的面积上可以多出一倍以上的端口数量。除了大小不一样外，SFP 的其他功能基本和 GBIC 一致，有些设备厂商称 SFP 为小型化 GBIC（MINI-GBIC）。SFP 光模块一般都只能使用 LC 接口的尾纤。目前在视频监控行业，前端设备支持的光口基本上都是 SFP。

SFP+（Small Form Factor Pluggable Plus）

如图 4-4 所示，与 SFP 基本一样，唯一的区别在于 SFP+支持的是 10Gbps 的速率，而 SFP 最高只能达到 1Gbps 的速率。

SFP/SFP+外观一样
接口采用LC
SFP速率为百兆/千兆
SFP+速率为万兆

图 4-4　SFP/SFP+示意图

XFP（10-Gigabit Small Form Factor Pluggable）

如图 4-5 所示，目前 XFP 光模块的速率只有 10Gbps，其光模块体积大小比 SFP 略大，目前的境遇与 GBIC 一样，逐渐被 SFP+光模块取代。XFP 光模块一般使用 LC 接口的尾纤。

XFP封装光模块
接口采用LC
速率为万兆

图 4-5　XFP 光模块示意图

XENPAK（10-Gigabit Ethernet Transceiver Package）

如图 4-6 所示，万兆以太网接口收发器集合封装。其速率是 10Gbps，光模块体积较大，目前在还未升级换代的机房网络设备上可以找到它的身影。XENPAK 光模块一般使用 SC 接口的尾纤。

XENPAK封装光模块
接口采用SC
速率为万兆

图 4-6　XENPAK 光模块示意图

QSFP（Quad Small Form-factor Pluggable）

四通道 SFP 接口，是为了满足市场对更高密度的高速可插拔解决方案的需求而诞生的。QSFP 光模块体积大小与 XFP 一样，它具有 8 芯光纤（4 收 4 发），是 XFP 光模块的 4 倍（XFP 具有 2 芯光纤 1 发 1 收），所以它可以以每通道 10Gbps 的速度支持四个通道的数据传输，密度可以达到 XFP 产品的 4 倍。QSFP 的光纤接口形式是 MPO。

MPO（Multi-fiber Push On）是一种多芯多通道插拔式连接器，目前主流是 12 芯连接器。QSFP 光模块也建议采用 12 芯光缆布线方案，每对 QSFP 光模块拥有 4 芯发送光纤和 4 芯收取光纤，中间的 4 芯光纤空闲不用，如图 4-7 所示，

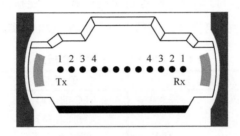

图 4-7　MPO 示意图

CFP（Centum Form-factor Pluggable）

如图 4-8 所示，CFP 光模块体积较大，接口形式也是 MPO，标准规定使用 24 芯的 MPO 进行收发。24 芯分为两个 12 芯阵列，一个阵列专用于发送，另一阵列专用于接收。每个阵列中，中间 10 芯光纤用于传输流量，而两侧的 2 芯光纤闲置，则总共有 4 芯光纤闲置。

图 4-8　CFP 光模块示意图

不管是 RJ45 电口，还是各种类型的光口，它们本质上都是以太网接口。这其中涉及两个很重要的概念，端口速率与端口模式。前面已对其有了基本介绍。这里详细阐述自协商。

协商功能允许一个网络设备将自己所支持的工作模式信息传达给网络上的对端设备，并接受对方传递过来的相应信息。协商中使用整合性测试脉冲序列（Link IntegrityTest Pulse Sequence）进行信息传递，这串脉冲被称为快速连接脉冲（Fast Link Pulse，FLP）。支持自协商特性的网络设备能在上电、管理命令，或者在用户干预时发出快速连接脉冲，接收方能从接收到的脉冲中提取出数据，从而获得对端设备支持的工作模式，以及一些用于协商握手机制的其他信息等。最终协商的结果是采用二者能力级低的网口工作方式。协商级别从高到低一般为100M/Full，100M/Half，10M/Full，10M/Half。

小U饶有兴致地做了个实验，小U把一台IPC通过双绞线连接在一台可以网管的交换机上，IPC的网络接口自始自终都是自协商模式，而连接此IPC的交换机接口分别设置成自协商模式、各种固定模式，记录下IPC和交换机的实际工作状态（见表4-1）。

表4-1 IPC和交换机的工作模式

工作方式设置（速率/双工方式）		能否Up	最后工作方式（速率/双工方式）	
IPC的网口设置	交换机的网口设置		IPC的网口实际工作状态	交换机的网口实际工作状态
Auto/Auto	Auto/Auto	OK	100M 全双工	100M 全双工
Auto/Auto	Auto/Full	OK	100M 全双工	100M 全双工
Auto/Auto	Auto/Half	OK	100M 半双工	100M 半双工
Auto/Auto	100M/Auto	OK	100M 全双工	100M 全双工
Auto/Auto	100M/Full	OK	100M 半双工	100M 全双工
Auto/Auto	100M/Half	OK	100M 半双工	100M 半双工
Auto/Auto	10M/Auto	OK	10M 全双工	10M 全双工
Auto/Auto	10M/Full	OK	10M 半双工	10M 全双工
Auto/Auto	10M/Half	OK	10M 半双工	10M 半双工

细心的小U发现表4-1中两处有点小疑问，即IPC与交换机两侧端口的双工/半双工模式不一致，这究竟是怎么一回事呢？

原来，当一个设备端口设为固定的工作模式（100M/Full、100M/Half、10M/Full、10M/Half），对接的另一端设备设置为自协商工作方式，设为固定工作方式的设备不能对快速连接脉冲做出有效的反应，它回传给对端的连接脉冲没有携带端口工作方式的数据信息，所以设为自协商模式的这端设备只能根据线路的码型（10M采用曼切斯特二元码，100M采用MLT3三元码）来检测对接的固定端的连接速率，而无法知道其是全双工还是半双工。为了与以前的半双工设备兼容，确保对接，很多物理层芯片就选择工作在半双工。

普通长距离以太网接入

无论是 10Base-T 或 100Base-TX，还是 1000Base-T 标准，都明确规定最远传输距离为 100m。在综合布线规范中，也明确要求水平布线不能超过 90m，链路总长度不能超过 100m。也就是说，100m 对于双绞线承载以太网而言是一个极限。为什么标准要规定 100m 的传输极限呢？原因有如下几个方面：

（1）信号在双绞线中传输时，由于电阻和电容的原因而导致信号衰减或畸变。累积的信号衰减将不能保证信号稳定传输。

（2）信号在导线传输过程中既会产生彼此之间的相互干扰，也会受到外界电磁波的干扰，当背景噪声过大时，误码率也将随之增高。

（3）以太网所允许的最大延迟为 512 比特时间（1 比特时间=10 纳秒）。也就是说，从信号发送到最后得到确认的时间差不能超过 512 比特时间，否则，将认为该信号在传输途中丢失，没有到达目的地。因此，最大延迟时间也在很大程度上制约着双绞线长度。

（4）根据 IEEE 802.3 标准要求，网络设备和网卡端口的 PHY 芯片只保证驱动 100m 的铜缆，对更远的传输距离标准则不作硬性要求。

看到这里，小 U 就有点犯难了，在实际工程上总有部分点位距离超过 100m，有些在 120m 或者 130m。目前业界常用的方案要么采用增加光纤收发器方案，要么换支持光口的网络摄像机和以太网交换机。无论哪种方案都会增加成本，增加光纤收发器还会额外引入故障点，对整个监控系统的健壮性有一定的影响，并且还无法做到随路供电，需要额外的市电供电。能否在保持现有状态不变的前提下，突破 100m 距离限制并随路供电？目前，已有设备制造商提出了解决方案，使普通双绞线传输 100m 不再是瓶颈。

具体采用如下方法：

（1）采用通信行业专用的 PHY 芯片，其驱动能力和接收灵敏度更强；

（2）定制变压器，特殊绕线工艺的转换灵敏度更高，可容纳的驱动电流更大；

（3）PCB 设计阻抗精准控制，电磁干扰小，信号保真度高。

采用如上技术，可以在普通超五类线下回传视频数据信号最远甚至可以达到 300 米的距离，并且同时还能进行随路供电，如图 4-9 所示。

图 4-9　普通以太网长距离传输示意图

双链路上行的高可靠接入

前端视频采集编码设备的高可靠性需求主要集中在高密度的视频服务器。高密度视频服务器可以同时对 16 路甚至 32 路模拟视频数据进行 IP 视频编码，然后通过一条链路上行至监控中心；一旦上行到交换机的线缆/接口出现故障，就会导致下连的多路视频无法上传至监控中心，实时视频图像及录像无法应用，如图 4-10 所示。所以迫切需要一种技术来保证上行链路的可靠性。

图 4-10　高密度视频服务器单链路上行风险示意图

小 U 心想：如果高密度视频服务器有两个接口分别连接到上行交换机两个端口，如图 4-11 所示，让两条链路互为备份，或者交换机有两台，也互为备份；故障发生时可以快速切换，基本不影响监控视频业务，那该多好啊！

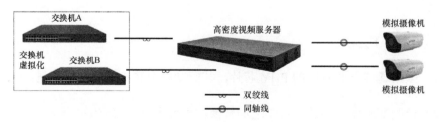

图 4-11　双链路上行示意图

小 U 听说有好几种"某种技术"都可以达到上述目的，求知欲上来了。既然都可以达到同样的目的，那它们之间又有什么区别呢？两台交换机的互备一般采用交换机虚拟化技术，通常称为堆叠，效果上等同于一台交换机，具体原理我们在后面的章节再介绍，这儿我们只以一台交换机为例介绍相关技术。

链路聚合

链路聚合就是将多个端口汇聚在一起形成一个汇聚组，如图 4-12 所示。对于上层应用来说，就是一条单独的链路。一般将这条逻辑链路命名为 Link Aggregation。这条逻辑链路的带宽等于原先三条以太网物理链路的带宽总和，从而达到了增加链路带宽的目的。另一方面，这三条以太网物理链路能相互备份，有效地提高了链路的可靠性。

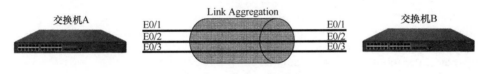

图 4-12　链路聚合示意图

按照聚合方式的不同，链路聚合（也有人称为端口汇聚）可以分为手工聚合和动态聚合两大类。

手工聚合

手工汇聚由用户手工配置，由用户决定哪些端口加入到一个汇聚组里。

在手工聚合模式下，汇聚组中的端口可能处于两种状态：Selected 状态或 Unselected 状态。只有处于 Selected 状态的端口才可以转发报文，而处于 Unselected 状态的端口不会转发报文。那如何确定聚合组中的端口是 Selected 状态还是 Unselected 状态呢？具体将按照以下原则设置端口处于 Selected 还是 Unselected 状态：

（1）系统按照端口全双工/高速率、全双工/低速率、半双工/高速率、半双工/低速率的优先次序，选择优先次序最高的端口处于 Selected 状态，其他端口则处于 Unselected 状态。

（2）由于设备所能支持的汇聚组中的 Selected 端口数有限制，如果当前的成员端口数超过了设备所能支持的最大 Selected 端口数，系统将按照端口号从小到大的顺序选择一些端口为 Selected 端口，其他则为 Unselected 端口。

（3）与主端口的速率、双工属性和链路状态不同的端口将处于 Unselected 状态。

上述原则引申出两个新概念，主端口和成员端口。主端口和成员端口有什么用处，它们又是如何产生的呢？

多个端口加入到一个汇聚组后，不能群龙无首，需要选出一个领导者来指挥这个集体，可以形象地把汇聚组中的主端口和成员端口看作选举出来的领导者和被领导者。处于 Selected 状态且端口号最小的端口能成为汇聚组中领导者，即主端口。其他处于 Selected 状态的端口为汇聚组的成员端口。

具体来看个例子。

```
[LSW1]display link-aggregation verbose
Loadsharing Type: Shar -- Loadsharing, NonS -- Non-Loadsharing
Flags: A -- LACP_Activity, B -- LACP_timeout, C -- Aggregation,
D -- Synchronization, E -- Collecting, F -- Distributing,
     G -- Defaulted, H -- Expired

Aggregation ID: 1, AggregationType: Manual,   Loadsharing Type: Shar
Aggregation Description:
System ID: 0x8000, 00e1-fc00-5000
Port Status: S -- Selected,  U -- Unselected
Local:
Port              Status  Priority  Key    Flag
-----------------------------------------------------------
Ethernet1/0/1        S       32768    1      {}
Ethernet1/0/2        S       32768    1      {}
Ethernet1/0/3        S       32768    1      {}
Ethernet1/0/4        S       32768    1      {}
Ethernet1/0/5        S       32768    1      {}
Ethernet1/0/6        S       32768    1      {}
Ethernet1/0/7        S       32768    1      {}
Ethernet1/0/8        S       32768    1      {}
Ethernet1/0/9        U       32768    1      {}
Ethernet1/0/10       U       32768    1      {}
```

管理员把某台交换机的 10 个端口，从 Ethernet1/0/1 到 Ethernet1/0/10，都加入到聚合组。这 10 个端口都已经 Up，且端口都工作在 100M/全双工模式，但只有 Ethernet1/0/1～Ethernet1/0/8 被选中成为 Selected 状态。为什么 Ethernet1/0/9 和 Ethernet1/0/10 是 Unselected 状态？那是因为这台交换机能力有限，一个聚合组中最多支持 8 个端口。

接下来，配置端口 Ethernet1/0/5、Ethernet1/0/6 速率为 10Mbps 全双工。根据"按照端口全双工/高速率、全双工/低速率、半双工/高速率、半双工/低速率的优先次序，选择优先次序最高的端口处于 Selected 状态，其他端口则处于 Unselected 状态"这个原则，聚合组中的 Ethernet1/0/5、Ethernet1/0/6 变化为 Unselected 状态，具体如下所示：

```
[LSW1]display link-aggregation verbose
Loadsharing Type: Shar -- Loadsharing, NonS -- Non-Loadsharing
```

```
    Flags: A -- LACP_Activity, B -- LACP_timeout, C -- Aggregation,
    D -- Synchronization, E -- Collecting, F -- Distributing, G -- Defaulted,
H -- Expired
    Aggregation ID: 1, AggregationType: Manual,   Loadsharing Type: Shar
    Aggregation Description:
    System ID: 0x8000, 00e1-fc00-5000
    Port Status: S -- Selected, U -- Unselected
Local:
Port                      Status  Priority  Key    Flag
--------------------------------------------------------
Ethernet1/0/1             S       32768     1      {}
Ethernet1/0/2             S       32768     1      {}
Ethernet1/0/3             S       32768     1      {}
Ethernet1/0/4             S       32768     1      {}
Ethernet1/0/5             U       32768     2      {}
Ethernet1/0/6             U       32768     2      {}
Ethernet1/0/7             S       32768     1      {}
Ethernet1/0/8             S       32768     1      {}
Ethernet1/0/9             S       32768     1      {}
Ethernet1/0/10            S       32768     1      {}
```

动态聚合

动态聚合比手工聚合更为灵活，无须手工配置，聚合组的两端设备通过链路汇聚控制协议（Link Aggregation Control Protocol，LACP）交互双方信息。在 LACP 协议中，两端通过交换链路汇聚控制协议数据单元（Link Aggregation Control Protocol Data Unit，LACPDU）来传递信息，通过这些信息来确定哪些端口是 Selected 状态，哪些端口是 Unselected 状态。决定端口是 Selected 还是 Unselected 状态的基本原则与手工聚合一样，没有变化，不再赘述。

一个聚合组中如何选择哪些端口 Selected，哪些端口选择 Unselected 的问题解决了，但另外一个问题来了，用户报文真正要转发的时候，究竟是从聚合组中的哪个物理接口出去呢？就好比在一条马路上，有多个车道，一辆车只能选择一个车道走，那究竟选择哪个车道呢？这就涉及链路聚合的负载分担算法。

负载分担算法原理：如果用户数据是二层报文，通常针对每一条数据流将源 MAC 地址和目的 MAC 地址的部分信息进行异或计算，异或计算的结果与当前聚合组中处于 Selected 状态的端口数目进行哈希，哈希的结果决定了这条数据流走哪条链路。如果用户数据流是 IP 报文，通常也是针对每条数据流将源 IP 地址和目的 IP 地址的部分信息进行异或计算，异或计算的结果与当前聚合组中处于 Selected 状态的端口数目进行哈希，哈希的结果决定了这条数据流走哪条链路。

负载分担有逐流转发和逐包转发两种模式。通常五元组（源IP地址，目的IP地址，源端口号，目的端口号，IP头部的协议号）相同的一串IP报文称为一个"流"，当然也可以采用四元组或其他形式。在逐流转发模式中，一个流的所有IP报文都走同一条链路。而在逐包转发模式中，一个流中的各个IP报文会均匀地选择不同的链路进行转发。继续引用上面的例子，逐流转发可以理解为大客车只能走车道1，小客车只能走车道2。如果是逐包转发的模式，那么大客车A走车道1，大客车B走车道2，小客车A走车道1，小客车B走车道2，即不分大小客车，一辆车走车道1，再来一辆车就走车道2，依次进行。逐流转发的好处是同一个会话的报文前后一般不会乱序。逐包转发通常用于比较特殊的场合，比如一条流由大包组成，走单个链路带宽不够，就只能采用逐包转发的模式进行负载分担。一般交换机只支持逐流转发模式，路由器可以支持逐包和逐流两种转发模式。

再回到之前的问题，高密度视频服务器与上行交换机之间需要采用高可靠性接入技术，使用链路聚合技术就是一种很好的解决方案。交换机连接高密度视频服务器的两个端口用链路聚合技术，加入到一个聚合组中。同理，高密度视频服务器连接交换机的两个端口也用链路聚合技术，也加入到同一个聚合组中，如图4-13所示。

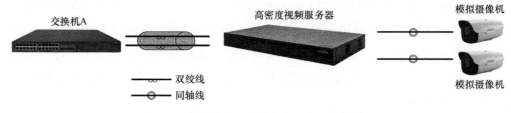

图4-13　利用链路聚合技术实现高可靠性接入

SmartLink 技术

SmartLink，即灵活链路，又称为备份链路，是一种为双上行链路提供高效可靠的链路备份和切换机制的解决方案，通常应用于双上行组网环境中。SmartLink功能可以满足用户对链路快速收敛的需求，同时可以实现主备链路的冗余备份及其快速迁移。在双上行组网环境下，当主用链路出现故障时，设备自动将流量切换到备用链路，这样就起到了冗余阻塞和链路备份的作用。

一个SmartLink组包含两个成员端口，其中一个被指定为主端口（Master Port），另一个被指定为副端口（Slave Port）。正常情况下，只有一个端口（主端口或副端口）处于转发

（Active）状态，另一个端口被阻塞（Block），处于备份（Standby）状态。当处于转发状态的端口发生链路故障（链路故障目前主要是指端口状态转为 Down）时，SmartLink 组会自动将该端口阻塞，并将原阻塞的处于备份状态的端口切换到转发状态。

利用 SmartLink 技术，也可以解决高密度视频服务器与上行交换机之间的高可靠性接入问题，如图 4-14 所示。

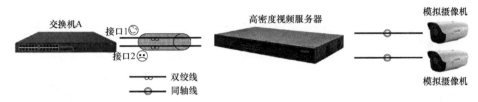

图 4-14　利用 SmartLink 技术实现高可靠性接入

在交换机 A 上使用 SmartLink 技术，刚开始接口 1 为转发（Active）状态，而接口 2 处于备份（Standby）状态。当交换机感知到接口 1 的链路故障时，接口 2 就会立即切换到转发状态，承担起转发数据的重任。

STP

高密度视频服务器与上行交换机之间采用两条链路来保证可靠性，采用两条链路最大的障碍是存在一个环路，环路可能会导致以太网广播风暴，而 STP 技术就是一种为了消除环路上的广播风暴而研发出的技术。但 STP 在链路切换时，流量收敛时间较长一般都在数秒，这对实时性要求颇高的视频监控业务而言，是无法接受的。故 STP 不适合用在此种场景下。

小 U 弄清楚技术原理后，将这几种技术捋了捋，其高可靠性接入技术对比见表 4-2。

表 4-2　三种实现高可靠性接入技术对比表

项　目	STP	SmartLink	链路聚合
设备要求	仅需交换机支持即可	仅需交换机支持即可	交换机和视频服务器都需支持
配置维护	简单	较简单	稍复杂
切换时间	秒级	毫秒级	毫秒级
链路利用率	同时只有一条链路能用	同时只有一条链路能用	两条链路都能用

通过对比，小 U 认为在视频监控领域中，还是链路聚合最适合，切换速度快且两条链路都能利用起来，不浪费链路带宽。

光电串接接入技术

一天小 U 接到客户电话,说需要增加摄像机点位,并且利用现有路边的立杆与线缆资源。小 U 为难了,利用现有路边的立杆还容易办到,但利用线路资源就无法实现了,要么重新拉一根光纤,要么在立杆下新增加一台交换机扩充网络接口,如图 4-15~图 4-17 所示。

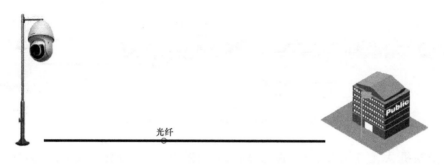

图 4-15 现有拓扑图

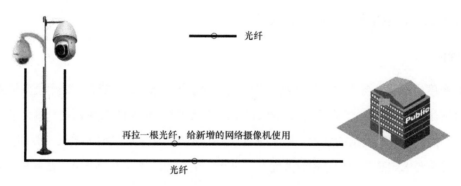

图 4-16 增加一根光纤的方案拓扑

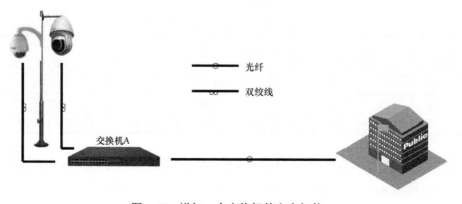

图 4-17 增加一台交换机的方案拓扑

但小 U 对这两种方案都不满意，第一种方案需要额外拉一根光纤，第二种方案是要另外加一台交换机扩充端口才行。小 U 寻思着有没有一种方案，不需要增加任何设备或者拉光纤，只需增加一台网络摄像机就可以达到客户要求，那该多好！小 U 抱着试试看的心态请教"度娘"，还真有这样的技术——摄像机光电串接，如图 4-18 所示。

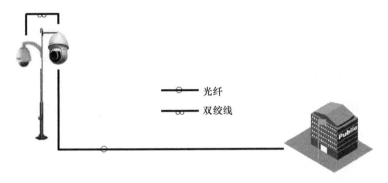

图 4-18　光电串接方案

网络摄像机支持光电串接技术，即一台网络摄像机可以同时提供 SFP 光接口和 RJ45 的电口。可以形象地理解为把一台小型以太网交换机集成到这台网络摄像机中，SFP 光口可以连接从监控中心拉来的光纤，RJ45 可以连接下一台网络摄像机。支持光电串接的网络摄像机如图 4-19 所示。

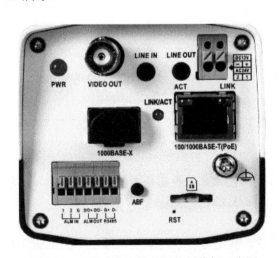

图 4-19　支持光电串接的网络摄像机示意图

有了光电串接特性，就可以衍生出更为灵活的组网方案，通过摄像机一级一级串连下去，可以形象地称之为"手拉手"组网方案，如图 4-20 所示。

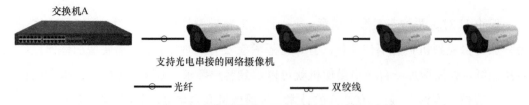

图 4-20 支持光电串接的网络摄像机"手拉手"组网

在沿着主干道部署网络摄像机的场景下,"手拉手"组网可以大量节约线缆资源,还可以节约对交换机端口的占用数。小 U 觉得这光电串接技术太实用了,简直就是为集成商量身定制的。暗自得意之时,一个念头在脑海中闪现,难道这个"手拉手"方案就没啥缺点?嗯,确实,一个事物有好的一面,必有它不好的一面,"手拉手光电串接"最大的问题是缺乏稳定性,如图 4-21 所示。

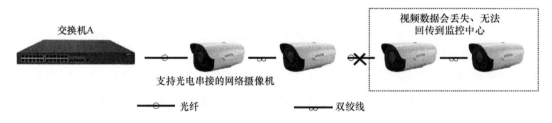

图 4-21 支持光电串接的网络摄像机"手拉手"组网缺乏稳定性

在一条"手拉手"链路中,如果有一处线路发生故障,或者"手拉手"链路上有一台网络摄像机意外掉电,都会导致后续网络摄像机的视频流无法回传。如何解决呢?我们介绍一种实用的以太环网方案。

以太环网

我们通常遇到的以太网接入,一般都是指的星型组网接入,多个 IPC 各自通过网线或光纤连接到交换机。典型组网应用如图 4-22 所示。

环网技术,简单来说,就是将一些网络设备通过环的形状连接到一起,实现相互通信的一种技术。它重点在于"环",但熟悉以太网的工程师都会谈"环"色变,因为网络成环可能会导致广播风暴。所以对于以太网的环网技术,必须要有一套机制来消除网络中的环路,避免广播风暴的发生。

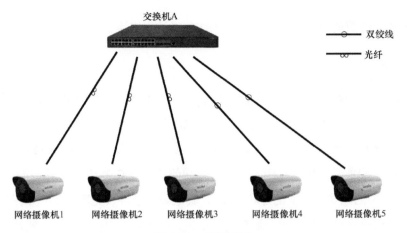

图 4-22 星型组网

Extreme 公司在 2003 年就提出了以太网链路自动保护切换（Ethernet Automatic Protect Switching，EAPS）技术，并在 IETF 上发布了 RFC3619。遗憾的是，该 RFC 是 Informational，而不是 Standards Track，所以几乎没有其他厂商基于此 RFC 实现环网技术。但其采用 Hello 帧等简单的以太网故障检测机制和相对灵活且易于实现的倒换保护协议，被广大网络设备商所接受，并在此基础上不断改进，衍生出了很多属于各自厂家的私有协议。目前主要有：

ERPS（Ethernet Ring Protection Switching）——爱立信；

RRPP（Rapid Ring Protechion Protocol）——华为、H3C；

ZESR（ZTE Ethernet Smart Ring）——中兴。

下面重点讲述华为/H3C 的 RRPP 协议。

快速环网保护协议（Rapid Ring Protection Protocol，RRPP）是一个专门应用于以太网环的链路层协议。它在以太网环完整时能够防止数据环路引起的广播风暴，而当以太网环上一条链路断开时能迅速启用备份链路以恢复环网上各个节点之间的通信通路。

和 STP 协议相比，RRPP 协议有如下特点：

一是拓扑收敛速度快（＜50ms）；

二是收敛时间与环网上节点数无关。

一组配置了相同域 ID 和控制 VLAN，并且相互联通的交换机群体构成一个 RRPP

域。RRPP 域由整数的 ID 来标识。一个 RRPP 域具有以下的组成要素。

RRPP 环

一个 RRPP 环物理上对应一个环形连接的以太网拓扑，一个 RRPP 域分为单环和多环。顾名思义，单环就是一个 RRPP 域只包含一个 RRPP 环，多环就是一个 RRPP 域由彼此相接的多个 RRPP 环构成。环可分为主环和子环，在单环情况下，一个 RRPP 环既可以配置成主环，也可以配置成子环，在应用上具有相同的效果；在多环情况下，其中有一个为主环（见图 4-23 中的图（二）里的外环虚线），其他环为子环（见图 4-23 中的图（二）里的内环虚线）。RRPP 环的角色由用户通过配置决定。在图 4-23 中，图（一）就是单环示意图，而图（二）是多环示意图。

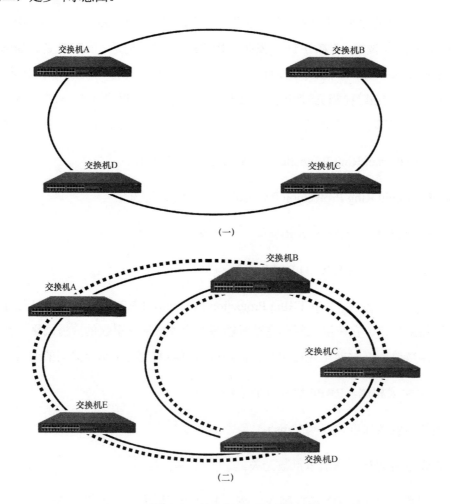

图 4-23 单环与多环示意图

RRPP 控制 VLAN

控制 VLAN 是相对于数据 VLAN 来说的。在 RRPP 域中，控制 VLAN 只用来传递 RRPP 协议报文。每个 RRPP 域配有两个控制 VLAN，分别为主控制 VLAN 和子控制 VLAN，配置时只需要指定主控制 VLAN，而把比主控制 VLAN 的 ID 值大 1 的 VLAN 作为子控制 VLAN。主环协议报文在主控制 VLAN 中传播，子环协议报文在子控制 VLAN 中传播。主控制 VLAN 和子控制 VLAN 的接口上都不允许配置 IP 地址。

每个交换机上接入以太网环的端口属于控制 VLAN，而且也只有接入以太网环上的端口可以加入控制 VLAN。主环的 RRPP 端口既要属于主控制 VLAN，同时也要属于子控制 VLAN；子环的 RRPP 端口只属于子控制 VLAN。主环被看作子环的一个逻辑节点，子环的报文通过主环透传（不对报文做任何改变的传送）；主环的报文只在主环内部传播，不进入子环。

主节点

主节点由管理员手工配置指定，是 RRPP 环上的主要决策和控制节点。每个 RRPP 环上必须有一个主节点，而且只能有一个。主节点是 Polling 机制（环网状态主动检测机制）的发起者，也是网络拓扑发生改变后执行操作的决策者。

主节点周期性地从其主端口发送 Hello（健康检测报文）报文，依次经过各传输节点在环上传播。如果从主节点副端口能够收到自己发送的 Hello 报文，说明环网链路完整；否则，如果在规定时间内收不到 Hello 报文，就认为环网发生链路故障。

主节点有如下两种状态：

完整状态（Complete State）

当环网上所有的链路都处于 Up 状态，主节点可以从副端口收到自己发送的 Hello 报文，就说主节点处于 Complete 状态。主节点的状态反映了 RRPP 环的状态，因此 RRPP 环也处于 Complete 状态，此时主节点会阻塞副端口以防止数据报文在环形拓扑上形成广播环路。

故障状态（Failed State）

当环网上有的链路处于 Down 状态时，主节点就会处于 Failed 状态，此时主节点放开副端口以保证环网上各节点通信不被中断。

传输节点

环上除主节点之外的其他节点都称为传输节点（边缘节点和辅助边缘节点实际上是特殊的传输节点）。一个 RRPP 环上可以有多个传输节点，也可以没有传输节点——事实上这样的组网没有实际意义。

主端口和副端口

主节点和传输节点分别接入以太网环的两个端口中，一个为主端口，另一个为副端口，端口的角色由用户的配置决定。

主节点的主端口和副端口在功能上是有区别的。主节点从其主端口发送环路状态探测报文，如果能够从副端口收到该报文，说明本节点所在 RRPP 环网完整，因此需要阻塞副端口以防止数据环路（副端口是阻塞状态时，只有 RRPP 协议的 Hello 报文能通过，而用户数据报文都会被丢弃）；相反，如果在规定时间内收不到探测报文，说明环网故障，此时需要放开副端口以保证环上所有节点的正常通信。传输节点的主端口和副端口在功能上没有区别，端口的角色同样由用户的配置决定。

特别地，主环主节点副端口被阻塞时，不仅要禁止数据报文通过，同时要禁止子环的协议报文通过；放开时则同时放开数据报文和子环协议报文。也就是说，子环协议报文在主环中视为数据报文处理。与主环主节点副端口相同，主环传输节点上的 RRPP 端口（包括主端口和副端口）被阻塞时，要同时阻塞数据报文和子环的协议报文；放开时，二者同时放开。

下面将以单环为例，以环网状态从健康→故障→健康的变化过程为线索，来描述 RRPP 协议的运行细节和拓扑收敛过程。

当整个环网上所有链路都处于 Up 状态时，RRPP 环处于健康状态，主节点的状态反映整个环网的健康状态，并且为了防止其上的数据报文形成广播环路，主节点阻塞其副端口。主节点从其主端口周期性的发送 Hello 报文，依次经过各传输节点，最后从主节点副端口回到主节点，如图 4-24 所示。

当环路被破坏时，从主节点主端口发出的 Hello 报文，因为环上某处被破环，Hello 报文无法到达主节点的副端口上，此时主节点交换机 A 的副端口连续 3 个 Hello 周期时间内没有收到 Hello 报文，主节点交换机 A 就认为此时网络上的环路被破环，需要开放副端口使其能转发用户数据报文以保证用户数据报文不被丢失，如图 4-25 所示。

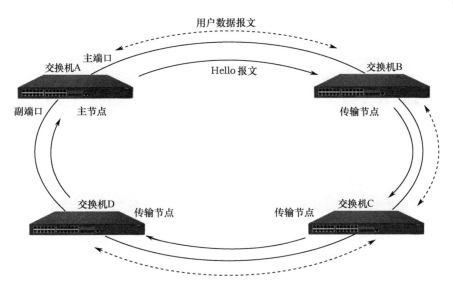

图 4-24　完整状态下的 RRPP 环

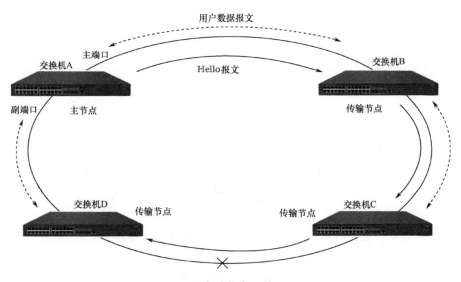

图 4-25　不完整状态下的 RRPP 环

RRPP 环感知网络环是否完好，除了监测是否收到 Hello 报文这一被动过程外（这种方式速率略慢，需 3 个 Hello 周期时间主节点感知），还有一种更为快速主动的方案——传输节点感知故障后主动上报。如图 4-26 所示，当传输节点交换机 C 发现 RRPP 环上的接口 Down 掉后，该传输节点将从与故障端口配对的状态为 Up 的 RRPP 端口主动发送 Link Down 报文通知主节点，主节点收到 Link Down 报文后，立即将状态切换到 Failed 状态，放开副端口，无须等待 3 个 Hello 周期时间，可以加快故障恢复时间。

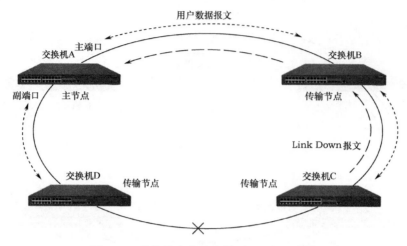

图 4-26 传输节点主动上报 Link Down 报文

安防 IT 化是大势所趋，部分视频监控设备商已经把 RRPP 类似的环网功能集成到网络摄像机/视频服务器里，在光电串接的网络摄像机组网中，利用环网技术可以大大提升整体可靠性。使用环网技术后的示意拓扑图如图 4-27 所示。

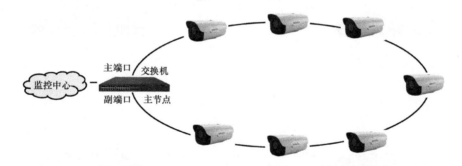

图 4-27 环网技术在网络摄像机/视频服务器中的应用

在图 4-27 中，任意一台网络摄像机意外断电或者某一处链路故障，都不会影响各网络摄像机上的视频数据回传到监控中心。RRPP 以太环网对环网的链路介质（是光纤还是双绞线）、环网接口类型（是 RJ45 还是 SFP 接口）都没有限制，使组网更为灵活方便。小 U 对此赞不绝口，真是太、太、太方便了！

EPON 接入技术

光纤接入从技术上可分为两大阵营：有源光网络（Active Optical Network，AON）和无源光网络（Passive Optical Network，PON）。1983 年，BT 实验室首先发明了 PON

技术；PON 是一种纯介质网络，由于消除了局端与用户端之间的有源设备，它能避免外部设备的电磁干扰和雷电影响，减少线路和外部设备的故障率，提高了系统的可靠性并节省了运维成本，是运营维护部门期盼已久的技术。PON 的业务透明性较好，理论上可承载任何制式和速率的信号。目前基于 PON 的实用技术主要有 APON/BPON、GPON、EPON/GEPON 等几种。在各种 PON 技术之争的过程中，以太网无源光网络（Ethernet Passive Optical Network，EPON）脱颖而出，率先进入大规模商用阶段，这得益于 EPON 融合了多种最佳技术和网络结构。

EPON 的系统结构如图 4-28 所示。一个典型的 EPON 系统由 OLT、ONU、POS 组成。光线路终端（Optical Line Terminal，OLT）放在中心机房，光网络单元（Optical Network Unit，ONU）放在用户设备端附近或与其合为一体。无源分光器（Passive Optical Splitter，POS）是一个连接 OLT 和 ONU 的无源设备，它的功能是分发下行数据（从 OLT 到多个 ONU 的传输数据方向，即下行方向），并集中上行数据（从多个 ONU 到 OLT 的传输数据方向，即上行方向）。EPON 中使用单芯光纤，在一根芯上同时传送上下行数据（上行波长：1310nm。下行波长：1490nm），如图 4-29 所示。

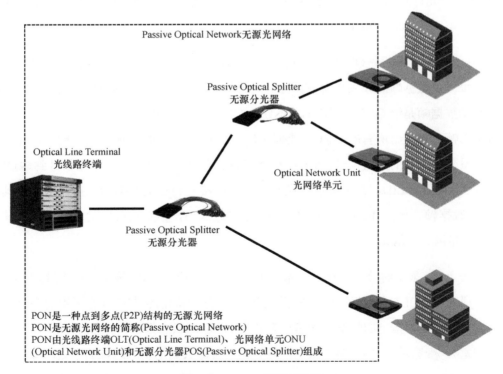

图 4-28　EPON 系统结构图

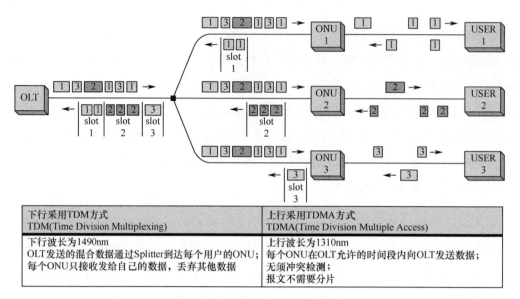

图 4-29 EPON 上下行传输示意图

当 OLT 启动后，它会周期性地在本端口上广播允许接入的时隙等信息。ONU 上电后，根据 OLT 广播的允许接入信息，主动发起注册请求，OLT 通过对 ONU 的认证（本过程可选），允许 ONU 接入，并给请求注册的 ONU 分配一个本 OLT 端口唯一的一个逻辑链路标识（Logical Link Identifier，LLID）。

数据从 OLT 到多个 ONU 以广播式下行（时分复用技术 TDM），根据 IEEE802.3ah 协议，每一个数据帧的帧头包含前面注册时分配的、特定 ONU 的逻辑链路标识，该标识表明本数据帧是给 ONU（ONU1，ONU2，ONU3，…，ONUn）中的唯一一个。另外，部分数据帧可以是给所有的 ONU，类似于广播形式。在图 4-29 的组网结构下，在分光器处流量分成独立的三组信号，每一组都承载着所有 ONU 的信号。当数据信号到达 ONU 时，ONU 根据 LLID，在物理层上做判断，接收给它自己的数据帧，摒弃那些给其他 ONU 的数据帧。如图 4-29 中，ONU1 收到包 1、2、3，但是它仅仅发送包 1 给终端用户 1，丢弃包 2 和包 3。

对于上行，采用时分多址接入技术（TDMA）分时隙给 ONU 传输上行流量。当 ONU 在注册成功后，OLT 会根据系统的配置，给 ONU 分配特定的带宽，（在采用动态带宽调整时，OLT 会根据指定的带宽分配策略和各个 ONU 的状态报告，动态的给每一个 ONU 分配带宽）。带宽对于 PON 层面来说，就是可以传输数据的基本时隙的个数，每一个基本时隙为 16ns。在一个 OLT 端口（PON 端口）下面，所有的 ONU 与 OLT 的 PON 端口之间时钟是严格同步的,每一个 ONU 只能够在 OLT 给他分配的时刻上面开始,用分配给它的时隙长度传输数据。通过时隙分配和时延补偿,确保多个 ONU 的数据信号耦合到一根光纤时,各个 ONU 的上行数据不会互相干扰。

图 4-30 是 EPON 在视频监控系统中的典型应用,小 U 看起来有点纳闷,总觉得夹在分光器与网络摄像机之间的 ONU 有点多余。在光纤到户(Fiber To The Home,FTTH)的应用场景下,ONU 作为一个单独的设备还是有必要的,毕竟一个家庭里有多台终端设备,都需要通过这台 ONU 接入网络。而在视频监控应用场景下,一般一个 ONU 设备下只会有一台终端设备接入网络,完全可以把 ONU 设备集成到终端设备即网络摄像机中去,这样实现的优点如下:

(1)减少了中间 ONU 设备,就减少了一个故障点,能提高系统整体的稳定性;

(2)减少了中间 ONU 设备,也减少了后期维护点;

(3)提供高安全性的前端接入,降低安全风险。

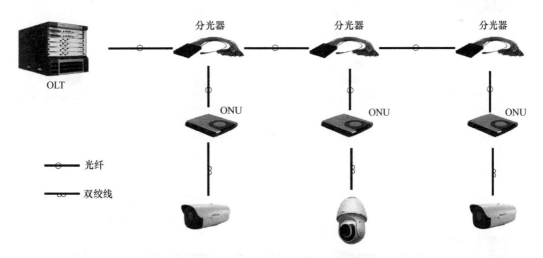

图 4-30　EPON 系统在视频监控中的应用

网络摄像机的 RJ45 口暴露在户外/路边,有极大的安全隐患。在常见的以太网中,对物理层和数据链路层安全性考虑甚少。以太网自身没有认证或安全机制,理论上一个以太网端口可以接入任何一台终端设备。试想一下,任何一个心存恶意的人,把装在户外/路边的网络摄像机的网线拔下,插在笔记本电脑上,就可以连入视频监控网络中,就算窃取不到视频数据,拼命地向视频监控网络里发病毒或垃圾流量,其杀伤力也是极其恐怖的,甚至有可能导致整个视频监控网络瘫痪。想到这里,小 U 倒吸一口凉气,这是多么危险啊。如果把 ONU 设备集成到网络摄像机里,这样网络摄像机暴露在户外/路边的就是 PON 口,EPON 协议对 ONU 设备上线是有认证和加密机制的,不是普通以太网那样插上网线就可以连入网络中的机制。即使经过合法认证接入后的设备,其通信过程启用了 128 位的 AES 加密或者 48 位的三重搅动加密,形成端到端的加密通道,而且各个终端设备的密钥都不同,每 10s 更新一次,其时间周期远远小于密钥破译所需时间,具有很高的安全性。

部分具有创新意识的安防设备商早就意识到了小 U 的顾虑,把 EPON 技术引入到前端网络摄像机或编码器中,前端网络摄像机或编码器对外提供的只有 PON 口,杜绝了恶意人士利用普通 RJ45 接口做坏事的可能。利用 EPON 技术可以衍生出星型或总线型等诸多千变万化的组网,如图 4-31 和图 4-32 所示。

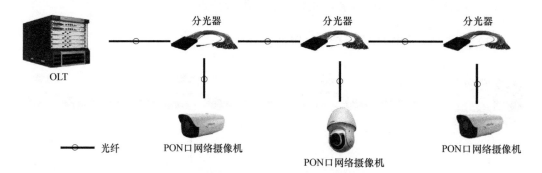

图 4-31　EPON 总线型组网图

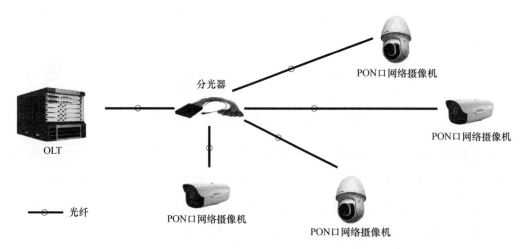

图 4-32　EPON 星型组网图

EPON 适用于平安城市和高速公路的视频监管接入场景。

平安城市中的高安全性接入

在平安城市的部署中,由于其安全性因素,都要求 IP 不到路面,采用 EPON 方式接入是最合适的。在平安城市的设计模型中,EPON 的总线型和扇形覆盖都比较常见。总线型覆盖主要应用在平安城市中的城市主干道路监控,而扇形覆盖则主要适用于一个园区的监控。

在高速公路中的高可靠性接入

在高速公路的应用场景下,业界通用的方案是选用光端机采取"手拉手"的组网方案,此方案需要对光端机供电,而高速公路上供电稳定性无法保障,如果出现一台光端机设备掉电,则会导致后面所有节点的视频监控数据都无法回传,可靠性很差,如图 4-33 所示。

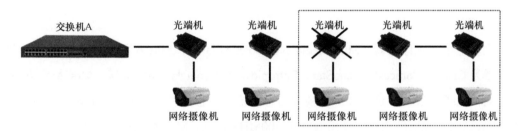

图 4-33 高速公路光端机应用场景

有些安防设备商更是创新性地把总线型分光模式引入到高速公路监控解决方案中,如图 4-34 所示,利用独创的 EPON 长距离传输技术,突破 EPON 技术标准中 20km 限制,延伸一倍达到 40km。如果采取 3km 的密度进行部署,可以进行 11 级分光,覆盖范围能达到 36km。而分光器是无源设备,根本无须考虑掉电风险。

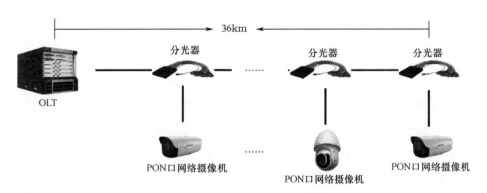

图 4-34 高速公路 EPON 应用场景

EoC 接入技术

EoC（Ethernet over Coxial Cable）是在同轴电缆上传输以太网数据的技术统称。EoC 技术可分为无源 EoC 和有源 EoC 两大阵营。

无源 EoC 是直接把以太网的基带信号通过无源器件耦合到同轴电缆中传输。由于采用简单的信号耦合，无源 EoC 抗干扰能力很差，对阻抗匹配要求也很高，在实际使用中适应性也差，最终效果也不尽如意，无源 EoC 方案目前已基本不用了。

在有源 EoC 技术方面，现在通信界方案多种多样，规模、成熟度也不相同，但都是基于调制技术。主要分为 MoCA 的高频技术和 Homeplug AV 或 HPNA 的低频技术。核心原理都是将数据信号调制到能在同轴网传输的某一频段上，然后将模拟信号和调制后的数据信号混合传输。目前市面上使用的 EoC 几乎都是有源 EoC 技术。

MoCA

同轴电缆多媒体联盟（Multimedia over Coax Alliance，MoCA）成立于 2004 年 1 月，创立者为 Cisco、Comcast、EchoStar、Entropic、Motorola 与 Toshiba 等。MoCA 希望能够利用同轴电缆（Coax）进行多媒体视频信息的传递；它们利用 Entropic 的技术（C-link）作为 MoCA1.0 规范的依据，使用 800～1500MHz 频段。MoCA 的成员认为，美国家庭里同轴电缆的普及率高达 70%，整个基础设施十分完整，加上同轴电缆传输多媒体视频资料的技术已经相当成熟稳定，适合利用它来传输多媒体视频资料。2006 年 3 月 28 日，MoCA 宣布，批准发布 MoCAMAC/PHYv1.0 标准。2007 年年底，MoCA 联盟批准通过了 MoCA1.1，把有效数据速率提高到 175Mbps，为多媒体业务提供更好的 QoS。除技术标准之外，MoCA 还发布了认证测试计划和程序，用于设备互操作认证。

但 MoCA 系统工作于高频段，链路衰减较大，传输距离短，抗干扰能力不够，影响传输效果。

HPNA

家居电话线联网协议（Home Phoneline Networking Allince，HPNA），其工作频段在 4～21MHz，采用新的调制技术 FDQAM（Frequency Diverse QAM），也叫作自适应 QAM（AdaptiveQAM）。因为采用了自适应的编码率与调制方式，当通信有干扰出现时，能自动地使用较低的编码率，因而具有较强的抗干扰能力。

Homeplug AV

Homeplug AV 工作频段在 2~28MHz，在物理层采用具有高级前向纠错，通道预估和自适应能力的多载波的 OFDM 有源调制，而在 MAC 层则综合使用具有 QoS 保证的时分多址（Time Division Multiple Access，TDMA）有序接入和竞争接入（Carvier Sense Multiple，CSMA）两种方式，并通过快速自动重发请求可靠传输，HomePlug AV 支持 TDMA 和 FDMA，即兼容时分多址和频分多址。HomePlug AV 技术特点：调制速率较高，各个终端之间带宽共享 200Mbps，网络适应能力好，抗干扰能力强。

> **说明**
>
> 用在视频监控系统中的 EoC 方案都是有源技术，采用 HPNA 和 Homeplug AV 方案的都有。

EoC（见图 4-35）在视频监控中主要用于模拟监控系统的 IP 高清视频监控改造，因为工程布线等原因需要继续使用原来模拟视频监控系统所使用到的同轴电缆，一方面是最大限度地保护用户投资，另一方面是有些情况不能重新布线（如历史建筑）。

图 4-35　单端口 EoC 转换器

一个典型的 EoC 系统在监控中的应用如图 4-36 所示，使用同轴电缆最远传输可达 1km。

图 4-36　EoC 技术在 IP 视频监控中的典型应用

由图 4-36 可知，EoC 都是成对使用进行数据的调制和解调。小 U 敏锐地发现，如果有多台模拟摄像机进行 IP 高清改造，那就需要很多台 EoC 转换器，这很不人性化，如图 4-37 所示。

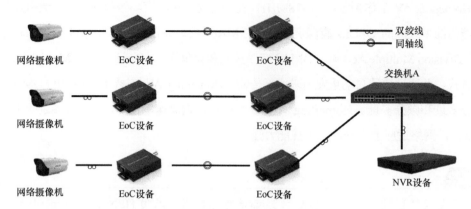

图 4-37　多路模拟摄像机 EoC 方案改造

安防真是一个朝阳行业，小 U 的需求很多安防厂商已经提前感知到了，并且已经快速响应并有了相应的应对方案，把靠近 NVR 侧的 EoC 设备由单端口演化升级为多端口设备，还能节省一台交换机，如图 4-38 和图 4-39 所示。

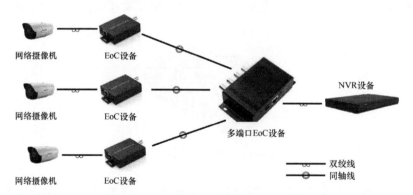

图 4-38　多端口 EoC 设备使用拓扑图

图 4-39　多端口 EoC 转换器

还有一些更有趣的视频监控设备商，直接把 EoC 设备集成到网络摄像机和 NVR 上。这样一来，从外观来看集成了 EoC 模块的网络摄像机和普通模拟摄像机都一样，对外提供的接口都是 BNC 接口。同样，支持 EoC 功能的 NVR 从外观上看和 DVR 也一样的，对外提供的接口都是 BNC 接口，支持多少路网络摄像机就有多少个 BNC 接口，但实际上这些 BNC 接口承载的是 IP 数据而非模拟监控时代的模拟信号，真有点李逵和李鬼不分了。

C114 家园网友互动

Q：如如 发表于 2015-8-11 20:19

RRPP环网技术挺好的，有没有强制要求RRPP环上的设备都是同一种类型，或者同一型号？

A：网语者 发表于 2015-8-14 08:28

目前还没有这样的限制，只要RRPP环上的设备支持RRPP协议即可，设备可以是交换机、IPC或者视频服务器。

Q：舒克舒克 发表于 2015-8-12 10:28

RRPP环网在正常情况下，主节点上的副端口是处于阻塞状态的，有点浪费资源，有没有方案能让副端口也转发流量？避免资源浪费啊？

A：网语者 发表于 2015-8-14 08:36

要回答这个问题就要牵扯出多实例的概念，有点类似MSTP协议。即这个端口是Trunk口，它属于多个VLAN。对某些VLAN而言，这个端口是主端口，它处于转发流量状态；而对某些VLAN而言，这个端口是副端口，它处于阻塞状态，不能转发用户数据。

Q：范菠珍 发表于 2015-8-12 20:25

楼主写得真好！最近正在看EoC和PoE相关的内容，不知道楼主有没有涉及？如果有涉及，想请教一下，在EoC中，有没有类似PoE这样的技术，通过视频线缆能同时对EoC设备及IPC供电？

> A: 网语者 发表于 2015-8-14 08:44
>
> 谢谢夸奖,有这样的技术,术语叫作POC(Power ON Cable),目前还未标准化,只是有部分芯片厂家推出这样的技术,即把电力信号和数据信号耦合在一起,在一根同轴电缆中传输。因为还未标准化,所以商业程度远未达到PoE的程度。

听了小U的介绍,老U觉得RRPP环网真有趣。但也觉得可惜,环网这么实用的思想,难道只能用在前端接入设备上?小U似乎猜到了老U的心思,会心一笑,向老U介绍起专门用在核心网的RPR技术。

核心网 RPR

SONET/SDH 环网的优点是高可靠性,满足用户的通信要求;能够提供保护和快速恢复机制;但是其点到点、电路交换的设计目标也为它带来了诸多缺点:

(1)带宽在节点间点到点的链路中固定分配并保留;

(2)带宽不能根据网络中流量的实际情况而改变,不利于带宽的高效利用;

(3)广播和组播报文将分成多个单播完成,浪费带宽;

(4)通常为实现保护机制,50%的带宽将保留,未能提供灵活的选择机制。

以太网技术有成本低、简洁、易扩展,以及便于IP包的传输和处理等优点,但它在规模、端到端业务建立、质量保证、可靠性等方面还存在不少需要克服的难题。例如 RRPP 环上主节点的副端口在环是正常状态下是处于阻塞状态不转发用户数据的,存在利用率不高的缺点。需要一种新的环网技术来解决上述不足,RPR就是在此背景下横空出世的。

RPR 环概述

弹性分组环(Resilient Packet Ring,RPR),是 IEEE 802.17 工作组标准化的一种新

的 MAC 层技术，是工作在 OSI 协议栈第二层的介质访问控制（MAC）协议，和物理层无关，可运行于 SONET/SDH、Ethernet 和 Dwdm 之上。RPR 主要应用在核心网络。

RPR 采用逆向双环结构，分为内外两个环，外环称为 0 环，数据在其上沿顺时针发送，内环称为 1 环，数据在其上沿逆时针发送。1 环发出方向为西，0 环发出方向为东。如图 4-40 所示。

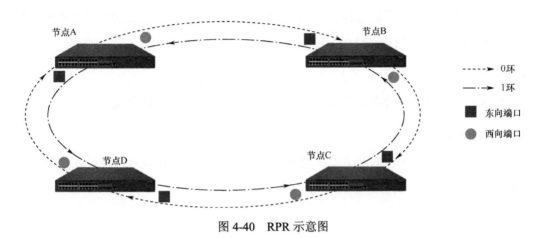

图 4-40 RPR 示意图

每个 RPR 节点被称为 Station，采用了一个以太网中的 48 位 MAC 地址标识，必须保证环上所有节点 MAC 不同，从设备链路层来看，RPR 两个节点之间的物理接口只是一个链路层接口，从网络层来看，也仅需要分配一个 IP 地址而已。另外，还有链路、段和域的概念。

链路（Link）

连接相邻节点的一段传输通道，相邻节点之间由方向相反的两条链路连接。

段（Span）

RPR 环网上两个相邻节点之间的链路，由方向相反的两条链路组成。

域（Domain）

多个连续的段和其上的节点构成域。

当段与段相邻的节点出现故障时，段不能转发数据就成为边（Edge）；环上的每段链路工作在同一速率上，RPR 的双环同时能够传送数据和控制报文。一个 RPR 节点包含有一个 RPR 逻辑接口和至少两个 RPR 物理端口。配置如下：

```
<StationA> system-view
[StationA] interface rpr 1 ----RPR 节点上的逻辑端口
[StationA-RPR1] rpr bind RPRPOS 1/1/1 ringlet0 ---该 RPR 节点逻辑端口
对应的物理端口，并绑定为 0 环
[StationA-RPR1] rpr bind RPRPOS 1/1/2 ringlet1 ---该 RPR 节点逻辑端口
对应的物理端口，并绑定为 1 环
[StationA-RPR1] quit
```

RPR 环作为一个共享的媒体介质，环上的每个节点对数据包的处理主要有 4 种操作：上环（Insert）、过环（Transit）、下环（Receive）、剥离（Strip）。

上环（Insert）

数据包上环操作，数据包从其他端口转发而来，进入 RPR 环传送。

过环（Transit）

只是经由本节点去往其他节点的数据包，本节点仅在 RPR MAC 执行快速转发，极大地提高了 RPR 节点的吞吐量。

下环（Receive）

节点从 RPR 环网的数据流中将数据帧复制一份并交给本节点的上层进行处理，该操作不会终止数据帧在 RPR 环网上的转发。

剥离（Strip）

节点终止数据帧在 RPR 环网上的转发。对于目的 MAC 为本节点的数据包，节点将执行剥离操作；对于源 MAC 是本节点的报文，认为报文绕环一圈，也执行剥离；对于检测到 TTL=0 或错误包，也执行剥离。

下环和剥离是两个独立的操作，下环只是将数据帧复制一份给本节点，如果数据帧不在本节点被剥离，该数据帧将继续在 RPR 环网上被转发给下一个节点。

单播报文转发如图 4-41 所示。

在源节点处上环，使数据承载到外环或内环中，在目的节点执行数据下环和数据剥离操作，而中间节点只执行数据转发即过环操作。

对于组播、广播和未知单播报文，如图 4-42 所示，在数据帧途经的每个节点，只要其 TTL 值不为 0，就都对其执行数据过环和下环操作。当该报文回到源节点时，执行剥离。

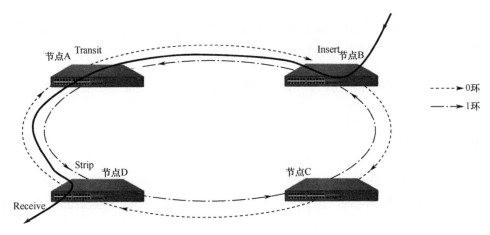

图 4-41 单播数据报文操作示意图

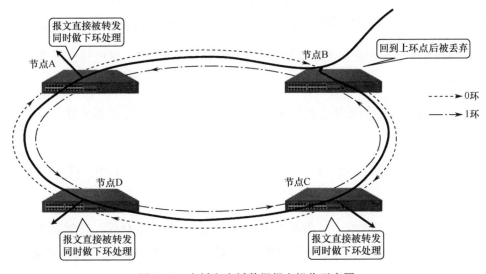

图 4-42 多播和广播数据报文操作示意图

RPR 的拓扑发现机制

RPR 通过拓扑发现来收集环网节点的数目、环状态、节点之间的排列顺序等信息，并生成拓扑数据库。当环网拓扑稳定后，对应的拓扑数据库也不再变化。

拓扑数据库

每个 RPR 节点都会维护一个拓扑数据库，其中保存着整个 RPR 环网的拓扑信息，是节点生成选环表的主要依据。拓扑数据库包含三个部分：

（1）环网的拓扑信息，如节点个数、环状态和可用带宽等；

（2）本节点的拓扑信息，如 MAC 地址、保护类型、节点保护状态、节点名称、本节点的拓扑信息校验，以及邻居节点的拓扑信息校验和等；

（3）其他节点的拓扑信息，如 MAC 地址、有效状态、可达状态、保护类型、节点索引、保留带宽及节点名称等。

拓扑发现过程

在 RPR 的拓扑发现过程中，主要通过拓扑保护（Topology Protection，TP）帧、属性发现（Attribute Discovery，ATD）帧和拓扑校验和（Topology Checksum，TC）帧来传播拓扑信息。

（1）TP 帧用来广播各节点的配置和状态信息，其他节点则根据收到的 TP 帧来更新自己的拓扑数据库，最后使得环上的每一个节点对环的拓扑信息都达到一致。

（2）ATD 帧用来传递节点的 MAC 地址、名称等属性信息，这些属性信息也会保存在拓扑数据库中。

（3）TC 帧用来在相邻节点间传递拓扑信息校验和，用于校验邻居节点和本节点的拓扑数据库是否匹配，以判断 RPR 环网拓扑是否稳定。

这三种帧都是周期性发送的，且周期长度都可以进行配置。其中，TP 帧和 TC 帧有两种发送周期：快速发送周期和慢速发送周期。

（1）当环上节点初始化，或者环上节点检测到拓扑发生变化时，将触发 TP 帧的快速发送，迅速将网络拓扑信息传遍整个网络。以快周期发送 TP 帧后，再以慢周期发送。

（2）当环网拓扑稳定并收敛后，将触发 TC 帧的快速发送，以快周期发送 TC 帧后，再以慢周期发送。

（3）无论拓扑情况如何，ATD 帧都是按用户设置的周期定时发送。

RPR 环上的每个节点都利用拓扑保护帧来广播自己的拓扑和保护状态信息，其他节点收到以后更新本地拓扑数据库，最终使得环上的每一个节点对整环的拓扑信息有一个一致的认识。

RPR 的故障响应方式

RPR 故障自愈能力非常强，其保护机制可实现事件检测、快速自愈，以及在光纤或节点故障后业务快速恢复，从而使网络能够迅速检测到故障并作出适当反应，保证业务在 50ms 内快速恢复。RPR 支持的故障响应方式有以下两种。

Passthrough 模式

Passthrough 模式主要用于节点故障。当节点检测到该节点内部故障时，可以进入 Passthrough 状态，此时节点就类似于一个中继，如下图中的节点 B，本节点不再介入业务的处理，到达该节点的任何数据帧都以透明方式直接转发，类似一个 HUB 的作用，且该节点在环网的拓扑图中不可见，直接被忽视，如图 4-43 所示。

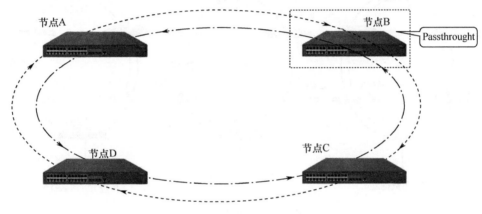

图 4-43　Passthrough 示意图

故障倒换模式

如果节点不再具有转发数据帧的能力，比如掉电或光纤断开等原因造成的故障（Passthrough 只是某节点的 RPR 模块故障，节点其他功能及光纤都是好的），节点就需要进入保护倒换方式。保护倒换可分为 Wrap 和 Steer 两种模式。

Wrap 保护模式原理：当 RPR 环网上的某段链路或某个节点发生故障时，故障点两端的两个节点处自动环回（即把 0 环和 1 环连在一起），形成一个闭合单环。该模式可保证节点快速倒换，数据帧基本不会丢失，但比较浪费带宽。

Steer 保护模式原理：当 RPR 环网上的某段链路或某个节点发生故障时，故障点两端的两个节点先更新自己的拓扑数据库，再快速发送 TP 帧给 RPR 环网上的其他节点，其他节点根据收到的拓扑信息更新拓扑数据库，此后，各节点将按照新的拓扑发送数据帧。该模式避免了带宽的浪费，但由于需要重新收敛，恢复时间较长，可能会造成一些业务的中断，以及部分数据帧的丢失。

两种倒换模式如图 4-44 所示。

图 4-44 左边为故障前的正常数据流，A 节点到 D 节点，走 0 环（即图中外圈环线），路径为 A→B→C→D；中间和右图分别为远端故障（节点 B 和节点 C 之间链路故障）时 Wrap 和 Steer 保护模式下的转发路径。

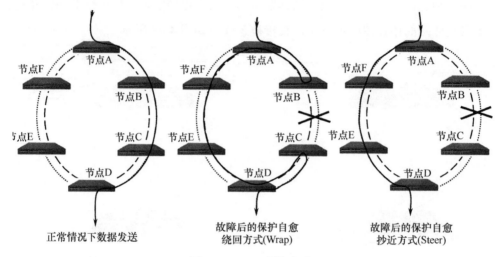

图 4-44　RPR 倒换方式

Wrap 保护模式数据流程

数据会从 0 环（即图中外圈环线）走，数据到了节点 B 后，节点 B 发现后面的链路不通，所以数据会从 0 环（即图中外圈环线）迁移到 1 环（即图中内圈环线），所以路径是：A→ B→A→ F→ E→ D→ C→ D（下环，剥离）。

Steer 保护模式数据流程

这种模式下整个网络拓扑需要重新收集，路径也需要重新计算。计算完成后数据走最短路径，最后就是最优路径：A→ F→ E→ D（下环，剥离）。

Wrap 方式故障切换的恢复时间非常短，只可能丢弃极少量的报文，不会造成业务中断的情况，但由于 Wrap 后的流量会在故障节点处切换到另一个环上走，因此占用带宽较多。

Steer 方式带宽利用率高，但由于需要拓扑重新收敛，因此可能会造成数据丢失。

Steer 倒换模式是协议要求必须支持的，Wrap 是可选的，只有环上所有节点都支持 Wrap 倒换模式的时候，整个环网才能使用 Wrap 倒换模式。

目前业界主流的网络设备供应商在 RPR 上都采用 Wrap 和 Steer 混合的方式，在 Wrap 模式下，故障邻节点进入 Wrap 模式，等拓扑稳定后再进行重新选环，按最短路径到达目的站点，避免带宽的浪费。

RPR 与 RRPP 的异同

RPR 和 RRPP 都是一种环网技术。

RRPP 是华为/华三基于标准协议 EAPS 开发的一种协议，是一个专门应用于以太网环的链路层协议。它在以太网环完整时能够防止数据环路引起的广播风暴，而当以太网环上一条链路断开时能迅速启用备份链路以恢复环网上各个节点之间的通信通路。简单地说，RRPP 是相对于 STP 的一种更简单、更有针对性的以太网协议。

RPR 是国际标准化 IEEE 802.17 工作组和 RPR 联盟研究并规范化的一种环网拓扑上使用的 MAC 层协议。RPR 的设计目标定义了一个闭合环路、点到点、基于 MAC 层的逻辑环状拓扑。对于物理层来说，RPR 就是一组点到点的链路；而对于数据链路层来说，RPR 就像是一个类似于 Ethernet 的广播介质网络。RPR 需要专用硬件支持。另外，理论上 RPR 不仅可以承载以太网业务，也可以承载 ATM、DWDM、POS 等业务。

RPR 技术在视频监控中的应用

如图 4-45 所示，常规组网都是每个派出所都拉光纤上行到分局，这样会浪费大量的光纤资源，并且不能提供链路级的冗余可靠。一旦某一派出所与分局之间的光纤故障，会导致他们两者之间通信无法继续进行。

RPR 主要应用在核心网络设备上，与视频监控的前后端设备关联性不大，但是在大型的视频监控组网中，RPR 技术会经常应用在汇聚点或核心点之间互联，如图 4-46 中的分局与派出所互联，如果使用 RPR 环网技术就可以解决常规组网中存在的问题了。

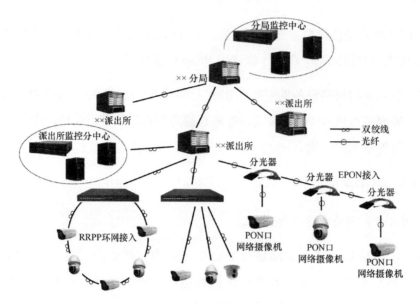

图 4-45　常规视频监控组网图

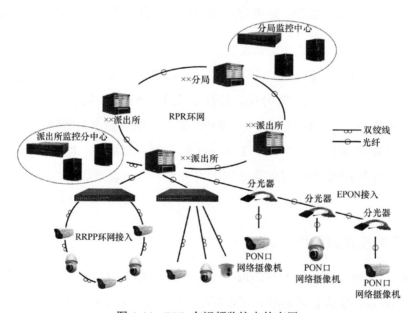

图 4-46　RPR 在视频监控中的应用

家园网友互动

Q：舒克舒克　发表于 2015-8-13 21:04

楼主的网络储备好丰富，不知道楼主有没有涉及RPR技术，最近正在研究RPR技术，不知道能不能把RPR技术集成到视频服务器或者网络摄像机中去？

A：网语者 发表于 2015-8-13 21:14

谢谢夸奖啊，那个问题理论上当然可以集成进去，但是要考虑到成本问题，RPR 需要专门的硬件才能实现，不是普通的以太网。如果真的集成到视频服务器或者网络摄像机中去，那价格估计要翻十倍了。

Q：范菠珍 发表于 2015-8-14 08:51

楼主，正在学习各种环网，想知道RRPP和RPR环网的区别？

A：网语者 发表于 2015-8-14 09:09

RPR和RRPP都是一种环网技术，而RRPP在以太网完整时能够防止数据环路引起的广播风暴，而当以太网环上一条链路断开时能迅速启用备份链路以恢复环各个节点之间的通信通路，简单地说，RRPP是相对比较简单的以太网协议。而RPR的设计目标定义了一个闭合环路、点到点、基于MAC层的逻辑环拓扑。对于物理层来说，RPR就是一组点到点的链路，而对于数据链路层来说，RPR就像一个类似于Ethernet的广播介质网络。并且RPR需要专用硬件支持。

一天，老 U 坐在办公室的大班椅上想一个问题：如果很多人同时看一路摄像机，那么摄像头就得同时发送很多条视频流，会不会吃不消，摄像机出口的带宽会不会也不够啊？云端复制和 CDN 虽然可以解决这个问题——通过媒体服务器进行一对多的复制将视频流转发给多位接收者，但是这得花费不少服务器啊！还有没有更好的办法呢？小 U 告诉老 U，在 IP 网络领域应用广泛的组播技术可以解决这个问题：直接利用网络设备实现流量的复制，无须新增服务器。

组播

组播概述

组播（Multicasting），也称多址广播或多播技术，它可通过使用特定的 IP 组播地址，将IP数据包传输到一个组播组（Multicast Group）代表的主机集合。它的基本方法是：当某一主机（组播源）向一组主机（接收者）发送数据包时，它不必向每一个接收主机单独发送数据包，只需将一份数据包发送到一个特定的组播地址，通过网络中间的组播路由器借助组播路由协议建立树型路由，在离组播源尽可能远的分叉路口进行数据包的复制和分发，使得所有加入该组播组的主机均可以收到这份数据。这样对发送者而言，数据包只需发送一次就可以发送到所有接收者，大大减轻了网络的负载和发送者的负担。

组播过程就像电视台节目的发送，组播组就是发送者和接收者之间的一个约定，如同电视频道，电视台是组播源，它向各种频道发送不同的电视节目。电视机是接收者主机，观众打开电视机选择收看某频道的节目，表示主机加入某组播组，然后电视机播放该频道电视节目，表示主机接收到发送给这个组的数据；观众控制电视机的开关，表示主机动态的加入或离开某组播组；使用遥控器切换频道，表示离开上一个节目的组播组，加入下一个要观看的频道的组播组。

如图4-47所示，广播将数据发送到同网段内的所有主机，会浪费不需要接收该数据的主机及中间传输设备的带宽，而且也不能跨网段发送。单播则需要发送端为每个需要接收数据的主机都发送一份独立的复制数据，对发送端和网络带宽造成巨大的压力。而组播的发送端只需发送一份数据，网络中的路由器根据接收成员主机的分布情况在最靠近接收者的地方进行复制和分发，将数据按需准确的分发给要接收该数据的主机，不会加重发送端的负载和增加网络带宽资源的消耗，而且可以实现跨网段的传输。广播和组播仅应用于UDP传输。

单播、广播和组播的区别，我们可通过形象的比喻来理解：一个会场里全是中国人，现在你（发送端）需要向会场中的人传达某件事，你一个一个地跟他们重复同一句话把消息逐个传达到每个人，这就是单播；你用麦克风大声说一次，大家都听到了，这就是广播；如果会场里既有中国人也有美国人，你用中文通过麦克风说，只有中国人能听懂，这就是组播。

在网络音视频广播的应用中，当需要将一个节点的数据传送到多个节点时，无论是采用单播还是广播方式，都会严重浪费网络带宽，只有组播才是最好的选择。组播目前已被广泛应用在 IPTV、网络视频会议、多媒体远程教育等领域，随着行业视频监控系统的规模逐渐扩大，在同一时刻多个用户观看同一摄像头的使用场景越来越多，而组播技术是解决此类应用的方案之一。

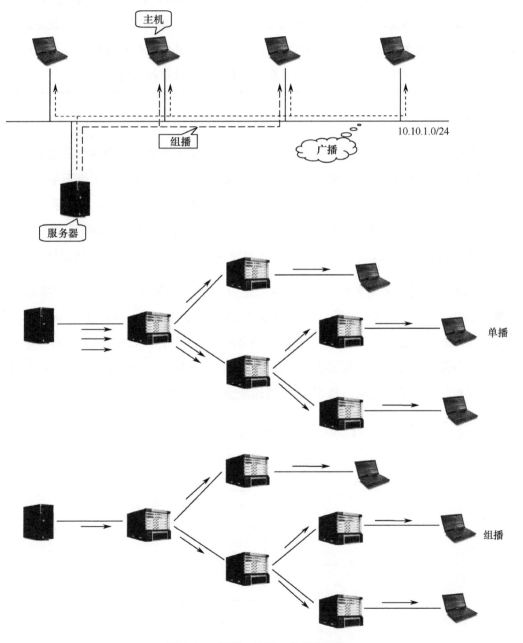

图 4-47　组播、单播、广播的区别

小 U 了解了组播的基本概念和优点后，心里又多了很多疑问：组播源向一组接收者发送报文，怎么样才能标识这组接收者呢？接收者怎么样通过加入、离开组播组来控制是否接收组播报文呢？组播源发出的报文是怎么样被网络中间的路由器复制转发并最终到达接收者的呢？组播报文的转发路径（即组播转发树）是怎么样建立起来的？小 U 的疑问恰恰就是组播的实现过程中需要解决的问题，在以下各节中将讲解相应的组播技术。

组播地址机制

在单播报文的传输过程中，一个报文的传输路径是从源地址路由到目的地址，利用"逐跳"的原理在 IP 网络中传输，然而在 IP 组播环境中，报文的目的主机不是一个，而是一组，目的地址是组播 IP 地址。在组播的实现机制中，组播 IP 地址用于标识一个 IP 组播组，目的地址为组播地址的报文称为组播报文。在之前的章节中我们知道了 IP 地址空间被分为 A、B、C、D、E 共 5 类，其中 D 类地址空间就被称为组播地址。

IP 组播地址用二进制表示时，前四位固定为 1110，如图 4-48 所示。因此换算成 10 进制表示时，组播地址的范围是从 224.0.0.0 到 239.255.255.255。IANA（Internet Assigned Numbers Authority），即互联网编号分配委员会控制着 IP 组播地址的分配，有一部分由官方预留分配的，称为永久组播组。那些没有保留下来供永久组播组使用的 IP 组播地址，可以被临时组播组利用。整个 IP 组播地址空间划分如图 4-49 所示。

1110xxxx.xxxxxxxx.xxxxxxx.xxxxxxxx

图 4-48　IP 组播地址

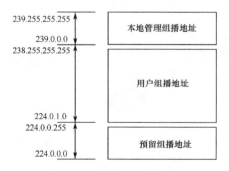

图 4-49　组播地址空间划分

224.0.0.0～224.0.0.255 为预留的组播地址（永久组地址），地址 224.0.0.0 保留不做分配，其他地址供路由协议、拓扑查找和协议维护等使用，用于局部链路，不会被路由器转发出本地网段，表 4-3 列举了部分地址，以及指定地址的网络协议。

表 4-3 部分预留的组播地址及网络协议

IP 地址	指定地址的网络协议
224.0.0.1	所有主机
224.0.0.2	所有路由器
224.0.05	OSPF 路由器
224.0.0.6	OSPF 指派路由器
224.0.0.9	RIPv2 路由器

224.0.1.0～238.255.255.255 为用户可用的组播地址（临时组地址），全网范围内有效。

239.0.0.0～239.255.255.255 为本地管理组播地址，仅在特定的本地范围内有效，用于限制组播范围，就如同前面章节讲过私网 IP 地址一样，即在互联网上不能使用，而是只用于局域网中的地址。

以太网传输单播 IP 报文的时候，目的 MAC 地址使用的是接收者的 MAC 地址，但是在传输组播报文时，传输目的不再是一个具体的接收者，而是一个成员不确定的组，所以使用的是组播 MAC 地址。组播 MAC 地址和组播 IP 地址是对应的。

如图 4-50 所示，IANA 规定：48 位组播 MAC 地址的高 24 位为 01-00-5E（16 进制），换算成二进制为 00000001-00000000-01011110，第 25bit 为 0，即高 25 位都为固定值，组播 MAC 地址的低 23 位为组播 IP 地址的低 23 位直接映射而来。

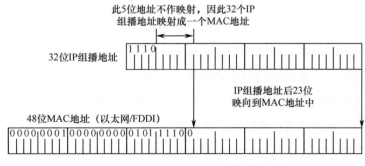

图 4-50 IP 地址到 MAC 地址的映射

由于 IP 组播地址的后 28 位中只有 23 位被映射到 MAC 地址，这样就会有 32 个 IP 组播地址映射到同一组播 MAC 地址上，如图 4-51 所示，234.138.8.5、224.10.8.5、225.138.8.5 三个组播 IP 映射的组播组播 MAC 都是 01-00-5E-0A-08-05。

```
234.138.8.5   (EA-8A-08-05)   1110 1010  1000 1010  0000 1000  0000 0101
224.10.8.5    (E0-0A-08-05)   1110 0000  0000 1010  0000 1000  0000 0101
225.138.8.5   (E1-8A-08-05)   1110 0001  1000 1010  0000 1000  0000 0101
                              * * * *    |^^^ ^^^^  ^^^^ ^^^^  ^^^^ ^^^^

                 |   E   A   |   8   A   |   0   8   |   0   5   |
Class-D IP       |-+-+-+-+-+-|-+-+-+-+-+-|-+-+-+-+-+-|-+-+-+-+-+-|
 Address         |1 1 1 0 1 0 1 0 1 0 0 0 1 0 1 0 0 0 0 0 1 0 0 0 0 0 0 0 0 1 0 1|
                 |-+-+-+-+-+-|-+-+-+-+-+-|-+-+-+-+-+-|-+-+-+-+-+-|
                  . . . . . . . . . . . ._____/
                  . . . .not. . . . . .    \       \/         /
                  . . . . . . . . . . .     \      /\        /
                  . . . .mapped. . . . .     \    /  \      /
IEEE-802          . . . . . . . . . . .       |  23 low-order bits mapped
MAC-Layer         . . . . . . . . . . .       |
Multicast         . . . . . . . . . . .       |
 Address          . . . . . . . . . . .       v
                 |-+-+-+-+-+-|-+-+-+-+-+-|-+-+-+-+-+-|-+-+-+-+-+-|
                 |0 0 0 0 0 0 0 1 0 0 0 0 0 0 0 0 0 1 0 1 1 1 1 0 0 0 0 0 1 0 1|
                 |-+-+-+-+-+-|-+-+-+-+-+-|-+-+-+-+-+-|-+-+-+-+-+-|
                 |   0   1   |   0   0   |   5   E   |   0   A   |   0   8   |   0   5   |
```

图 4-51　多个组播 IP 映射的组播 MAC 相同

我们知道设备网卡接口收到数据包后先进行 MAC 地址比较，如果数据包的目的 MAC 地址和接口的 MAC 地址一样，它才接收，处理后把数据包交给设备上层处理，否则将数据包丢弃。组播成员（组播接收者）的网卡接口除了硬件 MAC 地址，还有组播 MAC 地址，接口收到组播包，会把此包的目的 MAC 地址（是个组播 MAC）和自己的组播 MAC 地址比较，如果组播地址相同，就会接收此包。由于存在 32 个组播 IP 映射为同一个组播 MAC 的情况，因此在网卡接口的数据链路层处理过程中，设备可能要接收一些本组播组以外的组播 IP 数据包，而这些多余的组播数据就需要设备的上层进行过滤了。

既然可以通过组播地址来区分组播组，从组播发送端来说，它只管将组播数据包的目的地址填成相应组播组的组播 IP 地址发送出去，而跨越多个网络的组播接收者要想能收到组播数据包还需依赖中间路由器的转发，路由器为了建立组播转发路由，必须了解每个接收者（组播组成员）在网络中的分布，这就要求组播接收者能将其所在的组播组通知它连接的本地路由器，然后本地路由器再将这些信息与其他中间网络的组播路由器通信，传播组播组的成员信息，并建立组播转发路由。那么，和组播成员主机连接的路由器或交换机怎样才能知道其下各端口的组播接收者的情况，哪个端口下的主机需要接收哪个组播组的数据包呢？这就要提到组成员关系管理机制了。

组成员关系管理

IGMP

组成员关系管理是指在路由器或交换机上建立本地网段内的组成员关系信息,用来管理组播组成员的加入和离开。具体来说,就是路由器需要知道它各接口下有哪些组播组的成员,它才能知道将哪些组播组的数据包从哪个接口复制转发出去。互联网组管理协议(Internet Group Management Protocol,IGMP)作为主机与其连接的三层组播设备(路由器或三层交换机,以下我们以路由器为例)之间进行组播组管理的协议,用于 IP 主机和其直接相邻的组播设备之间建立、维护组播组成员关系,并且提供在转发组播数据包到目的地的最后阶段所需的信息。它实现双向的功能:主机通过 IGMP 通知路由器希望接收或离开某个特定组播组的信息;路由器通过 IGMP 周期性地查询局域网内的组播组成员是否处于活动状态,实现所连网段组成员关系的收集与维护。下面我们重点介绍一下当前应用较多的 IGMPv 2 版本协议的原理。

IGMPv2 的报文格式如图 4-52 所示,包含报文类型、报文的最大响应时间、校验和、组地址等信息,报文类型有 4 种。

类型	最大响应时间	校验和
组地址		

图 4-52 IGMP 报文格式

(1)组成员关系报告报文(类型字段用十六进制数 0x16 表示),由组播成员主机发出,此类型报文的组地址字段置为主机想要接收的组播组的 IP 地址。

(2)IGMPv1 组成员关系报告报文(0x12),此类型是为了兼容 IGMPv1 协议的报文格式。

(3)离开组报文(0x17),也由组播成员主机发出,此类型报文的组地址字段置为主机不想接收的组播组的 IP 地址。

(4)组成员关系查询报文(0x11),由被选举为 IGMP 查询器的组播路由器发出,分通用组查询和特定组查询两种类型。通用组查询时组地址字段置为全 0,对所有的组进行组成员查询;特定组查询,针对特定组进行组成员查询,组地址字段置为指定的组播组的

IP 地址。报文的最大响应时间只有在组成员关系查询报文中有效，主机必须在最大响应时间到达之前发出组成员关系报告报文，通过该值，路由器可以调节组成员的离开延迟。

下面我们从查询器选举机制、加入和离开组机制两个部分来了解一下 IGMP 的工作原理。

查询器选举机制的目的是在成员主机所在网段内选择一个组播路由器作为 IGMP 查询器，由该查询器来发送 IGMP 查询报文。如果网段内有多台组播路由器，它们都发送 IGMP 查询报文的话，会浪费带宽和加大主机处理的负担，所以需要选举其中一台路由器作为 IGMP 查询器。

> **说明**
>
> TTL（Time To Live）是 IP 数据包在计算机网络中可以转发的最大跳数。TTL 字段由 IP 数据包的发送者设置，在 IP 数据包从源到目的的整个转发路径上，每经过一个路由器，路由器都会修改这个 TTL 字段值，具体的做法是把该 TTL 的值减 1，然后再将 IP 包转发出去。如果在 IP 包到达目的 IP 之前，TTL 减少为 0，路由器将会丢弃收到的 TTL=0 的 IP 包。TTL 的最大值是 255，TTL 的一个推荐值是 64。

共享网段内的路由器在最开始时都认为自己是查询器，于是都会向本地网段内的所有主机和路由器发送 IGMP 通用组查询报文，目的地址是 224.0.0.1，TTL 为 1，前面我们讲过这个组播地址是预留发给本网段内的所有主机（包括路由器）使用的。本地网段的路由器收到对方的报文后，比较对方查询报文的源 IP 地址和自己收到报文的接口 IP 地址的大小，IP 地址最小的路由器将成为查询器，其他路由器成为非查询器。

如图 4-53 所示，R2 收到 R1 查询报文后一看，R1 报文源 IP 地址是 10.10.10.1，比自己接口 IP 地址 10.10.10.3 小，自己就退出了查询器的竞争，之后就不需要发送查询报文了。而 R1 收到 R2 的第一个查询报文比较后：我的 IP 地址比 R2 小，我还是查询器，继续发送 IGMP 查询报文。但此时成为非查询器的 R2 并没有完全放弃，它想想什么时候 R1 可能坏了，说不定就轮到我当查询器了，于是 R2 本地会开启一个定时器，就是定一个时间周期，比如 60s，它想：如果 60s 都过了还没有收到原查询器 R1 的 IGMP 查询报文，R1 可能出问题了，我先恢复发送 IGMP 查询报文去继续竞聘查询器；如果 60s 内收到了 R1 的查询报文，说明 R1 还在正常工作，我就重置这个定时器，继续耐心的等待下一个 60s。

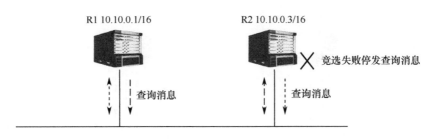

图 4-53　查询器选举

加入和离开组机制是路由器和主机之间通过 IGMP 成员报告、离开、查询报文来确定本地某子网段中是否存在想要接收某个组播组报文的主机。当某主机希望接受某个组播组的数据包时（即加入该组播组，成为其成员），会向本地网络发送 IGMP 的组成员关系报告报文，其中组地址字段填写自己想接收的组播组 IP 地址。当主机要离开某个组播组时，会发送离开组报文，查询器收到离开组报文后，会立即向网络发送特定组查询报文，询问该网络内是否还有其他主机对该组播组感兴趣，在连续发送两次查询报文后，如果还没有主机回应成员报告，则认为该网段内已无该组播组成员，就停止对该网段的该组播组报文转发。若收到主机回应的组成员报告报文，则表明该网段还有该组播组的成员，则继续发送组播报文。此外主机也可以通过回应查询器的通用查询报文来告诉路由器加入某组播组，查询器会按一定周期向本地网段内的所有主机和路由器发送通用查询报文，主机如果要加入某组播组，就回应相应组播组的组成员关系报告报文，路由器就知道了本地网段中的各组播组的成员情况了，这样在路由器里建立起一张表，其中记录了路由器各接口所对应子网上都有哪些组的成员。当路由器收到发往某组的组播数据后，只向那些有该组成员的接口转发该数据。

如图 4-54 所示，当 PC1 想接收组播组 228.1.2.3 的组播数据包时，就立即向本地网段发送 IGMP 组成员关系报告报文，报文的 IP 头中的目地地址为 228.1.2.3，TTL 为 1，IGMP 报文内容中的"组地址"字段填写为 228.1.2.3，路由器 R1 从 E1 接口收到该报文后就知道，E1 接口下有设备需要 228.1.2.3 的组播数据包，当路由器收到该组播组数据包后就会将其从 E1 接口转发出去，这样 PC1 就收到要接收的组播报文了。而 R1 也会向本地网段周期性的发送通用组查询报文，这时 PC2 想加入组播组 228.1.2.4，PC3 想加入组播组 228.1.2.5，就回应相应组播组的组成员关系报告报文，而 PC1 会继续回应组播组 228.1.2.3 的组成员关系报告报文，R1 就知道了 E1 这个接口所在的本地网段存在这 3 个不同组播组的成员。

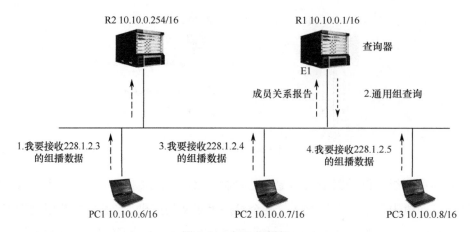

图 4-54 加入组播组

如图 4-55 所示，PC1 要离开组播组，它会马上发送离开组报文通知本网段内所有组播路由器，报文 IP 头的目的地址为 224.0.0.2，报文内容中的"组地址"字段为 228.1.2.3，查询器 R1 收到报文后，还不太放心，担心还有其他主机想接收这个组的数据，就发送一个特定组查询报文，IP 头的目的地址和组地址字段都为要查询的组播地址 228.1.2.3，其中也会带一个最大响应时间，比如 1s，如果本网段的 PC1、PC2、PC3 都不想收这个组播组的数据，就都不理会 R1，超过最大响应时间后，R1 继续耐心地再发一次特定查询报文，如果超过最大响应时间后仍然还没收到响应，R1 就知道 E1 接口下已经没有 228.1.2.3 组播组的成员了；如果恰好这时 PC3 也是这个组播组的成员，还想继续接收报文，就会在最大响应时间内回应组成员关系报告报文，R1 一看还有人想要这个组播组的数据，就继续向这个接口的网段转发组播数据包。

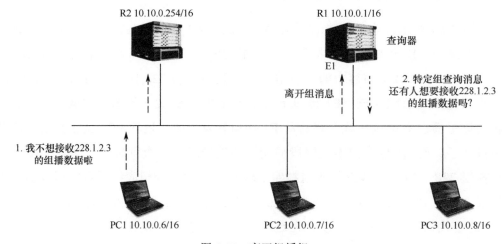

图 4-55 离开组播组

IGMP Snooping

聪明的小 U 想了想，IGMP 可以管理三层网络设备（路由器或三层交换机）和其接口下主机之间的组成员关系，如果组播成员主机是通过二层交换机接入组播路由器的，怎么才能控制组播在二层交换机上按需进行转发呢？这就要提到互联网组管理协议窥探（Internet Group Management Protocol Snooping，IGMP Snooping）协议了，它是运行在二层设备上的组播约束机制，用于管理和控制组播组在交换机各端口的转发。IGMP Snooping 作为 IGMP 协议的一个补充，没有自己单独的协议报文，它通过对 IGMP 协议报文的侦听分析，实现了在二层网络上对组播的控制。

如图 4-56 所示，当主机发往 IGMP 查询器的组成员关系报告报文经过交换机时，交换机对这个报文进行侦听分析并记录下来，建立起端口和组播 MAC 地址的映射关系，当交换机收到组播数据包时，根据映射关系，向连接组播成员主机的端口转发该组播组的数据包。

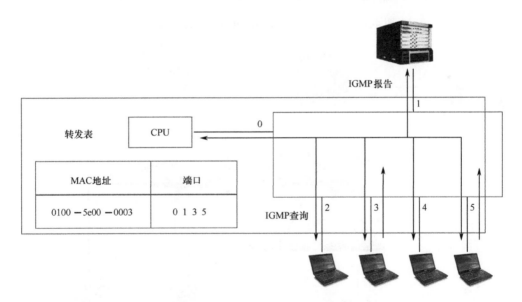

图 4-56　IGMP Snooping 协议机制

如图 4-57 所示，当二层设备没有运行 IGMP Snooping 时，组播数据包在二层被广播给交换机下除接收端口以外的所有端口；当二层交换机运行了 IGMP Snooping 后，已知组播组的组播数据不会在二层被广播，而在二层发送组播数据包给该组播成员的接收者。

在 IGMP Snooping 实现机制中把二层交换机的端口分为路由器端口和成员端口，如图 4-58 所示，组播路由器连接组播源，在交换机 A 和交换机 B 上分别运行 IGMP

Snooping，主机 A 和主机 C 为接收者主机（即组播组成员）。

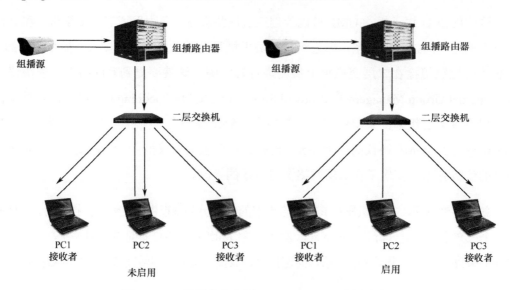

图 4-57 二层网络中启用 IGMP Snooping 效果对比

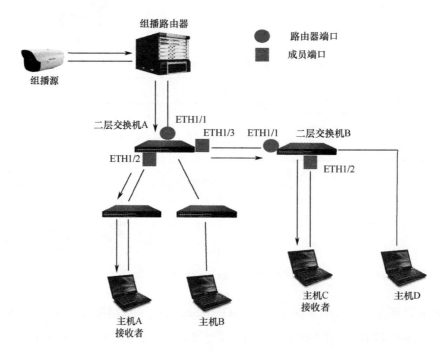

图 4-58 IGMP Snooping 相关端口

交换机收到 IGMP 查询报文或 PIM Hello 报文（在以后的组播路由器由协议中说明）后，会将收到报文的端口标识为路由器端口（Router Port），也就是交换机朝向三层组播设备（DR 或 IGMP 查询器）一侧的端口，如交换机 A 和交换机 B 各自的 Ethernet1/1 端口。交换机将本设备上的所有路由器端口都记录在自己的路由器端口列表中，它用来向上游的三层网络设备（路由器或三层交换机）发送 IGMP 组成员关系报告/离开报文。

而交换机收到 IGMP 组成员关系报告报文后，则将收到报文的端口标识为成员端口（Member Port），表示交换机朝向组播组成员一侧的端口，又称组播组成员端口。例如，交换机 A 的 Ethernet1/2 和 Ethernet1/3 端口，以及交换机 B 的 Ethernet1/2 端口。

交换机将路由器端口和成员端口放在以组播组或组播 MAC 为索引的 IGMP Snooping 端口列表中。交换机收到对应的组播流，会向这个端口列表中的所有端口转发（收到组播流的入端口除外）。为了便于理解，我们后文将这个端口列表通俗的称为 IGMP Snooping 转发表。以组播组地址进行匹配，还是以组播 MAC 地址进行匹配，视交换机的实现而定。比较好的实现是基于组播组进行匹配，低端廉价的交换机可能会采用基于组播 MAC 实现，这样就会遇到多个组播组对应一个组播 MAC 的问题。

这两种类型的端口 IGMP Snooping 都会采用动态定时器老化的机制。

动态路由器端口老化定时器：交换机为其每个动态路由器端口都启动一个定时器，其超时时间就是动态路由器端口老化时间。超时前应收到 IGMP 通用组查询报文或 PIM Hello 报文，超时未收到对应报文后交换机将该端口从路由器端口列表中删除。

动态成员端口老化定时器：当一个端口动态加入某组播组时，交换机为该端口启动一个定时器，其超时时间就是动态成员端口老化时间。超时前应收到 IGMP 组成员关系报告报文，如交换机超时未收到对应报文，则将该端口从 IGMP Snooping 转发表中删除。

知道了 IGMP Snooping 下交换机的端口分类后，下面我们针对不同的 IGMP 报文来了解 IGMP Snooping 的处理方式。

交换机在收到 IGMP 通用组查询报文时，将其通过 VLAN 内除接收端口以外的其他所有端口转发出去，这样交换机下各端口连接的主机收到后，如需接收组播报文，则可以响应组成员关系报告报文。而交换机同时会对该通用组查询报文的接收端口做如下处理：如果在交换机的路由器端口列表中已包含该动态路由器端口，则重置其老化定时器（就是重新计时）；如果在路由器端口列表中尚未包含该动态路由器端口，则将其添加到路由器端口列表中，并启动其老化定时器（开始计时）。

交换机在从某端口收到主机的 IGMP 组成员关系报告报文时，将其通过 VLAN 内的所有路由器端口转发出去，这样上游的三层设备就知道与该端口相连的接口下有成员主机需要接收某组播组的报文，如果有相应的组播组报文，则从此接口转发出去，交换机也能从此路由器端口收到该组播组的报文了。而且交换机会从该报文中解析出主机要加入的组播组地址，并对该报文的接收端口做如下处理：如果不存在该组播组所对应的转发表项，则创建转发表项，将该端口作为动态成员端口添加到出端口列表中，并启动其老化定时器；如果已存在该组播组所对应的转发表项，但其出端口列表中不包含该端口，则将该端口作为动态成员端口添加到出端口列表中，并启动其老化定时器；如果已存在该组播组所对应的转发表项，且其出端口列表中已包含该动态成员端口，则重置其老化定时器，这样交换机收到上游三层设备的该组播报文后，就根据生成的组播组的转发表项，向相应的出端口转发该组播组的报文。

当交换机从某动态成员端口上收到 IGMP 离开组报文时，首先判断要离开的组播组所对应的转发表项是否存在，以及该组播组所对应转发表项的出端口列表中是否包含该接收端口，如果不存在该组播组对应的转发表项，或者该组播组对应转发表项的出端口列表中不包含该端口，交换机不会向任何端口转发该报文，而将其直接丢弃；如果存在该组播组对应的转发表项，且该组播组对应转发表项的出端口列表中包含该端口，交换机会将该报文通过 VLAN 内的所有路由器端口转发出去。同时，由于并不知道该接收端口下是否还有该组播组的其他成员，所以交换机不会立刻把该端口从该组播组所对应转发表项的出端口列表中删除，而是重置其老化定时器。

当 IGMP 查询器（上游的路由器等三层设备）收到 IGMP 离开组报文后，从中解析出主机要离开的组播组的地址，并通过接收接口发送该组播组的 IGMP 特定组查询报文。交换机在收到 IGMP 特定组查询报文后，将其通过 VLAN 内的所有路由器端口和该组播组的所有成员端口转发出去。对于 IGMP 离开组报文的接收端口（假定为动态成员端口），交换机在其老化时间内：如果从该端口收到了主机响应该特定组查询的 IGMP 组成员关系报告报文，则表示该端口下还有此组播组的成员，于是重置其老化定时器，继续向该端口转发此组播组的报文；如果没有从该端口收到主机响应特定组查询的 IGMP 组成员关系报告报文，则表示该端口下已没有该组播组的成员，则在其老化时间超时后，将其从该组播组所对应转发表项的出端口列表中删除，不再向该端口转发此组播组报文。

但是二层设备 VLAN 内如果只是开启 IGMP Snooping，如图 4-59 所示，当交换机收到发往未知组播组的报文（即该组播组在此交换机没有接收者成员）时，数据报文还是会在 VLAN 内广播，这样会占用大量的网络带宽，影响转发效率。这种情况可以通过在交换机上配置 IGMP 未知组播丢弃来避免。

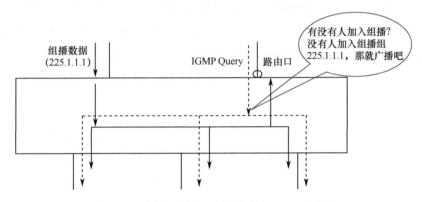

图 4-59　未知组播在二层设备的 VLAN 内广播

如图 4-60 所示，未知组播丢弃功能可以在连接组播接收者的二层交换机上启用，如果此时交换机收到了没有组播组成员的未知组播数据包就直接丢弃，可以避免无谓的广播。但是，当二层交换机连接组播源和组播路由器时，未知组播丢弃特性会使未知组播流只向交换机连接路由器的端口转发，如图 4-61 所示，这主要用于后面会介绍的组播路由器的 RP 注册过程。

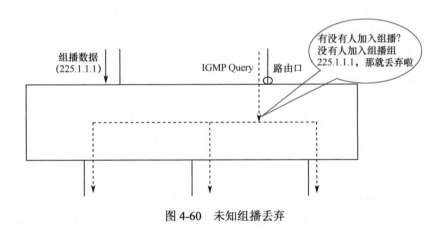

图 4-60　未知组播丢弃

前面我们了解过，查询器收到成员主机离开组播组的报文后，查询器会发送特定组查询报文并等待响应，检查是否还有其他成员需要接收该组播组数据，这样在该组播成员要切换离开前一个组播源的组播组而加入另一个组播源的组播组时，前一个组播源的"残留"组播流继续转发给组播成员若干秒的时间，组播成员会同时收到切换前后两个组播源的两条组播流,出现"串流"的现象。此时可以开启快速离开功能,交换机从某端口收到 IGMP 离开报文会将该端口立即从对应组播组中删除,而不再发送 IGMP 特定组查询报文进行确认,从而加速端口的删除,防止串流,IGMP Snooping 和 IGMP 均支持。但是快速离开的功能只适用于该端口下只连接一个组播接收成员的场景,如果该端口连接多个成员,则会出现一个组播成员离开组播组而导致其他的组播成员无法收到该组播组数据的问题。

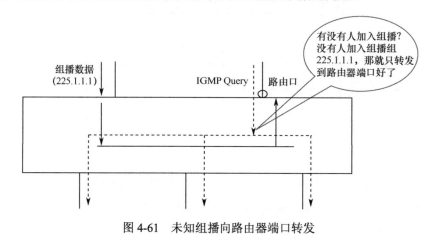

图 4-61 未知组播向路由器端口转发

组播路由协议

小 U 明白了组播接收者(即组播组成员主机)和其直连的路由器或交换机之间管理组播组成员关系的机制,这解决了与组播接收者最近的一个路由器或交换机只向组播成员转发组播数据的问题,但是组播数据包是如何从组播源通过中间各级路由器的转发,最终到达组播接收者的直连组播路由器的呢?

我们知道单播数据报文是根据报文的目的地址来匹配单播路由表,从中选择转发的接口,通过路由器逐级转发到达目的地址。组播路由器也是通过组播路由协议生成的组播路由表来指导组播报文的转发,和前面讲过的单播路由协议一样,组播路由协议也分为域内和域间两大类,在监控的行业应用中域内的组播路由协议就可以满足要求了,它是根据 IGMP 协议维护的组成员关系信息,采用一定的组播路由算法构造组播分发树,在路由器中建立和维护组播路由状态的组播路由表,通过组播路由表来转发组播数据包。在众多域内组播路由协议中,其中较为典型的一种为协议无关组播(Protocol Independent Multicast,PIM)。而根据转发机制的不同,PIM 可以分为 PIM DM(Dense Mode,密集模式)、PIM SM(Sparse Mode,稀疏模式)、PIM-SSM(Source Specific Multicast,指定信源组播)、Bidir-PIM(Bi Direction,

双向 PIM）四种。其中 PIM DM 和 PIM SM 比较常见，我们先重点介绍这两种模式。

如图 4-62 所示，PIM DM 采用"推"（PUSH）的模式来传送组播数据，也就是说，一开始网络中的路由器不管三七二十一，先把从组播源发出的组播数据包，转发扩散到网络中的所有路由器节点上（这个过程也称为泛洪），构成了从组播源到路由器或接收者的一棵"组播树"，此时没有接收者的路由器也将收到组播数据包，接下来不需要该组播数据包的路由器发起"剪枝"操作，将所在的"分支"从"组播树"中去除，形成最终的"组播转发树"。

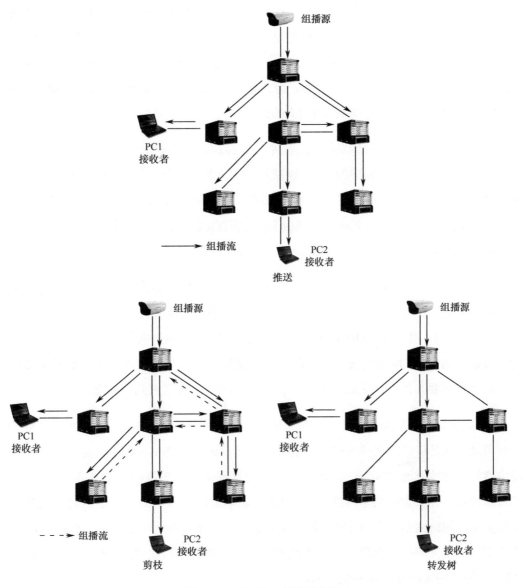

图 4-62 PIM DM 推送和剪枝

PIM DM 假设网络中的每个子网都存在组播组成员,适合组播成员比较密集的小型网络,应用于广播型电话会议等场合,而对于组播成员比较分散的大中型网络,PIM DM 组播扩散导致带宽的损耗,这时应用稀疏模式的 PIM SM 协议就比较合适了。PIM SM 采用"拉"(PULL)的方式,按照接收者的需要,在组播数据接收者和发送者之间建立起组播转发树,而 PIM DM 则采用"推"的方式转发流量,这是二者最本质的不同。就比方一个供水系统,PM DM 是先把水从水源送到每个出水口,当某个出水口不想用了,就把出水口堵上。而 PIM SM 是当某个出水口需要用水时,就从出水口处向水源进行抽水,水才会流到出水口。PIM SM 的这个特点使得它更适合应用在组播用户相对较少的网络中,如视频监控网络,IPC(组播源)众多,而接收者相对较少,一般只是按需进行点播,所以在这种条件下采用 PIM DM 全网进行广泛的转发组播流量的做法是不合适的,而 PIM SM 协议只在有需求的点播者和 IPC 之间建立转发路径,因此它比 PIM DM 具有更大的优势。

在 PIM SM 中,有两种转发树:共享树(Rendezvous Point Tree,RPT)和源树(Source Tree)。共享树中以转发者和接收者来说都知道的一个根节点,当发送者有数据发送时,通过注册机制在根上注册,接收者需要接收数据流时先到根上取,这个根叫汇聚点(Rendezvous Point,RP)。共享树就是由 RP 到所有接收者的最短路径所构成的转发树。而源树是从组播源到接收者的最短路径,因此也称为最短路径树(Shortest Path Tree,SPT)。

与 PIM DM 在组播源和接收者之间通过洪泛—剪枝的方式直接建立转发树不同,PIM SM 建立转发树需要几个过程来共同完成。主要分为两步,第一步是建立以汇聚点(RP)为中心的,由 SPT 和 RPT 共同组成的转发树。第二步是向数据接收者和发送者之间直接建立的 SPT 树的切换。其中每个步骤也都包含一些机制来保证转发树的顺利建立,此外还需要其他机制来做足够的准备,下面我们先来了解几个概念。

DR 路由器:负责为与它直连的组播组成员向组播树根节点的方向发送加入(Join)/剪枝消息,或是将直连组播源的数据发向组播转发树。在 PIM SM 中,运行 PIM SM 的路由器周期性地发送 PIM Hello 消息(携带有竞选 DR 优先级的参数),以发现相邻的 PIM 路由器,并负责在共享网络中选举 DR,选举过程如图 4-63 所示,先比较优先级,最高优先级的路由器将成为 DR,如果优先级相同,或者网络中至少有一台路由器不支持在 Hello 报文中携带竞选 DR 优先级的参数,则根据各路由器的 IP 地址大小来竞选 DR,IP 地址最大的路由器将成为 DR。

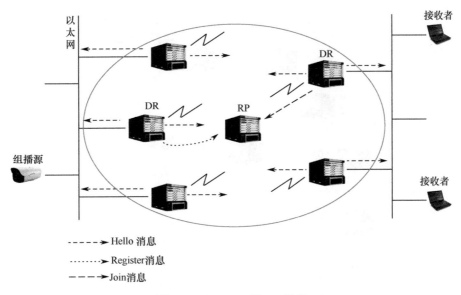

图 4-63　PIM SM 的 DR 选举

RP 和 RPT 转发树：RP 是 PIM SM 网络中一个重要的组播路由器，从字面上来理解，它起到的是"汇聚"的作用，汇聚的是组播接收者的加入/剪枝请求和组播源的组播数据。在接收者和 RP 之间建立的转发树被称为 RPT 转发树。具体来讲，当某个网段的 DR 路由器通过 IGMP 协议发现该网段上有组播接收者时，就会向 RP 发送一个"(*,G)"的加入报文"Join(*,G)"，表明本地需要接收来自任何组播源的，发往组播组 G 的组播数据。该加入报文经过逐跳转发到 RP 路由器上，在转发路径上所经过的所有路由器都会建立一个"(*,G)"表项，这样就在 RP 和接收者之间建立了一个 RPT 的转发树，发送到这个组的来自任何组播源的数据在到达 RP 后，都会经过这条转发树到达接收者的位置，因此这个转发树也叫作共享树。

RPT 树上的"(*,G)"表项通过 DR 路由器周期性发送的"Join(*,G)"报文来维持。当不再有组播接收者时，DR 路由器会向 RP 的方向（上游）发送"(*,G)"剪枝报文"Prune(*,G)"，路径上的路由器会按照前述建立"(*,G)"表项的次序依次删除"(*,G)"表项，在其出接口列表中删除与下游路由器节点相连的接口，并检查自己是否拥有该组播组的接收者，如果没有则继续向其上游转发该剪枝报文，直到 RP 路由器，此时整个 RPT 树就会被删除。

先来从宏观上看看 PIM SM 的转发方式。总的来说，PIM SM 中转发树的建立是以 RP 为中心，组播源向 RP 发送数据，并由 RP 通过 RPT 转发树向接收者转发组播数据，图 4-64 说明了这个过程。

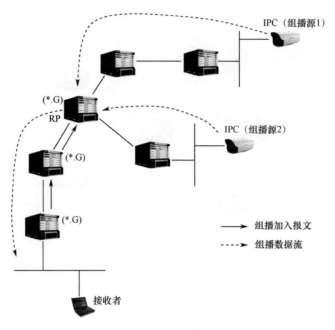

图 4--64　RPT 转发树

清楚了上述的基本概念后，我们需要解决以下几个问题：一是路由器如何知道 RP 在哪里？如果不同组的 "(*,G)" 报文都发送到一个 RP，那么 RP 的负载该如何解决？二是如何在组播源连接的路由器和 RP 路由器之间建立转发路径，使得组播数据能够顺利到达 RP，并通过 RPT 转发树到达组播接收者？三是能否像 PIM DM 那样，在组播接收者和组播源之间直接建立一个最短路径转发树，从而减轻 RP 的负担，并减少传输的延迟？

PIM SM 协议中的其他几个重要的机制分别解决了上述的问题。

BSR 和 RP：自举路由器（Bootstrap Router，BSR）的主要作用是向全网路由器发送 RP 的信息，并用来维护全网路由器的 RP 信息。BSR 和 RP 路由器由网络管理员来配置，可以配置一个或多个，起到负载分担或备份的作用。初始的配置并不是最终被使用的 BSR 和 RP 路由器，需要进行一定的选举过程才能最终确认，因此此时被配置的路由器分别被称为候选 BSR（Candidate-BSR，C-BSR）和候选 RP（Candidate-RP，C-RP）。

BSR 的选举过程

每个 C-BSR 路由器在配置时都会将本路由器的某个 IP 地址配置为 C-BSR，并同时被配置一个优先级。在配置生效后立刻在网络中以组播的方式发送自举报文(Bootstrap)，通知其他路由器自己作为 C-BSR 路由器的存在，并携带有自己的优先级，如图 4-65 所示。所有的 PIM SM 路由器都会收到 C-BSR 发送的自举报文,如果自己本身就是 C-BSR 且优先级低于收到报文的优先级,该路由器会抑制自己不再发送自举报文;如果自己的优先级高于收到报文的 C-BSR 优先级,则继续发送自举报文。一段时间后,网络中只有优先级最高的 C-BSR 路由器继续发送自举报文,此时这台路由器就成为了真正工作的唯一 BSR 路由器。其他的 PIM SM 路由器(当然也包括 C-BSR)不断的接收这台 BSR 发送的自举报文,刷新状态,以防止超时老化。

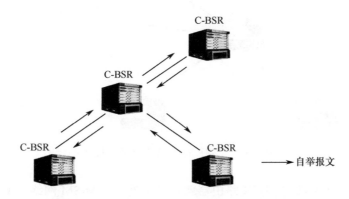

图 4-65　C-BSR 各自发送自举报文参加 BSR 选举

RP 的选择机制

RP 的作用是汇聚点,所有的源首先需要在 RP 上注册,而且全网路由器通过 BSR 的通告都可以知道全部的 RP 地址,以及 RP 负责转发的组播组的信息。这样每个路由器在发送 Join 报文时可以根据加入组的哈希算法计算出 RP 的地址。所有路由器所用的 Hash 长度都是相同的(根据 BSR 的通告的 Hash 掩码长度),算法也相同的。所以对每个组对应的 RP 也是相同的。

> **说明**
>
> 哈希算法将任意长度的二进制值映射为较短的固定长度的二进制值,这个小的二进制值称为哈希值。哈希值是一段数据唯一且具有极其紧凑的数值表示形式。如果一段明文并且哪怕只更改该段落的一个字母,哈希都将产生不同的值。要找到散列为同一个哈希值的两个不同的输入明文,在计算上是不可能的,所以数据的哈希值可以检验数据的完整性,一般用于快速查找和加密。

假设此时 BSR 路由器已经选举完毕,也就是说,在每个配置的 C-RP 路由器上都知道了

BSR 的存在，那么 C-RP 就会向 BSR 路由器（实际上是一个单播可达的 IP 地址）周期性的单播发送一个 C-RP 通告报文。报文的内容大体包含自己本地的 C-RP 的地址（可以有多个），每个地址所服务的组播组范围，以及 C-RP 的优先级等。C-RP 通告过程如图 4-66 所示。

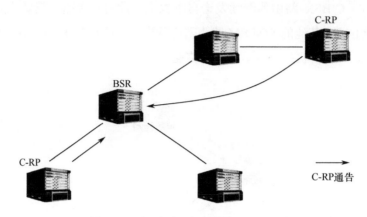

图 4-66　C-RP 向 BSR 发送通告报文

C-RP 通告报文发送后，BSR 路由器就知道了整个 PIM SM 网络中所有的 C-RP，以及它们各自对应的相关信息。随后，BSR 在后续的自举报文中会包含这些信息，明确地告知哪些组播组范围有哪些 C-RP 可以为之服务，而对于没有显式配置组播组服务范围的 C-RP，则分配为服务于所有组。

接收到这个自举报文的路由器会继续在其他接口以组播的方式转发这个自举报文，这样组范围和 C-RP 的信息就扩散到了整个 PIM SM 网络中，如图 4-67 所示。

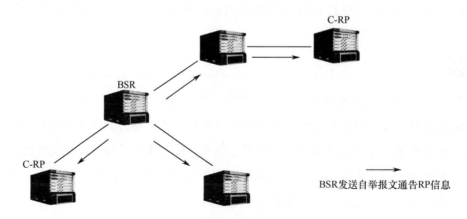

图 4-67　BSR 向网络发送自举报文通告 RP 信息

RP 组的计算

由于自举报文是以组播方式传播的，因此所有的 PIM SM 路由器都会接收到包含组播组和 C-RP 对应信息的自举报文。此时，每个 PIM SM 路由器都会采用哈希算法，计算出一个结果，这个结果将组播组和为之服务的 C-RP 均匀的对应起来。由于采用同样的数据来源（来自自举报文）和同样的算法（哈希算法），因此组播组和对应的 C-RP 信息在 PIM SM 网络中的每个路由器上是相同的。也就是说，如果某个组播组有若干个 C-RP 为之服务，那么 PIM SM 网络中所有路由器（包括组播源的路由器）都知道这一点事实，今后也就会向这些 C-RP 发送该组播组的加入或剪枝报文，或者后文提到的注册报文。

源的注册/注册停止机制：前面的 BSR 和 RP 机制解决了 RP 信息的传播问题，这有助于建立 RPT 转发树，进而解决组播数据在 RP 和接收者之间的转发。现在需要解决组播数据从组播源到 RP 的转发过程，这个过程是由注册（Register）和注册停止（Register-Stop）的机制来解决的。由于 BSR 将 RP 的信息以组播的方式发送到整个 PIM SM 网络，因此组播源处的路由器同样知道组播组和为之服务的 RP 的信息。当组播源连接的 DR 路由器发现有组播数据需要转发时，它会将每个组播数据包封装在注册报文中，并以单播的形式发送到和这个组对应的 RP 上，这就是注册过程。RP 接收到注册报文后，会将其中的组播数据提取出来，然后按照 RPT 转发树将组播数据逐跳转发到接收者。

前述的注册过程发生在 RP 路由器上时存在一个问题，即：如果 RP 总是要将单播的注册报文解封装再转发，这样的效率会很低，且相当消耗 RP 路由器上的资源。一个比较可行的办法是在组播源和 RP 之间也建立一个类似接收者和 RP 之间那样的组播转发树，直接利用组播转发树来转发。这样就引出了注册停止的机制。具体来说，当 RP 接收到注册报文后，便明确了组播源的地址 S（根据单播注册报文的源地址来确定），此时 RP 会向 S 发送一个"(S,G)"的加入报文"Join(S,G)"。这个加入报文逐跳的靠近组播源 S，沿途经过的路由器上都会创建一个"(S,G)"的表项。当报文最终到达组播源 S 的 DR 路由器时，从 RP 到 S 之间就会建立好一个"(S,G)"的组播转发树。由于该"Join(S,G)"报文是按照单播路由向组播源的 IP 地址方向来发送的，因此从 RP 到组播源 S 的这个组播转发树是在单播路由概念上最近的路径，也就是一个最短路径树（Shortest Path Tree，SPT）的转发树。组播源 S 的 DR 路由器会利用该 SPT 转发树转发组播报文，这样组播数据就会以组播报文的形式到达 RP 路由器。

以上介绍的过程完成了从组播源到 RP、再到接收者的一个初步完整的转发过程，其中第一步是单播的注册过程，第二步则是组播的 RPT 转发过程，该过程如图 4-68 所示。

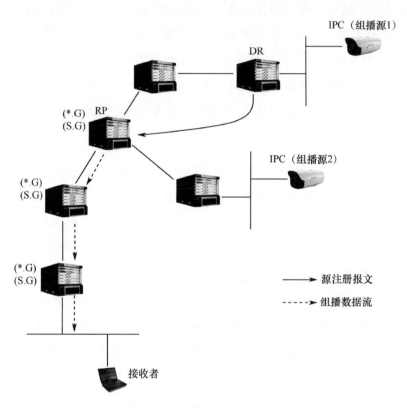

图 4-68　组播源发送注册报文

需要注意的是，在 RP 开始接收组播数据之前，RP 还是会以单播注册报文的形式收到数据，而当 RP 接收到来自组播源 S 的组播数据时，它会丢弃注册报文，并同时向 S 发送注册停止报文，即告知对方：不要再封装注册报文了，我可以直接收到组播报文了，请直接用组播发送。当组播源 S 的 DR 路由器接收到注册停止报文后，便不再封装注册报文（单播报文），仅以 SPT 组播转发树来转发组播数据。

现在，转发过程更进了一步，一个以 RP 为中心的完整的转发过程建立起来：组播源利用 SPT 转发树将组播数据转发到 RP，RP 再以 RPT 转发树将组播数据转发到接收者，这个过程如图 4-69 所示。

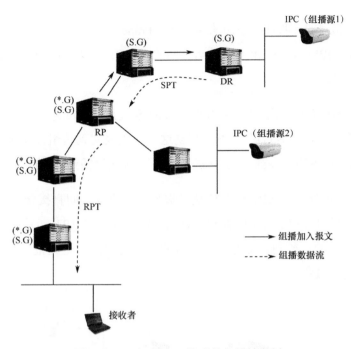

图 4-69 SPT 和 RPT 构成的组播转发树

但是聪明的读者可能会看出来了，这种转发方式 RP 的负载较大，当 C-RP 比较少而组播组数据又比较多时，RP 会成为瓶颈。此外，组播数据从组播源到接收者，中间总要经过 RP 来"中转"，当组播源距离接收者较近，而距离 RP 较远时，组播数据会走很大的弯路。这同样会降低转发效率，并增加接收端的时延，要想解决这个问题，有必要引入 SPT 的切换机制。

当接收者的 DR 路由器接收到组播数据后，它会认为数据已经开始沿着组播源到 RP，再到接收者的路径转发。此时，DR 会向着组播源 S 发送一个"Join(S,G)"报文。这个加入报文逐跳的发送到组播源 S 的 DR 路由器，沿途经过的路由器上都会建立一个"(S,G)"的转发表项，当加入报文到达组播源 DR 时，在接收者和发送者之间就直接建立起了组播转发树，与 RPT 到组播源之间的转发树相类似，这个转发树同样是 SPT 的转发树，所不同的是，前者是 RP 到组播源之间，而后者则是组播接收者到组播源之间的。

当组播数据沿着这个 SPT 转发树转发到接收者 DR 路由器时，它会向 RP 发送一个"Prune(S,G,rpt)"的剪枝报文，即告诉 RP：这里已经开始从组播源处直接接收数据，不再需要 RPT 树的转发了。这个剪枝报文沿途经过的路由器会依次删除"(S,G)"表项的出接口，同时更新"(*,G)"的表项。之所以只是删除出接口而不删除"(S,G)"表项，是为了保证再有加入者时能够更快的建立转发树，同时也是为了收到下一"Prune(S,G,rpt)"报文时不再重新建立表项。当该剪枝报文到达 RP 时，从 RP 到接收者之间的"(S,G)"表项的出接口都被删除，不再转发组播组 G 的数据。

在 RPT 不再转发数据后，RP 继续向组播源 S 发送"Prune(S,G)"的剪枝报文，沿途的路由器同样会删除"(S,G)"表项，直到这个剪枝报文到达组播源 S 的 DR 路由器，从 RP 到组播源处的 SPT 转发树也会被删除，不再转发组播组 G 的数据。

这样，组播数据便沿着 SPT 转发树从发送者到接收者之间直接转发，而不再"借道" RP，此时从组播源到 RP 的 SPT 转发树和从 RP 到接收者的 RPT 转发树也被删除。从组播源→RP→接收者的路径到组播源→接收者的路径的切换就是完整的 SPT 切换，图 4-70 说明了 SPT 的切换过程。

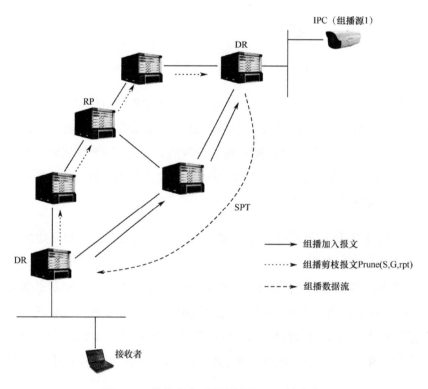

图 4-70　从接收者到组播源的 SPT 的建立

需要指出的是，SPT 切换并不是必须的，也就是说，组播路由器可以选择利用 SPT 转发还是利用 RPT 转发。若在路由器上配置不进行 SPT 切换，那么组播转发则严格地按照从发送者以 SPT 方式转发到 RP，再以 RPT 方式从 RP 到接收者的路径来转发。

至此，我们来回顾一下前述的需要解决的问题及各自的解决办法。

路由器是如何知道 RP 信息的？这个问题由 BSR 通告 C-RP 信息来解决，这其中包含了 BSR 的选举机制和 C-RP 的通告机制。

RP 是如何解决负载分担的？这个问题由 C-RP 的服务组配置，以及各个路由器利用 BSR 通告的 C-RP 信息，根据哈希算法来计算各个组和 C-RP 的对应关系来解决。

能否建立一个类似于 PIM DM 那样的 SPT 树来实现组播数据从组播源到接收者之间的直接转发？这个任务由 SPT 切换来完成。

另外，切换过程中还有一个问题需要解决，如图 4-71 所示，在组网中，当 SPT 和 RPT 经过同样的共享网段时，SPT 的切换过程就会导致某个时刻两台路由器同时转发组播数据，此时就需要断言（Assert）机制来解决。此外，如果下游不同的路由器通过同一个共享网段连接上游路由器，但由于单播路由或其他原因导致上游邻居不同，也会导致 Assert 的发生。当一个路由器在共享网段的出接口接收到同样的组播数据时，它会认为出现了其他的转发路由器。此时会在这个出接口发送一个 Assert 报文，其他的转发路由器也会发送。每个 Assert 报文都会携带一个优先级，按照这个优先级会选举出一个 Assert 的赢者（Winner），作为赢者的路由器会继续在相应的出接口转发数据，而作为 Assert 的输者（Loser），则停止转发。这样在共享网段上就能保证只有一个路由器在转发相同的组播数据，避免过多重复的组播数据而导致的网络拥塞，并减轻其他路由器的转发负担。

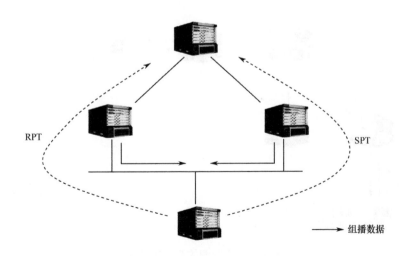

图 4-71　PIM SM 的 Assert 机制

爱思考的小 U 看出 PIM SM 协议有点缺陷，就是当两个组播源发送的数据的组播地址一样时，会导致接收者收到两个源 IP 不一样的组播流。所以，如果应用 PIM SM，需要保证两个组播源的组播组地址的唯一性，不能有冲突，这对地址规划提出了要求。但如果应用了指定信源组播（Source-Specific Multicast，PIM SSM）模型，就可以统一配置一个组播组地址。它是怎么实现的呢？

PIM SSM 适合于接收者对组播源的源 IP 和组播地址都了解的应用。如图 4-72 所示，接收者在这种模式下可以指定想要接收的组播流的源 IP。由于 IGMPv2 的成员关系报告只包含组播组地址，所以接收者必须使用 IGMPv3，或提供类似功能的其他协议向自己直连的组播路由器发送指定组播源的组加入申请。IGMPv3 相对 IGMPv2，在发送 IGMP 组成员关系报告时可以指定组播源的源 IP 地址。IGMPv3 支持过滤组播源的功能，当接收者主机加入某组播组 G 的时候能够明确要求接收或拒绝接收来自某组播源 S 发出的组播流 G。由于预先知道组播源的地址，所以可以直接生成组播最短路径树（SPT），通过它直接获得来自组播源的业务流，免去了 SM 模式中组播源向 RP 进行源注册的过程。对应摄像机的源 IP 和组地址都可以从控制服务器获得。这种模式看起来很适合 IP 监控的实况点播，但是由于目前支持 IGMPv3 协议的设备还比较有限，因此限制了 PIM SSM 模式的应用。

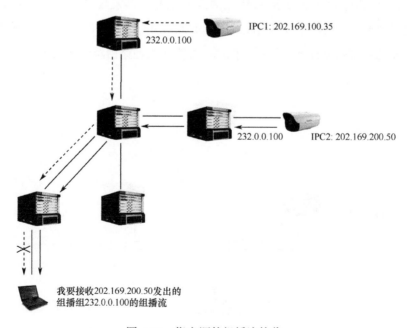

图 4-72　指定源的组播流接收

此外，还有一种 Bidir-PIM 协议，由 PIM SM 协议变化而来。成员发送的组成员关系报告报文使 DR 到 RP 之间的路径上生成"(*,G)"表项，这些成员既是组播源也是组播接收者，组播流被无条件地往 RP 转发，再由 RP 向其他成员进行转发。Bidir-PIM 特别适合组播终端既为组播源又为接收客户端的应用，例如多方电视电话会议。但这种模式显然不适合 IP 监控的实况点播——监控点播客户端只需要选择性的观看某些摄像机画面，而不是同时观看所有的摄像机画面，Bidir-PIM 模式会造成带宽资源浪费。

组播监控应用

行业监控方案组播接入的部署涉及设备主要是接入交换机、汇聚交换机和核心交换机。接入交换机扮演二层组播交换的角色，汇聚交换机和核心交换机扮演三层组播路由转发的角色。二层接入层本身可以根据需要采用多层级联，三层汇聚层也可以根据需要采用多层级联。二层接入交换机可能根据需要会同时连接多台监控组播源（IPC 或 EC 编码器）和点播客户端。典型的模型如图 4-73 所示。

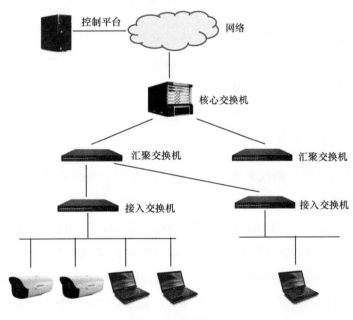

图 4-73　组播组网

接入层交换机可使用二层交换机，要注意一些配置事项。

交换机下面同时接入 IPC 和客户端，要避免发送组播流的端口受到其他组播流的冲击,造成不必要的资源消耗,最简单的方法是前面所述的未知组播丢弃特性,即控制组播流只向连接路由器的端口和本地实际点播者转发。如果部分低端的交换机不支持未知组播丢弃特性,也可以考虑采用端口隔离组,隔离组内的各个端口相互隔离,使每个端口发出的组播流不会冲击其他端口,而与非隔离组的其他端口可以相互通信。如图 4-74 所示,端口 1、2、3 配置为端口隔离组,1、2、3 之间端口都不能互相访问,而非隔离组的端口 4 可以和端口 1 互相通信。

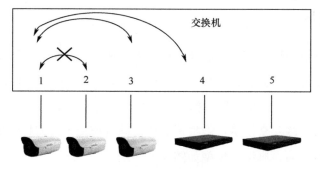

图 4-74　端口隔离组

此外,如果汇聚层交换机和接入层交换机位于两个地点,二层接入交换机上需启用 IGMP 查询器代理,这是为了防止汇聚设备断电导致再无设备周期性的发送 IGMP Snooping 查询,没有周期性的 IGMP 查询点播客户端也就不会周期性的触发 IGMP 加入,于是对应的 IGMP Snooping 表项会将点播主机所在端口从成员端口列表中老化删除,导致该点播客户端无法接收到对应的组播流。

另外,需要避免客户端收到未点播的组播流影响,当组播源和点播客户端在同一 VLAN 时,IGMP Snooping 能解决一部分问题。当连接交换机的本地客户端发送了 IGMP 组成员关系报告报文后,交换机会生成组播 MAC 表项,该 MAC 表项的端口列表仅包含收到对应组播组的 IGMP 成员报告的成员端口和收到 IGMP 通用查询报文或者 PIM 报文的路由器端口(连接上层路由器或三层交换机的端口),所以那些未点播该组播组的客户端不会收到对应的组播流。但是当本地客户端未点播某组播组,而远端其他交换机客户端进行了点播,此时交换机上不会生成相应的组播 MAC,于是该组播流就会在 VLAN 内广播,从而冲击未曾点播的客户端,如图 4-75 所示。此时有两种方法:一是 IPC 和客户端属于同一个 VLAN,这时可以启用 IGMP Snooping 未知组播丢弃,从而让未知组播流只向路由器端口转发,而不会广播;二是可将 IPC 和客户端分属于两个

VLAN，两个角色的通信经过上行设备进行三层组播转发。

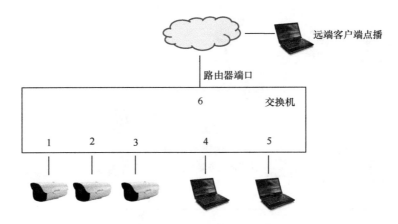

图 4-75　启用未知组播丢弃

接入交换机在客户端所在 VLAN 启动 IGMP Snooping 和快速离开功能。

汇聚的交换机开启 PIM SM、IGMP 功能。核心交换机，开启 PIM SM＋RP+BSR，如果资金富裕可采用 2 台核心交换机作为负载分担，都作为候选 BSR，也都配置成 RP，但只为自己连接的组播源的组播组服务。

前面我们在云端复制与 CDN 一节中了解到多个点播者点播同一路视频流，可以通过媒体转发服务器或 CDN 网络中分布在各处的服务器来进行复制转发，而组播则不需要部署此类服务器，直接利用网络设备实现流量复制，这就是全交换架构。全交换相对于部署服务器的架构来说，有以下优点。

部署组播可以节省流媒体服务器的设备投资

可以简单理解为由交换机路由器等网络设备来代替流媒体服务器来完成视频数据流的复制分发工作，节省对流媒体服务器的投资。

部署组播可以简化网络规划，节省网络带宽

在较大型的 IP 视频监控网络中，视频的实况查看者可能分布在网络的各个地方。在网络规划时，如果流媒体服务器部署规划过于密集，在网络的边缘地带都部署，会导致资源浪费、投资额度过大，如图 4-76 上图所示。如果流媒体服务器部署规划过于稀疏，即只在网络的核心等有限地带部署，会导致过多的视频数据占用核心网络带宽，且对该流媒体服务器的压力较大，如图 4-76 下图所示。这就需要网络规划者在这两者之间取得一个平衡。

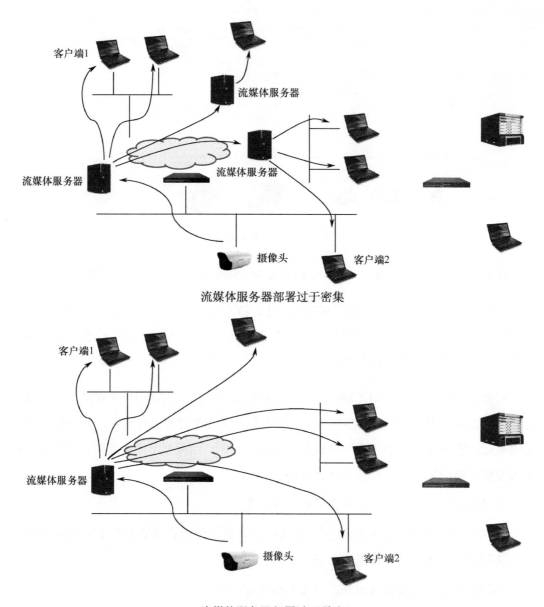

流媒体服务器部署过于密集

流媒体服务器部署过于稀疏

图 4-76 采用流媒体服务器组网模式

如果采用组播组网的方式，就无需这些顾虑，完全由组播协议自身来完成，如图 4-77 所示，视频数据流会"智能"的在最靠近接收者的网络设备进行复制。

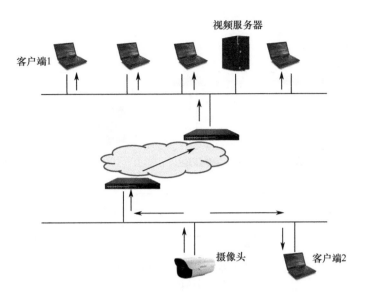

图 4-77 采用组播组网模式

部署组播可以轻松应对不可预见的突发视频点播需求

在大型的 IP 视频监控网络中，比如公安监控网络，如果在某一时刻某地有突发事件发生，那么在这一时刻会有大量查看此突发事件地的实况需求，地点也比较分散，有来自省厅的、市局的、区分局的，还有来自各级应急指挥中心的，甚至还有其他有相关连业务的委办局等。这对流媒体服务器是个巨大的考验，一般在这种情况下，媒体服务器都会宕机。若要在采用流媒体服务器的模式下解决此类问题，只有在监控系统规划之初就给网络的每处节点都留有极大的余地，预留足够多的流媒体服务器资源，来应对时间和地点都不可预见的突发视频数据请求。

如果采用组播组网的方式，以上这些问题都不复存在。组播能"智能"的在网络最合适的节点上按需复制，即使有再多突发的不确定的实况查看需求，组播模式也能轻松应对。

减少图像延时

采用网络流媒体服务器方案，与组播组网方式相比，至少会在两个地方会引入延时。

一是视频数据在网络中的传输延时，前端编码设备发送视频数据到流媒体服务器，流媒体服务器复制分发处理后再发送到视频实况查看者，这条路径不一定是最优的，如图 4-78 所示，显而易见，采用组播方式的视频数据到达目的地在网络传输上所花时间小于采用流媒体服务器所花时间。

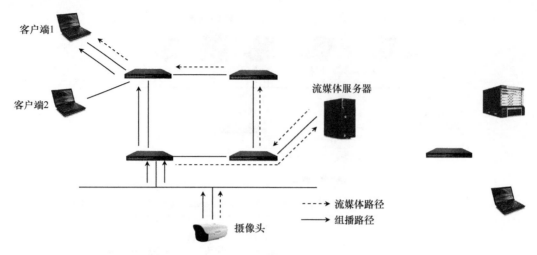

图 4-78 两种方式路径比较

二是流媒体服务器复制视频数据流的处理延时。流媒体服务器的视频流复制分发是依靠服务器的 CPU 来完成的，由软件来处理，一般会引入 100ms 甚至更长时间的时延。而组播方式的复制分发则依靠交换机路由器等网络设备的 ASIC 芯片来完成的，由硬件来处理，引入的时延在 μs 级，几乎可以忽略不计。

组播组网基本配置典型实例

组播监控基本组网配置如图 4-79 所示。

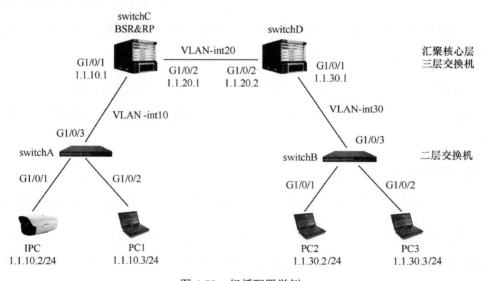

图 4-79 组播配置举例

（1）配置交换机和路由器各个接口的 VLAN、IP 地址、路由（略）。

（2）组播源和点播客户端混合接入交换机 SwitchA 配置如下：

```
# 全局使能 IGMP Snooping,在 VLAN 10 启用 igmp-snooping fast-leave（端口快速离开）。
<SwitchA> system-view
[SwitchA] igmp-snooping
[SwitchA -igmp-snooping] fast-leave vlan 10
[SwitchA-igmp-snooping] quit
# 在 VLAN 10 内使能 IGMP Snooping，并使能丢弃未知组播数据报文功能。
[SwitchA-vlan10] igmp-snooping enable
[SwitchA-vlan10] igmp-snooping drop-unknown
# 在 VLAN 10 内使能 IGMP Snooping 查询器，假定 SwitchA 的管理口地址为 1.1.10.254，
把 IGMP 普遍组查询和特定组查询报文的源 IP 地址均设置为 1.1.10.254。

[SwitchA-vlan10] igmp-snooping general-query source-ip 1.1.10.254
[SwitchA-vlan10] igmp-snooping special-query source-ip 1.1.10.254
```

（3）只有点播客户端接入交换机 SwitchB 配置如下：

```
# 全局使能 IGMP Snooping,在 VLAN 30 启用 igmp-snooping fast-leave。
<SwitchB> system-view
[SwitchB] igmp-snooping
[SwitchB-igmp-snooping] fast-leave vlan 30
[SwitchB-igmp-snooping] quit
# 在 VLAN 30 内使能 IGMP Snooping，并使能丢弃未知组播数据报文功能。
[SwitchB-vlan30] igmp-snooping enable
[SwitchB-vlan30] igmp-snooping drop-unknown
```

（4）作为 BSR 和 RP 的三层交换机 SwitchC 配置如下：

```
#使能 IP 组播路由，并在各接口上使能 PIM-SM 和 IGMP。
<SwitchC> system-view
[SwitchC] multicast routing-enable
[SwitchC] interface vlan-interface 10
[SwitchC-Vlan-interface10] pim sm
[SwitchC-Vlan-interface10] igmp enable
[SwitchC-Vlan-interface10] quit
[SwitchC] interface vlan-interface 20
[SwitchC-Vlan-interface20] pim sm
[SwitchC-Vlan-interface20] igmp enable
[SwitchC-Vlan-interface20] quit
# 将 Vlan-interface10 配置为 C-BSR 和 C-RP，并配置 RP 通告服务的组播组地址范围。
[SwitchC] acl number 1001
[SwitchC-acl-basic-1001] rule permit source 239.0.0.0 0.255.255.255
```

```
[SwitchC-acl-basic-1001] quit
[SwitchC] pim
[SwitchC-pim] c-bsr group 239.0.0.0 8
[SwitchC-pim] c-bsr vlan-interface 10
[SwitchC-pim] c-rp vlan-interface 10 group-policy 1001
[SwitchC-pim] quit
```

（5）三层交换机 SwitchD 配置如下：

```
#使能 IP 组播路由，并在各接口上使能 PIM-SM 和 IGMP。
<SwitchD> system-view
[SwitchD] multicast routing-enable
[SwitchD] interface vlan-interface 20
[SwitchD-Vlan-interface20] pim sm
[SwitchD-Vlan-interface20] igmp enable
[SwitchD-Vlan-interface20] quit
[SwitchD] interface vlan-interface 30
[SwitchD-Vlan-interface30] pim sm
[SwitchD-Vlan-interface30] igmp enable
[SwitchD-Vlan-interface30] quit
```

家园网友互动

Q：hurryliao 发表于 2015-8-13 17:25:17

PIM SSM和Bidir-PIM适合哪些应用呢？

A：网语者 发表于 2015-8-13 17:27:19

PIM SSM适合组播源的源IP地址和组播地址都明确的应用，接收者在这种模式下可以指定想要接收的组播流的源IP，接收者使用IGMPv3或提供类似功能的其他协议向自己直连的组播路由器发送指定组播源的组加入申请。

Bidir-PIM 协议，是从PIM SM协议变化而来。成员发送的组成员关系报告使DR到RP之间的路径上生成"(*,G)"表项，这些成员既是组播源也是组播接收者，组播流被无条件的转发往RP，再由RP向其他成员进行转发。Bidir-PIM特别适合组播终端既为组播源又为接收客户端的应用，例如多方电视电话会议。

> Q：westbuke 发表于 2015-8-13 17:27:53
>
> 如果是二层交换机，有办法像IGMP一样，维护成员关系控制组播流只转发到需要的接收者吗？
>
> A：网语者 发表于 2015-8-13 17:32:55
>
> 这就要提到 IGMP Snooping协议了，它是运行在二层设备上的组播约束机制，用于管理和控制组播数据在二层交换机各端口的转发。IGMP Snooping 作为IGMP协议的一个补充，没有单独的协议报文，它通过对 IGMP 协议报文的侦听分析，实现了在二层网络上对组播的控制。当主机发出的IGMP报文经过交换机时，交换机对这个报文进行侦听分析并记录下来，建立起端口和组播 MAC 地址的映射关系，当交换机收到组播数据包时，根据映射关系，向连接组播成员主机的端口转发该组播组的数据包。

这一天，老 U 的网络突然出问题了。电脑上不了网，NVR 的图像也看不到了。老 U 开始寻找问题的原因，本以为按照程咬金的"三板斧"很快就能找到问题，却花了半天还没能解决问题。重启设备，好了一会儿又不通了。看看交换机上的灯，不紧不慢的闪着，不像有广播风暴的样子。老 U 折腾了半天都没找到问题，只好求助专家了。

安全防范

网络攻击

ARP 攻击

凌晨一点，专家赶到，很快地给出了诊断结果：网络受到了 ARP 攻击。

什么是 ARP 攻击呢？

在前面我们知道，在 ARP 协议中，当 IPC 需要解析 NVR IP 地址对应的 MAC 地址时，会广播发送 ARP 请求报文。NVR 接收到 ARP 请求后，会进行应答。同时，根据请求者的 IP 地址和 MAC 地址的对应关系建立 ARP 表项。形象的比喻就是，IPC 会吼一下"谁知道 192.168.1.10 的 MAC 地址是多少？告诉我 192.168.1.100，我的 MAC 地址：48:EA:63:0E:00:01"。然后大家都知道了，192.168.1.100 的 MAC 地址是 48:EA:63:0E:00:01。这时候来了个捣蛋鬼，明明自己不是 IPC，却在哪里吼，"谁知道 192.168.1.10 的 MAC 地址是多少？告诉我 192.168.1.100，我的 MAC 地址：00:11:22:33:44:55"。这下就乱套了，所有的设备都认为 IPC 的 MAC 是 00:11:22:33:44:55，后面发给 IPC 的报文都发给了不存在的 00:11:22:33:44:55，真正的 IPC 倒是失联了——如果捣蛋鬼仿造网关，这下大家就都上不了网了。实际攻击时，也可以通过免费 ARP 报文来实现。

知道了原因就好办事了，专家开始庖丁解牛：第一步，找到攻击源：通过交换机上的查询，发现办公室的一台电脑疑似发送大量的 ARP 报文，先拔掉网线。第二步，启用交换机的安全防范功能，老 U 的交换机还是挺高档的，跟安全相关的有：ARP 入侵检测、ARP 报文限速、SYN Flood 防范……全部打开。最后，重启一下交换机，一切都又恢复正常了。

老 U 开始打破砂锅问到底了。什么是 ARP 入侵检测呢？ARP 跟 SYN Flood 有什么关系呢？

专家开始娓娓道来：

兵来将挡，水来土掩。针对 ARP 攻击还真有好多招数。

最简单的就是全部配置成静态 ARP。不过显然这是杀敌一千自损三百的招数，静态 ARP 配置引入的工作量在大部分情况下都是不可接受的。

另一种方法是交换机不随随便便转发 ARP 请求，只有当交换机认为发送的 ARP 报文是真实的时候才进行转发。如果这个网络是启用 DHCP 的，那么 IP 和 MAC 的对应关系在 DHCP 地址获取的阶段实际上就已经是定下来了。只要交换机侦听 DHCP 报文（DHCP Snooping），把对应的关系记下来。后面的 ARP 请求，如果 IP 和 MAC 与之不对应，那就一定是有问题了。部分 ARP 攻击的报文有破绽，以太网数据帧首部中的源 MAC 地址和 ARP 报文中的源 MAC 地址不同，可以直接认为是伪造的 ARP 报文而丢弃。也可以在可疑的时候，向对方发送 ARP 请求并等待响应来推断是否是伪造的报文。当网关设备在短时间内收到同一个源发送的大量 ARP 报文时，也可认定为发生了源 MAC 地址固定 ARP 攻击。

至于 SYN Flood 攻击,倒是与 ARP 攻击没什么关系,但也是几种常见的网络攻击之一。

SYN Flood 攻击

SYN Flood 攻击是一种通过向目标设备发送 SYN 报文,消耗其系统资源,从而影响正常业务的恶意攻击行为。一般情况下,SYN Flood 攻击是在采用 IP 源地址欺骗行为的基础上,利用 TCP 连接建立时的三次握手过程中形成的。

一个正常的 TCP 连接的建立需要双方进行三次握手,只有当三次握手都顺利完成之后,一个 TCP 连接才能成功建立。流程如下:

客户端向服务器发送一个 SYN 消息;

如果服务器同意建立连接,则响应客户端一个对 SYN 消息的回应消息(SYN/ACK),此时服务端处于半连接状态。客户端收到服务器的 SYN/ACK 以后,再向服务器发送一个 ACK 消息进行确认,此时服务器处于连接状态。

在 SYN Flood 攻击中,客户端的 IP 是不存在的,因此是不会回应服务器的 SYN/ACK 消息的。但此时服务器已经分配了一定的资源去处理这件事情,直到经过一定的时间,服务器才会连接超时并释放相关资源。如果短时间内服务器搜到了大量的 SYN 报文,就会分配过多的资源,从而影响正常业务。

打个比方。老 U 家的固定电话响了,"喂喂,找哪位?哦订餐呀,等等,小王,接电话,订餐!"小灵通也响了,"喂喂,哦,老李呀,好久不见我们长话长聊,哦,等等,我的手机响了,稍等!""喂,快递呀,马上来。""老李,我们继续……"老 U 拿着小灵通,边聊天边去门口收快递了。如果受到 SYN Flood 攻击,情况就变成这样了:固定电话响了,一接,"喂喂……"没有声音;这时小灵通也响了,一接,"喂喂"还是没有声音。这时候快递的电话来了,老 U 却腾不出手接电话了。

应付 SYN Flood 攻击需要网络设备(通常是防火墙)能够记录这种半连接状态。如果半连接状态超过一定的数量,网络设备将会丢弃后续的 SYN 报文,从而保护服务器。这种最简单的防护手段能够避免服务器收到大量 SYN 报文导致资源耗尽的攻击。但同时也阻止了可能的正常连接。更为高级的防火墙会采用 SYN Cookie、SYN Reset 等技术,探测客户端的真实性,仅仅过滤掉伪造的 SYN 报文,同时保证正常的 SYN 报文能够通过网络设备。

"SYN Flood 攻击还有防护的手段"专家继续道："至于 DDoS 就更难应付了。"

DDoS 攻击

严格意义上讲，拒绝服务（Denial of Service，DoS）攻击，是利用系统设计或实现上的漏洞使系统崩溃或资源耗尽无法提供服务的攻击手法。例如，在 Apache 的某个漏洞(CVE-2011-3192)中，攻击者如果发送一个特定的带有畸形的 Range 头选项的 HTTP 请求，Apache 服务器就会消耗大量 CPU 导致服务暂时无法响应。解决这类 DoS 攻击的方法倒也是比较简单，直接升级带有缺陷的软件即可。

但 DoS 攻击慢慢演变成利用大量正常的应用发起攻击，尤其是分布式拒绝服务攻击（Distributed Denial of service，DDoS）就防不胜防了。DDoS 攻击就像是骚扰电话。"喂，是虎跑路 88 号吗？""是的。""是老 U 驿站吗？""是的，请问有什么可以帮助你的？""哦，没事，谢谢！"挂了。然后又是一个电话，还是上面的。当接二连三地接到这样的电话时，老 U 一定是火冒三丈了。DDoS 攻击通常是攻击者操作了很多计算机，通过这些计算机向被攻击者发送几乎是真实的业务，被攻击者无法区分业务的真实性，耗费大量计算资源和网络资源。DDoS 攻击的防范是非常困难的。

网络攻击还有很多种，例如大量发送 ICMP 报文，让 CPU 处理不过来；发送大量 IP 分片报文，消耗服务器资源；流量放大攻击等等。看似平静的网络后面是数不清的破坏与反破坏的争斗。

应用层攻击

说到这里，专家突然话锋一转："老 U 呀，你现在才受到攻击，还是非常幸运的"。

"被欺负了还是幸运的？"老 U 满腹狐疑。

"对"专家斩钉截铁地说。

"你看，我到这里来处理问题，没有问过你一个问题吧。"

"这有什么问题，你本来就是专家。"

"问题就在这里，我连你的密码都没问，一猜就猜出来了。"

"密码是安全的第一道大门，而且对于绝大部分设备来说也是最后一道大门。使用默认密码或弱密码,好比是买了防盗门却把钥匙插在门上。无论是企业还是个人,都要重视密码安全。"

"其次是关注厂商的软件更新",专家指指那台被拔了网线的电脑,"软件实在是太复杂了,没有哪个厂商可以拍着胸脯说自己的软件没问题。道高一尺魔高一丈。比如Windows每个月都会例行发布补丁,其中有很大部分是安全补丁,修复安全漏洞用的。对使用者而言,这些补丁打和不打完全一样,所以有很多人就不管了。这样,这些漏洞就可能被黑客利用。又比如你的 NVR,厂商上个月就已经发布了软件更新,修补了某某漏洞。"专家看着老U一头雾水的样子,"我还是讲个例子吧——错误的MIME头漏洞"。

该漏洞是由一个国外安全小组发现的,该小组发现MIME在处理不正常的MIME类型时存在一个问题,攻击者可以创建一个HTML格式的E-mail,该E-mail的附件为可执行文件,通过修改MIME头,诱使IE错误地处理这个MIME所指定的可执行文件附件。在早期的Windows中,IE是这样处理附件的:一般情况下如果附件是文本文件,IE会读它;如果是视频,IE会调用播放器打开;如果附件是图形文件,IE就会显示它;如果附件是一个EXE文件呢?IE会提示用户是否执行。那么,IE如何判断这个附件是音乐还是可执行文件呢?答案是 MIME 在收到的邮件中有一个字段会给出附件的类型,例如:Content-Type: audio/x-wav,就表明附件是音乐。但如果附件是可执行文件,却告诉你是音乐呢?早期的Windows 就会这样处理:因为在 Content-Type 里指示这是一个音乐文件,所以它就不会提示用户是否要执行,直接开始执行这个文件;如何执行呢?它看到这是个可执行文件,就没去调用音乐播放器而直接开始运行。最终的效果就是,你收到一份邮件,然后黑客软件就在你的电脑上运行了,你的电脑就被劫持了。微软后来发布了补丁,修复了这个错误。随着大家对安全的重视,这样的低级错误越来越少了,但是黑客的水平也在不断增强。

若干年过去了,警察和小偷的游戏就从来没有结束过,重点战场也从单台电脑迁移到了互联网上。

跨站脚本攻击(XSS)

跨站脚本攻击(XSS)的全称是:Cross Site Scripting。之所以不叫 CSS 这是因为CSS 已经被层叠样式表(Cascading Style Sheets)所占用。

XSS 是一种网站应用程序的安全漏洞攻击,本质上也是代码注入的一种。XSS 攻击通常是指利用网页开发时留下的漏洞，通过巧妙的方法注入恶意指令代码到网页，使用户加载并执行攻击者恶意制造的网页程序。这些恶意网页程序通常是 JavaScript，但实际上也可以包括：Java、VBScript、ActiveX、Flash，或者普通的 HTML。攻击成功后，攻击者可能得到更高的权限（如执行一些操作）、私密网页内容、会话和 Cookie 等各种内容。

先来看这样一个例子。

某公司的官网上有这样一段代码：

```
<?php
$name = $_GET['name'];
echo "Welcome $name<br>";
echo "<a href="http://www.corporation.com/document/a.pdf">Click to Download</a>";
?>
```

这个网页做了两件事情，首先从 URL 中获取用户的名字，显示出来，同时提供一个下载链接。

正常访问 URL 是这样的：

```
http://www.corporation.com/test.php?name=MyName
```

但攻击者在自己的网页上构造如下 URL，诱导用户进行访问

```
http://www.corporation.com/test.php?name=guest<script>alert('attacked')</script>
```

用户实际获得的网页就变成了如下形式：

```
Welcome guest
<script>alert('attacked')</script>
<br>
<a href='http://www.corporation.com/document/a.pdf'>Click to Download</a>
```

可见，一小段 JS 代码已经被嵌入进去了。当然这里的 JS 代码并无恶意，但黑客完全可以注入具有恶意的代码。

跨站请求伪造攻击

跨站请求伪造（Cross-site Request Forgery，CSRF）攻击，简单地说，就是攻击者通过网页等手段欺骗用户的浏览器去访问一个自己曾经认证过的网站，却在该页面中包

含攻击用的链接或者脚本的方式执行非法操作。

例如：一个网站用户 Bob 正在浏览聊天论坛，而同时另一个用户 Alice 也在此论坛中，后者刚刚发布了一个具有 Bob 银行链接的图片消息。设想一下，Alice 编写了一个在 Bob 的银行站点上进行取款的 Form 提交的链接，并将此链接作为图片 Tag。如果 Bob 的银行在 Cookie 中保存了他的授权信息，且此 Cookie 没有过期，那么当 Bob 的浏览器尝试装载图片时就会提交这个取款 Form 和他的 Cookie，于是在没经 Bob 同意的情况下便授权了这次事务。

CSRF 是一种依赖 Web 浏览器的、被混淆过的代理人攻击（Deputy Attack）。在上面银行示例中的代理人是 Bob 的 Web 浏览器，它被混淆后误将 Bob 的授权直接交给了 Alice 使用。

下面是 CSRF 的常见特性：

（1）依靠用户标识危害网站；

（2）利用网站对用户标识的信任；

（3）欺骗用户的浏览器发送 HTTP 请求给目标站点；

（4）另外通过 IMG 标签会触发一个 GET 请求，可以利用它来实现 CSRF 攻击。

点击劫持攻击（ClickJacking）

点击劫持是一种视觉上的欺骗手段。攻击者使用一个透明的、不可见的 iframe，覆盖在一个网页上，然后诱使用户在该网页上进行操作，此时用户会在不知情的情况下点击透明的 iframe 页面。通过调整 iframe 页面的位置，可以诱使用户恰好点击在 iframe 页面的一些功能性按钮上。

例如，攻击者可以构造一个打地鼠的网页游戏，同时在上方隐藏一个投票网页，你在打地鼠的同时实际上在帮别人点赞。

SQL 注入攻击

所谓 SQL 注入，就是通过把 SQL 命令插入到 Web 表单提交或输入域名或页面请求的查询字符串，最终达到欺骗服务器执行恶意 SQL 命令的目的。

先看这样一个登陆页面：

```php
<html>
<head>
<title>登录验证</title>
<meta http-equiv="content-type" content="text/html;charset=utf-8">
</head>
<body>
<?php
      $conn=@mysql_connect("localhost",'root','') or die("数据库连接失败！");
      mysql_select_db("injection",$conn) or die("您要选择的数据库不存在");
      $name=$_POST['username'];
      $pwd=$_POST['password'];
      $sql="select * from users where username='$name' and password='$pwd'";
      $query=mysql_query($sql);
      $arr=mysql_fetch_array($query);
      if(is_array($arr)){
            header("Location:manager.php");
      }else{
            echo "您的用户名或密码输入有误，<a href=\"Login.php\">请重新登录！</a>";
      }
?>
</body>
</html>
```

好，看不懂代码没关系，我们只需要知道这一点，当用户访问这个页面时，填好正确的用户名（Admin）和密码（Passwd）后，点击提交时，网站会通过下面这句 SQL 语句判断用户密码是否合法：

```
select * from users where username='admin' and password=md5('passwd')
```

如果攻击者输入的用户名是"' or 1=1 #"呢，上面的 SQL 查询语句就变成了：

```
select * from users where username='' or 1=1#' and password=md5('')
```

因为"#"在 MySQL 中是注释符的意思，这样上面的语句就变成了：

```
select * from users where username='' or 1=1
```

显然因为 1=1 永远都是成立的，所以即便攻击者不知道用户名和密码，通过上面这个手段，攻击者还是能够通过这个页面的"用户验证"。

文件上传漏洞

文件上传本身可能是网站的一项正常的功能。但如果上传的文件可以改变服务器的行为，通常就是一个漏洞。例如用户上传了一个可执行的脚本文件，并通过此脚本文件获得了执行服务器端命令的能力。一般的情况有：

（1）上传文件是 Web 脚本语言，服务器的 Web 容器解释并执行了用户上传的脚本，导致代码执行；

（2）上传文件是 Flash 策略文件 crossdomain.xml，以此来控制 Flash 在该域下的行为；

（3）上传文件是病毒、木马文件，攻击者用以诱骗用户或管理员下载执行；

（4）上传文件是钓鱼图片或包含了脚本的图片，某些浏览器会作为脚本执行，实施钓鱼或欺诈。

我们来看这样一个例子。在某个网站运行上传图片（.jpg）文件，黑客构造了一个 PHP 文件，但将文件名改为 xxx.php%00.jpg，其中%00 为十六进制的 0x00 字符。在上传的代码中，服务器仅判断了文件名的最后几个字符为.jpg，即认为是合法的图片文件，因为%00 字符截断的关系，最终上传的文件变成了 xxx.php。通过这个漏洞，黑客成功地上传了服务端脚本文件，达到了攻击的目的。

可以看到，网络上的攻击大部分是由于开发者在设计中不够缜密造成的，解决的方法也是在源头，即安全编程。目前的网站几乎不会有上面这样简单的错误了，但是不代表没有错误，类似于乌云网（WooYun.org）这样的网站，每天都能够看到不少问题的出现。

对于多数人来说，安全是个高深莫测的领域，但是勤于打补丁的确能够解决大部分的问题。当然设备的选择上一定要选择大厂，因为只有大厂才有实力对产品进行不断地维护。

对于网管而言，可做的事情就多得多了，比如添置防火墙，防范常见的攻击。通过 Nessus、Ripad7 Nexpose 等专业的安全扫描工具评估你的设备是否有已知的漏洞。对于金融等对安全有苛刻要求的场合，甚至会请专业的白客尝试进行攻击性测试，以检测系统是否真的是固若金汤。

网络防护设备

防火墙

防火墙是出现最早的网络安全技术之一。防火墙位于待保护的内部网络和不可靠的外部网络之间,作为两者之间的屏障,阻断来自外部网络的威胁和入侵,如图 4-80 所示。来自 AT&T 的两位工程师 William Cheswick 和 Steven Bellovin 将防火墙定义为置于两个网络之间的一组构件或一个系统,具有以下属性:

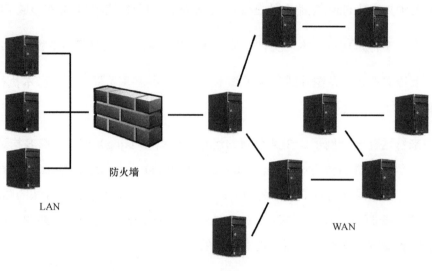

图 4-80 防火墙

(1)防火墙是不同网络或安全域直接的唯一通道,所有双向流通信息必须经过它;

(2)只有经过授权的合法数据,即被制定的本地安全策略授权的信息流才被允许通过;

(3)该系统本身具有很高的抗攻击能力,本身不受各种工具的影响。

换而言之,防火墙是用于保护可信网络免受非可信网络的威胁,同时仍允许双方通信,因此防火墙必须具有如下基本功能:

(1)能够分析进出网络的数据;

(2)能够通过识别、认证和授权对进出网络的行为进行访问控制;

(3)能够封堵安全策略禁止的业务;

（4）能够审计跟踪通过的信息内容和活动；

（5）能够对网络入侵行为进行检测和报警；

（6）能够对需要保密的信息进行授权的加密和解密；

（7）能够对接收到的数据进行完整性校验。

通过选择优秀的防火墙产品，制定合理的安全策略，防火墙能够对网络威胁进行极好的防范，但是，它们不是安全解决方案的全部，很多威胁是防火墙力所不及的。

（1）防火墙不能防范恶意的知情者，或者说只防小偷不防内贼——防火墙可以禁止系统用户通过网络发送专有的信息，但是并不控制内部用户滥用授权访问，就好比用户可以将数据复制到磁盘或纸上，放在公文包里带出去。另外如果侵袭者已经在防火墙的内部，防火墙实际上无能为力。

（2）防火墙对不通过它的连接难有作为——防火墙能有效的控制穿过它的传输信息，但对于不穿过它的传输信息无能为力。

（3）防火墙不能防备所有新的威胁——一个好的设计能防备新的威胁，但没有防火墙能自动防御所有新的威胁。黑客们已经掌握了太多绕开防火墙的方法，甚至可能对防火墙直接展开攻击。

（4）防火墙不能防备病毒、恶意网站——大部分防火墙设备都对隐藏在合法数据流中的恶意病毒无能为力，对于上面提到的 XSS 等网络攻击也无法检测。

防火墙根据工作层面的不同，可分为如下两类。

网络层防火墙

网络层防火墙可视为一种 IP 数据包过滤器，运作在底层的 TCP/IP 协议堆栈上。可以通过列举一系列规则，允许或者禁止特定网络报文通过，例如指定的 IP 地址、指定的协议类型。现在的大部分操作系统及家庭网络设备已内置防火墙功能，当然和单独的防火墙设备相比，功能和性能都有很大的差距。

应用层防火墙

应用层防火墙是在 TCP/IP 堆栈的"应用层"上运作，例如浏览器所产生的 HTTP

数据流或使用 FTP 时的数据流都是属于这一层。应用层防火墙可以拦截进出某应用程序的所有数据包，并且封锁其他的数据包。

防火墙根据工作机制的不同，通常分为如下四类。

电路级防火墙

在 TCP 或 UDP 发起一个连接前，验证该会话的可靠性。只有在握手被验证为合法且握手完成之后，才允许数据包的传输。一个会话建立后，此会话的信息被写入防火墙维护的有效连接表中。数据包只有在它所含的会话信息符合该有效连接表中的某一表项，才被允许通过。会话结束时，该会话在表中的入口被删掉。电路级网关只对连接在会话层进行验证。一旦验证通过，在该连接上可以运行任何一个应用程序。以 FTP 为例，电路层网关只在一个 FTP 会话开始时，在 TCP 层对此会话进行验证。如果验证通过，则所有的数据都可以通过此连接进行传输，直至会话结束。但后续即便在这个会话中使用 HTTP 协议，数据包也能够正常通过。

代理服务器防火墙

通过在应用层检查分组来完成工作。代理服务器防火墙截获位于它之后的应用发送请求，并代表请求的应用执行请求的功能，然后把收到的执行结果回复给发出请求的应用。通过这种方式，被保护的应用实际上没有直接跟外部网络发生交互。

包过滤防火墙

一种位于网络外围的简单设备，它根据一组规则允许一些分组通过，同时阻塞其他分组。这种决策通常根据 IP 中的地址信息，或者 TCP、UDP 中的头部信息。

状态检测防火墙

这是传统包过滤上的功能扩展，状态检测防火墙在网络层有一个检查引擎截获数据包并抽取出与应用层状态有关的信息，并以此为依据决定对该连接是接受还是拒绝。这种技术提供了高度安全的解决方案，同时具有较好的适应性和扩展性。

IDS 和 IPS

入侵检测系统（Intrusion Detection Systems）

如图 4-81 所示，专业上讲就是依照一定的安全策略，对网络、系统的运行状况进行监视，尽可能发现各种攻击企图、攻击行为或者攻击结果，以保证网络系统资源的机密性、完整性和可用性。

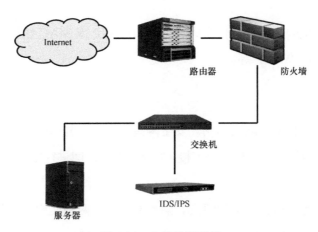

图 4-81　入侵检测系统

如果打一个比方的话——防火墙就是一幢大厦的门锁，而 IDS 就是这幢大厦里的监视系统。防火墙只管允许哪些人进来，一旦小偷进入了大厦，或内部人员有越界行为，只有 IDS 才能发现情况并发出警告。

与防火墙不同的是，IDS 入侵检测系统是一个旁路监听设备，它不需要跨接在任何链路上，只需要对需要监控的流量复制一份即可。

入侵防御系统（Intrusion Prevention System）

IPS 能够识别网络入侵事件，同时对事件的侵入、关联、冲击、方向进行适当的分析，然后将合适的信息和命令传送给防火墙、交换机和其他网络设备以减轻该事件的风险。

随着网络攻击技术的不断提高和网络安全漏洞的不断发现，传统防火墙技术加传统 IDS 的技术，已经无法应对一些安全威胁。在这种情况下，IPS 技术应运而生，IPS 技术可以深度感知并检测流经的数据流量，对恶意报文进行丢弃以阻断攻击，对滥用报文进行限流以保护网络带宽资源。如果检测到攻击，IPS 会在这种攻击扩散到网络的其他地方之前阻止这个恶意的通信。而 IDS 只是存在于你的网络之外起到报警的作用，而不是在你的网络前面起到防御的作用。

目前小型的交换机或路由器（如家庭路由器）都开始支持一些简单的防火墙功能，Windows 和 Linux 也都集成了软件防火墙。传统意义上的防火墙、IDS、IPS 设备也在不断改进和融合，衍生出了许多安全产品，目前的下一代防火墙（NGFW）都是"拓宽"并"深化"了在应用栈检查的能力。例如，现有支持深度分组检测的现代防火墙可扩展成入侵预防系统（IPS）、用户身份集成（用户 ID 与 IP 或 MAC 地址绑定）防护系统，和 Web 应用防火墙（WAF）等。

网闸

网闸（GAP）全称安全隔离网闸。安全隔离网闸是一种由带有多种控制功能的专用硬件在电路上切断网络之间的链路层连接，并能够在网络间进行安全、适度的应用数据交换的网络安全设备。

安全隔离网闸是由软件和硬件组成。隔离网闸分为两种架构，一种为双主机的 2+1 结构，另一种为三主机的三系统结构。2+1 的安全隔离网闸的硬件设备由三部分组成：外部处理单元、内部处理单元、隔离安全数据交换单元。安全数据交换单元不同时与内外网处理单元连接。隔离网闸采用 SU-Gap 安全隔离技术，创建一个内、外网物理断开的环境。三系统的安全隔离网闸的硬件也由三部分组成：外部处理单元（外端机）、内部处理单元（内端机）、仲裁处理单元（仲裁机），各单元之间采用了隔离安全数据交换单元。

网闸的核心思想是硬件网络隔离，它假设是外侧处理单元的 CPU 被攻破。外侧与内侧两个系统的通信是通过隔离单元进行交换的。即便外侧被攻破，也不至于影响到内侧的安全。

网闸通常用于对安全性要求极其高的场合，例如公安部门。公共场合的摄像头需要接入至公安内网，但是摄像头安装在公共场合，难以保证不被入侵（包括物理上的入侵）。因此需要保证外部不能通过这个途径渗透到公安内网中。图 4-82 是一种监控视频网闸系统。

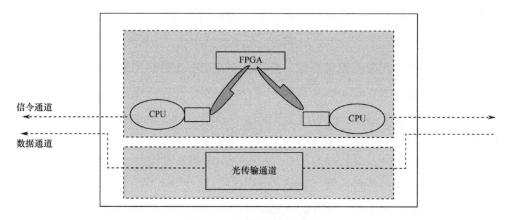

图 4-82　网闸结构示意图

在监控视频网闸系统中，所有的通信被分成了两个通道：数据通道和信令通道。

数据通道中传输的是视频信号，在这个通道中，被硬件设计成了单向通道，即只可从非安全区域向安全区域传输。

在信令通道中，通过隔离安全数据交换单元（在图 4-82 中通过 FPGA 实现），内、外两个处理单元（通过 CPU 实现）并无直接交换，而是通过 FPGA 对有限的信令进行交互。

可以看出，在这样的设计中，即便外部的处理单元被黑客控制，通过 FPGA 和单向通道的保护，黑客依然无法渗透到内部安全网络中。

C114 家园网友互动

Q：hurryliao 发表于 2015-8-13 19:22

采用嵌入式系统的设备比采用通用操作系统的设备要安全吗？

A：网语者 发表于 2015-8-13 19:26

传统的观点认为嵌入式系统比通用操作系统要安全。但事实上并非如此，嵌入式系统麻雀虽小五脏俱全，从技术上讲引入安全漏洞的风险不亚于通用操作系统。嵌入式系统的软件一般也是由操作系统、第三方软件和厂商开发的软件组成的。一个产品的安全与否取决于厂商的开发能力，以及对安全的重视程度。另外，很多漏洞都是在产品发布后才被发现的，因此厂商是否对漏洞进行及时修复，尤其是操作系统及第三方的漏洞进行修复，也是设备安全的一个重要体现。在这方面，嵌入式系统没有相对快捷的补丁推送机制（如Windows的Update）相对而言还具有劣势。

Q：borwide 发表于 2015-8-13 17:04

我家的设备整天发布补丁，对于我们一般用户有用吗？

A：网语者 发表于 2015-8-13 17:08

有用。例如Windows每月都会例行推送安全补丁，有紧急验证的问题还会例外发布补丁。这些补丁中大部分都是安全补丁。正如前面说的，安全漏洞的原因大部分都是开发的疏漏，但是厂商即便给出了解决方法，还是需要用户应用补丁后才能杜绝漏洞被利用。另外，大部分Linux发布版本也有类似Windows的补丁发行机制，系统管理员们也要重视Linux补丁的应用。

认证接入

AAA

小 U 在家上网突然上不去了,他捣鼓了半天,发现原来是上网账号里的余额没了,真是应了小沈阳那句经典的话——"人活着,钱却没啦!"人生最痛苦的莫过于此,只能上一些广告网页,其他的都上不去。运营商是如何精确控制小 U 上网的时间、费用的呢?又是如何精准的控制小 U 的权限,只能上一些广告网站?原来这一切的幕后杀手锏是 AAA 技术。

AAA 是认证(Authentication)、授权(Authorization)、计费(Accounting)的英文简称,它是网络安全的一种管理机制。通过 AAA 技术可以控制小 U 能访问哪些网站、不能访问哪些网站;可以详细的记录小 U 哪些时间上网了、上了哪些网;还可以详细记录小 U 当前的上网账户中还剩余多少钱。我们去运营商营业厅打印的话费清单可以看成是 AAA 技术的一个典型应用。那 AAA 究竟是怎么工作的呢?

初识 AAA

AAA 一般采用客户机/服务器架构(C/S),客户端运行在网络接入服务器(Network Access Server,NAS)上。服务器上集中管理所有用户的账户信息。AAA 的基本组网架构如图 4-83 所示。

图 4-83　AAA 架构

网络存在的根本目的是为方便人们的生活,网络一些知识的设计也来源于生活。举一个通俗的例子来讲解 AAA 的基本原理究竟是如何工作的。用户端就好比放在一个仓库里的箱子,仓库出口处有一个保安人员,这里的保安人员相当于图 4-28 中的 NAS 设备。仓库里的箱子第一次出门时,保安会暂时拦截这个箱子,并同时向上级(相当于图 4-28 中的服务器端)打电话描述这个箱子的情况,比如大小、样子、颜色、编号等信息,由上级来决策这个箱子是否可以出仓库——这个过程可以理解为认证(Authentication)。发货员进一步检查箱子,确定这一批货物可以发往哪些省份——这个过程可以理解为授权（Authorization）。保安每隔一段时间向上级报告，当前已经发出多少个箱子——这个过程可以理解为计费（Accounting）。

认证、授权、计费这三种安全服务功能，严谨的描述如下：

认证：确认远端访问用户的身份，判断访问者是否为合法用户；

授权：对不同用户赋予不同的权限，使不同用户有不同的访问网络资源的权利。管理员可以控制用户一能访问百度而不能访问新浪，同时还可以控制用户二不能访问百度但是能访问新浪。

计费：记录用户访问网络服务器中的所有操作，包括使用的服务类型、起始时间、数据流量等等信息，它不仅仅是一种计费手段，也对网络安全监管起到了非常重要的作用。

当然，也可以选择性的只使用 AAA 提供的一种或两种服务。例如某公司仅仅想让员工在访问某些特定资源的时候进行身份认证而不关心员工的上网时长，那就只需要使用 AAA 里的认证和授权两种服务即可。

AAA 只是一种技术框架，最常见的实现是 RADIUS 协议。

RADIUS 协议

远程认证拨号用户服务（Remote Authentication Dial-In User Service，RADIUS），是一种分布式的、C/S 架构的信息交互协议，能保护网络不受未授权访问用户的干扰，常常用在要求有较高安全性且又允许远程用户访问的网络环境中。RADIUS 协议定义了基于 UDP 的 RADIUS 帧格式及其消息传输机制，并规定了 UDP 端口 1812、1813 分别作为认证、计费所使用的端口。

在讲述 RADIUS 协议之前，先看看 RADIUS 涉及的几个概念。

RADIUS 客户端：这里的客户端不是指普通终端网络用户，而是指负责传输用户信息到指定 RADIUS 服务器上的设备，相当于 NAS 设备（即仓库门口的保安）。

RADIUS 服务器：RADIUS 服务器上一般都维护相关的用户认证和网络服务访问信息，负责接收用户连接请求并认证用户，然后给客户端返回所需要的信息（如接受/拒绝认证请求），相当于前文提到的保安打电话请示的"上级"。

RADIUS 的基本消息交互流程如图 4-84 所示。

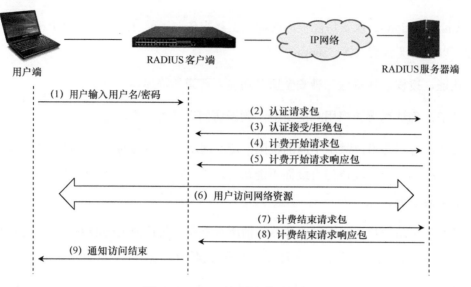

图 4-84　RADIUS 消息交互过程

消息交互流程如下：

（1）用户端设备发起连接请求，向 RADIUS 客户端发送用户名和密码。

（2）RADIUS 客户端根据获取的用户名和密码，向 RADIUS 服务器发送认证请求包。

（3）RADIUS 服务器对用户名和密码进行认证。如果认证成功，RADIUS 服务器向 RADIUS 客户端发送认证成功报文；如果认证失败，则返回认证拒绝报文。由于 RADIUS 协议合并了认证和授权的过程，认证接受报文中也包含了用户的授权信息。

（4）RADIUS 客户端根据收到的认证结果，允许或拒绝用户的接入。如果允许用户接入，则 RADIUS 客户端向 RADIUS 服务器发送计费开始请求报文。

（5）RADIUS 服务器返回计费开始响应报文，并开始计费。

（6）用户开始访问网络资源。

（7）用户请求断开连接，RADIUS 客户端向 RADIUS 服务器发送计费停止请求报文。

（8）RADIUS 服务器返回计费结束请求报文，并停止计费。

（9）用户结束访问网络资源。

当某用户想要通过 NAS 接入到网络，从而获得访问网络中其他资源的权利时，NAS 设备就担当起验证用户并控制用户相关权限的一个角色。所以一般实际组网中，NAS

设备都是由靠近用户端的接入层交换机来承担。

小 U 了解了 RADIUS 的交互过程，看到步骤 1 有点心惊胆战，职业习惯告诉他：因为用户端需要把用户名和密码发送到服务器端去认证，通过网络传送密码有可能会导致泄密啊，很危险，那实际上 AAA 架构体系是如何解决这个风险的呢？

这需要把 CHAP 和 PAP 两孪生兄弟给牵扯出来。RADIUS 协议中交互用户名和密码一般都会借用点到点协议（Point to Point Protocol，PPP）中用户名和密码的那一套机制。我们日常上网中使用的 PPPoE 就是 PPP 协议的一种应用，前面章节对 PPPoE 已有详细讲解。在此不再赘述。

PPP 提供了两种可选的身份认证方法：口令验证协议（Password Authentication Protocol，PAP）和质询握手协议（Challenge Handshake Authentication Protocol，CHAP）。

PAP 是一个简单的、实用的身份验证协议，被认证方将用户名和密码以明文的形式发送给认证方，认证方查询本地数据库核对之后给予确认。PAP 认证只在双方的通信链路建立初期进行。如果认证成功，在通信过程中不再进行认证。如果认证失败，则直接释放链路。PAP 的弱点是用户的用户名和密码是明文发送的，有可能被协议分析软件捕获而导致安全问题，这也是小 U 最担心的地方。但也有一个好处，因为认证只在链路建立初期进行，节省了宝贵的链路带宽，有得必有失。

CHAP 认证比 PAP 认证更安全，主要体现在以下两点：

一是 CHAP 不在网络链路上发送明文密码，而是发送经过摘要算法加工过的随机数。如图 4-85 所示，在网络链路上传输交互的只是"用户名"和"随机数"以及"MD5 摘要值"（MD5 摘要值来自"随机数"、"密码"和认证序列号等信息的哈希值），然后由 RADIUS 服务器把收到的一份"MD5 摘要值"与自己计算出来的一份"MD5 摘要值"进行比较，如果两个"MD5 摘要值"相同，说明认证成功；如果两个"MD5 摘要值"不相同，则意味着认证失败。

二是 CHAP 在初次认证成功之后，还可以间歇性的进行保活认证，每次认证的随机数都是不一样的，每次生成的 MD5 摘要值也都不一样。这样实现更安全，因为即使非法用户构造的 MD5 摘要值碰巧相同，但在下一次认证时不太可能还会构造出与服务器端相同的 MD5 摘要值，上帝的幸运光环不可能两次同时眷顾它。

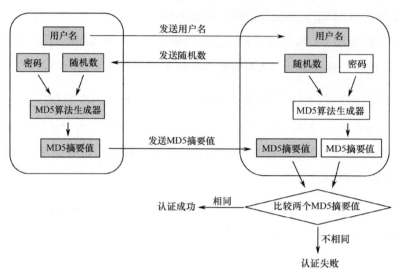

图 4-85　CHAP 认证交互过程

> **说明**
>
> 　　MD5（Message-Digest Algorithm 5），即消息摘要算法第五版，为计算机安全领域广泛使用的一种散列函数，用以提供消息的完整性保护，确保信息传输完整一致。
> 　　除了 MD5 以外，其中比较有名的还有 SHA-1、RIPEMD 及 Haval 等。
> 　　目前业界普通采用 MD5。

小 U 了解 CHAP 的机制后，心中的忐忑不安才慢慢消失。

802.1x

小 U 学习了安全相关的知识，对自己的视频监控网络有点担心了。小 U 不希望随便谁接个网线到自己的交换机上就可以访问他的视频监控系统。于是问了下网管，网管告诉小 U 学习下 802.1x 相关的内容。小 U 查了下，原来 802.1x 是一种在以太网中被广泛应用的基于端口的网络接入控制协议（Port Based Network Access Control），主要解决以太网内认证和安全方面的问题。连接在端口上的用户设备如果能通过认证，就可以访问局域网中的资源；如果不能通过认证，则无法访问局域网中的资源——相当于连接被物理断开。

802.1x 简介及体系结构

有点类似小区的保安系统，小区的门岗不让陌生人进入，当陌生人来访的时候，门岗需要确定陌生人的身份信息，并联系对应业主，是否允许该陌生人进入。802.1x 系统中包括三个实体：客户端（一般是 PC 机）、设备端（交换机或路由器）和认证服务器（Authentication Server），如图 4-86 所示。

图 4-86　802.1x 体系结构图

客户端是请求接入局域网的用户终端设备，它由局域网中的设备端对其进行认证。客户端上必须安装支持 802.1x 认证的客户端软件。

设备端是局域网中控制客户端接入的网络设备，位于客户端和认证服务器之间，为客户端提供接入局域网的端口，并通过与服务器的交互来对所连接的客户端进行认证。

认证服务器用于对客户端进行认证、授权和计费，通常为远程认证拨号用户服务（Remote Authentication Dial-In User Service，RADIUS）服务器。认证服务器根据设备端发送来的客户端认证信息来验证客户端的合法性，并将验证结果通知给设备端，由设备端决定是否允许客户端接入。在一些规模较小的网络环境中，认证服务器的角色也可以由设备端来代替，即由设备端对客户端进行本地认证、授权和计费。

802.1x 对端口的控制

设备端为客户端提供接入局域网的每个端口都具有两个逻辑端口：受控端口和非受控端口。任何到达该端口的帧，在受控端口与非受控端口上均可见。非受控端口始终处于双向连通状态，主要用来传递局域网上的可扩展认证（Extensible

Authentication Protocol over LAN，EAPOL）协议帧，保证客户端始终能够发出或接收认证报文。受控端口在授权状态下才处于双向连通状态，用于传递业务报文；在非授权状态下禁止从客户端接收任何报文。设备端利用认证服务器对需要接入局域网的客户端进行认证，并根据认证结果（Accept 或 Reject）对受控端口的授权状态进行相应地控制。

图 4-87 对比了两个 802.1x 认证系统的端口状态。系统 1 的受控端口处于非授权状态，不允许报文通过；系统 2 的受控端口处于授权状态，允许报文通过。

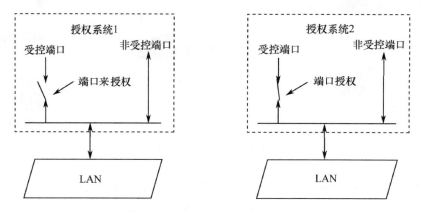

图 4-87　802.1x 端口控制示意图

802.1x 的报文交互流程

802.1x 系统使用可扩展认证协议（Extensible Authentication Protocol，EAP）来实现客户端、设备端和认证服务器之间认证信息的交互。EAP 是一种 C/S 模式的认证框架，它可以支持多种认证方法，如 MD5-Challenge、EAP-TLS、PEAP 等。在客户端与设备端之间，EAP 报文使用 EAPOL 封装格式传递。在设备端与 RADIUS 服务器之间，EAP 报文的交互有 EAP 中继和 EAP 终结两种处理机制。

EAP 中继

设备对收到的 EAP 报文进行中继，使用 EAPOR（EAP over RADIUS）封装格式将其承载于 RADIUS 报文中发送给 RADIUS 服务器进行认证，如图 4-88 所示。

该处理机制下，EAP 认证过程在客户端和 RADIUS 服务器之间进行，RADIUS 服务器作为 EAP 服务器来处理客户端的 EAP 认证请求，设备相当于一个代理，仅对 EAP 报文做中转，因此设备处理简单，并能够支持 EAP 的各种认证方法，但要求 RADIUS

服务器支持相应的 EAP 认证方法。

图 4-88　EAP 中继原理示意图

这种方式是 IEEE 802.1x 标准规定的，将 EAP 承载在其他高层协议中（如 EAP over RADIUS）以便扩展认证协议报文穿越复杂的网络到达认证服务器。一般来说，需要 RADIUS 服务器支持 EAP 属性：EAP-Message 和 Message-Authenticator，分别用来封装 EAP 报文及对携带 EAP-Message 的 RADIUS 报文进行保护。

下面以 MD5-Challenge 认证方法为例介绍基本业务流程，认证过程如图 4-89 所示。

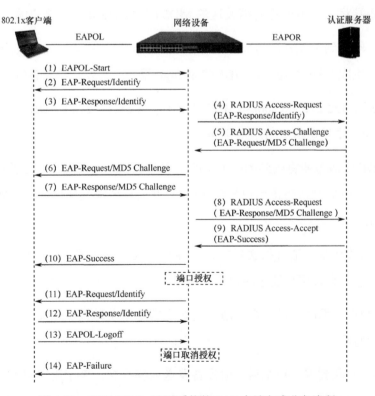

图 4-89　IEEE 802.1x 认证系统的 EAP 中继方式业务流程

（1）当用户需要访问外部网络时打开802.1x客户端程序，输入已经申请、登记过的用户名和密码，发起连接请求。此时，客户端程序将向设备端发出认证请求帧（EAPOL-Start），开始启动一次认证过程。

（2）设备端收到认证请求帧后，将发出一个Identity类型的请求帧（EAP-Request/Identity）要求用户的客户端程序发送上一步用户所输入的用户名。

（3）客户端程序响应设备端发出的请求，将用户名信息通过Identity类型的响应帧（EAP-Response/Identity）发送给设备端。

（4）设备端将客户端发送的响应帧中的EAP报文封装在RADIUS报文（RADIUS Access-Request）中发送给认证服务器进行处理。

（5）RADIUS服务器收到设备端转发的用户名信息后，将该信息与数据库中的用户名列表中的信息对比，找到该用户名对应的密码信息，用随机生成的一个MD5 Challenge对密码进行加密处理，同时将此MD5 Challenge通过RADIUS Access-Challenge报文发送给设备端。

（6）设备端将RADIUS服务器发送的MD5 Challenge转发给客户端。

（7）客户端收到由设备端传来的MD5 Challenge后，用该Challenge对密码部分进行加密处理，生成EAP-Response/MD5 Challenge报文，并发送给设备端。

（8）设备端将此EAP-Response/MD5 Challenge报文封装在RADIUS报文（RADIUS Access-Request）中发送给RADIUS服务器。

（9）RADIUS服务器将收到的已加密的密码信息和本地经过加密运算后的密码信息进行对比，如果相同，则认为该用户为合法用户，并向设备端发送认证通过报文（RADIUS Access-Accept）。

（10）设备收到认证通过报文后向客户端发送认证成功帧（EAP-Success），并将端口改为授权状态，允许用户通过端口访问网络。

（11）用户在线期间，设备端会通过向客户端定期发送握手报文的方法，对用户的在线情况进行监测。

（12）客户端收到握手报文后，向设备发送应答报文，表示用户仍然在线。缺省情况下，若设备端发送的两次握手请求报文都未得到客户端应答，设备端就会让用户下线，防止用户因为异常原因下线而设备无法感知。

（13）客户端可以发送 EAPOL-Logoff 帧给设备端，主动要求下线。

（14）设备端把端口状态从授权状态改变成未授权状态，并向客户端发送 EAP-Failure 报文，确认对应客户端下线

EAP 终结

如图 4-90 所示，设备对 EAP 认证过程进行终结，将收到的 EAP 报文中的客户端认证信息封装在标准的 RADIUS 报文中，与服务器之间采用密码验证协议（Password Authentication Protocol，PAP）或质询握手验证协议（Challenge Handshake Authentication Protocol，CHAP）方法进行认证。

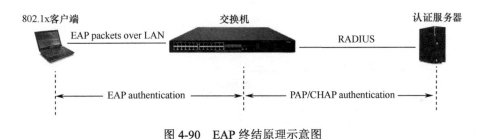

图 4-90　EAP 终结原理示意图

该处理机制下，由于现有的 RADIUS 服务器基本均可支持 PAP 认证和 CHAP 认证，因此对服务器无特殊要求，但设备处理较为复杂，它需要作为 EAP 服务器来解析与处理客户端的 EAP 报文。

这种方式将 EAP 报文在设备端终结并映射到 RADIUS 报文中，利用标准 RADIUS 协议完成认证、授权和计费。设备端与 RADIUS 服务器之间可以采用 PAP 或者 CHAP 认证方法。下面以 CHAP 认证方法为例介绍基本业务流程，如图 4-91 所示。

EAP 终结方式与 EAP 中继方式的认证流程相比，不同之处在于步骤（4）中用来对用户密码信息进行加密处理的 MD5 Challenge 由设备端生成，之后设备端会把用户名、MD5 Challenge 和客户端加密后的密码信息一起送给 RADIUS 服务器，进行相关的认证处理。

802.1x 可以采用基于端口的接入控制方式和基于 MAC 的接入控制方式。当采用基于端口的接入控制方式时，只要该端口下的第一个用户认证成功后，其他接入用户无须认证就可使用网络资源，但是当第一个用户下线后，其他用户也会被拒绝使用网络；当

采用基于 MAC 的接入控制方式时，该端口下的所有接入用户均需要单独认证，当某个用户下线时，也只有该用户无法使用网络。

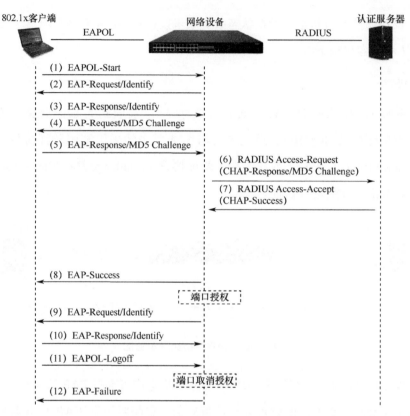

图 4-91　IEEE 802.1x 认证系统的 EAP 终结方式业务流程

802.1x 协议仅仅提供了一种用户接入认证的手段，并简单地通过控制接入端口的开/关状态来实现，以其简单高效、容易实现、安全可靠、易于运营的特点，被广泛使用。

Portal 认证

Portal 是一种常用的认证方法，这种认证方法的优点是不需要安装认证客户端。确切地说，认证客户端就是普通的浏览器。这样就不需要单独安装专门的客户端，从而减少客户端的维护工作量。Portal 认证使用范围非常广泛，如机场、咖啡厅、无线城市等。它的特点是开始的时候无需认证便可接入网络，并可访问有限的资源，但是在访问任何其他站点的时候都会重定向到一个特定的站点（Portal 认证网站），在这个网站中用户可以完成认证过程。完成认证后，用户才能访问授权的网络。根据不同的应用场景可以开发不同的 Portal 认证网站。例如，有些场景下，可以通过短信验证后进行收费上网服务，费用直接从关联的手机号中收取。也可以通过简单的用户名/密码进行授权，并通过不同的用户权限控制用户访问不同的站点。还有一种应用场景，就通过 Portal 站点推送商业广告，用户以观看广告获取免费的上网时长。

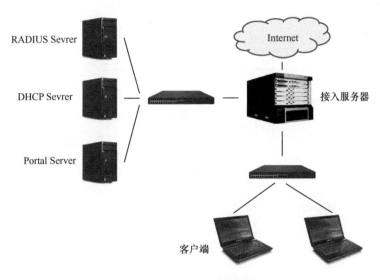

图 4-92　Portal 的系统组成

Portal 的典型组网方式如图 4-92 所示，它由四个基本要素组成：认证客户端、接入服务器、Portal 服务器、认证/计费服务器。

认证客户端

安装支持 HTTP/HTTPS 协议的 Web 浏览器的设备，可以是电脑、手机等。

接入服务器

交换机、路由器等宽带接入设备的统称，主要有三方面的作用：

（1）在认证之前，限制用户访问特定网络资源，将用户的其他 HTTP 请求都重定向到 Portal 服务器。

（2）在认证过程中，与 Portal 服务器、认证/计费服务器交互，完成身份认证/计费的功能。

（3）在认证通过后，允许用户访问授权的互联网资源。

Portal 服务器

接收 Portal 客户端认证请求的服务器端系统，提供免费门户服务和基于 Web 认证的界面，与接入服务器交互 Portal 客户端的认证信息。

认证/计费服务器

与接入服务器进行交互，完成对用户的认证和计费。

以上几个基本要素的交互过程为（参见图 4-93）：

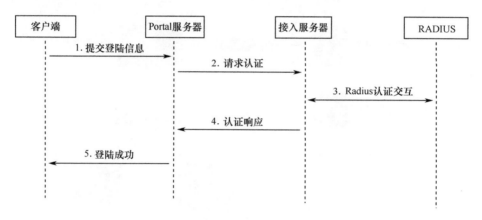

图 4-93　Portal 认证过程

（1）未认证用户访问网络时，接入服务器通过 ACL 限制其只能访问受限的资源。对于受限资源外的 HTTP 请求在经过接入设备时会被重定向到 Portal 服务器的 Web 认证主页上。用户访问这个认证页面，输入必要的认证信息后触发认证过程。

（2）Portal 服务器会将用户的认证信息传递给接入服务器，发起认证请求流程。

（3）接入服务器与 RADIUS 服务器通过协议进行 RADIUS 认证，实质性的用户认证是在这个阶段完成的。

（4）认证通过后，接入服务器会重新配置 ACL，允许用户访问更多的网络资源。同时接入服务器将认证结果返回给 Portal 服务器。

（5）Portal 服务器会在页面上显示验证通过的信息，最终完成认证过程。

MAC 地址认证

通过前面一段时间的学习，小 U 对安全接入有了一定的了解。802.1x 接入认证实现了安全的网络接入，但是客户机需要安装对应的认证软件来实现接入认证。Portal 认证也同样需要用户去访问认证门户网站，输入用户名和密码来实现认证。有没有一种方案，不需要用户端做任何操作，一切都由服务提供商来解决安全网络接入呢？

当然有啦，那就是基于用户 MAC 地址来进行接入认证——MAC 地址认证。网管接过话头对小 U 回答。顾名思义，MAC 地址认证就是根据 MAC 地址来管理用户接入网络时的认证。它可以由用户接入端的网络设备负责认证，也可以交给 AAA 服务器来完成。

我们来具体看看 MAC 地址认证的过程是怎样的。

首先，MAC 地址认证是一种基于端口和 MAC 地址对用户的网络访问权限进行控制的认证方法，也就是说，对于用户是否能通过认证，是否有网络访问权限，这是通过在特定端口上对特定的 MAC 进行判断来实现的，因此 MAC 认证方式不需要用户安装任何客户端软件。

那么，支持 MAC 地址认证的设备启动了 MAC 地址认证功能后，在指定的端口上就会启动 MAC 地址认证，当有用户 MAC 地址到达该端口后，就会启动对该用户的认证操作。认证过程不需要用户手动输入用户名和密码。

如果该用户认证成功，那么用户可以通过这个端口继续访问网络资源，但是如果该用户认证失败，那么在一段时间内，来自此 MAC 地址的用户报文到达认证设备时，会被直接丢弃，防止非法 MAC 短时间内的重复认证，这段时间称作静默时间。同时该用户的 MAC 地址就被添加标记为静默 MAC。

这个处理类似于我们登陆一些安全性要求比较高的网站，如银行网站等，如果我们多次输入账号的密码错误，就会被通知，该用户的登录（其实就是一种认证）失败的次数过多，在一定时间内将不允许登录。

只不过因为 MAC 地址认证中，不需要用户输入任何信息，所以我们无法感知这一过程。

既然 MAC 地址认证的基础是 MAC 地址，那它的认证又是如何实现的呢？

MAC 地址认证也是需要用户名和密码的，只不过它不需要用户来进行输入，同时这个用户名和密码确实和 MAC 地址有一些关系。

用户名格式

MAC 地址认证的用户名格式可以分为两种类型：

第一种，MAC 地址用户名格式：就是将用户的 MAC 地址作为认证时的用户名和密码，用户名和密码相同；

第二种，固定用户名格式：不管用户的 MAC 地址多少，所有用户都使用设备上指定的一个固定用户名和密码来进行认证。该用户名和密码用以替代用户的 MAC 地址作为身份信息。

不同用户名格式下 MAC 地址认证流程如图 4-94 所示。

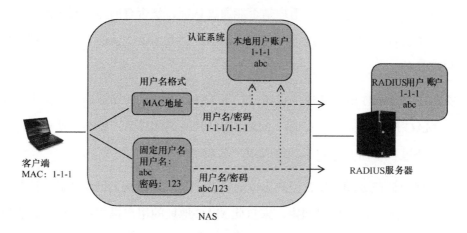

图 4-94　不同用户名格式下的 MAC 地址认证示意图

既然是 MAC 地址认证，那采用固定用户名格式又是为什么呢？这个用在什么情况啊？老 U 对此一脸茫然，觉得很不理解。

小 U 想了想，对老 U 解释道：

采用固定用户名格式，主要用于有多个用户名需要使用同一端口进行接入访问网络下的认证。这种情况下端口上的所有 MAC 地址认证用户均使用同一个固定用户名进行认证，服务器端仅需要配置一个用户账户即可满足所有认证用户的认证需求。比如，我们的茶楼可以提供给顾客免费的上网服务，顾客通过我们的无线路由器接入上网。一般情况下，我们只需要对运营商提供一个认证的用户名和密码就好了，因为对运营商来说，无论是 A 顾客还是 B 顾客亦或是一个顾客还是多个顾客，只要经过我们的路由器，提供的用户名和密码是正确的，都可以正常的接入网络。

认证方式

目前有两种 MAC 地址认证方式：

一是通过 RADIUS（远程认证拨号用户服务）服务器进行远程认证；

二是在接入设备上进行本地认证。

认证的具体过程如下。

远程认证

当选用 RADIUS 服务器进行远程认证时，认证设备作为 RADIUS 客户端，通过与 RADIUS 服务器配合完成 MAC 地址认证操作。下面就两种验证用户身份的用户名格式简要说明一下该认证方式。

如果采用 MAC 地址用户名格式，当用户的报文到达认证设备时，认证设备将检测用户 MAC 地址作为用户名和密码发送给 RADIUS 服务器进行验证，RADIUS 服务器收到该用户名和密码后，完成对该用户的认证，认证通过的用户均可以访问网络。

如果采用固定用户名格式，那么需要在本地设备上设置固定的用户名和密码为 MAC 地址认证用户使用。当认证设备收到用户的报文时，认证设备会将这个设定的固定用户名和密码作为待认证用户的用户名和密码，发送给 RADIUS 服务器进行验证。RADIUS 服务器收到该用户名和密码后，完成对该用户的认证，认证通过的用户均可以访问网络。

本地认证

当选用本地认证方式进行 MAC 地址认证时，直接在设备上完成对用户的认证。这时需要事先在设备上配置本地用户名和密码。

采用 MAC 地址用户名格式时，认证设备将检测到的用户 MAC 地址作为待认证的用户名和密码与设备上事先配置的本地用户名和密码进行匹配。

采用固定用户名时，认证设备使用一个本地设定的 MAC 地址认证的固定用户名和密码作为待认证用户的用户名和密码与配置的本地用户名和密码进行匹配。

当用户名和密码匹配成功后，用户便可以访问网络资源。

认证触发与下线

下面我们来看 MAC 地址认证的触发方式和下线方式。

MAC 地址认证触发：NEW-MAC 事件触发，就是当 MAC 认证端口学习到新的 MAC

时触发 MAC 地址认证。

MAC 地址认证下线，有三种方式实现：

第一种是用户主动要求下线，当用户主动停止访问流量后，认证设备会检测到在线用户没有流量通过时，由认证设备切断该用户的连接；

第二种是用户被动下线，就是认证设备主动切断在线用户的连接，使用户失去访问网络资源的权限；

第三种比较特殊，严格来说不属于用户下线，而是属于认证失败。如果用户没有通过 MAC 地址认证，那么该用户的 MAC 地址就被添加为静默 MAC。在静默时间内，来自此 MAC 地址的数据报文到达设备时，设备直接做丢弃处理。

MAC 地址认证在实际的网络应用中，还有一些扩展属性列示如下。

下发 VLAN

为了将受限访问的网络资源与未认证用户隔离，通常将受限的网络资源和用户划分到不同的 VLAN。MAC 地址认证支持认证服务器（远程或本地）授权下发 VLAN 功能，即当用户通过 MAC 地址认证后，认证服务器将指定的受限网络资源所在的 VLAN 作为授权 VLAN 下发到用户认证的端口。该端口被加入到授权 VLAN 中后，用户便可以访问这些受限的网络资源。

下发 ACL

从认证服务器（远程或本地）下发的 ACL 被称为授权 ACL，它为用户访问网络的权限提供了良好的过滤功能。MAC 地址认证支持认证服务器下发授权 ACL 功能，即当用户通过 MAC 地址认证后，如果认证服务器上配置了授权 ACL，则设备会根据服务器下发的授权 ACL 对用户所在端口的数据流进行控制。

Guest VLAN

MAC 地址认证的 Guest VLAN 功能允许用户在认证失败的情况下，访问某一特定 VLAN 中的资源，比如获取客户端软件、升级客户端或执行其他一些用户升级程序。这个 VLAN 被称之为 Guest VLAN。

如果接入用户的端口上配置了 Guest VLAN，则该端口上认证失败的用户会被加入 Guest VLAN，即该用户被授权访问 Guest VLAN 里的资源。此时若在设备上设置了静默定时器，则在静默期间内，即使用户发起认证请求设备也不会对该用户的报文进行认证处理，只有等到静默期过后，才可对此用户的报文进行认证处理。若 Guest VLAN 中的用户再次发起认证未成功，则该用户将仍然处于 Guest VLAN 内；若认证成功，则会根据认证服务器是否下发授权 VLAN 决定是否将用户加入到下发的授权 VLAN 中，在认证服务器未下发授权 VLAN 的情况下，用户回到加入 Guest VLAN 之前端口所在的 VLAN。

总的来说，MAC 地址认证是一种比较简单的认证方式，和 802.1x 相比，无须安装专门的客户端，方便用户使用；同时 MAC 地址认证也支持部分常用扩展特性，如下发 VLAN 及访问控制列表等，可以有效地满足客户简单的网络安全部署要求。

有一天，店里面客人纷纷抱怨上不了网，小 U 检查了一下，发现是路由器挂了导致的。小 U 想了下，现在规模越来越大，因为路由器单点故障导致大规模的设备无法上网的确是个大问题。能否做个冗余备份和负载分担呢？小 U 查了一下，有一种叫 VRRP（Virtual Router Redundancy Protocol）的技术可以解决问题。

系统可靠性

VRRP

VRRP 简述

通常情况下，内部网络中的所有主机都设置一条相同的默认路由，指向出口网关（如图 4-95 中的路由器），实现主机与外部网络的通信。当出口网关发生故障时，主机与外部网络的通信就会中断。

VRRP 是一种容错协议，它保证当主机的下一跳路由器故障时，可以及时地由另一台路由器来代替，从而保持通讯的连续性和可靠性。VRRP 将局域网内的一组路由器划分在一起，称为一个 VRRP 备份组。备份组由一个 Master 路由器和多个 Backup 路由器组成，功能上相当于一台虚拟路由器。当主路由器出现故障时，备份路由器中的一台成为新的主路由器，接替它的工作。如图 4-96 所示，当 RouterA 故障后，RouterB 会成为新的主路由器，承担起网关的责任。

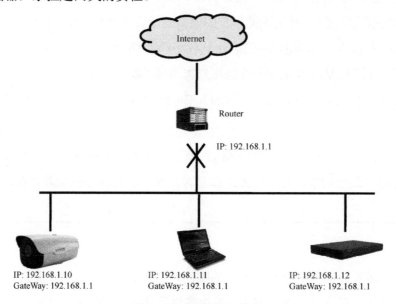

图 4-95　常见上网拓扑图

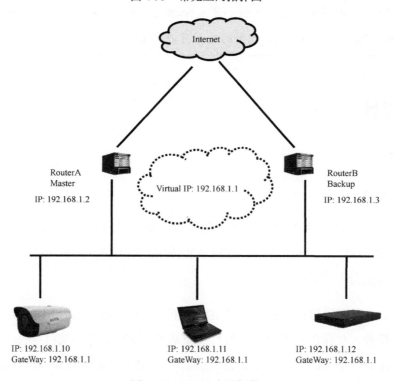

图 4-96　VRRP 上网拓扑

VRRP 的工作机制

那么 VRRP 到底是怎么工作的呢？如图 4-96 所示，两台路由器组成一个 VRRP 的虚拟路由器（或者叫备份组），通过一个虚拟 IP 地址，对网段内网关是这个虚地址的设备提供服务。虚拟 IP 地址相当于这个虚拟组王国的玉玺，当它归 RouterA 所有的时候，RouterA 是王，它来对外提供服务；当它归 RouterB 的时候，RouterB 是王，RouterB 对外提供服务。那么问题来了，到底怎么确定这个虚拟 IP 地址归 RouterA 还是归 RouterB 呢？

原来这些备份组中的每个路由器有一个优先级，备份组中的路由器通过定期发送 VRRP 组播通告报文申明自己的优先级。根据优先级确定自己在备份组中的角色，优先级高的路由器成为 Master 路由器（虚拟 IP 地址归它，它来提供服务）；优先级低的成为 Backup 路由器。当一段时间 Backup 路由器没有听到王（Master 路由器）的声音（VRRP 通告），就会认为王驾崩了，这些 Backup 路由器就会纷纷发送 VRRP 通告自己的优先级并宣称自己是新王，当 Backup 路由器看到别人的 VRRP 通告中的优先级更高时，就自觉退出，回到 Bakcup 角色，这样，一段时间后优先级最高的新王就产生了。

备份组中的路由器有抢占和非抢占两种模式，非抢占模式是产生 Master 后，只要 Master 路由器还活着（老王没有驾崩），Backup 中的路由器哪怕优先级变的比老王的优先级还高了（如手动修改备份路由器的优先级为更高），它也不能把王位抢过来；而抢占模式是，当 Backup 路由器有一天羽翼丰满，年富力强（优先级更高了），它可以推翻老 Master 的统治，自己成为新的 Master，获得虚拟 IP。

VRRP 的应用

了解了刚才 VRRP 的基础知识，小 U 产生了新的疑问：当虚拟路由器中的主路由器故障时，备用路由器会承担转发业务，但是正常情况下，备用路由器并没有转发流量，这岂不是很浪费吗？另外，如果主用路由器的上行口发生故障，这个时候业务流量转发到这台上行故障的设备上来，岂不是同样会导致网络不可用？实际上，VRRP 都考虑到了这些问题，下面是一些典型的 VRRP 应用场景：

通过配置多个 VRRP 组实现负载分担

VRRP 技术允许一台路由器在多个 VRRP 组中提供服务，通过设置多个虚拟路由器可以实现负载分担。负载分担方式是指多台路由器同时承担业务，因此需要建立两个或更多的备份组，如图 4-97 所示。

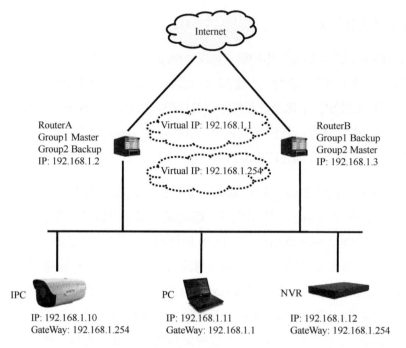

图 4-97　多 VRRP 组负载均衡拓扑

我们可以配置两个备份组：组 1 和组 2；RouterA 在备份组 1 中作为 Master，在备份组 2 中作为 Backup；RouterB 在备份组 2 中作为 Master，在备份组 1 中作为 Backup（通过配置路由器在 VRRP 组中的优先级来实现）。配置网络中的 PC 使用备份组 1 的虚拟 IP:192.168.1.1 作为网关来上网；配置网络中的 IPC 和 NVR 使用备份组 2 的虚拟 IP:192.168.1.254 作为网关来上网。这样达到，既分担数据流，而又相互备份的目的。

通过监视上行接口状态变化实现主备切换

VRRP 的监视接口功能更好地扩充了备份功能：不仅能在备份组中主路由器的下行接口出现故障时提供备份功能，还能在路由器的其他接口（如连接上行链路的接口）不可用时提供备份功能。

当一台路由器连接上行链路的接口出现故障时，备份组无法感知该路由器上行链路接口的故障，如果该路由器此时处于 Master 状态，将会导致局域网内的主机无法访问外部网络。通过监视指定接口的功能，可以解决该问题。当 Master 路由器检测到其连接上行链路的接口处于 Down 状态时，它会主动降低自己的优先级，使得备份组内其他的 Backup 路由器优先级高于这个路由器，以便优先级最高的路由器成为 Master，承担转发任务。

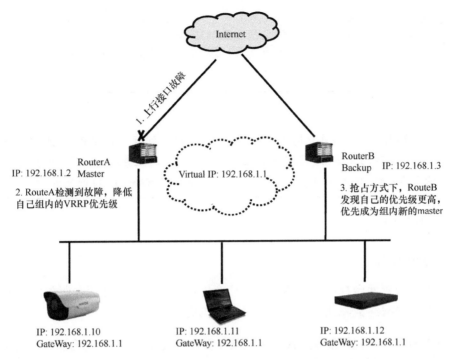

图 4-98 VRRP 与上行口状态联动拓扑

以图 4-98 为例，局域网内视频监控设备和 IPC 的网关为 192.168.1.1，当 RouterA 正常工作时，局域网访问 Internet 的报文通过 RouterA 转发；当 RouterA 连接 Internet 的接口 Ethernet1/1 不可用时，局域网访问 Internet 的报文通过 RouterB 转发。

```
//配置 RouterA ，创建备份组 1，并配置备份组 1 的虚拟 IP 地址
[RouterA] interface ethernet 1/2
[RouterA-Ethernet1/2] ip address 192.168.1.2 255.255.255.0
[RouterA-Ethernet1/2] vrrp vrid 1 virtual-ip 192.168.1.1
[RouterA-Ethernet1/2] vrrp vrid 1 priority 110
[RouterA-Ethernet1/2] vrrp vrid 1 authentication-mode simple Hello
// 设置路由器发送 VRRP 报文的间隔时间为 5s。
[RouterA-Ethernet1/2] vrrp vrid 1 timer advertise 5
// 设置 RouterA 工作在抢占方式，抢占延迟时间为 5s。
[RouterA-Ethernet1/2] vrrp vrid 1 preempt-mode timer delay 5
# 设置监视接口。
[RouterA-Ethernet1/2] vrrp vrid 1 track interface ethernet 1/1 reduced 30
//配置 RouterB
[RouterB] interface ethernet 1/2
[RouterB-Ethernet1/2] ip address 192.168.1.3 255.255.255.0
[RouterB-Ethernet1/2] vrrp vrid 1 virtual-ip 192.168.1.1
[RouterB-Ethernet1/2] vrrp vrid 1 priority 90
[RouterB-Ethernet1/2] vrrp vrid 1 authentication-mode simple Hello
// 设置路由器发送 VRRP 报文的间隔时间为 5s。
```

```
[RouterB-Ethernet1/2] vrrp vrid 1 timer advertise 5
// 设置 Router B 工作在抢占方式，抢占延迟时间为 5s。
[RouterB-Ethernet1/2] vrrp vrid 1 preempt-mode timer delay 5
```

解决了网络上的主备和负载均衡的问题，小 U 又联想到行业监控中的视频服务器来。视频服务器是监控系统的大脑，如果服务器出现问题，所有的业务还怎么运行呢？视频服务器是否有这种主备的机制呢？小 U 找到了监控厂家咨询，厂家给了小 U 两个方案。

双机和 N+1

双机备份方案

中心机房放置两台视频服务器，通过厂商提供的专用软件让两台服务器成为主备，当主服务器出现网络故障或者业务问题时，备机启动服务。

如图 4-99 所示，视频服务器 A 和视频服务器 B 安装双机软件，每台服务器上各存在两张网卡，其中一张网卡称为心跳网卡，两台服务器通过该网卡直接互联，另外一张网卡称

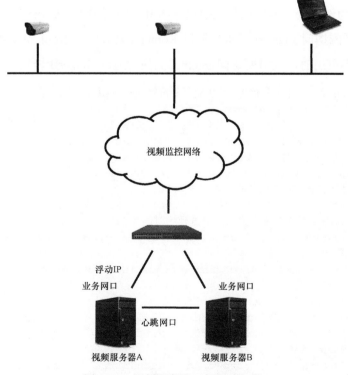

图 4-99 视频服务器双机组网拓扑

为业务网卡，通过业务网线接入到视频监控网络中。双机软件在业务网卡上通过动态配置一个子接口和 IP 地址（下文称为浮动 IP）对外提供服务，当主视频服务器 A 的业务网口出现故障或者视频服务异常了，双机系统检测到这种异常后，让这个浮动 IP 地址漂移到备视频服务器 B 上，由视频服务器 B 对外提供服务。

具体来讲，双机功能主要通过以下三个组件配合来实现，而且每台服务器上均存在此三个组件。

DRBD

DRBD 是一个用软件实现的、应用于服务器之间的镜像块级内容的存储复制解决方案。简单来说，就是两台机器分别拿出一部分存储空间给 DRBD 模块管理，两台机器分别被指定为主机和备机，主机上对该空间的修改会被 DRBD 自动同步到备机上的相同位置，这样一来，我们在业务中做的修改会被自动同步到备机上。主机故障时，备机上的数据也是实时正确的。当服务切换到备机上的时候，备机仍然能以正确的数据提供正常的服务。DRBD 可以理解为一个跨网络设备的 RAID1。由于视频服务器存储的主要是视频监控设备的配置信息，实时同步的信息量并不是很大，不会对网络和设备造成太大的性能压力。

Corosync

Corosync 可以实现心跳信息传输的功能，它通过一个简单的配置文件来定义心跳信息传递的成员。双机软件通过 Corosync 组件来检测主备节点是否在线。

Pacemaker

Pacemaker 是一个集群资源管理者。它用资源级别的监测和切换来保证集群服务的最大可用。目前主要用到的资源包括：浮动 IP、数据库、第三方 IP、文件系统、DRBD。在 Pacemaker "眼中"，DRBD 也是它的一种资源，而且是一种特殊的、有主从之分的资源。Pacemaker 通过一系列规则对节点进行打分，控制这些资源在得分最高的服务器上启动并提供服务。

当双机心跳信息交互正常，而主视频服务器 A 的业务网口中断后，Pacemaker 发现 A 无法 Ping 通第三方 IP（一般设置为 A 和 B 的网关），从而判断视频服务器 A 异常后，会将各类视频服务浮动到 A 上的打分置为负无穷，让与监控相关的各种服务。如文件系统、数据库、浮动 IP 等在双机中相对打分较高的主机 B 上启动。如图 4-100 中所示，各种服务沿虚线箭头漂移到主机 B 上。

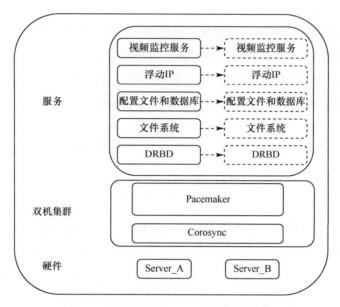

图 4-100 视频服务器双机系统原理图

N+1 备份方案

双机备份固然很好,但是每台视频服务器都需要一个备机,小 U 现在的监控组网规模很大,涉及多台视频服务器,顿时就觉得很不划算了。

由于不需要对所有服务器进行全盘数据备份,只需要对数据库进行远程备份,厂家给出了一个改进的方案,可以做到对 N 个站点共享一台远端备份服务器,替用户节省成本。当提供服务的某一个主节点出现故障后,该故障节点的浮动 IP 能漂移到备份节点上提供服务,其他 N-1 个主节点维持原状。

N+1 的基本原理与双机类似,如图 4-101 所示,底层硬件有 N+1 台服务器,这些服务器通过集群软件管理,集群中有各类资源:包括 N 个浮动 IP,N 个视频服务,N 个配置与数据库,2×N 个 DRBD(DRBD 有主从之分,每台服务器有各自的主 DRBD 模块,N 台服务器就有 N 个主 DRBD;而备机上有每台服务器上的从 DRBD,共 N 个 DRBD,备机上的 DRBD 总数为 N+N=2N),N 个文件系统。在集群软件打分规则的控制下,正常时,这些资源停靠在各自的主节点上。当某个之节点出现故障后,集群软件重新打分,控制故障节点上的资源飘到备份节点上。当主节点恢复后,N+1 集群必须通过打分规则再控制备份节点上的资源飘回主节点(双机由于互为主备,可以在某个节点恢复后不再飘回),使得备机能继续对 N 个节点提供备份服务。

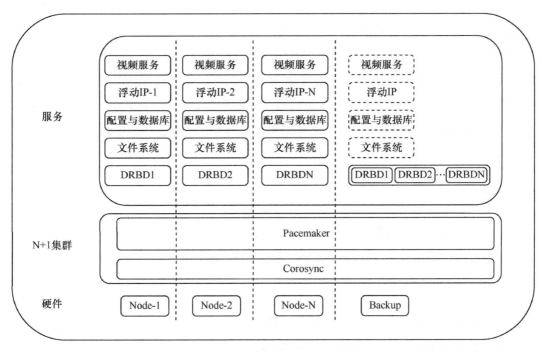

图 4-101　视频服务器 N+1 原理图

如图 4-102 所示,当站点 1 的视频服务器出现服务故障,网络断开,设备掉电等异常后,集群软件将该站点的浮动 IP 漂移到备用服务器上。网络中的客户端按站点 1 的

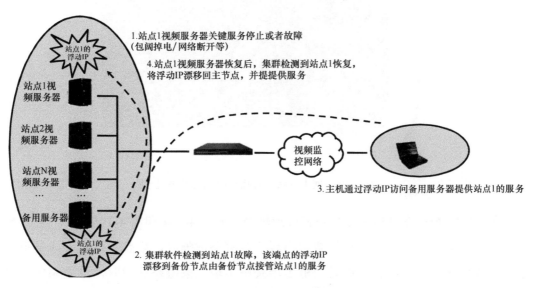

图 4-102　视频服务器 N+1 系统工作过程

浮动 IP 访问该站点时，就会访问到备用服务器处提供的该站点的服务。此时备用服务器已经承担了站点 1 的服务，当其他的视频服务器再发生故障时，备用服务器不能再继续承担第二个故障站点的服务。当站点 1 服务恢复后，集群软件会将该站点的浮动 IP 资源漂移回该站点，此时客户端再次访问站点 1 的浮动 IP，仍然访问的是站点 1 的视频服务器。浮动 IP 漂移回站点 1 后，备用服务器恢复空闲状态，可以继续对这 N 个视频服务器提供备份服务。

堆叠

前面我们讲到过链路聚合，就是将多根链路聚合成逻辑上的一根链路，可以增加带宽，互为备份。那么我们可不可以将多台交换机也"聚合"成一台交换机使用呢？答案是可以，这种技术叫堆叠。

用于堆叠的逻辑接口称之为堆叠口，堆叠口需要与物理接口绑定，而这个物理接口可以是堆叠专用接口，也可以是以太网接口或光口。为了让多个交换机能"手拉手"进行堆叠，堆叠口一般有 2 个。如图 4-103 所示，四台交换机使用专用的堆叠接口和堆叠线组成一个堆叠组。

图 4-103　使用专网堆叠接口组成的堆叠组

常见的堆叠形态包括环形堆叠和链形堆叠，如图 4-104 和图 4-105 所示，环形堆叠比链形堆叠更可靠，当环形堆叠中出现一条链路故障时，堆叠系统会变成链形堆叠，仍能够保持正常工作；但是当链形堆叠中出现一条链路故障时，堆叠系统会分裂成两部分。

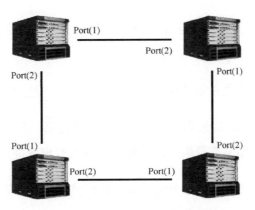

图 4-104 环形堆叠

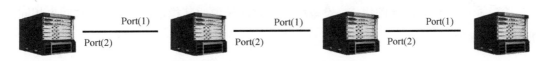

图 4-105 链形堆叠

堆叠的优势

（1）简化管理：当堆叠组形成之后，整个堆叠组就相当于一台设备，在进行管理、升级和配置的时侯，只需要登录 Master 进行操作即可。

（2）简化网络架构：堆叠组相当于一台设备，与原有架构比较，会少很多协议报文的交互。

（3）网络扩展能力：通过增加成员设备，可以轻松自如的扩展堆叠系统的端口数、带宽和处理能力。

（4）首次投入成本低：初期只需购买少量设备满足需求即可，当用户需要扩容而进行网络升级时，只需要增加新的设备。

（5）高可靠性：可以进行跨设备的链路聚合，实现设备级的备份。

堆叠的工作机制

堆叠组内所有的单台设备称为成员设备，成员设备按照功能不同，分为两种角色：

（1）Master 设备：它负责管理整个堆叠，所有的协议状态机都在 Master 上进行计算和维护。一个堆叠中同一时刻只能有一台成员设备成为 Master 设备。

（2）Slave 设备：它隶属于 Master 设备，作为 Master 设备的备份设备运行。堆叠中除了 Master 设备，其他设备都是 Slave 设备。

确定成员设备角色为主设备或从设备的过程称为角色选举。角色选举规则如下：

（1）当前主设备优先，如果当前堆叠组已经有主设备，那么新加入的设备都只能是以从设备的方式加入。如果堆叠组还没有形成，则所有设备进行下一步的竞争。

（2）成员优先级大的优先。这个优先级是管理员手工配置的，如果优先级相同都进行第三步的比较。

（3）系统运行时间长的优先。设备运行的时间长说明其稳定，如果运行时间也相同，则比较第四步。

（4）桥 MAC 小的优先。由于交换机的出厂 MAC 地址必然不相同，所以这一步也必然能选举出结果。

在两个堆叠组进行合并时，两个堆叠组的 Master 进行选举，失败方堆叠组的所有设备重启，并分别以从设备的角色加入到胜利的堆叠组。

堆叠中的每台设备都是通过和自己直接相邻的其他成员设备之间交互 Hello 报文来收集整个堆叠的拓扑关系。Hello 报文会携带拓扑信息，包括堆叠口连接关系、成员设备编号、成员设备优先级、成员设备的成员桥 MAC 等内容。

每个成员设备都在本地记录自己已知的拓扑信息。初始时刻，成员设备只记录了自身的拓扑信息。当堆叠口状态变为 Up 后，成员设备会将已知的拓扑信息周期性的从 Up 状态的堆叠口发送出去。成员设备收到直接邻居的拓扑信息后，会更新本地记录的拓扑信息。经过一段时间的收集，所有设备上都会收集到完整的拓扑信息。

在运行过程中，堆叠系统使用成员编号（Member ID）来标志和管理成员设备。例如，堆叠组设备接口的编号会加入成员编号信息：对于盒式设备单机运行时，接口编号第一维参数的值通常为 1，加入堆叠组后，接口编号的第一维参数值会变成成员编号的值，譬如原有接口地址为 1/1，加入堆叠组后会变成 2/1（2 是成员编号，1 是接口序号）；对于框式设备单机运行时，接口编号采用三维格式（如 GigabitEthernet 2/0/1），加入堆叠组后，接口编号变成四维格式，第一维表示成员编号（如 GigabitEthernet 2/2/0/1）。此外，成员编号还被引入到文件系统管理中。所以，在堆叠组中必须保证所有设备成员编号的唯一性。如果建立堆叠组时成员设备的编号不唯一（即存在编号相同的成员设备），则不能建立堆叠组；如果新设备加入堆叠组，但是该设备与已有成员设备的编号冲突，则该设备不能加入堆叠组。管理员必须在建立堆叠组前，统一规划各成员设备的编号，并逐一进行手工配置，以保证各设备成员编号的唯一性。

如果某成员设备 A 故障或者堆叠组链路故障，其邻居设备会立即将"成员设备 A 离开"的信息广播通知给堆叠组中的其他设备。获取到离开消息的成员设备会根据本地维护的堆叠组拓扑信息表来判断离开的是主设备还是从设备，如果离开的是主设备，则触发新的角色选举，再更新本地的堆叠组拓扑；如果离开的是从设备，则直接更新本地的堆叠组拓扑，以保证堆叠组拓扑能迅速收敛。相连的多台设备离开堆叠后会形成独立的两个堆叠，这种情况称为堆叠分裂，这种情况下会影响现网的运行，必须有相关的方法或者机制让其中一个堆叠组停止业务服务。

堆叠在监控中的应用

在前面我们讲到双链路上行的高可靠性接入，仅仅讲了图 4-106 这种单设备双链路的组网，但是这种组网的接入交换机存在单点故障的风险。

图 4-106　高密度视频服务器单设备双链路上行

同时，如果使用普通的双接入设备，如图 4-107 所示，SmartLink 和链路聚合都无法跨设备使用，STP 也会由于高密度视频服务器的不支持而导致收敛时间长。

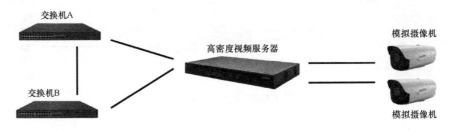

图 4-107　双接入设备双上行组网

此时使用堆叠加双链路上行将是一个理想的选择。

接入设备备份（堆叠组＋SmartLink）

如图 4-108，交换机 A 和交换机 B 进行堆叠，相当于一台逻辑上的设备，可以跨物理设备运行 SmartLink 方式的双上行。

图 4-108　堆叠＋SmartLink 组网

接入设备备份（堆叠组＋链路聚合）

如图 4-109 所示，交换机 A 和交换机 B 进行堆叠，相当于一台逻辑上的设备，可以跨物理设备进行链路的聚合。

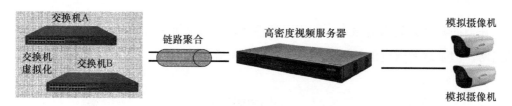

图 4-109　堆叠＋链路聚合组网

接入设备备份（堆叠组＋STP）

如图 4-110 所示，交换机 A 和交换机 B 进行堆叠，相当于一台逻辑上的设备，当任意接口 Up/Down 时，堆叠组设备可以直接感知，由 Master 统一进行 STP 的收敛处理。

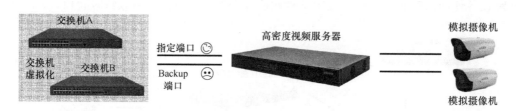

图 4-110　堆叠＋STP 组网

> **C114 家园网友互动**
>
> Q：空调WiFi西瓜 发表于 2015-8-12 09:19:05
>
> 楼主，赶紧更新啊！作为一个做测试工作的小菜鸟，最近在学习系统可靠性的相关内容，有几个问题一直弄不清楚，请帮忙解答一些呗！
>
> 1.VRRP Master故障后到Backup承担业务的切换时间需要多久？
>
> 2.当主机业务口中断后，双机的切换时间需要多久？
>
> A：网语者 发表于 2015-8-13 16:51
>
> 问题一：主机故障到Backup承担业务，需要3倍的VRRP通告超时+从备机选出新的主机的等待时间，一般为(3×VRRP报文的发送时间间隔)+Skew Time，单位为秒。VRRP报文的发送时间间隔可配置，默认为3s。Skew Time=（256-Backup路由器的优先级）/256，单位为秒。
>
> 问题二：切换时间=心跳探测时间+主机停止服务时间+备机启动服务时间，一般在45秒左右。
>
> 后面有专门的章节详细描述系统可靠性相关的内容，敬请期待！

这天，老U正在看新闻，"2015全球IPv6下一代互联网高峰会议，将在北京国宾酒店隆重召开。"在老U的印象中，似乎若干年前，IPv6这个大侠就伴随着IPv4地址即将耗尽而闻名于江湖，但一直以来，只闻其名，不见其人。IPv6何许人也，IPv6的前生是IPv4吗？

IPv6

没错，IPv6的前生就是IPv4。

IPv4虽然说不上完美，但是IPv4在大部分情况下已经能够满足需求了。然而，正

如"无论对谁来说，640K 内存都足够了"这句笑话一样。IPv4 的地址虽然非常庞大——从理论上讲能编址 1600 万个网络、40 亿台主机，但事实上由于种种原因，IPv4 地址已经即将耗尽。前面提到的 NAT 技术大大延缓了 IPv4 枯竭的速度，但是 NAT 技术打破了 Internet 的对称性。

IPv6 地址表示

既然 IPv4 的最大问题是地址欠缺，那么我们就来扩张一下吧。IPv6 将地址从 32 位一下子增长到了 128 位。如果说地球上每个人能分 1/2 个 IPv4 的地址的话，那么 IPv6 可以给每个沙子分配一个地址。IPv6 的地址不像 IPv4 地址那样按十进制分割（那样太长了），而是改成 16 进制的写法。例如：

FE80:0000:0000:0000:AAAA:0000:00C2:0002

即便如此，还是太长了，大家又想出了简化写法:零压缩法。如果几个连续段位的值都是 0，那么这些 0 就可以简单的以::来表示。例如：

FE80::AAAA:0000:00C2:0002

当然，这样写也是可以的；

FE80:0000:0000:0000:AAAA::00C2:0002

这样就不行了，因为没法确认此处略去了几个 0。

FE80: :AAAA::00C2:0002

可是，IPv6 的地址还是长的让人难以记忆。所幸的是，借助 DNS 等技术，对于广大用户来说，几乎不需要直接输入这样的 IPv6 地址。

当然 IPv6 的改进并不仅仅是地址容量增加那么简单。IPv6 使用一系列固定格式的扩展头部取代了 IPv4 中可变长度的选项字段。IPv6 中选项部分的出现方式也有所变化，使路由器可以简单略过选项而不做任何处理，加快了报文处理速度。IPv6 简化了报文头部格式，字段只有 8 个，加快报文转发，提高了吞吐量。对于 IPv4 中的一些熟悉的概念，IPv6 也发生了一些变化。

在 IPv6 中，广播这个概念已经不存在了。IPv6 只有单播、组播。另外 IPv6 中还引入了崭新的任意播的概念。

单播

单播地址，顾名思义，用于一对一的连接，这个与 IPv4 倒是一致，但是 IPv4 中的公网地址、私网地址则有了很大的变化。IPv6 单播地址有以下几种类型：

可聚合全球单播地址（Aggregate Global Unicast Address）

由 IANA 分配的可在全球路由的公网 IP 地址，例如：

2404:6800:4005:809::2004

就是谷歌的一台服务器的地址。

在通常情况下，IPv6 网络中，主机可以通过无状态自动配置机制来自动配置一个 IPv6 地址。所谓无状态自动配置是指在网络中没有 DHCP 服务器的情况下，允许节点自行配置 IPv6 地址的机制。简单来说，主机将通过路由器宣告的前缀加上 EUI-64 格式生成的后缀组成一个 IPv6 地址。例如：

2013:202:169:100:487:5bb1:f56f:8363

注意，后半段和本地链路地址是完全一致的。既然后半段是固定的，那就意味着这台主机在网络的任意地方上网，都能通过后缀标识出这台设备。因此为了保护隐私，又提出了临时 IPv6 地址的概念。简而言之，就是 MAC 地址随机生成。例如：

2013:202:169:100:7154:ab2c:9bee:3dbf

本地链路地址（Link-local Address）

当在一个主机启用 IPv6，自动会生成一个本地链路地址，其前缀 64 位为标准指定的，其后 64 位按 EUI-64 格式来构造（可以理解成通过 MAC 地址按一定算法生成的），例如：

fe80::487:5bb1:f56f:8363

本地链路地址只能在本地链路使用，不能在子网间路由。

此外，还有几个特别的地址。

未指定地址（Unspecified Address）：

0:0:0:0:0:0:0:0

环回地址（Loopack Address）：

0:0:0:0:0:0:0:1

同 IPv4 中 127.0.0.1 地址的含义一样，表示节点自己。

组播（Multicast）

在 IPv6 中没有广播，用组播来代替，组播地址的前 8 个 bit 是 1，紧接着的 4 个 bit 是标志位，再下去的 4 个 bit 是范围。如下所示：

　　　　1111　　1111　　4bit　　　4bit

　　　|→固定值←||→标志←||→范围←|

标志位为 0000 表示是永久保留的组播地址，分配给各种技术使用；

标志位为 0001 表示是用户可使用的临时组播地址；

范围段定义了组播地址的范围，其定义见表 4-4。

表 4-4　组播地址范围表

二进制	十六进制	范围类型	备注
0001	1	本地接口范围	
0010	2	本地链路范围	
0100	4	本地管理范围	
0101	5	本地站点范围	类似组播的私网地址
1000	8	组织机构范围	
1110	E	全球范围	类似组播的公网地址

一些知名的组播地址见表 4-5。

表 4-5 知名组播地址

地址	范围	说明
FF02::1	all nodes	在本地链路范围的所有节点
FF02::2	all Routers	在本地链路范围的所有路由器
FF02::5	all ospf Routers	所有运行 OSPF 的路由器
FF02::9	all rip Routers	所有运行 RIP 的路由器
FF02::A	all eigrp Routers	所有运行 eigrp 的路由器
FF05::2	All Routrvs	在一个站点范围内的所有路由器

可以认为，广播地址就是 FF02::1 这个特殊的组播地址。

任播

任播（或任意播、泛播）地址（Anycast address），是 IPv6 中特有的概念，用于将报文发送到最近的节点。任播地址是从单播地址空间中划分出来的。当一个单播地址分配给多个接口，就变成了任播地址。任播地址一般不会分配给主机，而是分配给路由器。

ICMPv6

ICMPv6（Internet Control Managemet Protocol Version 6）位于 IP 层，ICMPv6 向源节点报告关于目的地址传输 IPv6 包的错误和信息，具有差错报告、网络诊断、邻节点发现和多播实现等功能。相对 ICMPv4 最有特色的就是邻居发现协议（Neighbor Discovery），该协议定义了五条 ICMPv6 消息。

路由器通告消息（RA）：该路由器以组播方式向所在链路发送，宣告我——路由器的存在，及其相关的配置参数。该消息发送有两种方式，一种是非请求、周期性的路由器通告；另一种是请求的路由器通告，即收到主机发出的路由器请求后作为应答发出。

路由器请求消息（RS）：该消息由主机向本地路由器发出，要求其立即发送路由器通告消息。

通过这两条消息，主机就可以知道路由器的存在而进行自配置。因此在 IPv6 的网络中，几乎不需要对主机进行配置，无需配置所谓的 IP 地址，完全即插即用。

邻居请求消息（NS）：结点发送邻居请求消息来请求邻居的链路层地址，以验证它先前所获得并保存在缓存中的邻居链路层地址的可达性，或者验证自己的地址在本地链路上是否唯一。

邻居通告消息（NA）：结点在收到邻居请求消息或链路层地址改变时，发送邻居通告消息，向邻结点通告自己的链路地址信息。

这两条消息就是我们熟悉的不能再熟悉的 ARP 消息的升级版了。

重定向消息：路由器发送重定向消息告诉主机重新定向它发送分组到目的结点的路径。

这条消息，就和 IPv4 的重定向的升级版了。

在 ICMPv6 中，还定义了组播发现协议（Multicast Listener Discovery，MLD），用于完成 IGMP 类似的功能。

DNS

在 IPv6 环境下，DNS（注意：没有"DNSv6"协议）还是照常工作，只不过多了一个记录类型及一个传输选项。新的记录类型是 AAAA（也被写作"Quad A"），新的传输类型当然就是 IPv6。

逻辑上看，DNS 的工作方式没有任何变化。主机还是通过域名去获取 IP 地址。无非返回的地址可以是 IPv6 而已。在 DNS 一节我们讲到，在 IPv4 中，主机通过 DNS 协议向服务器请求地址（A 记录）。在 IPv6 环境下，如果主机只支持 IPv6，那就要求 AAAA 记录。如果主机两种 IP 协议版本都支持，DNS 就同时要求 A 记录和 AAAA 记录。然后嘛，主机有两个地址，想用哪个就用哪个。

IPv6 和路由协议

自然，路由协议也需要对 IPv6 进行改进。在 IPv6 的环境中，路由协议的本质都没有发生任何变化，所有路由的概念几乎没有发生什么变化，跳数还是那个跳数、矢量还是那个矢量。总之，老瓶装新酒。RIP 发展到了 RIPng、OSPF 发展到了 OSPFv3、BGP 发展到了 BGP+，都在原有的框架下提供了 IPv6 的支持。

IPv4 与 IPv6 兼容技术

说了那么多 IPv6 的好处，专家指了指老 U 的 IPC，说不定，过一阵子，这些设备也都运行在 IPv6 上了。

老 U 是个商人，比较关心钱的事情："那么我现有的东西全部没用了？"

正因为 IPv4 是 IP 世界的基础，对 IPv4 的改动往往是牵一发而动全身。

所幸的是由于 IP 世界的良好的分层结构，加上各种协议的不断演进，对广大用户来说，有很多改进是无需感知的，比如说现在在 Windows 中浏览器输入 www.google.com，浏览器通过 DNS 获取到了 IPv4 的地址和 IPv6 的地址。如果 Windows 探测到自己在 IPv6 的网络中，则会尝试采用 TCPv6 协议与网站建立起连接，在 TCPv6 上再承载浏览器采用的 HTTP 应用层协议。而 IPv6 网络中的路由器之间则采用 RIPng、OSPFv3、BGP+ 等协议。路由器和终端，以及终端之间则运行了崭新的 ICMPv6 协议。总之，网站还是那个网站，但下面的东西全变了。

双协议栈技术

这对于老 U 来说是个好消息，目前有些设备已经通过双栈技术实现了 IPv6，有些可以通过隧道等机制利用老设备，下面我们来看看这些技术的细节。

双协议栈技术就是指在一台设备上同时启用 IPv4 协议栈和 IPv6 协议栈。这样的话，这台设备既能和 IPv4 网络通信，又能和 IPv6 网络通信。如果这台设备是一个路由器，那么这台路由器的不同接口（物理接口或者虚接口）上，分别配置了 IPv4 地址和 IPv6 地址，并很可能分别连接了 IPv4 网络和 IPv6 网络。如果这台设备是一个计算机，那么它将同时拥有 IPv4 地址和 IPv6 地址，并具备同时处理这两个协议地址的功能。双协议栈（Dual Stack）采用该技术的节点上同时运行 IPv4 和 IPv6 两套协议栈。这是使 IPv6 节点保持与纯 IPv4 节点兼容最直接的方式，针对的对象是通信端节点（包括主机、路由器）。这种方式对 IPv4 和 IPv6 提供了完全的兼容，但是对于 IP 地址耗尽的问题却没有任何帮助。由于需要双路由基础设施，这种方式反而增加了网络的复杂度。

双协议栈是指在单个节点同时支持 IPv4 和 IPv6 两种协议栈，如图 4-111 所示。由于 IPv6 和 IPv4 是功能相近的网络层协议，两者都基于相同的物理平台，而且加载于其上的传输层协议 TCP 和 UDP 也基本没有区别，因此，支持双协议栈的节点既能与支持 IPv4 协议的节点通信，又能与支持 IPv6 协议的节点通信。可以相信，网络中主要服务商在网络全部升级到 IPv6 协议之前必将支持双协议栈的运行。

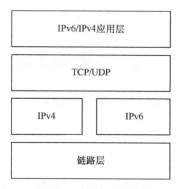

图 4-111 双协议栈示意图

双协议栈可以在一个单一的设备上实现，也可以是一个双协议栈骨干网。对于双协议栈骨干网，其中的所有设备必须同时支持 IPv4/IPv6 协议栈，连接双协议栈网络的接口必须同时配置 IPv4 地址和 IPv6 地址。

双协议栈技术是 IPv4 向 IPv6 过渡的基础，所有其他的过渡技术都以此为基础。

专家重复了刚才那句话，说不定不久的将来，你将所有的设备升一下级，设备就运行在 IPv6 上了，而且，一分钱都不花。

隧道技术

另一个问题来了，各个驿站的设备都是老 U 的，升级成 IPv6 不难。但是各个驿站直接是通过运营商网络连接的，但是运营商在短时间内并不会提供 IPv6 的接入，这可如何是好？这时候，IPv6 的隧道机制就可以发挥作用了。

隧道在前面老 U 已经接触过了。IPv6 穿越 IPv4 隧道技术，利用现有的 IPv4 网络为互相独立的 IPv6 网络提供连通性，IPv6 报文被封装在 IPv4 报文中穿越 IPv4 网络，实现 IPv6 报文的透明传输。

这种技术的优点是，不用把所有的设备都升级为双协议栈，只要求 IPv4/IPv6 网络的边缘设备实现双协议栈和隧道功能。除边缘节点外，其他节点不需要支持双协议栈。可以大大利用现有的 IPv4 网络投资。虽然隧道技术不能实现 IPv4 主机与 IPv6 主机的直接通信，但是对于老 U 这种需要连接多个 IPv6 孤岛的场景是再也合适不过了。

隧道技术的核心思想是：IPv6 网络边缘设备收到 IPv6 网络的 IPv6 报文后，将 IPv6 报文封装在 IPv4 报文中，成为一个 IPv4 报文，在 IPv4 网络中传输到目的 IPv6 网络的边缘设备后，解封装去掉外部 IPv4 头，恢复原来的 IPv6 报文，进行 IPv6 转发。

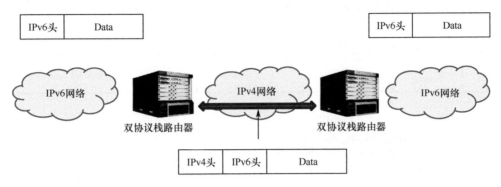

图 4-112　IPv6 穿越 IPv4 隧道技术

根据隧道封装的具体方式的不同，如图 4-112 所示，IPv6 穿越 IPv4 网络的隧道技术可分为：

IPv6 手工配置隧道

IPv6 手工配置隧道的源和目的地址是手工指定的，它提供了一个点到点的连接。IPv6 手工配置隧道可以建立在两个边界路由器之间为被 IPv4 网络分离的 IPv6 网络提供稳定的连接，或建立在终端系统与边界路由器之间为终端系统访问 IPv6 网络提供连接。隧道的端点设备必须支持 IPv6/IPv4 双协议栈。其他设备只需实现单协议栈即可。

IPv6 手工配置隧道要求在设备上手工配置隧道的源地址和目的地址，如果一个边界设备要与多个设备建立手工隧道，就需要在设备上配置多个隧道。所以手工隧道通常用于两个边界路由器之间，为两个 IPv6 网络提供连接。

一个手工隧道在设备上以一个虚接口存在，从 IPv6 侧收到一个 IPv6 报文后，根据 IPv6 报文的目的地址查找 IPv6 转发表，如果该报文是从此虚拟隧道接口转发出去，则根据隧道接口配置的隧道源端和目的端的 IPv4 地址进行封装。封装后的报文变成一个 IPv4 报文，交给 IPv4 协议栈处理。报文通过 IPv4 网络转发到隧道的终点。

隧道终点收到一个隧道协议报文后，进行隧道解封装。并将解封装后的报文交给 IPv6 协议栈处理。

6to4 自动隧道

6to4 隧道属于一种自动隧道，隧道也是使用内嵌在 IPv6 地址中的 IPv4 地址建立的。

6to4 自动隧道支持 Router 到 Router、Host 到 Router、Router 到 Host、Host 到 Host。这是因为 6to4 地址是用 IPv4 地址作为网络标识，其地址格式如图 4-113 所示。

3bits	13bits	32bits	16bits	64bits
FP 001	TLA 0x0002	IPv4 Address	SLA ID	Interface ID

即地址为

    2002 : a.b.c.d ::/48

FP：可聚合全局单播地址的格式前缀 (Format Prefix)
TLA ID：顶级聚合标识符(Top-Level Aggregation Identifier)
SLA ID：站点级聚合标识符(Site-Level Aggregation Identifier)

图 4-113　6to4 隧道地址格式

其格式前缀（FP）为二进制的 001，TLA（Top Level Aggregation）为 0x0002。也就是说，6to4 地址可以表示为 2002::/16，而一个 6to4 网络可以表示为 2002:IPv4 地址::/48。

如图 4-114 所示，通过 6to4 自动隧道，可以让孤立的 IPv6 网络之间通过 IPv4 网络连接起来。6to4 自动隧道是通过 Tunnel 虚接口实现的，6to4 隧道入口的 IPv4 地址手工指定，隧道的目的地址根据通过隧道转发的报文来决定。如果 IPv6 报文的目的地址是 6to4 地址，则从报文的目的地址中提取出 IPv4 地址作为隧道的目的地址；如果 IPv6 报文的目的地址不是 6to4 地址，但下一跳是 6to4 地址，则从下一跳地址中取出 IPv4 地址作为隧道的目的地址。后者也称为 6to4 中继。

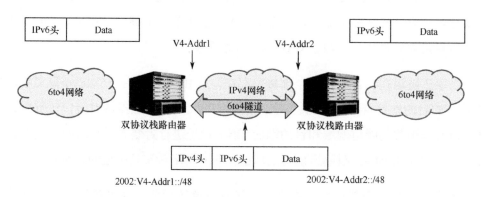

图 4-114　6to4 隧道

随着 IPv6 网络的发展，普通 IPv6 网络需要与 6to4 网络通过 IPv4 网络互通，如图 4-115 所示，这可以通过 6to4 中继路由器方式实现。所谓 6to4 中继，就是通过 6to4 隧道转发的

IPv6 报文的目的地址不是 6to4 地址，但转发的下一跳是 6to4 地址，该下一跳为 6to4 中继。隧道的 IPv4 目的地址从下一跳的 6to4 地址中获得。

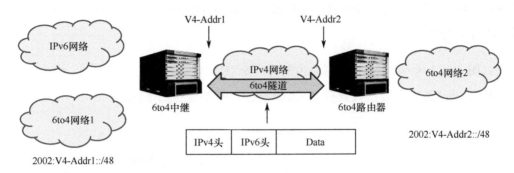

图 4-115 6to4 中继

如果 6to4 网络 2 中的主机要与 IPv6 网络互通，在其边界路由器上配置路由指向的下一跳为 6to4 中继路由器的 6to4 地址，中继路由器的 6to4 地址是与中继路由器的 6to4 隧道的源地址相匹配的。6to4 网络 2 中去往普通 IPv6 网络的报文都会按照路由表指示的下一跳发送到 6to4 中继路由器。6to4 中继路由器再将此报文转发到纯 IPv6 网络中去。当报文返回时，6to4 中继路由器根据返回报文的目的地址（为 6to4 地址）进行 IPv4 报文头封装，数据就能够顺利到达 6to4 网络中了。

ISATAP 自动隧道

ISATAP（Intra-Site Automatic Tunnel Addressing Protocol）是另外一种 IPv6 自动隧道技术。与 6to4 地址类似，ISATAP 地址中也内嵌了 IPv4 地址，它的隧道封装也是根据内嵌 IPv4 地址来进行的，只是两种地址格式不同。6to4 是使用 IPv4 地址作为网络 ID，而 ISATAP 用 IPv4 地址作为接口 ID。其接口标识符是用修订的 EUI-64 格式构造的，格式如图 4-116 所示。

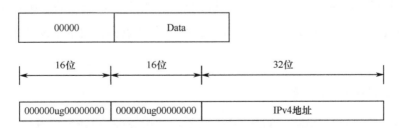

图 4-116 ISATAP 接口 ID 格式

典型的 ISATAP 隧道应用是在站点内部，所以，其内嵌的 IPv4 地址不需要是全局唯一的。如果 IPv4 地址是全局唯一的，则 u 位为 1，否则 u 位为 0。g 位是 IEEE 群体/个体标志。ISATAP 地址接口 ID 的形式看起来是 00-00-5E-FE 加 IPv4 地址的样子。5E-FE 是 IANA 分配的。

如图 4-117 所示，在 IPv4 网络内部有两个双协议栈主机 PC2 和 PC3，它们分别有一个私网 IPv4 地址。要使其具有 ISATAP 功能，需要进行如下操作：

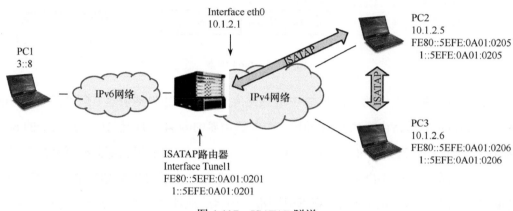

图 4-117　ISATAP 隧道

（1）配置 ISATAP 隧道接口，这时会根据 IPv4 地址生成 ISATAP 类型的接口 ID；

（2）根据接口 ID 生成一个 ISATAP 链路本地 IPv6 地址，生成链路本地地址以后，主机就有了 IPv6 连接功能；

（3）进行主机自动配置，主机获得全局 IPv6 地址、站点本地地址等；

（4）当主机与其他 IPv6 主机进行通信时，从隧道接口转发，将从报文的下一跳 IPv6 地址中取出 IPv4 地址作为 IPv4 封装的目的地址。如果目的主机在本站点内，则下一跳就是目的主机本身，如果目的主机不在本站点内，则下一跳为 ISATAP 路由器的地址。

IPv6 over IPv4 GRE 隧道

IPv6 over IPv4 GRE 隧道，如图 4-118 所示，使用标准的 GRE 隧道技术提供了点到点连接服务，需要手工指定隧道的端点地址。GRE 隧道的传输协议是固定的，但乘客协议可以是协议中允许的任意协议（可以是 IPv4、IPv6、OSI、MPLS 等）。

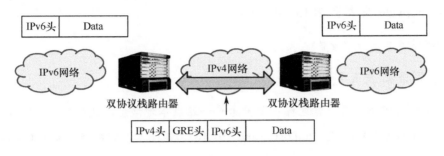

图 4-118　IPv6 over IPv4 GRE 隧道

6PE 隧道

如果 ISP（服务提供商）想实现一个 IPv6 网络，对于网络核心是基于 IP 的情况，可以在支持 IPv6 协议的边缘路由器之间构造 IP 隧道，这些隧道可以充当支持 IPv6 协议的点到点的连接。在这些边缘路由器之间交换的 IPv6 分组，可以封装在 IP 分组中透明的在骨干网上传输。这些方案在大规模网络中可伸缩性方面不太好；MPLS 技术则提供了另外的选择：在启动 MPLS 的 IPv4 骨干网上传输 IPv6 数据报文。这个解决方案称为 IPv6 提供商边缘路由器（6PE），如图 4-119 所示，提供了一种可伸缩的 IPv6 早期部署的解决方法。

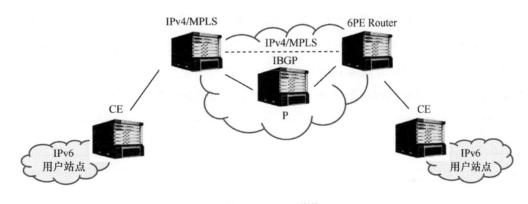

图 4-119　6PE 隧道

当然，在遥远的将来，可能出现大部分是 IPv6 的网络，而存在少量 IPv4 的孤岛，这时候就需要 IPv4 穿越 IPv6 隧道技术了。这是后话！

家园网友互动

Q：borwide 发表于 2015-8-13 16:42

IPv6站点本地是什么？

A：网语者 发表于 2015-8-13 17:06

在早期的IPv6协议中有这样一个概念——站点本地地址。这个相当于IPv4里面的私网地址（10.0.0.0/8, 172.16.0.0/12, and 192.168.0.0/16），它的前缀是FEC0::/48。但是在RFC3879中，最终决定放弃单播站点本地地址，原因是其固有的二义性带来的单播站点本地地址的复杂性超过了它们可能带来的好处。它在RFC4193中被ULA（Unique Local IPv6 Unicast Address）取代。ULA拥有固定前缀FD00::/8，后面跟一个被称为全局ID的40bit随机标识符。如同IPv4在应用的过程中不断改进（例如引入CIDR）一样，IPv6协议也在不断的演进，早期的一些不合理的设计正在被修改，更多的新特性也在被不断地加入IPv6大家庭。

Q：一只小鱼 发表于 2015-8-13 17:11

DNS是运行在IPv4上的，那么到了全网IPv6的时代，DNS如何运行呢？

A：网语者 发表于2015-8-13 18:38

没错，目前的DNS大部分运行在IPv4上，客户端向服务器请求某个域名对应的IP地址，服务器可以返回IPv4的地址，也可以返回IPv6的地址。记得不，DNS是运行在IP协议栈上的（采用UDP或者TCP），那么只要进行一个小小的改动，DNS就运行在IPv6协议栈上，采用UDPv6和TCPv6，就可以完全脱离IPv4了。

刚刚对IPv6有了初步了解，老U还沉浸在学习的喜悦之中。忽然手机铃声响起，是小U打来的：老爸，家里IPC摄像机的SD卡存储坏了，录像无法存了。老U这才想起部分IPC并没有进行中心存储。点了根烟，老U若有所思：即使实施了中心存储，若小偷把监控和存储设备都偷走了，取证的录像不照样没了？他满腹疑问的询问小U，小U说很多厂家向用户提供了云存储服务，可以解决这个顾虑……

云存储与虚拟化

云存储概念

之前老 U 了解了集中存储，云存储与此有多大的区别呢？

当我们使用某一个独立的存储设备时，我们必须非常清楚这个存储设备是什么型号，什么接口和传输协议，存储系统中有多少块磁盘，存储设备和服务器之间采用什么样的连接线缆。为了保证数据安全和业务的连续性，还需要自己建立相应的数据备份系统和容灾系统。除此之外，对存储设备定期地进行状态监控、维护、软硬件更新和升级也是必须的。如果采用云存储，那么这些工作对使用者来讲都不需要了。云存储系统中的所有设备对使用者都是无需关注的，任何地方的任何一个经过授权的使用者都可以通过 IP 网络与云存储连接，对云存储进行数据访问。

云存储是在云计算概念上延伸和发展出来的一个新的概念，是一种新兴的网络存储技术，它通过集群应用、网络技术和分布式文件系统等功能，将网络中大量各种不同类型的存储设备通过应用软件集合起来协同工作，统一对外提供数据存储和业务访问功能的一个系统。云存储是一个以数据存储和管理为核心的云计算系统。同云状的广域网和互联网一样，云存储对使用者来讲，是指一个由许许多多存储设备和服务器所构成的集合体。使用者使用云存储，并不是使用某一个存储设备，而是使用整个云存储系统带来的一种数据访问服务。所以严格来讲，云存储不是存储，而是一种服务。云存储的核心是应用软件与存储设备相结合，通过应用软件来实现存储设备向存储服务的转变。

云存储具有如下优势，解决传统存储面临的难题：

（1）随着容量增长，线性地扩展性能和存取速度；

（2）将数据存储按需迁移到分布式的物理站点；

（3）确保数据存储的高度适配性和自我修复能力，可以保存很多年；

（4）确保多租户环境下的私密性和安全性；

（5）允许用户基于策略和服务模式按需扩展性能和容量。

云存储架构

云存储系统的结构模型由 4 层组成。如图 4-120 所示。

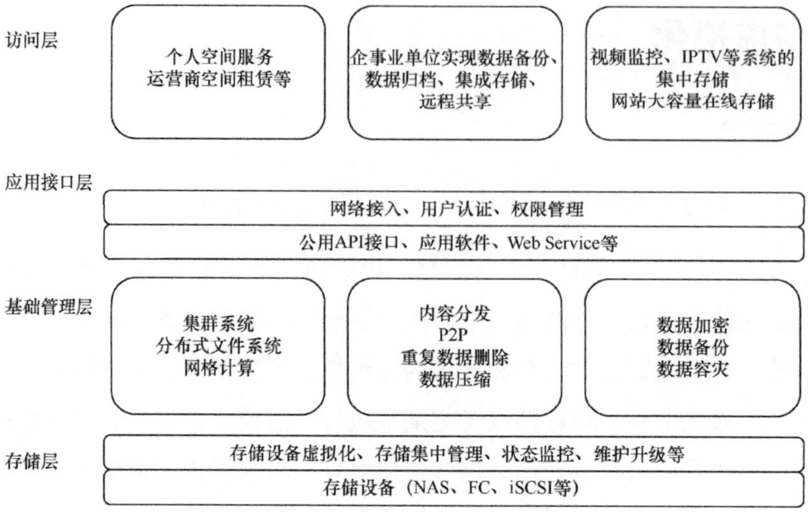

图 4-120　云存储系统的结构模型图

存储层

存储设备是云存储最基础的部分。存储设备可以是 FC 光纤通道存储设备，可以是 NAS 和 iSCSI 等 IP 存储设备，也可以是 SCSI 或 SAS 等 DAS 存储设备。云存储中的存储设备往往数量庞大且分布在不同地域，彼此之间通过广域网、互联网或者 FC 光纤通道网络连接在一起。

存储设备之上是一个统一存储设备管理系统，可以实现存储设备的逻辑虚拟化、集中管理、多链路冗余管理，以及存储硬件设备的状态监控、升级和故障维护等。

基础管理层

基础管理层是云存储最核心的部分，也是云存储中最难以实现的部分。基础管理层通过集群、分布式文件系统和网格计算等技术，实现云存储中多个存储设备之间的协同工作，使多个存储设备可以对外提供同一种服务，并提供更大、更强、更好的数据访问性能。

应用接口层

应用接口层是云存储最灵活多变的部分。不同的云存储运营单位可以根据实际业务类型，开发不同的应用服务接口，提供不同的应用服务。比如视频监控应用平台、IPTV 和视频点播应用平台、网络硬盘引用平台、远程数据备份应用平台等。

访问层

任何一个授权用户都可以通过标准的公用应用接口来登录云存储系统，享受云存储服务。云存储运营单位不同，云存储提供的访问类型和访问手段也不同。例如视频监控应用可能提供针对视频摄像机录像的云存储服务，电警卡口业务提供给用户基于 Web 的车牌及违章信息的海量查询业务。

U 厂商云存储介绍

了解了云存储的概念和模型后，老 U 又禁不住好奇心，让小 U 介绍一下视频监控厂家的云存储。小 U 于是给老爸介绍了云存储系统。

云存储模型如图 4-121 所示。

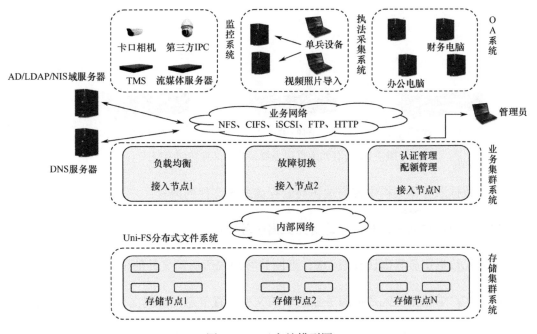

图 4-121　云存储模型图

> **说明**
>
> 　　元数据（Metadata），又称中介数据、中继数据，为描述数据的数据（Data About Data），主要是描述数据属性（Property）的信息，用来支持如指示存储位置、历史数据、资源查找、文件记录等功能。元数据算是一种电子式目录，为了达到编制目录的目的，必须描述并收藏数据的内容或特色，进而达成协助数据检索的目的。可以这样简单理解元数据，元数据是数据的字典索引。

云存储架构一般分为两种：有元数据服务器模型和无元数据服务器模型，下面简要介绍。

有元数据服务器架构的文件访问模型如图 4-122 所示。

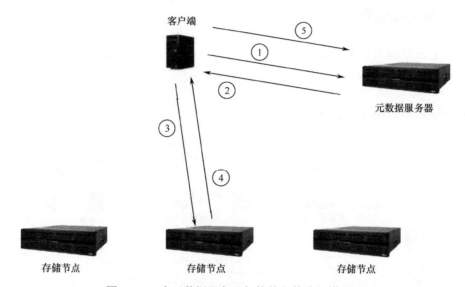

图 4-122　有元数据服务器架构的文件访问模型图

有元数据服务器架构中客户端访问云存储系统文件的流程：

（1）客户端访问文件时，先访问元数据服务器；

（2）元数据服务器确认权限 OK，返回给客户端所访问文件的位置信息；

（3）客户端根据从元数据服务器获取的文件位置信息，访问文件所在的存储节点；

（4）存储节点返回客户端操作文件的内容或操作成功等信息；

（5）客户端告诉元数据服务器操作成功，元数据服务器更新文件的元数据信息（即使是读文件操作，也需要更新文件的元数据时间戳信息）。

有元数据服务器架构存在的问题：

性能问题

无法实现真正的性能线性扩展，有元数据服务器架构的分布式系统，对元数据服务器的访问，元数据同步等开销，无法实现真正的性能线性提升。由于每次文件访问之前，有元数据服务器架构需要去元数据服务器查询元数据，元数据大多存储在磁盘上，访问比较慢。同时，当系统越来越大，元数据越来越多，搜索元数据速度也越来越慢。任何一次访问文件操作，有元数据服务器架构都需要更新元数据服务器中元数据的信息，哪怕是一次读操作也需要更新文件的时间戳信息。所以有元数据服务器架构的节点越多，这些节点物理上越分散，元数据开销对性能的影响就越大。

可靠性问题

元数据服务器故障或元数据不一致将带来整个系统的可靠性风险。对于文件系统，元数据是最重要的信息，整个系统严重依赖元数据服务器。

可扩展性问题

无法实现真正的线性扩展。元数据是影响分布式系统可扩展性的核心因素，有元数据服务器架构的存储节点的扩展，需要考虑元数据服务器的处理能力和元数据搜索能力或多个元数据服务器之间更复杂的元数据同步。所以，有元数据服务器架构的分布式系统，无法实现真正的线性扩展。

U厂商的统一云存储采用无元数据服务器的架构（如图4-123所示），元数据和数据没有分离而是一起存储，文件位置使用智能算法定位。当客户端要访问云存储时，它们的请求统一通过负载均衡器处理，并根据一定的负载均衡规则（例如轮询、权重或根据IP地址等），选择云存储服务的Server节点。云存储中的所有Server节点是对等的，都可以智能地对文件数据分片进行定位，不需要查询或者索引其他服务器。这使得数据访问完全并行化，从而实现真正的线性性能扩展。无元数据服务器设计极大提高了云存储系统的性能、可靠性和稳定性。从架构上根本解决了独立元数据服务器存在的问题，实现了：真正的性能线性增加；极大的增加了可靠性；真正的线性扩展；容易管理和维护。

真正的性能线性增长

无元数据服务器设计，没有元数据访问的开销，可以实现性能线性提升，极大地增加了可靠性。

增强可靠性

元数据与数据一起存储，完全没有元数据服务器故障或元数据不一致的风险，整个云存储系统可靠性大大提升。

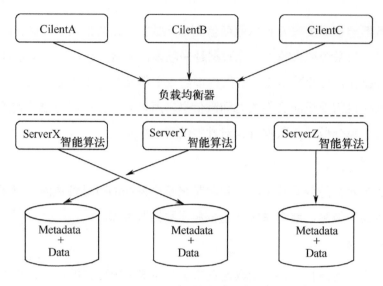

图 4-123　无元数据云存储模型

真正的线性扩展

云存储系统没有元数据服务设计,采用智能算法进行文件定位,增加存储节点,算法处理是一样的,不会增加任何开销,处理十几个存储节点和处理几百个存储节点是一样的,真正做到了线性扩展。

容易管理和维护

云存储系统没有元数据服务器,元数据与数据一起存储在存储节点上,不会出现元数据损坏或不一致的问题,无须维护相关元数据信息,这种简单的设计使整个系统管理和维护变得非常简单。任何业务集群节点的损坏都不会影响系统,当需要新增业务节点,管理系统可以自动完成增加操作。

老 U 了解到这里,心中又产生了新的疑问:经常听到"虚拟化"这个词,它与云存储有什么关系呢?在"度娘"的帮助下,老 U 了解到:云存储是通过网络提供的可配置的虚拟化存储和相关数据服务,所以说,虚拟化为云存储提供了技术支撑和基础……

虚拟化

虚拟化是指通过技术将一台计算机虚拟为多台逻辑计算机。在一台计算机上同时运行多个逻辑计算机，每个逻辑计算机可运行不同的操作系统，并且应用程序都可以在相互独立的空间内运行而互不影响，从而显著提高计算机的工作效率。

虚拟化技术与多任务，以及超线程技术是完全不同的。多任务是指在一个操作系统中多个程序同时并行运行，而在虚拟化技术中，则可以同时运行多个操作系统，而且每一个操作系统中都有多个程序运行，每一个操作系统都运行在一个虚拟的 CPU 或者虚拟主机上；而超线程技术只是单 CPU 模拟双 CPU 来平衡程序运行性能，这两个模拟出来的 CPU 是不能分离的，只能协同工作。

虚拟化是一个抽象层，它将物理硬件与操作系统分开，从而提供更高的 IT 资源利用率和灵活性。有了虚拟化技术，用户可以像操作一台真实设备一样，通过软件开启和关闭虚拟服务器（又叫虚拟机）。以前的虚拟软件必须是装在一个操作系统上，然后在虚拟软件之上安装虚拟机，并在其中运行虚拟的系统及应用。而在当前的架构下，虚拟机可以通过虚拟机管理器（Virtual Machine Monitor，VMM）来进行管理的。

VMM 是在底层实现对其上的虚拟机的管理和支持。但现在许多的硬件，比如 Intel/AMD 的 CPU 已经对虚拟化技术（VT）做了硬件支持，大多数 VMM 就可以直接装在裸机上，在其上再装几个虚拟机就可以就大大提升了虚拟化环境下的性能体验。

目前常见的 VMM 工作模式如图 4-124 所示。

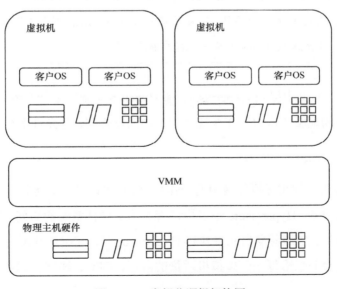

图 4-124　虚拟化逻辑架构图

虚拟化从实现上可以分为两大类，全虚拟化和半虚拟化，如图 4-125 所示。全虚拟化，主要是在客户操作系统和硬件之间捕捉和处理那些对虚拟化敏感的特权指令，使客户操作系统无须修改就能运行。半虚拟化：它也利用 Hypervisor（后文有介绍）来实现对底层硬件的共享访问，但是由于在 Hypervisor 上面运行的 Guest OS 已经集成与半虚拟化有关的代码，使得 Guest OS 能够非常好地配合 Hyperivosr 来实现虚拟化。半虚拟提供虚拟化效率，但涉及操作系统改动，应用没有全虚拟化广。

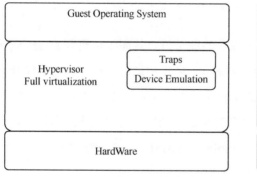 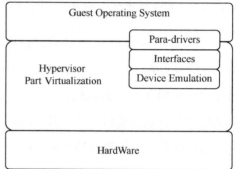

图 4-125　虚拟化与半虚拟对比图，左边全虚拟化，右边半虚拟

> **说明**
>
> 　　客机操作系统（Guest OS）是指一个安装在虚拟机上的操作系统。在虚拟化中，一台电脑可以同时运行多个操作系统，并且客机操作系统可以和主机操作系统不一样。例如电脑系统是 Windows XP，安装了虚拟机为 Linux，那么 Windows XP 是 Host OS——宿主机，Linux 是 Guest OS——客户机。

说到虚拟化，上文中提到 Hypervisor，那 Hypervisor 到底是什么呢？Hypervisor——一种运行在基础物理服务器和操作系统之间的中间软件层，可允许多个操作系统和应用共享硬件。

Hypervisors 是一种在虚拟环境中的操作系统。它可以访问服务器上包括磁盘和内存在内的所有物理设备。Hypervisors 不但协调着对这些硬件资源的访问，也同时在各个虚拟机之间施加防护。当服务器启动并执行 Hypervisor 时，它会加载所有虚拟机客户端的操作系统，同时会分配给每一台虚拟机适量的内存、CPU、网络资源和磁盘。

目前，虚拟化市场主要厂商及产品：VMware vSphere、微软 Hyper-V、Citrix XenServer、IBM PowerVM、Red Hat Enterprise Virtulization、Huawei FusionSphere、开源的 KVM、Xen、VirtualBSD 等。下面初步介绍一下常用的开源虚拟化的 KVM。KVM 的架构如图 4-126 所示。

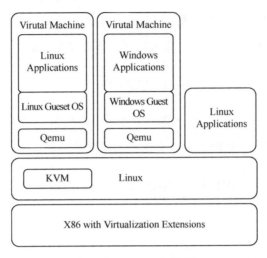

图 4-126　KVM 架构图

KVM 是 Kernel-based Virtual Machine 的简称，是一个开源的系统虚拟化模块，自 Linux 2.6.20 之后集成在 Linux 的各个主要发行版本中，是当下最有前景的开源虚拟机。KVM 只支持硬件全虚拟化，部分模块通过虚拟化实例 OS 装驱动的方式实现半虚拟化，例如网络部分。KVM 对 3D 图像支持一般，KVM 适合在服务器部署，不适合在 PC 上部署跑桌面。KVM 本身是虚拟机最小集，可以虚拟 CPU 与内存，需要结合开源项目实现其他设备（如硬盘、网卡）虚拟化。

虚拟化是云计算的基石。在虚拟化与云计算共同构成的这样一个整体的架构中，虚拟化有效的分离了硬件与软件，为云计算和大数据提供了设备基础。

C114 家园网友互动

Q：杭电小帅　发表于 2015-8-11 21:42

请问楼主，云存储和传统存储的区别是什么？

A：网语者 发表于 2015-8-12 14:37:12

云存储不单是存储，更是一种服务。就如同云状的广域网和互联网一样，云存储对使用者来讲，不是指某一个具体的设备，而是指一个由许许多多存储设备和服务器所构成的集合体。使用者使用云存储，并不是使用某一个存储设备，而是使用整个云存储系统带来的数据访问服务。所以严格来讲，云存储不单是存储，更是一种服务。云存储的核心是应用软件与存储设备相结合，通过应用软件来实现存储设备向存储服务的转变。

Q：小马儿666 发表于 2015-8-11 22:24:43

感觉楼主真是无所不知啊！最近看到一个词"虚拟化"，不知道楼主有没有研究？请问虚拟化有哪几种？常见的虚拟化提供商有哪些呢？

A：网语者 发表于 2015-8-13 16:46:03

这位网友过奖了。

虚拟化从实现上可以分为两大类，全虚拟化和半虚拟化。全虚拟化，主要是在客户操作系统和硬件之间捕捉和处理那些对虚拟化敏感的特权指令，使客户操作系统无需修改就能运行。半虚拟化：它利用Hypervisor来实现对底层硬件的共享访问，但是由于在Hypervisor 上面运行的Guest OS已经集成与半虚拟化有关的代码，使得Guest OS能够非常好地配合Hyperivosr来实现虚拟化。半虚拟化提高虚拟化效率，但涉及操作系统改动，应用没有全虚拟化广。

目前市场主要厂商及产品：VMware vSphere、微软Hyper-V、Citrix XenServer、IBM PowerVM、Red Hat Enterprise Virtulization、Huawei FusionSphere、开源的KVM、Xen、VirtualBSD等，常用的是Linux下的KVM。

Q：流泪的笑脸 发表于 2015-8-12 14:33

最近经常听到云存储，那百度网盘属于云存储吗？

A：网语者 发表于 2015-8-12 14:38:38

百度网盘是云存储的一个具体应用业务。

第 4 章
小 U 的行业监控

了解了云存储和虚拟化，云里雾里的老 U 终于对现在的高科技找着了门路。他又问小 U，现在流行的大数据又是什么好东西，有什么应用么？小 U 给老爸举了个例子：现在交警部门通过卡口和电警记录海量的过车数据，然后进行深入挖掘，分析每辆车的时空轨迹规律，建立车辆轨迹模型，根据一定的判断方法和策略，自动挖掘出从事不法活动的车辆（如黑车、套牌车）。每个城市的交通数据是海量的，以 PB 计，传统的信息系统无法提供如此大量数据的存储可靠性，分析信息和查询信息的性能也不足；而大数据却可以实现快速的处理，后台实现快速分析、检索结果秒级返回。

这么强大的系统，不禁勾起了老 U 学习和研究的强烈欲望。

大数据

大数据概念、意义

大数据（Big Data），是指无法在可承受的时间范围内用常规软件工具进行捕捉、管理和处理的数据集合。对于大数据，研究机构 Gartner 给出了这样的定义：大数据是需要在新的处理模式下，才能具有更强的决策力、洞察发现力和流程优化能力的海量、高增长率及多样化的信息资产。

大数据技术的战略意义不在于掌握庞大的数据信息，而在于对这些含有"意义"的数据进行专业化的处理。换言之，如果把大数据比作一种产业，那么这种产业实现赢利的关键在于提高对数据的"加工能力"，通过"加工"实现数据的"增值"。

大数据特征、原理

大数据分析相比于传统的数据仓库应用，具有数据量大、查询分析复杂等特点。

大数据具有 4 个 "V"：Volume（数据体量大）、Variety（数据类型繁多）、Velocity（处理速度快）、Value（价值密度低但价值高）。具体地说有四个层面：第一，数据体量巨大，从 TB 级别，跃升到 PB 级别；第二，数据类型繁多，可以包括网络日志、视频、图片、地理位置信息等等；第三，处理速度快，1 秒定律，可从各种类型的数据中快速获得高价值的信息，这一点也是与传统的数据挖掘技术有着本质的不同；第四，只要合理利用数据并对其进行正确、准确的分析，将会带来很高的价值回报。

大数据最核心的价值就在于对海量数据进行存储和分析。相比起现有的其他技术而言，大数据的"廉价、迅速、优化"这三方面的综合成本是最优的。

从某种程度上说，大数据是数据分析的前沿技术。简言之，从各种各样类型的数据中快速获得有价值信息的能力，就是大数据技术。明白这一点至关重要，也正是这一点使该技术具备走向众多企业的潜力。

说起大数据，其应用的开拓者应该是 Google。目前，业界应用比较广泛的大数据的架构是基于开源的 Hadoop，其模型就是参照 Google 的大数据理论而构建的。Hadoop 的框架最核心的设计是：HDFS 和 MapReduce。HDFS 是一个分布式文件系统，为海量的数据提供了存储，而 MapReduce 则为海量的数据提供了计算。

从监控数据应用的角度来看，数据分层架构的体现如图 4-127 所示。

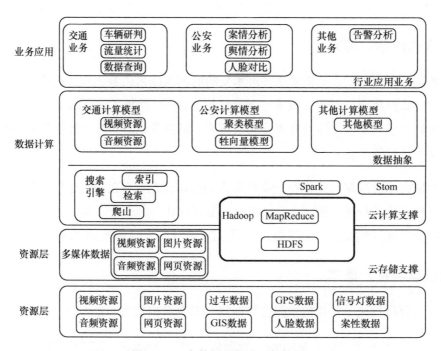

图 4-127　大数据逻辑分层架构图

HDFS

早在 2000 年，Brewer 教授提出了 CAP 原则，即对于任何一个分布式系统，一致性（Consistency）、可用性（Availability）、分区容忍性（Partitiontolerance）三个要素最多只能同时实现两点，不可能三者兼顾。后人也论证了 CAP 理论的正确性。

一致性（Consistency）：即数据一致性，简单地说，就是数据复制到了 N 台机器，如果有更新，要求 N 台机器的数据一起更新。

可用性（Availability）：即好的响应性能，主要指响应速度。往往我们会对不同的应用设定一个最长响应时间，超过这个响应时间的服务我们称之为不可用。

分区容错性（Partition Tolerance）：如果你的存储系统只运行在一个节点上，一旦这个节点崩溃，整个系统就无法运转了，所以需要将数据复制多份存放在不同的节点，以增加可靠性。当两个存储节点之间联通的网络断开（无论长时间或者短暂的），就形成了所谓的分区。当针对同一服务的存储系统分布到了多个节点之后，整个存储系统就存在发生分区的可能性。"分区容错性"指的是：在出现网络分区（如断网）的情况下，分离的系统也能正常运行而不会出错。

我们来逐一分析下这三类情况：

CA 模式（CA without P）：如果不允许分区，则 C（强一致性）和 A（可用性）自然是可以保证的，因为都在本地操作。

CP 模式（CP without A）：相当于每个请求都需要在分区之间强一致，但 P（分区）会导致同步时间无限延长。很多传统的数据库分布式事务都属于这种模式。

AP 模式（AP without C）：要高可用并允许分区，则需放弃一致性。一旦分区发生，节点之间可能会失去联系，为了高可用，每个节点只能用本地数据提供服务，而这样会导致全局数据的不一致性。现在众多的 NoSQL 数据库都属于此类。

那么，HDFS 属于哪一类呢？HDFS 更关注分区容错性和高可用性，属于 AP 模式。

HDFS 是一个主从结构，包含一个主节点 NameNode 和多个从节点 DataNode。

NameNode 是一个管理文件命名空间和调节客户端访问文件的主服务器。HDFS 的所有数据放置逻辑由 NameNode 服务器进行管理，NameNode 服务器跟踪在 HDFS 中的所有数据文件，如块的存储位置等。

DataNode 是存储节点（Node），这些节点分别放置于不同的机架（Rack）上。在 HDFS 系统中，为保证分区容错性和高可用性，任何一个数据都需要被复制多个副本（通常包含自身共有3个副本），并分别存储到不同的机架（Rack）和不同的节点（Node）。

HDFS 架构如图 4-128 所示。

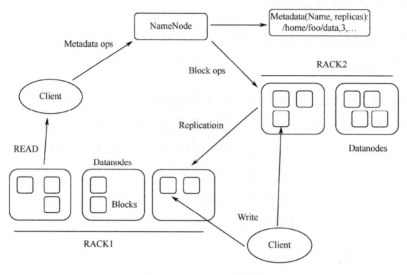

图 4-128　HDFS 架构图

我们来举例看看 HDFS 的运行流程。如果一个客户机想将文件写到 HDFS 上，首先它将创建文件的请求发送给 NameNode。NameNode 会把用于保存文件数据的节点 DataNode 和数据块（Block）的标识告知客户机；同时也通知将要保存文件块副本的 DataNode，做好数据复制的准备。当客户机开始将文件发送给第一个 DataNode 时，将立即通过管道方式将块内容转发给保存副本的 DataNode。

前面我们提到，为了保证分区容错性和高可用性，需要将一个数据复制成多个副本。那么，究竟需要多个副本才最具性价比，以及如何选择存储数据的机架和节点呢？

这需要用到 NWR 策略，一种在分布式存储系统中用于控制一致性级别的策略。NWR 的含义：

（1）N 代表同一份数据的副本数（原数据和复制数据的总数）；

（2）W 是一次成功的写操作必须完成的写副本数，即只有确认这些副本都写成功才算完成写任务；

（3）R 是一次成功的读操作需要读的副本数——随便读一个副本是不行的，必须读到一定数量的副本，再相互比较取最新的数据，才能确保数据是最新的。

虽然 CAP 理论决定了 AP 模式注定放弃了严格的数据一致性，即同一时刻所有副本的数据一致性，但是我们可以通过方案设计保证实际业务的不出现错误。要求一，R+W>N，这样就可以保证对副本的读写操作会产生交集，以保证系统每次都可以读取到最新版本的数据。要求二，W>N/2，这样就可以保证不会出现两个事务同时写某一个数据，这同时也意味着不需要把所有的副本都写完，未完成的留给系统自己在后台慢慢同步。

在分布式系统中，N 不允许为 1，即不允许有数据单点的存在，因为一旦这个副本出错，就可能发生数据的永久性错误。如果 N 设置为 2，那么只要有一个存储节点发生损坏，就会有单点的存在，所以 N 必须大于 2。但是，N 越高，系统的维护成本和整体成本就越高。工业界通常把 N 设置为 3，相应的，根据要求一和要求二，W 至少为 2，进而 R 至少也为 2，通常 W 和 R 确实就是取 2，从而满足 NWR 理论的要求。

副本数是确定了，那么如何选择机架和节点存放副本呢？HDFS 的存放策略是，将一个副本存放在本地机架节点上，一个副本存放在同一个机架的另一个节点上，最后一个副本放在不同机架的节点上。这种策略兼顾了机架间数据传输的最小化和写操作的高效率。机架的错误远远比节点的错误少，所以这种策略不会影响到数据的可靠性和可用性。与此同时，因为数据块只存放在两个不同的机架上，所以此策略减少了读取数据时需要的网络传输总带宽，如图 4-129 所示。

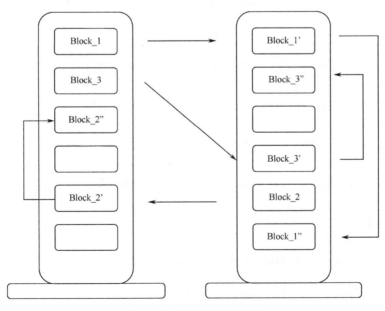

图 4-129　数据副本存放图

MapReduce

MapReduce 是一种编程模型，常用于大规模数据集（>1TB）的并行运算。Map 的主要功能是把数据按一定方法会给多台机器进行运算；Reduce 是按一定方法把多台机器的计算结果进行汇总，归一统计。所谓的 Map 就是分解问题，Reduce 就是重组结果。

举个例子：假设有 5 个文件，每个文件包含两列数值（键和值），分别代表一个城市及其多个测量日所录得的温度。我们打算跨所有数据文件找出每个城市的最高温度（每个文件中可能有相同城市的多次测量的数据）。

步骤一：Map

使用 MapReduce 框架，我们可以将这分解为 5 个 Map 任务，每个 Map 任务分别处理这 5 个文件的其中一个。每个 Map 任务遍历数据并返回每一个城市的最高温度。第一个 Map 节点返回结果如下：

(Toronto, 20)（Whitby, 25）（NewYork, 22）（Rome, 33）

假设其他 4 个 Map 任务（处理此处没有显示的其他 4 个文件）所产生的中间结果如下：

(Toronto, 18)（Whitby, 27）（NewYork, 32）（Rome, 37）

(Toronto, 32)（Whitby, 20）（NewYork, 33）（Rome, 38）

(Toronto, 22)（Whitby, 19）（NewYork, 20）（Rome, 31）

(Toronto, 31)（Whitby, 22）（NewYork, 19）（Rome, 30）

步骤二：Reduce

将上述 5 个输出送入 Reduce 任务，Reduce 任务综合输入结果，为每个城市输出单个值，产生的最终结果集如下：

(Toronto,32)(Whitby,27)(NewYork,33)(Rome,38)

大数据在视频监控中的应用

在视频监控领域,大数据有着前景很开阔的用武之地。

首先,待分析的数据量非常之大。

在各城市建设智慧交通的过程中,将产生越来越多的视频监控、卡口电警、路况信息、管控信息、营运信息、GPS 定位信息、RFID 识别信息等数据,每天产生的数据量可以达到 PB 级别,并且呈现指数级增长。以某个城市的卡口电警产生的数据为例,如图 4-130 所示。

车道数	1300
每车道平均每天过车数	4000
每车道每天过车数,峰值	12000
图片存储周期(天)	180
过车信息存储周期(天)	180
平均每张图片大小(KBytes)	250
系统要求:	
图片存储容量	数百TB
数据库存储容量	数TB
IPSAN吞吐率(MBytes/s),均值	15
IPSAN吞吐率(MBytes/s),峰值	45
数据库容量(亿条)	百亿级
并发能力(条/s),均值	60
并发能力(条/s),峰值	200

图 4-130 某卡口电警数据分析图

在智能分析应用中,也有巨量的数据有待分析。比如从视频中提取人、车、物的智能元数据。假设视频的帧率为 30 帧/s,每帧 1 个活动目标,每个活动目标的类型特征按 1700Byte,颜色特征按 20Byte 计。一个月(按平均每天 12h 的活动数据)的数据量大小为:(1700+20)Byte×30 帧×3600s×12h×30d÷1024÷1024÷1024=62.3GByte。如果一个县级局点有几百路视频,市级局点成千上万路视频,汇聚到省级就得以数十万甚至百万路计,可见数量之大前所未有。

其次，大数据在视频监控领域有着很实际的应用需求。

在交通行业的应用中，对所存储的海量过车数据进行深入挖掘，分析出每辆车的时空轨迹规律，可建立车辆轨迹模型。基于本数据模型，自动挖掘出从事不法活动的车辆（如黑车），将交通事件研判从事后查询，逐步向事前预警转变，为公安、交通等行业提供有效的信息服务。对于正常出行的车辆，如果行驶轨迹存在某种与数据模型不符合的突变，系统自动进行重点监测，达到一定条件时触发告警，如图4-131所示。

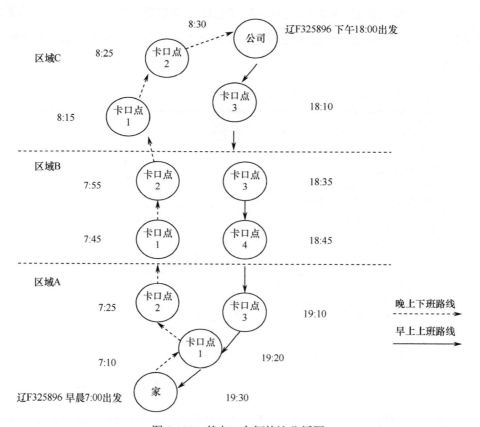

图4-131 某卡口车辆轨迹分析图

在公安行业的应用中，如图4-132所示，可实现公安案件的案件名称、案件内容、关联视频描述、关联图片描述的全文快速检索功能，实时更新，辅助实现串并案功能，并有如下特点：

（1）支撑海量案件数据的存储与检索；

(2)新建案情或者修改原有案件,实时更新索引,支持实时检索;

(3)支持对案情的全文检索,秒级快速响应;

(4)针对案情业务特点,对特有词汇专项优化,支持更强大的同义词、近义词检索。

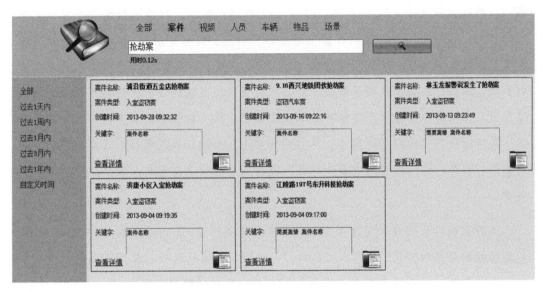

图4-132 某公安车辆案情全文检索图

C114 家园网友互动

Q:千语 发表于 2015-8-11 22:02:06

楼主,我最近在学习大数据相关知识,这里有几个问题不太清楚,向你请教一下,谈谈你个人的看法啦!

1.你觉得什么是大数据?相比于传统的数据库特点是什么?

2.大数据的应用场景和行业应用有哪些?

3.大数据发展面临的困难和问题你觉得是什么?

A： 网语者 发表于 2015-8-13 11:23:28

大数据具有4个"V"——Volume（数据体量大）、Variety（数据类型繁多）、Velocity（处理速度快）、Value（价值密度低但价值大）。或者说特点有四个层面：第一，数据体量巨大。从TB级别，跃升到PB级别；第二，数据类型繁多。可以包括网络日志、视频、图片、地理位置信息等等。第三，处理速度快，1秒定律，可从各种类型的数据中快速获得高价值的信息，这一点也是和传统的数据挖掘技术有着本质的不同。第四，只要合理利用数据并对其进行正确、准确的分析，将会带来很高的价值回报。大数据分析相比于传统的数据仓库应用，具有数据量大、查询分析复杂等特点。具体场景和行业应用比较多，从行业角度看，金融、天气预报、科学研究，互联网视频、社交、视频监控的电警卡口等，以及涉及海量数据汇总、收集、分析的各行各业。

大数据面临的困难和问题主要是数据来自不同行业、地方及企业，缺乏统一标准，导致数据的采集和汇总、整合存在困难。大数据的数据结果分析算法需要根据应用不断优化。另外，对于很多个人相关的数据，存在隐私泄露的风险。

后 记

相对于传统的模拟视频监控，IP 视频监控系统在远距离传输能力上具有无可比拟的优势，通过将音视频信息数字化，实况、录像、语音等功能可以扩展到具备网络连接的任何角落。同时，利用广域联网技术，管理员可以在监控中心远距离地管理所有区域的监控设备，极大的节省了人力、物力和财力，工作环境也相对更加安全。

IP 监控系统具有更加经济、高效的基础架构。模拟监控每增加一台摄像机都需要铺设一堆线缆，而 IP 监控系统的音视频数据和控制信令可以与其他业务一同运行在既有的 IP 网络之上，免除了端到端铺线的要求。成熟廉价的以太网供电 PoE 技术可以通过一根网线同时实现对网络摄像机的供电和数据交互，同样成熟廉价的电力线通信 PLC 技术可以通过电源线实现供电的同时进行数据的传输。这些技术使得监控系统的施工难度大为降低，部署十分快捷方便，总体建设成本更为经济。

IP 监控具有很好的安全性能。通过成熟的网络安全措施（如防火墙、网闸、VPN 及密码保护等），IP 监控系统可以为敏感业务提供充分的安全保障。然而模拟监视系统无法采用任何安全加密或认证机制，任何人都可能通过搭线的方式轻松获取线路上传输的视频信息，甚至还可以将自己伪造的错误视频信息发送到监控中心的监视器上，使视频监控系统失效。

IP 监控系统具有很高的可靠性。冗余可靠是所有 IP 系统设计时必须考虑的要素，下至网络传输的多路径、环网和设备堆叠，上至应用服务器和存储系统的集群分担，微观至电源组和 RAID 硬盘热插拔，宏观至存储的地理远程灾备，都是冗余可靠特性的典范。这些都是传统模拟监控系统所不具备的。

IP 监控系统还是一个开放包容的系统，可无缝集成既有的模拟监控系统。通过视频服务器可以将模拟视频信号转化为能够在 IP 网络上传输的数字视频流。现有的模拟系统不会阻碍用户采用更为先进的 IP 监控进行扩容。

当前，视频监控系统正朝着"统一部署+数据共享"的网络化方向发展。高可靠性、高可用性、可伸缩性、可维护性、可管理性、可运营性，以及高安全性是监控系统的必备条件。IP 网络监控系统替代模拟监控已成定局。随着 Internet 的成功，IP 网络进入到开放的、分布式的发展环境，并以飞快的速度向前发展。下一代网络将进入物联网时代，万事万物都将可以入网在线，《骇客帝国》电影中的场景正在慢慢呈现，未来实现可期。

回首过去，展望未来，随着互联网和物联网的发展，IPv4 地址即将用尽，IPv6 即将全面登上历史舞台。SDN 取得长足进步，Spark 为代表的新一代大数据技术竞相争鸣，网络虚拟化方兴未艾。一个崭新的 IP 监控时代大幕正在徐徐开启！